비밀의 언어

THE CODE BOOK

비밀의 언어 THE CODE BOOK: 암호의 역사와 과학

초판 1쇄 발행 2015년 12월 7일 **3쇄 발행** 2021년 7월 23일 **지은이** 사이먼 싱 **옮긴이** 이현경 **펴낸이** 한기성 **펴낸곳** (주)도서출판인사이트 **본문 디자인** 김종민 **제작·관리** 신승준, 박미경 **용지** 월드페이퍼 **출력·인쇄** 현문인쇄 **후가공** 이레금박 **제본** 자현제책 **등록번호** 제2002-000049호 **등록일자** 2002년 2월 19일 **주소** 서울특별시 마포구 연남로5길 19-5 **전화** 02-322-5143 **팩스** 02-3143-5579 **블로그** http://blog.insightbook.co.kr **이메일** insight@insightbook.co.kr **ISBN** 978-89-6626-166-6 책값은 뒤표지에 있습니다. 잘못 만들어진 책은 바꾸어 드립니다. 이 책의 정오표는 http://blog.insightbook.co.kr에서 확인하실 수 있습니다.

비밀의 언어

암호의 역사와 과학

사이먼 싱 지음 | 이현경 옮김

인사이트

들어가는 글

수천 년간 왕과 여왕, 장군 들은 나라를 다스리고 군대를 지휘하기 위해 효율적인 통신수단이 필요했다. 그와 동시에 자신들의 메시지가 엉뚱한 자의 수중에 들어가 중요한 비밀이 경쟁국으로 유출되거나, 사활이 걸린 정보가 적군의 손아귀에 들어갔을 때 생길 끔찍한 결과에 대해서 너무나 잘 알고 있었다. 적이 자기들의 메시지를 가로챌지도 모른다는 위기의식은 메시지를 위장하는 코드code와 암호문cipher 발전의 원동력이었다. (코드와 암호문은 메시지를 위장하는 기술로 오직 의도한 수취인만이 읽게 하는 데 목적이 있었다.)

비밀유지에 대한 욕망은 각 국가들로 하여금 가장 안전한 암호를 제작, 사용하고 통신의 안전을 보장할 수 있는 암호 제작 부서를 운영하도록 했다. 마찬가지로 동시에 적국의 암호 해독자는 상대국의 암호를 해독하고 비밀을 알아내려 했다. 암호 해독자들은 언어의 연금술사로 무의미해 보이는 기호로 의미 있는 말을 불러오는 신기한 사람들이다.

코드와 암호의 역사는 수백 년 동안 암호를 만드는 자들과 암호를 해독하는 자들 사이에서 벌어진 전쟁의 역사라 할 수 있다. 지성을 무기로 한 이 같은 군비 경쟁은 역사의 고비마다 극적인 영향을 끼쳤다.

나는 이 책을 쓰면서 두 가지 목표를 생각했다. 한 가지는 암호 코드의 진화 과정을 기록하는 것이다. 여기서 진화는 암호의 발달 과정을 하나의 진화적 투쟁으로 볼 수 있다는 점에서 매우 적절한 표현이다. 암호는 끊임없이 암호 해독자들의 공격을 받는다. 암호 해독자들이 암호의 허점을 찾아내는 새로운 무기를 만들어내면 그 암호는 더 이상 쓸모가 없어진다. 쓸모가 없어진 암호는 사라지거나 더 새롭고 강력한 암호로 진화한다. 이렇게 해서 새롭게 태어난 암호는 암호 해독자들이 약점을 밝혀낼 때까지만 번성한다.

이 같은 암호의 진화 과정은 감염성 박테리아의 진화 과정에 비유할 수 있다. 한 종류의 박테리아가 살아서 증식하고 생존하는 것은 의사들이 그 박테리아의 약점을 찾아내어 박멸할 수 있는 항생제를 찾아낼 때까지뿐이다. 그 박테리아는 항생제를 이겨내기 위해 진화하지 않으면 안 되는 상황에 이른다. 이때 진화에 성공한 박테리아는 다시 한번 기세를 떨칠 수 있게 된다. 새로운 항생제의 공격에서 살아남으려면 박테리아는 끊임없이 진화하지 않을 수 없다.

암호 작성자와 암호 해독자들 사이에 계속되는 전쟁은 획기적인 과학적 전기를 마련하기도 했다.

암호 작성자들은 통신보안을 위해 더욱 강력한 암호를 만들어 냈고, 암호 해독자들은 암호를 풀 수 있는 더 강력한 방법을 계속해서 찾아냈다. 비밀을 알아내려는 쪽과 비밀을 보호하려는 쪽 모두 수학에서 언어학, 정보이론에서 양자이론에 이르기까지 다양한 학문과 기술에 기댔다. 이 같은 암호 작성자와 암호 해독자의 노력은 학문의 발전을 가져왔고, 학문의 발전은 기술 혁신을 더욱 가속화시켰다. 그 가운데 가장 대표적인 예가 현대 컴퓨터의 탄생이다.

암호는 간간히 역사에 끼어든다. 암호는 전쟁의 승패를 갈랐으며 왕과 여왕을 죽음으로 내몰기도 했다. 그런 점에서 나는 이 책에서 정치적 음모에 얽힌 이야기와 생사를 갈랐던 역사적 일화를 소재로 독자들에게 암호가 진화하는 과정에서 주요한 전기는 어떠한 모습을 보이는가에 대해 소개할 수 있었다. 암호의 역사는 상당히 방대해서 흥미진진한 이야기들이 많았지만 어쩔 수 없이 상당수가 제외되었다. 즉, 이 책에서 다룬 이야기들이 암호 역사의 전부가 아니다. 흥미로운 일화나 암호 해독자에 대해 좀 더 자세히 알고 싶은 독자들은 참고 자료를 보기 바란다. 암호에 대해 심도 깊게 알고 싶은 독자들에게 도움이 될 것이다.

암호의 진화 과정과 암호가 역사에 끼친 영향을 알아보는 게 이 책의 첫 번째 목표라면, 두 번째 목표는 암호가 왜 과거 어느 때보다 오늘날 우리의 삶과 더 밀접하게 연관되어 있는가를 설명하는 것이다. 정보가 상품으로서의 그 가치가 점점 높아지고, 통신혁명으로 사회가 변화함에 따라, 정보의 암호화 또는 정보를 암호화하는 과정이 일상생활 속에서 점점 많은 비중을 차지하고 있다. 오늘날 우리의 전화통화는 여러 위성을 거치고, 이메일은 여러 컴퓨터를 통과한다.

그리고 이 두 가지 형태의 통신방식은 누군가가 중간에 쉽게 끼어들 수 있다는 점에서 사생활을 위협하기도 한다. 마찬가지로 인터넷 비즈니스가 점점 더 활발해짐에 따라 인터넷에서 비즈니스를 하는 기업과 해당 기업의 고객들을 보호할 수 있는 안전장치가 절실하게 되었다. 그런 점에서 암호화encryption는 우리의 사생활을 보호하고 디지털 시장에서의 성공을 보장하는 유일한 길이다. '비밀 통신 기술', 다르게 말하면 암호학은 정보시대의 열쇠와 자물쇠를 제공하게 될 것이다.

그러나 국가안보나 법 집행기관의 요구는 암호화cryptography에 대해 늘어나는 일반인의 요구와 충돌한다. 수십 년 동안 경찰과 정보기관은 테러리스트와 조직범죄 소탕에 필요한 증거를 수집한다고 도감청을 해왔다. 그러나 최근 초강력 암호 기술이 나오면서 감청 기술의 가치를 흔들고 있다. 21세기에 들어서면서, 시민 자유주의자들은 개인의 사생활 보호를 위해 암호를 널리 사용해야 한다고 주장한다. 이들과 함께 기업들도 같은 목소리를 내고 있다. 기업은 빠르게 성장하는 인터넷 상거래 세계에서 거래의 안전성을 보장하려면 강력한 암호화가 반드시 필요하다고 주장한다.

하지만 이와 동시에 사법기관들은 암호의 사용을 제한해야 한다고 정부를 상대로 설득하고 있다. 문제는 우리가 어디에 가치를 더 두어야 하는가이다. 우리의 사생활인가, 효율적인 사회의 안녕과 질서 유지인가? 아니면 중간에 타협점이 존재하는가?

여기서 암호화는 일반인의 활동에도 큰 영향을 끼치고 있지만, 군사적 목적의 암호화도 여전히 중요한 문제로 남아있다는 사실을 우리는 기억해야 한다. 사람들은 제1차 세계대전을 두고 '화학자들의 전쟁'이라고 불렀다. 겨자 가스와 염소 가스가 처음 무기로 사용되었기 때문이다. 그 다음 제2차 세계대전은 '물리학자들의 전쟁'이라고 불린다. 원자폭탄을 터뜨렸기 때문이다. 이와 비슷하게 제3차 세계대전은 '수학자들의 전쟁'이 될 거라는 주장이 제기되고 있다.

수학자들이야말로 차세대 전쟁무기에 영향력을 행사하게 될 것이기 때문이다. 여기서 차세대 무기는 바로 '정보'다. 그동안 수학자들은 암호를 개발해왔고 암호는 지금도 군사정보를 보호하는 데 사용하고 있다. 당연히 이런 암호를 깨기 위한 전쟁의 최전방에는 수학자들이 포진할 것이다.

암호의 진화 과정과 암호가 역사에 미친 영향에 대해 설명하면서 조금 다른 이야기를 하려고 한다. 5장에서는 선형문자 B와 고대 이집트 상형문자를 포함한 다양한 고대 문자 해독에 관한 내용을 다룬다. 엄밀히 따지면 암호학은 적으로부터 비밀을 지킬 목적으로 고안된 통신수단과 관련이 있다. 그러나 고대 문자들은 일부러 의미를 숨길 의도로 만들어진 게 아니다. 단지 우리가 해독 능력을 상실했을 뿐이다.

그러나 고고학 문서의 의미를 밝히는 데 필요한 기술은 암호 해독 기술과 밀접한 관련이 있다. 존 채드윅John Chadwick이 저술한 《선형문자 B의 해독The Decipherment of Linear B》은 고대 지중해 문명의 문자를 어떻게 해독했는지 기록한 책이다. 나는 책을 읽으면서 선조가 남긴 기록을 해독냄으로써 우리가 그 문명과 종교, 일상사를 읽을 수 있도록 해준 그들의 탁월한 지적 성취에 줄곧 매료되었다.

언어적 순수주의자들에게는 이 책의 제목에 대해 양해를 구해야겠다. 이 책 《비밀의 언어The Code Book》은 단순한 암호 이상의 내용을 다룬다. 그런데 여기서 쓰인 단어 '코드code'는 특정 유형의 비밀통신 기법을 가리키는 말로 수백 년이 흐르면서 점차 사용 빈도가 줄어들었다. 코드는 하나의 단어 또는 구를 다른 단어나 숫자, 기호로 대체하는 것을 말한다. 예를 들면, 비밀요원들은 저마다 코드네임codename, 즉 암호명을 갖고 있다. 암호명은 실제 신원을 감출 목적으로 실명 대신에 사용하는 단어다. 마찬가지로 '동틀 무렵 공격하라'는 의미의 Attack at dawn은 목성인 Jupiter란 단어로 대체될 수 있으며, 적을 어리둥절하게 할 목적으로 전쟁터의 지휘관에게 전송될 수도 있다. 사용할 암호 코드에 대해 본부와 지휘관이 사전에 동의했다면, 지휘관은 Jupiter의 의미를 명확하게 이해했겠지만, 암호를 가로챈 적군으로서는 뜬금없는 단어일 뿐이다.

코드의 대안으로 사이퍼cipher가 있다. 사이퍼는 단어를 통째로 대체하는 대신 아예 글자 하나하나를 대체하는 좀 더 근본적인 수준으로 작동하는 기술이다. 예를 들면, 한 어구에 쓰인 각 알파벳을 그 알파벳 바로 다음에 오는 알파벳으로 대체하는 식이다. 이를테면 A는 B로, B는 C로 대체한다. 따라서 '동틀 무렵 공격하라'는 의미의 Attack at dawn은 Buubdl bu ebxo가 된다. 사이퍼는 암호문 제작에 없어서는 안 되는 존재로, 실제로 이 책의 제목은 '코드 및 사이퍼북The Code and Cipher Book'이라고 했어야 했다. 그러나 나는 보다 간결하게 제목을 짓기 위해 정확성을 희생하기로 했다.

이 책에서는 암호학에서 사용하는 다양한 기술적인 용어들을 필요할 때마다 정의했다. 전반적으로 용어들의 기술적 정의를 충실히 따랐지만, 암호에 대한 전문지식이 없는 일반 독자들에게 더 친숙한 용어들이라 생각되는 경우에 한해서는 사전적 정의를 따르지 않기도 했다.

일례로 사이퍼를 해독하려는 사람을 설명할 때 나는 좀 더 정확한 용어인 사이퍼 해독가cipherbreaker라는 용어 대신 코드 해독가codebreaker[1]라는 용어를 사용했다. 문맥상 해당 단어의 의미가 분명하게 다가오는 경우에만 해당 단어를 섞어 사용했다. 책 말미에 용어 해설을 실었다. 대개 암호 용어는 매우 명료하다. 예를 들어 평문plaintext은 암호화하기 전의 메시지를, 암호문ciphertext은 암호화한 후의 메시지를 말한다.

서문을 마무리하기 전에 암호학을 다루는 저자라면 누구나 겪을 만한 어려움을 언급해야겠다. 비밀을 다루는 암호학은 대체로 비밀에 싸인 학문이다. 이 책에서 소개한 대다수의 영웅들은 생전에는 세간의 인정을 받지 못했다. 그들의 업적이 공개적으로 인정받을 수 없었던 것은 이

1 번역서에서는 cipherbreaker와 codebreaker 모두 '암호 해독자'로 옮겼다.

들의 업적이 당시에는 여전히 정치군사적, 외교적 가치를 지닌 비밀이었기 때문이다.

집필을 위해 자료조사를 하면서 나는 영국 정보통신본부Government Communications Headquarters에서 근무하는 전문가들과 이야기를 나눌 수 있었다. 이들은 1970년대에 수행했던 특별 연구 내용을 자세히 설명해 주었다. 이 연구 내용들은 최근에야 비로소 기밀에서 해제되었다. 이번 기밀 해제 덕분에 세계 최고의 암호전문가 세 명이 자신의 업적을 인정받을 수 있게 되었지만, 오히려 나뿐만 아니라 다른 과학 저술가들도 여전히 모르는 더 대단한 연구가 비밀리에 수행 중일 거라는 확신을 더욱 굳히게 되었다. 영국의 정보통신본부와 미국의 국가안보국National Security Agency 같은 기관들은 비밀리에 암호학을 연구하고 있다. 이 말은 이 같은 비밀 연구를 수행하는 과학자들의 업적은 기밀로 부쳐지게 되고, 그런 업적을 이룬 과학자들은 익명으로 남게 될 것임을 뜻한다.

정부의 비밀유지 정책과 기밀로 부쳐진 연구라는 장벽에도 불구하고 나는 이 책의 마지막 장을 미래의 코드와 사이퍼에 할애했다. 궁극적으로 나는 이 장에서 암호 작성자와 암호 해독자 사이의 진화적 투쟁에서 누가 승자가 될지 예측해 보려고 했다. 암호 작성자들이 정말 깨질 수 없는 암호를 만들어 절대 비밀유지라는 꿈을 이룰 것인가? 아니면 암호 해독자들이 어떤 암호든지 해독할 수 있는 기계를 만들어 낼 것인가? 일부 천재 과학자들이 비밀 실험실에서 근무하면서, 엄청난 연구비를 지원받는다는 사실을 감안하면 내가 마지막 장에서 기술한 내용의 일부는 사실과 다를 수도 있다.

예를 들어 오늘날의 모든 사이퍼를 해독할 수 있는 능력을 잠재적으로 갖춘 기계인 양자 컴퓨터가 현재 매우 원시적인 단계에 머물러 있다고 썼지만, 이미 누군가가 양자 컴퓨터를 개발했을 수도 있다. 유일하게 내가 잘못 생각한 것을 지적할 수 있는 사람들은 나의 오류를 자유롭게 밝힐 수 없는 처지에 있는 사람들이기도 하다.

차례

CODE 04
에니그마의 해독

CODE 05
언어 장벽

CODE 06
앨리스와 밥이 공개하다

CODE 07
암호화 소프트웨어, 프리티 굿 프라이버시

CODE 08
미래로의 대도약

암호 문제

CODE 01

스코틀랜드의 여왕 메리를 죽음에 이르게 한 사이퍼

1586년 10월 15일 수요일 아침, 메리 여왕Queen Mary은 사람들로 북적이는 포더링헤이 성의 법정에 들어섰다. 수년간의 수감 생활과 류마티즘 때문에 쇠약해지긴 했으나 메리 여왕은 여전히 품위 있고 침착했으며 말할 수 없는 위엄을 갖추고 있었다. 메리 여왕은 주치의의 부축을 받으며 법관과 관리들, 방청객을 지나 길고 좁은 방 가운데에 놓여 있는 왕좌를 향해 걸어갔다. 그 왕좌가 자신에 대한 경의의 표시라고 생각했지만, 그건 착각이었다. 그 왕좌는 그녀를 재판에 회부했지만 그날 법정을 찾지 않은 메리의 정적, 엘리자베스 여왕Queen Elizabeth을 상징했다. 메리는 왕좌를 지나 왕좌의 반대편에 놓인 피고석으로 조심스럽게 안내되었다. 피고석은 핏빛 벨벳 의자였다.

스코틀랜드 여왕 메리는 반역죄로 재판에 회부되었다. 잉글랜드의 왕위를 찬탈하기 위해 엘리자베스 여왕을 암살할 음모를 꾀했다는 혐의였다. 엘리자베스의 국무장관 프랜시스 월싱엄 경은 이미 다른 암살 음모 가담자들을 체포해 자백을 받아낸 뒤 처형까지 한 상태였다. 월싱엄 경

그림 1 스코틀랜드 여왕 메리

은 메리가 이 음모의 주동자며, 따라서 동등한 죄목으로 과실을 묻고 동시에 똑같이 처형시켜야 한다는 사실을 입증할 계획이었다.

월싱엄 경은 메리 여왕을 처형할 수 있으려면, 메리 여왕이 암살 음모의 주범임을 엘리자베스 여왕에게 납득시켜야 한다는 것을 잘 알고 있었다. 엘리자베스 여왕은 메리 여왕을 싫어하긴 했지만, 몇 가지 이유에서 메리 여왕의 처형을 망설였다. 첫째, 메리는 스코틀랜드의 여왕이었고, 많은 이들이 잉글랜드 법정이 다른 나라의 원수를 처형할 권한이 있는가에 대해 의문을 제기했다. 둘째, 메리 여왕의 처형은 나쁜 선례를 남길 가능성이 있었다. 만일 국가가 여왕 처형을 용납한다면 반대자에 의해 또 다른 여왕, 즉 엘리자베스 여왕도 거리낌 없이 처형당할 수 있게 될 것이었다. 셋째, 엘리자베스와 메리 여왕은 사촌지간이었다. 메리가 혈족이라는 사실은 엘리자베스 여왕이 메리 여왕의 처형 명령을 더욱더 주저하게 만들었다. 다시 말해서 월싱엄 경이 메리가 엘리자베스 여왕 암살 음모에 가담했다는 것이 틀림없는 사실임을 입증할 수 있다면, 엘리자베스는 메리 여왕의 처형을 승인할 것이다.

공모자들은 잉글랜드 출신의 젊은 가톨릭교도 귀족들로, 개신교도인 엘리자베스 여왕을 없애고 가톨릭교도인 메리를 여왕으로 세우려고 했다. 법정에 모인 사람들에게 메리는 명목상 음모 가담자들의 우두머리임이 틀림없었지만, 메리가 진짜 이 음모를 직접 승인했는지는 확신할 수 없었다. 그러나 실제로 메리가 이 음모를 승인했다고 본 월싱엄 경은 메리 여왕과 음모 가담자들 간의 확실한 연결 고리를 밝혀내야 했다.

재판이 열리는 아침, 메리 여왕은 비탄에 잠긴 듯한 검은색 벨벳 옷을 입고 피고석에 홀로 앉았다. 모반죄로 재판을 받는 경우 피고는 변호인을 둘 수 없었으며 증인도 세울 수 없었다. 심지어 메리에게는 재판 준비를 도울 비서를 두는 것조차도 허락되지 않았다. 그러나 아주 희망이 없는 것은 아니었다. 메리는 공모자들과 주고받은 모든 편지를 사이퍼로 작성할 만큼 신중을 기했기 때문이었다. 사이퍼로 인해 메리가 작성한 단어들은 아무 의미 없는 기호의 연속으로 보였으므로, 메리는 설령 월싱엄 경이 중간에 편지를 가로챘다 하더라도 편지의 내용을 전혀 알아낼 수 없을 것이라고 생각했다. 편지의 내용을 알 수 없다면 그 편지는 증거로 채택될 수 없다. 그러나 이 모든 희망은 메리의 암호를 풀지 못할 것이라는 가정에 기반한 것이었다.

불행히도 월싱엄 경은 단지 국무장관일 뿐 아니라 잉글랜드 첩보기관의 수장이기도 했다. 월싱엄 경은 반역 음모를 꾸미는 이들에게 보내는 메리의 편지를 가로챘다. 월싱엄 경은 누가 그 암호를 풀 수 있을지 정확히 알고 있었다. 잉글랜드 최고의 암호 해독자인 토머스 펠립스Thomas Phelippes였다. 여러 해에 걸쳐 토머스 펠립스는 엘리자베스 여왕에 대한 반역을 모의하는 자들의 편지를 해독함으로써 유죄판결에 필요한 증거를 제공해왔다. 펠립스가 메리 여왕과 공모자들 사이에 오간 반역 모의 편지를 해독해낼 수 있다면 메리 여왕은 처형을 피할 수 없을 것이다. 반대로 메리 여왕이 작성한 암호문이 비밀을 숨길 수 있을 정도로 강력하다면, 목숨을 건질 가능성이 있었다. 또 다시 한 사람의 생사가 암호에 걸리게 되었다.

비밀문서의 진화

비밀문서 작성에 관한 기록은 고대 로마의 철학자이자 정치가인 키케로Cicero가 '역사의 아버지'라고 일컬었던 헤로도토스 시절까지 거슬러 올라간다. 헤로도토스는 기원전 5세기 경에 자신의 저서 《역사The Histories》에서 그리스와 페르시아 사이의 전쟁을 연대순으로 기록했다. 헤로도토스는 이 전쟁을 자유와 억압, 그리스의 독립 도시국가들과 강압적인 페르시아 사이의 대립으로 봤다. 헤로도토스에 따르면, 그리스는 비밀문서 작성 기술 덕분에 왕 중의 왕이자, 페르시아의 독재적 군주인 크세르크세스Xerxes에 의해 정복당하지 않을 수 있었다.

그리스와 페르시아 사이의 장기간에 걸친 반목이 최고의 위기를 맞게 된 것은 크세르크세스가 페르세폴리스를 페르시아 왕국의 새로운 수도로 정하고 건설을 추진하기 시작한 지 얼마 지나지 않았을 때였다. 페르시아 제국과 주변 국가 곳곳에서 공물과 선물이 속속 도착하는 와중에 이례적으로 아테네와 스파르타만은 아무것도 보내지 않았다. 이들의 무례함을 응징하기로 결심한 크세르크세스는 군대를 모으고 이렇게 선언했다. "우리는 페르시아 제국을 확장할 것이다. 그 경계가 신의 하늘에까지 미칠 것이며, 태양이 비치는 곳 중에 제국에 속하지 않은 땅은 없을 것이다." 그리고 5년간 역사상 가장 강력한 군대를 비밀리에 조직했다. 마침내 기원전 480년, 크세르크세스는 기습공격을 감행할 준비를 마쳤다.

그러나 이 모든 과정을 데마라토스라는 한 그리스인이 지켜보고 있었다. 데마라투스는 그리스에서 추방되어 페르시아의 수사라는 도시에 살고 있었다. 비록 조국에서 쫓겨난 신세였지만 그리스에 대한 충성심만은 잃지 않았던 그는 크세르크세스의 침략 계획을 경고하는 메시지를 스파르타에 보내기로 결심했다. 문제는 어떻게 페르시아의 경비병들에게 들키지 않고 메시지를 보내는가, 였다. 헤로도토스는 다음과 같이 기술했다.

> 메시지가 발각될 위험이 컸으므로 메시지를 안전하게 보낼 수 있는 방법은 단 하나였다. 접을 수 있는 나무로 된 밀랍판[1]의 밀랍을 긁어낸 다음 크세르크세스의 계획을 알리는 메시지를 쓰고 다시 밀랍으로 덮는 것이었다. 겉보기에 아무것도 씌어 있지 않은 나무 밀랍판은 도중에 아무런 문제를 일으키지 않을 것이다. 메시지가 목적지에 도착했을 때 아무도 그 밀랍판에 숨겨진 비밀을 짐작할 수 없었다. 내가 알기로, 클레오메네스의 딸이자 레오니데스

1 고대 그리스로마시대부터 중세까지 사용된 필기도구. 나무로 틀을 만들고 가운데에 밀랍을 채워 글을 쓸 수 있게 만든 판.

의 아내인 고르고가 계시를 받아 밀랍을 벗겨내면 밀랍판에 새겨진 메시지를 볼 수 있을 거라고 말했고, 그때서야 비로소 사람들이 밀랍판의 밀랍을 긁어냈다고 한다. 사람들은 드러난 메시지를 읽은 후 다른 그리스인들에게 소식을 전달했다.

이 경고 메시지를 접한 후, 그때까지 무방비 상태로 있던 그리스인들은 무장하기 시작했다. 평상시에는 시민들에게 분배했던 국가 소유의 은 광산 수익을 해군에게 돌려 200척의 전투함을 건조했다. 크세르크세스는 기습이라는 중요한 무기를 잃은 셈이었다. 이어서 기원전 480년 9월 23일, 페르시아 함대가 아테네 근처의 살라미스 만에 접근했을 때, 그리스인들은 만반의 태세를 갖춘 상태였다. 크세르크세스는 그리스 해군을 함정에 몰아넣었다고 생각했지만, 오히려 그리스 해군이 의도적으로 페르시아 함대를 만 안쪽으로 들어오도록 유인한 것이었다. 그리스는 규모로나 수적으로 열세인 자신들의 배가 넓은 바다에서는 이길 승산이 없지만, 만이라는 제한된 공간에서는 페르시아 함대를 무찌를 수 있다는 사실을 알고 있었다.

바람의 방향이 바뀌자 페르시아 함대는 만 안쪽으로 밀려들어가게 되었고, 그리스와 교전을 치를 수밖에 없게 되었다. 페르시아 공주 아르테미시아는 삼면이 포위되자 바다 쪽으로 돌아가려고 했지만 오히려 자기 편의 배끼리 충돌할 뿐이었다. 겁에 질려 당황하자 더 많은 페르시아 배들이 충돌하기 시작했고 그리스 군은 맹렬히 공격을 감행했다. 하루도 안 되어, 막강했던 페르시아 함대는 무릎을 꿇고 말았다.

데마라투스가 쓴 비밀통신 전략은 단순히 메시지를 숨기는 것이었다. 헤로도토스는 숨기는 것만으로도 안전하게 메시지를 전달할 수 있었던 또 다른 사건을 기록하고 있다. 히스티아이오스에 대한 이야기로, 히스티아이오스는 밀레토스에 있는 아리스타고라스가 페르시아 왕을 상대로 폭동을 일으키길 원했다.

히스티아이오스는 자신의 밀서를 안전하게 전하기 위해서 전령의 머리를 삭발한 다음 그의 머리에 메시지를 쓰고, 머리가 다시 자라기를 기다렸다. 분명히 이런 방법은 어느 정도 시간이 걸린다 해도 감내할 수 있던 시절이었기에 가능했다. 머리를 다시 기른 전령은 겉으로 보기엔 문제가 될 만한 것을 소지하지 않았기 때문에 아무런 제지도 받지 않았다. 목적지에 도착한 전령은 머리를 다시 밀고 거기에 쓰인 메시지를 아리스타고라스에게 보여줬다.

메시지의 존재를 숨기는 방식의 비밀통신 방법을 정보은닉술이라는 뜻으로 '스테가노그래피steganography'라고 한다. 그리스어로 '덮다'라는 뜻의 스테가노스steganos와 '쓰다'라는 뜻의 그라페인graphein에서 나온 말로, 헤로도토스 이후 2천 년 동안 다양한 형태의 정보은닉술이 전 세계적으로 사용되었다. 예를 들어, 고대 중국에서는 메시지를 얇은 비단에 적은 다음 작은 공 모양으로 돌돌 말아 밀랍으로 싸고, 전령사는 그 공 모양의 밀랍을 삼켰다.

16세기 이탈리아 과학자 조반니 포르타Giovanni Porta는 삶은 달걀 안에 어떻게 메시지를 숨길 수 있는지에 대해 설명했다. 그에 따르면, 백반 28.35그램에 식초 약 0.5리터를 섞어 만든 잉크로 달걀 껍질 위에 메시지를 쓴다. 잉크는 달걀 껍질의 미세한 구멍으로 스며들면서 삶은 달걀의 굳은 흰자 위에 메시지가 새겨지게 되고, 이 메시지는 껍질을 벗겨야만 읽을 수 있다.

보이지 않는 잉크로 메시지를 쓰는 방법도 정보은닉술에 해당된다.

기원후 1세기에 플리니우스Pliny the Elder는 티티말러스thithymalus라는 식물의 '유액'을 어떻게 보이지 않는 잉크로 사용할 수 있는지 설명했다. 이 식물의 유액으로 만든 잉크는 마르면 투명해지지만 열을 가하면 잉크가 타면서 갈색으로 바뀐다. 많은 종류의 유기질 액체들이 이와 비슷한 성질을 띠는 것은 이런 액체에는 탄소가 풍부해서 쉽게 그을리기 때문이다. 실제로 현대의 스파이들도 배급 받은 투명 잉크가 없을 때 자신의 소변을 임시방편으로 사용한다는 사실은 이미 잘 알려져 있다.

정보은닉술이 오랜 기간 사용되었다는 것은 이 방법이 어느 정도의 보안은 유지해준다는 것을 의미한다. 그러나 이 방법에는 근본적인 허점이 있다. 전령사가 수색을 당해서 메시지가 발각되면 그 즉시 비밀이 노출된다는 것이다. 적이 메시지를 가로채는 즉시 모든 보안이 위태롭게 된다. 철두철미한 경비대원이라면 국경을 넘는 사람을 샅샅이 수색하는 과정에서 밀랍이 칠해진 나무판을 문질러보고, 백지라도 살짝 태워보거나, 삶은 달걀의 껍질을 벗기고, 사람들의 머리를 밀어버리는 등의 일을 매번 똑같이 수행할 것이다. 그러다 보면 언젠가는 메시지가 발각될 수 있다.

그래서 정보은닉술의 발전과 함께 '크립토그래피cryptography', 즉 암호작성술이 발달했다. '숨겨진'이라는 뜻의 그리스어 단어 크립토kryptos에서 유래한 암호작성술이라는 의미의 크립토그래피[2]의 목적은 메시지의 존재를 숨기는 것이 아니라 아예 메시지의 의미를 감추는 데 있다. 메시지를 감추는 과정을 우리는 '암호화encryption'라고 한다. 메시지를 알아볼 수 없게 만들기 위해 송신인과 수신인 사이에 미리 합의한 특정

2 이 책에서 이런 한정된 의미의 크립토그래피는 암호작성술로 용어를 통일한다.

규칙에 따라 송신인은 메시지를 의미 없어 보이는 문자의 나열로 바꾼다. 수신인은 사전에 합의한 규칙에 따라 메시지를 변환하여 메시지를 해독할 수 있다.

암호작성술의 장점은 적이 메시지를 가로채더라도 메시지가 암호화되어 있어 해독할 수 없다는 데 있다. 변환 규칙을 알지 못하면 암호화된 메시지의 원문을 알아내는 것이 불가능하진 않더라도 결코 쉽지는 않을 것이다.

암호작성술과 정보은닉술은 서로 별개지만, 메시지를 변환하는 동시에 숨김으로써 보안성을 더 높일 수 있다. 예를 들어 약 1밀리미터 크기의 점으로 축소한 사진을 이용하는 '마이크로도트microdot'라는 기법은 정보은닉술의 일종으로 2차 세계대전 중에 많이 사용되었다. 중남미에 있는 독일 스파이들이 1페이지에 달하는 메시지를 사진기로 찍은 다음, 필름을 직경 1밀리미터 미만의 작은 점으로 축소하여 외관상으로는 평범한 편지의 마침표로 보이게 하는 방식이었다.

미국 FBI가 처음으로 마이크로도트를 발견한 것은 1941년이었다. 편지지 위에 반짝이는 작은 점을 찾아보라는 한 제보를 받은 후였다. 그 작은 점이란 매끈한 필름이 붙어있다는 것을 뜻했다. 이후, 미국은 마이크로도트를 이용한 메시지는 입수하는 대로 읽을 수 있었지만 독일 스파이가 필름을 축소하기 전에 예방 조치로 메시지를 변환시키면 해독할 수 없었다.

미국은 비밀통신을 막거나 그 행위를 방해할 수 있었지만, 이같이 암호작성술과 정보은닉술이 결합된 경우, 독일의 스파이 활동에 대한 새로운 정보를 얻을 수는 없었다. 이 두 가지 비밀통신 기법 중, 암호작성술은 적의 수중에 정보가 들어가는 것을 막는다는 점에서 더 강력하다고 할 수 있다.

암호작성술은 크게 '전치법transposition'과 '치환법substitution'으로 나눌 수 있다. 전치법은 메시지 안의 글자들을 단순히 재배열하는 것으로, 사실상 '애너그램anagram'을 생성하는 것과 같다. 매우 짧은 메시지, 즉 한 단어로만 이뤄진 메시지의 경우, 전치법은 상대적으로 보안성이 떨어진다. 글자 수가 적다 보니 글자를 재배열하는 방법의 가짓수가 제한적이기 때문이다.

일례로, 3개의 알파벳으로 이뤄진 단어 cow를 재배열하는 방법은 6가지(cow, cwo, ocw, owc, wco, woc)다. 그러나 글자 수가 점점 많아지면서, 재배열이 가능한 가짓수가 기하급수적으로 증가하여 변환 방법을 정확히 모르면 원래의 메시지를 찾는 것이 불가능해진다. For example, consider this short sentence.(예를 들어 이 짧은 문장을 보자.)라는 문장에는 35개의 알파벳 철자가 있을 뿐이지만, 배열하는 데는 50,000,000,000,000,000,000,000,000,000,000가지의 서로 다른 방법이 존재한다. 한 사람이 한 가지 배열을 확인하는 데 1초가 걸린다고 할 때, 전 세계 모든 사람들이 다 같이 밤낮으로 가능한 모든 배열을 모두 확인하더라도 우주 나이의 1천 배가 넘는 시간이 든다.

글자의 위치를 무작위로 바꾸는 방법은 매우 높은 수준의 보안성을 확보하는 것처럼 보인다. 짧은 문장이라 하더라도 적이 일일이 재배열해 가며 맞춘다는 것이 현실성 없어 보이기 때문이다. 전치법이 엄청나게 어려운 애너그램을 만들어 내긴 하나 여기에도 한 가지 구멍이 있다.

글자를 아무런 규칙이나 논리 없이 무작위로 뒤섞으면 적뿐만 아니라 메시지를 받기로 한 수신인도 애너그램을 사실상 해독할 수 없게 된다. 전치법을 효과적으로 사용하려면 글자를 재배열할 때 사전에 송신인과 수신인 사이에 정한 규칙을 그대로 따르되, 그 규칙은 비밀로 해야 된다.

일례로, 어린 학생들은 '레일 펜스rail fence' 전치법을 사용하여 메시지를 보내곤 한다. 이 방법은 원래 보내려는 메시지의 글자들 중에서 첫 번째 글자는 위 줄에, 두 번째 글자는 아래 줄, 세 번째 글자는 위 줄, 네 번째 글자는 다시 아래 줄에 쓰는 식으로 번갈아 가며 두 줄로 나눠서 쓴 다음, 아래 줄에 쓴 글자들을 위 줄의 마지막에 붙여 완성한다. 예를 들면 다음과 같다.

THY SECRET IS THY PRISONER; IF THOU LET IT GO, THOU ART A PRISONER TO IT
그대의 비밀은 그대가 사로잡은 포로와 같아서, 만일 비밀을 놓아주면 그대는 비밀의 포로가 되고 만다.

↓

T Y E R T S H P I O E I T O L T T O H U R A R S N R O T
H S C E I T Y R S N R F H U E I G T O A T P I O E T I

↓

TYERTSHPIOEITOLTTOHURARSNROTHSCEITYRSNRFHUEIGTOATPIOETI

수신인은 단순히 이 과정을 뒤집어서 수행하기만 하면 원래 메시지를 알아낼 수 있다. 다양한 형태의 체계적인 전치법이 있으며, '세 줄 레일 펜스' 전치법이 여기에 포함된다. 이 방법은 메시지를 두 줄에 나눠 쓰지 않고 처음부터 세 줄에 나눠 쓴다. 또 다른 방법으로는 첫 번째 글자와 두 번째 글자의 순서를 바꾸고, 그 다음 세 번째 글자와 네 번째 글자의 순서를 바꾸는 식으로, 두 개씩 글자를 묶어 그 글자 묶음의 순서를 바꾸는 방법이 있다.

전치법 형태의 또 다른 암호화 도구로는 기원전 5세기에 스파르타인들이 군사적 목적으로 처음 사용했던 스키테일scytale이 있다. 스키테일은 나무 막대기에 가죽끈이나 양피지를 길게 잘라 감은 것으로 〈그림 2〉와 같다. 송신인은 메시지를 스키테일의 세로를 따라 적은 다음 끈을 풀어버리면, 끈에는 의미 없는 글자들의 나열로 보이게 된다. 메시지가 암호화된 것이다. 전령사는 스키테일을 감았던 가죽끈을 스테가노그래피 방식을 적용하여, 글자가 안쪽으로 가게끔 벨트로 매어 숨기기도 한다. 메시지를 복원할 때, 수신인은 송신인이 사용했던 것과 같은 직경의 스키테일에 그 가죽끈을 다시 감기만 하면 된다.

기원전 404년, 스파르타의 리산드로스Lysander 제독은 피투성이가 되어 기진맥진한 전령사와 마주쳤다. 그는 페르시아에서 스파르타까지 멀고도 험한 길에서 살아남은 5명의 전령 가운데 한 사람이었다. 그 전령사는 자신의 벨트를 풀어 리산드로스에게 건냈고, 리산드로스는 그 벨트를 자신의 스키테일에 감은 후 페르시아의 파르나바주스가 스파르타를 공격할 계획을 세우고 있다는 사실을 알게 되었다. 스키테일 덕분에 리산드로스는 페르시아 공격에 대비했고 결국 페르시아를 격퇴했다.

전치법을 대체할 수 있는 것으로 치환법이 있다. 치환 암호의 가장 오래된 사례가 카마수트라에 나온다. 카마수트라는 인도 브라만 출신의 학자 바츠야야나가 기원후 4세기에 썼지만, 기원전 4세기경의 필사본을 바탕으로 한다. 카마수트라에는 여성들이 요리, 의상, 마사지, 향수

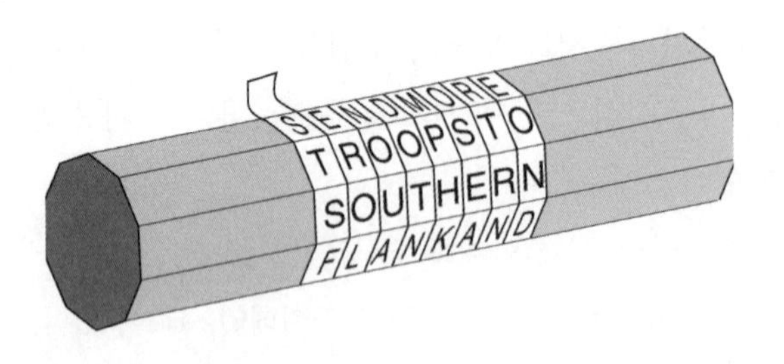

그림 2 송신인의 스키테일(나무 막대기)에 감긴 가죽끈을 풀면 가죽끈에는 의미 없는 S, T, S, F 등과 같은 글자들이 무작위로 나열된 것처럼 보인다. 이 끈을 메시지를 작성할 때 사용했던 스키테일과 똑같은 직경을 가진 스키테일에 다시 감아야만 원래 메시지가 다시 나타난다.

제조 등과 같은 64가지 기술을 배워야 한다고 말한다. 여기에는 마술, 체스, 제본술, 목공 같은 약간은 의외의 기술도 포함된다. 그 중 45번째가 믈레치타 비칼파mlecchita-vikalpa라고 하는 사이퍼 작성 기술로, 여성들이 은밀한 관계를 숨기는 데 필요하다고 이 기술을 옹호했다. 카마수트라에서 추천하는 암호 작성 기술 중 하나는 글자들끼리 무작위로 짝을 지은 다음 원문 메시지의 글자를 짝이 되는 글자로 대체하는 방법이다. 이 원리를 로마자에 적용하면 다음과 같이 짝지을 수 있다.

A	D	H	I	K	M	O	R	S	U	W	Y	Z
↕	↕	↕	↕	↕	↕	↕	↕	↕	↕	↕	↕	↕
V	X	B	G	J	C	Q	L	N	E	F	P	T

그러면 송신인은 meet at midnight(자정에 만나요) 대신에 CUUZ VZ CGXSGIBZ라고 쓰게 된다. 이런 형태의 암호를 치환 암호라고 한다. 평문의 글자를 다른 글자로 치환했기 때문이다. 따라서 치환 암호는 전치 암호와 상호보완적이다. 전치법에서는 글자 자체는 그대로 두고 위치만 바꾸는데 반해, 치환법에서는 글자가 다른 글자로 대체되나 위치는 그대로 유지한다.

군사적 목적으로 치환 암호법을 사용한 것에 관한 최초의 기록은 율리우스 카이사르가 쓴 《갈리아 전기》에 나온다. 포위되어 이제 막 항복 직전에 놓인 키케로에게 카이사르 자신이 어떻게 메시지를 보냈는지 설명하고 있다. 카이사르는 로마문자를 그리스문자로 바꿔서 적이 메시지를 알아볼 수 없게 했다. 카이사르는 극적으로 메시지를 보내게 된 상황을 다음과 같이 묘사했다.

> 만일 접근이 불가능한 경우 편지를 끈으로 단단히 묶어 창에 달아 야영지 참호 안쪽으로 던지라는 지시가 전령에게 내려졌다. 위험에 처할까 두려워한 갈리아의 전령은 지시받은 대로 창을 던졌다. 우연히도 창은 탑에 단단히 박혀 이틀 동안 아군의 눈에 띄지 않았다. 사흘째 되던 날 한 병사가 박혀 있는 창을 발견하고는 키케로에게 가져갔다. 키케로는 편지를 꼼꼼히 읽은 다음 부대를 사열하면서 편지를 낭독하여 병사들의 사기를 높였다.

카이사르가 너무나 자주 암호를 이용한 나머지 로마의 문법학자인 발레리우스 프로부스Valerius Probus는 카이사르의 암호에 관한 논문을 집필하기까지 했다. 그러나 아쉽게도 현재 그의 논문은 남아 있지 않다. 그러나 수에토니우스Suetonius가 기원후 2세기에 쓴《황제들의 일생 56 Lives of the Caesars LVI》덕분에 율리우스 카이사르가 사용한 치환 암호법 중 한 종류에 관한 자세한 정보를 얻을 수는 있었다.

카이사르는 메시지에 있는 각각의 글자를 알파벳 상에서 해당 글자의 세 자리 뒤에 오는 알파벳으로 치환했다. 암호 사용자들은 평문을 작성하는 데 사용한 평문 알파벳plain alphabet과 평문 알파벳을 대체한 사이퍼 알파벳cipher alphabet이라는 두 가지 측면으로 생각한다. 〈그림 3〉에서와 같이 평문 알파벳이 사이퍼 알파벳 위에 배치되어 있을 때, 사이퍼 알파벳은 평문 알파벳을 세 자리씩 옮겼다는 것을 알 수 있다. 따라서 이런 식의 치환 암호를 '카이사르 이동 암호' 또는 그냥 '카이사르 암호'라고 부른다. 사이퍼는 각각의 글자가 다른 글자나 기호로 치환되는 형태의 암호 기법을 가리킨다.

비록 수에토니우스는 세 자리를 이동하는 카이사르 암호만 언급했지만 1자리에서 25자리 사이로 알파벳을 이동하면 25개의 서로 다른 암

평문 알파벳	a b c d e f g h i j k l m n o p q r s t u v w x y z
사이퍼 알파벳	D E F G H I J K L M N O P Q R S T U V W X Y Z A B C

평문	v e n i, v i d i, v i c i
암호문	Y H Q L, Y L G L, Y L F L

그림 3 카이사르 암호를 짧은 메시지에 적용했다. 카이사르 암호는 원문 알파벳에서 몇 자리(여기서는 3자리)를 이동한 사이퍼 알파벳을 기반으로 작성된다. 암호학에서 평문은 관례적으로 알파벳 소문자로 작성하며 사이퍼 알파벳은 대문자로 쓴다. 마찬가지로 원문 메시지인 평문은 소문자, 암호화한 메시지, 즉 암호문은 대문자로 작성한다.

호문이 만들어진다. 사실 우리가 알파벳을 일제히 몇 자리씩 움직이는 것에 한정하지 않고 평문 알파벳을 재배열할 수 있게 해주면 훨씬 더 많은 수의 암호문을 만들 수 있다. 알파벳 순서를 재배열하는 방법의 수는 400,000,000,000,000,000,000,000,000개 이상이며, 이는 곧 서로 다른 암호문의 가짓수가 된다.

각각의 서로 다른 암호문은 일반적인 암호화를 뜻하는 '알고리즘algorithm'과 특정 암호화 방법의 세부사항을 특정하는 '열쇠key'의 측면에서 생각해볼 수 있다. 이 경우, 알고리즘은 평문 알파벳을 사이퍼 알파벳으로 치환하며, 사이퍼 알파벳은 순서 없이 재배열한 평문 알파벳으로 구성된다. 그리고 열쇠는 특정 암호화에 사용되는 특정 사이퍼 알파벳을 규정한다. 알고리즘과 열쇠의 관계는 〈그림 4〉와 같다.

가로챈 암호문을 조사하는 적은 그 알고리즘을 추측할 수는 있겠지만 정확한 열쇠는 모를 것이다. 예를 들어, 쓰인 평문의 각 글자가 특정 사이퍼 알파벳에 따라 다른 글자로 치환되었음을 추론해낼 수는 있지만 정확히 어떤 사이퍼 알파벳을 사용해서 암호화 했는지는 모를 것이다. 사이퍼 알파벳, 즉 열쇠가 송신인과 수신인 사이의 비밀로 잘 지켜지기만 하면, 적은 가로챈 메시지를 해독해낼 수 없다.

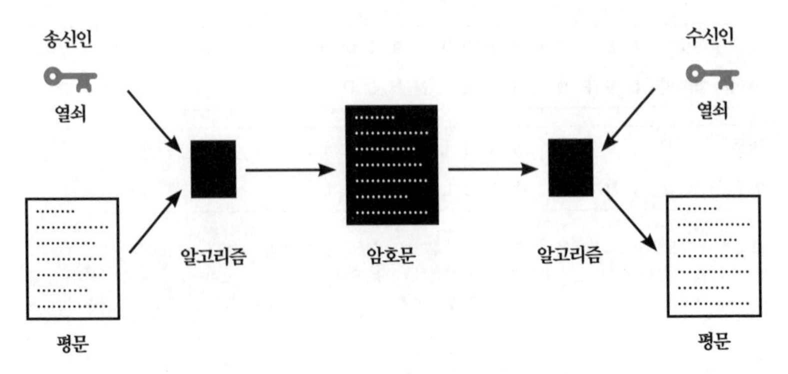

그림 4 평문 메시지를 암호화하려면, 송신인은 평문 메시지를 암호화 알고리즘으로 보낸다. 여기서 암호화 알고리즘이란, 암호화하기 위해 만들어진 일반화된 체계로, 특정 암호화 알고리즘으로 사용하려면 반드시 열쇠를 지정해야 한다. 열쇠와 알고리즘을 함께 평문에 적용하면 암호화된 메시지 또는 암호문이 생성된다. 수신인에게 메시지가 전송되는 동안 적이 암호문을 가로챌 수는 있겠지만, 암호문을 해독할 수는 없다. 그러나 송신인이 사용한 열쇠와 알고리즘을 모두 아는 수신인은 암호문을 평문으로 변환할 수 있다.

알고리즘과 대조적으로, 열쇠의 중요성은 암호학의 오랜 기본 원칙이다. 이 원칙은 1883년 네덜란드 언어학자 아우후스트 케르코프스 폰 니우엔호프Auguste Kerckhoffs von Nieuwenhof가 자신의 저서 《군사암호학La Cryptographie militaire》에서 "케르코프스의 원칙: 암호 체계의 보안성이 암호화 알고리즘을 비밀에 부치는 데에 있어서는 안 된다. 보안성은 오직 열쇠의 보안 유지에 달려 있다"고 명시한 바 있다.

안전한 암호 시스템은 열쇠를 비밀로 해야 할 뿐만 아니라, 선택 가능한 열쇠의 수도 많아야 한다. 예를 들어, 송신인이 카이사르 암호를 이용해서 메시지를 암호화하면, 암호가 상대적으로 취약해진다. 선택 가능한 열쇠가 25가지밖에 안 되기 때문이다. 적의 입장에서, 입수한 메시지가 카이사르 암호법의 알고리즘으로 암호화되었을 것이라고 추정하기만 하면, 25가지의 열쇠를 확인하기만 하면 된다. 그러나 송신인이 좀 더 포괄적인 치환 알고리즘을 사용하여 평문 알파벳을 순서와 상관없이 재배열한 사이퍼 알파벳을 사용했다면, 선택 가능한 열쇠는 400,000,000,000,000,000,000,000,000가지가 된다. 〈그림 5〉가 그러한 예다. 적의 관점에서 보자면, 가로챈 암호문이 있고 그 암호문에 어떤 알고리즘이 사용되었는지 이미 알고 있다 해도, 선택 가능한 열쇠를 모두 확인해야 하는 어마어마한 작업이 남게 된다. 적이 설령 400,000,000,000,000,000,000,000,000가지 중에 하나를 확인하는 데 1초씩 걸린다고 해도 모든 열쇠를 확인하는 데 대략 우주 나이의 10억 배라는 시간이 소요될 것이다.

이런 암호의 장점은 암호화하기 쉬우면서도 높은 수준의 보안을 제공한다는 데 있다. 송신인 입장에서 암호의 열쇠를 정하는 것은 쉽다. 26개 알파벳의 순서를 사이퍼 알파벳으로 재배열하기만 하면 되기 때문이다. 그러나 적의 입장에서 가능한 모든 열쇠를 일일이 대입하여 확인해야 하는 소위 무차별 대입 공격은 사실상 불가능하다. 여기서 중요한 것은 열쇠가 단순해야 한다는 사실이다. 송신인과 수신인 모두 열쇠를 알고 있어야 하기 때문이다. 그리고 열쇠가 단순하면 단순할수록 착오를 일으킬 소지도 적어진다.

사실 송신인이 잠재적인 열쇠의 수가 약간 줄어드는 것을 허용할 준

평문 알파벳	a	b	c	d	e	f	g	h	i	j	k	l	m	n	o	p	q	r	s	t	u	v	w	x	y	z
사이퍼 알파벳	J	L	P	A	W	I	Q	B	C	T	R	Z	Y	D	S	K	E	G	F	X	H	U	O	N	V	M

평문	e t	t u,	b r u t e ?
암호문	W X	X H,	L G H X W ?

그림 5 일반적인 치환 알고리즘의 한 예로 평문에 있는 각각의 글자가 열쇠에 따라 다른 글자로 치환되어 있다. 사이퍼 알파벳에 의해 열쇠가 정해지는데 이때 사이퍼 알파벳은 평문 알파벳을 무작위로 재배열하여 생성한다.

비가 되어 있으면 더 단순한 열쇠도 가능하다. 사이퍼 알파벳을 생성하기 위해 평문 알파벳을 무작위로 재배열하는 대신, 송신인은 한 개의 '열쇠단어keyword' 또는 '열쇠구문keyphrase'을 선택하면 된다. 예를 들어, JULIUS CAESAR을 열쇠구문으로 사용하려면, 먼저 열쇠구문에 있는 공백과 중복 글자를 제거한다JULISCAER. 그러고 나서 이것을 무작위 사이퍼 알파벳의 시작으로 삼는다. 나머지 사이퍼 알파벳은 열쇠구문의 마지막 알파벳 글자 다음부터 원래 알파벳의 순서대로 배열하면 된다. 그러면 다음과 같이 사이퍼 알파벳이 구성된다.

평문 알파벳	a	b	c	d	e	f	g	h	i	j	k	l	m	n	o	p	q	r	s	t	u	v	w	x	y	z
사이퍼 알파벳	J	U	L	I	S	C	A	E	R	T	V	W	X	Y	Z	B	D	F	G	H	K	M	N	O	P	Q

이런 식으로 사이퍼 알파벳을 만들 때의 장점은 열쇠단어나 열쇠구문, 나아가 사이퍼 알파벳을 외우기 쉽다는 데 있다. 외우기 쉽다는 점이 중요한 이유는 만일 송신인이 사이퍼 알파벳을 종이에 적어놔야 하는 경우에 상대인 적이 종이만 훔치면 열쇠를 알아낼 수 있고, 열쇠를 알아내면 해당 사이퍼 알파벳으로 암호화한 모든 통신 내용을 해독할 수 있기 때문이다.

그러나 열쇠를 머릿속으로 암기할 수만 있다면 적의 손에 열쇠가 유출될 가능성이 낮아진다. 분명히 열쇠구문으로 생성 가능한 사이퍼 알파벳 수는 열쇠단어를 이용하는 것보다는 적지만, 그래도 그 수는 여전히 어마어마하다. 그리고 적이 가능한 모든 열쇠구문을 대입하여 가로챈 메시지를 해독한다는 것도 사실상 불가능하다.

이 같은 단순함과 강력함 때문에 치환 암호법은 기원후 10세기 내내 비밀문서 작성 기술의 주류를 이뤘다. 암호 작성자들은 통신의 비밀을 보장하기 위해 암호 체계를 발전시켰고, 치환법의 강점으로 더 나은 암호 체계를 개발할 필요성이 사라졌다. 필요성이 없으면 새롭게 더 만들어낼 필요도 없는 법이다.

공은 암호 해독자에게로 넘어갔다. 암호 해독자들은 치환 암호법을 깨기 위해 노력했다. 암호를 가로챈 적이 암호문을 풀 방법이 있긴 있을까? 많은 고대 학자들은 치환 암호를 쓴 암호문은 해독할 수 없다고 여겼다. 선택 가능한 열쇠의 수가 너무 많았기 때문이었다. 그리고 실제로 수백 년간 치환 암호문을 깰 수 없다는 사실은 진리처럼 보였다.

그러나 마침내 암호 해독자들은 좀 더 빨리 모든 열쇠를 찾아내는 지름길을 찾아냈다. 암호를 풀기 위해 수십억 년을 보내는 대신 지름길을 통해 단 몇 분 만에 메시지를 풀 수 있었다. 그 놀라운 해법은 동양에서 발견되었으며 언어, 통계, 종교적 열정이 빚어낸 눈부신 조화의 결과였다.

아랍의 암호 해독자들

무함마드는 40세가 되면서부터 정기적으로 메카 교외의 히라산 동굴을 방문하기 시작했다. 조용한 그곳에서 무함마드는 기도하고 명상하고 사색하곤 했다. 무함마드가 깊은 명상에 잠겨 있던 기원후 610년경, 천사장 가브리엘이 무함마드를 찾아와 자신이 신의 뜻을 전하는 사자가 될 것임을 선언했다. 이는 20년 후 무함마드가 죽을 때까지 받은 신의 계시 중 첫 번째 계시였다. 그 계시는 무함마드가 살아있는 동안 다양한 필경사들에 의해 기록되었으나 너무나 단편적이었다. 결국 이슬람의 초대 칼리프 아부 바크르Abu Bakr에게 흩어져 있던 계시를 집성하는 일이 주어졌다. 집성 임무는 2대 칼리프인 우마르와 그의 딸 하프사에게로 이어졌으며, 마침내 3대 칼리프인 우스만에 이르러서야 완성되었다. 각각의 계시는 총 114장에 이르렀으며 코란의 내용이 되었다.

통치자 칼리프는 예언자 무함마드의 임무를 이어받아, 그의 가르침을 지키고 전파해야 할 책임이 있었다. 아부 바크르가 초대 칼리프로 임명된 632년부터 4대 칼리프 알리가 죽은 661년 사이에 그 당시 이미 알려진 세계의 절반이 이슬람의 지배권에 들어갈 때까지 이살람교가 확산됐다. 그러고 나서 약 100년 동안의 통합 노력이 있은 후, 750년 아바스 왕조가 시작되면서 이슬람 문명의 황금기가 도래했다. 예술과 과학이 똑같이 번성했던 것이다. 이슬람의 장인들이 우리에게 아름다운 그림과 화려한 조각품, 그리고 역사상 가장 정교한 직물이라는 유산을 남기는 동안, 이슬람의 과학자들도 우리에게 유산을 남겼다는 사실을 현대 과학 용어, 이를테면 대수학algebra, 알칼리alkaline, 천정天頂zenith 같은 어휘에 아랍어가 들어가 있는 것을 보면 알 수 있다.

이슬람 문화가 융성할 수 있었던 데에는 경제적 부와 사회적 안정이 큰 역할을 했다. 아바스 왕조의 칼리프들은 선대 칼리프들에 비해서 다른 지역을 정복하는 일에는 관심이 적었다. 대신 조직적이고 풍요로운 사회를 만드는 데 더 집중했다. 낮은 세금 덕분에 경제 성장이 촉진되고 상업과 산업이 발전하는 한편, 엄격한 법은 부패를 줄이고 시민을 보호하는 데 기여했다.

이 모든 것은 효과적인 행정 체계를 필요로 했고, 결과적으로 행정관리들은 암호를 활용한 통신보안에 기대게 되었다. 민감하고 중요한 국가 업무뿐 아니라 납세 기록을 보호하기 위해 관리들이 암호를 사용하기도 했다는 기록이 있으며, 이는 암호가 매우 폭넓고 일상적으로 사용되었음을 보여준다. 다수의 행정 지침서들이 이 같은 사실을 뒷받침한다. 이를테면, 10세기 행정 지침서인 《아다브 알-쿠타브Adab al-Kuttab》(일종의 '관리 감독 매뉴얼')에는 암호만 별도로 다룬 섹션이 있다.

행정관리들은 보통 앞에서 설명한 평문 알파벳을 단순히 재배열해서 만든 사이퍼 알파벳을 사용했지만, 알파벳 말고 다른 기호를 사이퍼 알파벳에 적용하기도 했다. 예를 들면, 평문 알파벳의 **a**를 사이퍼 알파벳에서는 **#**으로 치환하기도 했으며, **b**를 **+**로 바꾸기도 했다. 글자나 기호, 아니면 글자와 기호를 모두 포함한 사이퍼 알파벳을 사용하는 모든 치환 암호를 통칭해서 단일 치환 암호monoalphabetic substitution cipher라고 일컫는다. 우리가 지금까지 다룬 모든 치환 암호는 단일 치환 암호의 범주에 들어간다.

아랍인들이 단순히 단일 치환 암호를 사용하는 데에만 익숙했다면, 암호의 역사에서 아랍인이 비중 있게 거론되진 않았을 것이다. 아랍의 학자들은 암호를 능숙하게 사용했을 뿐만 아니라 암호를 해독하는 데에도 능했다. 실제로 암호 해독학cryptanalysis을 창안한 것은 아랍의 학자들이었다. 암호 해독학은 열쇠를 모르는 상태에서 암호를 해독하는 학문이다. 암호 작성자가 비밀문서를 작성하기 위해 암호를 개발하는 동안, 암호 해독자는 암호 제작 방법상의 허점을 찾아내어 암호문을 해독하려고 했다. 아랍의 암호 해독자들은 몇백 년 동안 난공불락이었던 단일 치환 암호를 깨는 데 성공했다.

암호 해독학은 수학, 통계학, 언어학을 비롯한 다양한 학문이 고도로 발전할 정도로 높은 수준의 문명을 이루지 못하면 나올 수 없는 분야다. 이슬람 문명은 암호 해독학이 싹트는 데 최적의 요람을 제공했다. 이슬람교는 인간 활동의 전 영역에서의 공정성을 요구했으며, 공정성을 이루기기 위해서는 일름ilm 즉, 지식이 필요했다. 이슬람교도마다 다양한 형태의 지식을 추구할 의무가 주어졌으며 아바스 왕조의 경제적인 풍요로움 덕분에 학자들에게는 자신의 임무를 다하는 데 필요한 시간과 돈, 그리고 자료가 넘쳐났다. 이슬람 학자들은 이집트, 바빌론, 인도, 중국, 페르시아, 시리아, 아르메니아, 히브리, 로마 시대의 자료를 구해 아랍어로 번역하여 이전 문명에 대한 지식을 얻는 데 힘을 쏟았다. 815년, 아바스 왕조의 7대 칼리프 알-마문al-Mamun은 바그다드에 바이트 알-히크마Bait al-Hikmah(지혜의 집)를 세웠다. 이곳은 도서관이자 번역 센터였다.

이슬람 문명은 지식을 수집함과 동시에 수집한 지식을 전파하기도 했다. 중국에서 제지 기술을 획득했기 때문이었다. 제지술은 와라킨 warraqin 또는 '종이를 다루는 사람'이라는 직업을 탄생시켰다. 와라킨은 한 마디로 인간 복사기로 필사본을 그대로 다시 옮겨 적었고, 급성장하는 출판 산업을 지탱했다. 한창때는 수만 권의 책이 매년 출판되었으며, 바그다드 교외의 한 동네에만 100개가 넘는 서점이 있었다. 이런 서점은《천일야화》같은 고전뿐만 아니라 생각해낼 수 있는 그 어떤 주제라도 모두 다룬 교재들을 팔았으며 세계에서 가장 학식 있고 학구적인 사회를 지탱하는 데 도움을 주었다.

세속적인 학문에 대한 이해가 깊어짐과 더불어 종교학의 발전 또한 암호 해독학의 탄생에 기여했다. 주요 이슬람 신학교들이 바스라, 쿠파, 바그다드에 설립되었으며, 이곳에서 이슬람 신학자들은 무함마드가 전하는 신의 계시가 집대성된 코란을 면밀히 연구했다. 신학자들은 계시록을 연대순으로 밝히는 데 관심이 많았다. 이를 위해 각 계시에 들어있는 단어의 빈도수를 조사했다.

'특정 단어는 비교적 최근에 진화했다'는 이론에 바탕을 둔 것이다. 특정 계시에서 최근에 생성된 단어가 많이 사용된다면 그것은 연대상 비교적 최근에 기록된 것임을 의미했다. 신학자들은 《하디스Hadīh》 즉, 예언자 무함마드의 언행록도 연구했다. 이들은 《하디스》에 실린 진술이 실제로 무함마드로부터 나온 것인지 입증하려 했다. 그러기 위해서 단어의 어원과 문장 구조를 연구하여 특정 텍스트가 무함마드의 언어 패턴과 일치하는지 따졌다.

중요한 것은 이 신학자들이 단어 차원의 연구에만 머무르지 않았다는 데 있다. 이들은 각각의 글자까지도 분석했다. 특히 어떤 글자들은 다른 글자보다 더 많이 쓰인다는 사실도 알아냈다. 아랍어에서 글자 a와 l이 가장 흔하다. 어느 정도는 정관사 al- 때문인데, j는 a나 l에 비해 그 사용빈도가 10분의 1에 불과하다. 특별할 것 없어 보이는 이 같은 발견은 암호 해독 사상 최초의 위대한 돌파구로 이어졌다.

누가 처음으로 글자의 빈도수 차이를 암호 해독에 이용할 수 있다고 생각해냈는지는 알려지지 않았다. 그러나 이 기술에 대한 가장 오래된 기록은 9세기의 학자 아부 유수프 야쿱 이스 하크 이븐 앗사바 이븐 옴란 이븐 이스마일 알 킨디Abū Yūsūf Ya'qūb ibn Is-hāq ibn as-Sabbāh ibn 'omrān ibn Ismaīl al-Kindī가 남긴 기록이다. '아랍의 철학자'라고도 알려진 알 킨디는 의학, 천문학, 수학, 언어학, 음악에 관한 책 290여 권을 저술하기도 했다.

그가 저술한 최고의 논문은 1987년 이스탄불에 있는 술라이마니야 오토만 기록관Sulaimaniyyah Ottoman Archive(터키 국가 기록관 분관)에서 재발견된 〈암호문 해독에 관하여A manuscript on Deciphering Cryptographic Messages〉라는 제목의 논문으로 〈그림 6〉은 그 논문의 첫 페이지다. 그의 논문은 통계학과 아랍어 음성학, 그리고 아랍어 구문론을 자세히 논하고 있지만, 알 킨디의 혁명적인 암호 해독 체계는 두 개의 짧은 단락으로 압축되어 있다.

> 암호화된 메시지를 푸는 방법 중 하나는 우리가 암호문의 언어를 안다고 할 때, 대략 종이 한 장에 같은 언어로 쓰인 다른 샘플 평문을 구한 다음 그곳에 쓰인 각 문자의 빈도를 세는 것이다. 빈도가 가장 높은 문자를 '첫 번째', 그 다음으로 높은 빈도의 문자를 '두 번째', 그 다음은 '세 번째' 같이 샘플에 나온 문자를 다 셀 때까지 계속해서 이렇게 부르며 각기 다른 문자의 빈도를 조사한다.
>
> 그런 다음 해독하려는 암호문을 보고 그 암호문에 쓰인 기호들을 분류한다. 분류한 기호들 중에서 가장 높은 빈도의 기호를 샘플 평문에서 찾은 '첫 번째' 문자로 바꾼다. 그 다음으로 높은 빈도의 기호는 '두 번째' 문자로, 그 다음으로 높은 빈도의 기호는 '세 번째' 문자로 바꾸는 등 암호문의 모든 기호를 다 처리할 때까지 이 과정을 거친다.

영어 알파벳을 사용하면 알 킨디의 설명을 더 쉽게 풀 수 있다. 먼저 어느 정도 긴 분량의 평범한 영문 텍스트가 있어야 한다. 각 알파벳 글자별로 빈도를 조사하려면 여러 개의 텍스트가 필요할 수도 있다. 영어에서는 e의 출현 빈도가 가장 높다. 그 다음이 t, 다음이 a이며, 나머지는 〈표 1〉과 같다. 그 다음, 해독하려는 암호문을 살펴보면서 암호문에 있는 각 글자의 출현 빈도를 계산한다.

암호문에서 가장 출현 빈도가 높은 글자가 예를 들어 J라고 할 때, J는 원래 e를 대체했을 가능성이 있다. 그리고 암호문에서 두 번째로 출

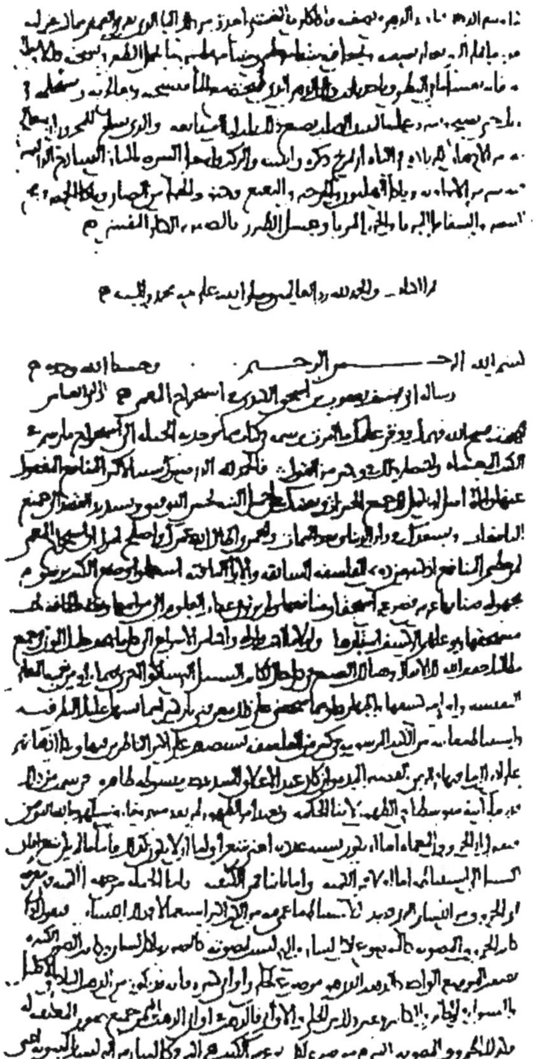

그림 6 알 킨디의 《암호문 해독에 관하여》 원고의 첫 페이지는 빈도를 분석해서 암호를 해독하는 설명 중 가장 오래된 기록이다.

현 빈도가 높은 문자가 P라면, P는 원래 알파벳 t를 대체한 것으로 보는 등, 이와 같은 과정을 반복한다. 빈도 분석으로 알려진 알 킨디의 암호 해독 기술은 굳이 수십 억 개에 달하는 잠재적인 열쇠를 모두 확인하지 않아도 된다는 사실을 보여준다. 오히려 암호문에 담긴 글자의 빈도를 분석하기만 해도 암호화된 메시지의 내용을 해독하는 게 가능하다.

그러나 알 킨디의 암호 해독 공식을 무조건적으로 적용할 수는 없다. 〈표 1〉의 표준 빈도는 평균치에 불과하므로 모든 텍스트의 문자 출현 빈도와 정확히 일치하지 않기 때문이다. 예를 들어, 아프리카의 줄무늬 네발짐승의 이동이 대기에 미치는 영향을 논하는 다음과 같은 짧은 메시지 안에서 문자 출현 빈도는 표준 빈도 분석의 수치와 정확히 일치하지 않을 수 있다. 'From Zanzibar to Zambia and Zaire, ozone zones

문자	퍼센트	문자	퍼센트
a	8.2	n	6.7
b	1.5	o	7.5
c	2.8	p	1.9
d	4.3	q	0.1
e	12.7	r	6.0
f	2.2	s	6.3
g	2.0	t	9.1
h	6.1	u	2.8
I	7.0	v	1.0
j	0.2	w	2.4
k	0.8	x	0.2
l	4.0	y	2.0
m	2.4	z	0.1

표 1 본 표의 상대적 출현 빈도는 신문과 소설에서 가져온 샘플 텍스트를 기반으로 산출한 것으로 총 알파벳 글자 수는 100,362자다. H. 베커와 F. 파이퍼가 정리했으며, 《사이퍼 시스템: 통신의 보호Cipher Systems: The Protection of Communication》에 게재되었다.

make zebras run zany zigzag.'(잔지바에서 잠비아, 그리고 자이레에 이르는 오존 구역에서 얼룩말들은 지그재그로 달린다.)

일반적으로 짧은 길이의 텍스트는 표준 빈도에서 크게 벗어날 가능성이 있다. 게다가 텍스트의 글자 수가 100자 미만일 경우 암호 해독은 매우 어려워진다. 반면에 길이가 긴 텍스트는 표준 빈도와 일치할 가능성이 더 높긴 하지만, 그렇다고 언제나 일치하는 것은 아니다.

1969년 프랑스 작가 조르주 페렉George Perec은 《실종La Disparition》이라는 200쪽짜리 소설을 쓰면서 글자 e가 들어간 단어를 하나도 쓰지 않았다. 더욱더 놀라운 것은 영국 소설가이자 비평가인 길버트 아데어Gilbert Adair가 페렉처럼 글자 e를 피해가면서 페렉의 《실종》을 영어로 번역하는 데 성공했다는 사실이다. 《공백A void》이라고 제목 붙인 아데어의 번역판은 의외로 잘 읽힌다(부록 A 참조).

만일 아데어의 번역판 전체가 단일 치환 암호로 암호화되었다고 할 때, 순진하게 무작정 해독하려고 해봐야 벽에 부딪힐 수 있다. 영어 알파벳 가운데 가장 출현 빈도가 높은 e가 아예 없기 때문이다.

지금까지 암호 해독의 첫 번째 도구를 설명했다. 이제는 어떻게 빈도 분석을 암호문 해독에 활용할 수 있는지 예를 들어 보겠다. 나는 이 책 전체를 암호 해독 예제로 가득 채우는 것은 피하려고 하지만, 빈도 분석에 대해서만큼은 예외로 하려고 한다. 부분적으로는 빈도 분석이 생각보다 어렵지 않기 때문이기도 하고, 부분적으로는 빈도 분석이야말로 암호 해독의 주된 도구라 할 수 있기 때문이다. 게다가 앞으로 제시할 예제는 암호 해독 작업 방식에 대한 통찰을 준다. 빈도 분석을 하려면 논리적인 사고력도 필요하지만 영리한 속임수, 직관, 융통성 그리고 추론도 요구된다는 사실을 깨닫게 될 것이다.

암호문의 해독

PCQ VMJYPD LBYK LYSO KBXBJXWXV BXV ZCJPO EYPD KBXBJYUXJ LBJOO KCPK. CP LBO LBCMKXPV XPV IYJKL PYDBL, QBOP KBO BXV OPVOV LBO LXRO CI SX'XJMI, KBO JCKO XPV EYKKOV LBO DJCMPV ZOICJO BYS, KXUYPD: 'DJOXL EYPD, ICJ X LBCMKXPV XPV CPO PYDBLK Y BXNO ZOOP JOACMPLYPD LC UCM LBO IXZROX CI FXKL XDOK XPV LBO RODOPVK CI XPAYOPL EYPDK. SXU Y SXEO KC ZCRV XK LC AJXNO X IXNCMJ CI UCMJ SXGOKLU?'

OFYRCDMO, LXROK IJCS LBO LBCMKXPV XPV CPO PYDBLK

우리가 위와 같은 암호문을 입수했다고 상상해보자. 우리는 이 암호문을 해독해야 한다. 우리는 이 암호문 텍스트가 영어라는 것과 단순 치환 암호 기법에 따라 암호화되었다는 사실은 알지만, 열쇠는 모른다. 선택 가능한 모든 열쇠를 찾는 건 불가능하다. 따라서 우리는 빈도 분석을 해야 한다. 앞으로 이 암호문의 해석 방법을 단계적으로 보여줄 것이다. 그러나 스스로 해독할 자신이 있다면 이번에 다루는 내용은 건너뛰고 독자적으로 암호를 해독해도 좋다.

이 같은 암호문이 앞에 있으면 암호 해독자들은 즉시 모든 글자의 출현 빈도를 분석하려고 한다. 그렇게 출현 빈도를 분석하면 〈표2〉와 같은 결과가 나온다. 당연히 글자의 빈도수는 저마다 다르다. 문제는 우리가 각각의 문자가 나타내는 바를 빈도 분석을 통해 알아낼 수 있느냐는 것이다. 암호문은 상대적으로 짧다. 따라서 우리는 빈도 분석을 여기에

글자	빈도		글자	빈도	
	출현횟수	퍼센트		출현횟수	퍼센트
A	3	0.9	N	3	0.9
B	25	7.4	O	38	11.2
C	27	8.0	P	31	9.2
D	14	4.1	Q	2	0.6
E	5	1.5	R	6	1.8
F	2	0.6	S	7	2.1
G	1	0.3	T	0	0.0
H	0	0.0	U	6	1.8
I	11	3.3	V	18	5.3
J	18	5.3	W	1	0.3
K	26	7.7	X	34	10.1
L	25	7.4	Y	19	5.6
M	11	3.3	Z	5	1.5

표 2 암호화된 메시지의 빈도 분석

무작정 적용할 수 없다.

빈도 분석 결과표만 보고 단순히 암호문에서 가장 높은 빈도를 보이는 O가 영어에서 가장 흔한 알파벳인 e를 나타낸다거나, 암호문에서 8번째로 높은 빈도를 보이는 Y가 영어 알파벳에서 8번째로 높은 빈도를 보이는 h일 거라고 가정하는 건 순진한 발상이다. 묻지도 따지지도 않고 빈도 분석을 적용하다가는 무의미한 말만 나온다. 예를 들어 첫 번째 단어 PCQ를 이 방식으로 해독하면 aov가 된다.

그러나 일단 암호문에서 30회 이상 출현한 글자 3개 O, X, P에 집중하는 것부터 시작할 수 있다. 암호문에서 가장 흔한 글자들이 영문 알파벳에서 흔한 글자를 나타내리라고 가정하는 것은 꽤 안전한 발상이다. 그러나 반드시 꼭 그 순서라는 법은 없다. 다시 말해서 우리는 O=e, X=t, P=a라고 확신할 수는 없지만 임시로 다음과 같은 가정은 해볼 수 있다.

O=e, t 또는 a　　X=e, t 또는 a　　P=e, t 또는 a

자신감을 갖고 가장 많이 사용된 글자 O, X, P가 어떤 글자인지 정확히 밝히려면 좀 더 영리한 방식으로 빈도 분석을 해야 한다. 단순히 세 글자의 빈도를 계산하는 대신에, 어떻게 이 글자들이 다른 나머지 글자들의 옆에 오는지 눈여겨본다. 예를 들어 O는 다른 글자 앞 또는 뒤에 오는가? 아니면, 특별한 글자 몇 개와 이웃하는 경향이 있는가? 이 같은 질문에 답을 하다 보면 O가 모음을 나타내는지 아니면 자음을 나타내는지 잘 알 수 있다. 만일 O가 모음이라면, O는 다른 글자들의 앞과 뒤에 나타나야 할 것이고, 만일 자음이라면 다른 글자들 옆에 많이 오지 않는 경향을 보일 것이다. 예를 들어 알파벳 e는 거의 모든 단어의 앞뒤에 나타나지만 t는 b, d, g, j, k, m, q 또는 v의 앞이나 뒤에 오는 경우가 드물다.

다음의 표는 암호문에 가장 많이 사용된 알파벳 O, X, P가 각각 다른 알파벳의 앞이나 뒤에 오는 빈도를 조사한 것이다. 예를 들어, O가 A 앞에 오는 경우는 한 번이지만, A 바로 뒤에 오는 경우는 한 번도 없어 표의 첫 번째 칸에 총 1회로 기록했다. O는 대부분 알파벳의 앞뒤에 오긴 했지만, 7개의 알파벳과는 한 번도 이웃하지 않았다. 따라서 O와 이웃한 적이 없는 알파벳에는 0이라고 기록한다. X도 O와 비슷하게 사교적이어서 여기저기 다른 알파벳과 많이 어울리지만, 8개의 알파벳과는 이웃하지 않는다. 그러나 P는 O나 X에 비해 훨씬 덜 사교적이다. P는 소수의 알파벳 주변에만 있다. P 근처로 오지 않으려는 알파벳이 15개다. 종합해보면 O와 X는 모음, P는 자음이라는 사실을 알 수 있다.

	A	B	C	D	E	F	G	H	I	J	K	L	M	N	O	P	Q	R	S	T	U	V	W	X	Y	Z
O	1	9	0	3	1	1	1	0	1	4	6	0	1	2	2	8	0	4	1	0	0	3	0	1	1	2
X	0	7	0	1	1	1	1	0	2	4	6	3	0	3	1	9	0	2	4	0	3	3	2	0	0	1
P	1	0	5	6	0	0	0	0	0	1	1	2	2	0	8	0	0	0	0	0	0	11	0	9	9	0

이제 우리는 O와 X가 어떤 모음을 나타내고 있는가 하는 질문을 던져야 한다. 아마도 O와 X는 영어에서 가장 흔한 두 개의 모음인 e와 a일 수도 있다. 그렇다면 O=e이고 X=a일까, 아니면 O=a이고 X=e일까? 암호문에 재미있는 특징이 발견되는데 바로 OO는 두 번 나타나는 반면 XX는 한 번도 나타나지 않는다. 보통 일반 영문 텍스트에서 ee가 aa보다 훨씬 더 많이 보이므로 아마도 O=e 이고 X=a일 것이다.

지금 우리는 암호문에 있는 글자 두 개의 정체를 밝혀냈다. X가 암호문에서 단독으로 존재한다는 사실은 우리가 내린 X=a라는 결론을 더욱 확실하게 뒷받침한다. 암호문에서 단독으로 쓰인 유일한 다른 알파벳은 Y이며, Y는 영어에서 쓰이는 한 글자로 된 단어, 즉 i일 가능성이 매우 높다. 한 글자로 된 단어에 초점을 맞추는 것은 암호 해독에서 늘 사용하는 요령이므로 〈부록B〉에 암호 해독 요령 목록의 하나로도 포함시켰다. 이 같은 접근법이 효과적인 것은 바로 이 암호문의 단어와 단어 사이에 공백이 있기 때문이다. 그래서 흔히 암호 작성자들은 암호 해독을 더욱 어렵게 할 목적으로 공백을 모두 제거하기도 한다.

비록 단어들 사이에 공백이 있긴 하지만, 다음에 소개하는 방법들은 암호문이 공백 없이 작성되어 있을 때도 통한다. 이 방법을 통해 우리는 h를 찾아낼 수 있다. 일단 e를 대체한 글자가 어떤 글자인지 파악했기 때문이다. 영어에서 h는 자주 e 앞에 오지만(the, then, they 등처럼), e 다음에 h가 오는 경우는 드물다. 아래의 표를 보면 우리가 e라고 생각하는 O가 암호문에서 얼마나 자주 다른 알파벳의 앞과 뒤에 오는지 확인할 수 있다. 표에 따르면, B가 h임을 추측할 수 있다. B가 O 앞에 오는 경우는 9번이지만 B가 O 뒤로 가는 경우는 한 번도 없기 때문이다. 표를 보면 그 어떤 알파벳도 다른 알파벳과의 관계가 O처럼 비대칭을 이루지 않는다.

	A	B	C	D	E	F	G	H	I	J	K	L	M	N	O	P	Q	R	S	T	U	V	W	X	Y	Z
O(다음에)	1	0	0	1	0	1	0	0	1	0	4	0	0	0	2	5	0	0	0	0	0	2	0	1	0	0
O(앞에)	0	9	0	2	1	0	1	0	0	4	2	0	1	2	2	3	0	4	1	0	0	1	0	0	1	2

영어에서 각각의 알파벳은 저마다 고유의 특징을 지닌다. 특징에는 빈도도 있고 다른 알파벳과의 관계도 있다. 바로 이런 특징을 통해 우리는 각 알파벳의 실체를 알아낼 수 있다. 제 아무리 단일 치환 암호로 위장했다 해도.

지금까지 우리는 알파벳 중에서 4개의 정체를 밝혀냈다. O=e, X=a, Y=i, B=h로, 암호문에서 이 알파벳들을 평문 알파벳으로 바꿀 수 있다. 여기서 나는 암호문의 글자는 대문자, 평문의 글자는 소문자로 표기한다는 원칙을 그대로 지켜 대입하겠다. 이 원칙을 따르면 확인된 평문 알파벳으로 바꿔놔도 아직 확인이 안 된 사이퍼 알파벳과 이미 파악된 알파벳을 구분하는 데 도움이 된다.

PCQ VMJiPD LhiK LiSe KhahJaWaV haV ZCJPe EiPD KhahJiUaJ LhJee KCPK. CP Lhe LhCMKaPV aPV IiJKL PiDhL, QheP Khe haV ePVeV Lhe LaRe CI Sa'aJMI, Khe JCKe aPV EiKKev Lhe DJCMPV ZeICJe hiS, KaUiPD: 'DJeaL EiPD, ICJ a LhCMKaPV aPV CPe

PiDhLK i haNe ZeeP JeACMPLiPD LC UCM Lhe laZReK CI FaKL aDeK aPV Lhe ReDePVK CI aPAiePL EiPDK. SaU i SaEe KC ZCRV aK LC AJaNe a laNCMJ CI UCMJ SaGeKLU?'

eFiRCDMe, LaReK IJCS Lhe LhCMKaPV aPV CPe PiDhLK

이 간단한 작업을 통해서 우리는 다른 여러 글자를 해독해낼 수 있다. 암호문의 일부 단어를 추측할 수 있기 때문이다. 예를 들어 영어에서 가장 흔한 세 글자로 된 단어는 the와 and다. 이 단어들은 상대적으로 찾기 쉽다. Lhe만 암호문에 6번 출현하며, aPV는 5번 나온다. 따라서 L은 t, P는 n, V는 d를 나타낸다고 볼 수 있다. 그럼 이 글자들을 암호문에서 평문 알파벳으로 대체한다.

nCQ dMJinD thiK tiSe KhahJaWad had ZCJne EinD KhahJiUaJ thJee KCnK. Cn the thCMKand and liJKt niDht, Qhen Khe had ended the taRe CI Sa'aJMI, Khe JCKe And EiKKed the DJCMnd ZeICJe hiS, KaUinD: 'DJeat EinD, ICJ a thCMKand and Cne niDhtK i haNe Zeen JeACMntinD tC UCM the laZReK CI FaKt aDeK and the ReDendK CI anAient EinDK. SaU i SaEe KC ZCRd aK tC AJaNe a laNCMJ CI UCMJ SaGeKtU?'

eFiRCDMe, taReK IJCS the thCMKand and Cne niDhtK

일단 글자 몇 개를 해독하고 나면 암호 해독에 가속이 붙는다. 예를 들어 두 번째 문장을 시작하는 단어는 Cn이다. 모든 단어마다 모음이 들어있으니, C는 분명히 모음일 것이다. 이제 사이퍼 알파벳에서 찾아야 할 모음은 u와 o, 2개다. u를 대입하면 단어가 되지 않으므로 C는 o를 나타낸다. 또, 단어 중에 Khe가 있다. 여기 K는 t이거나 s일 것이다. 그러나 이미 L=t라는 것을 알고 있으므로, K=s다. 이 두 글자를 알아냈으니 이제 이 두 글자를 다시 암호문에 대입하면 이런 구문이 나타난다. thoMsand and one niDhts. 이쯤 되면 이 구문이 thousand and one nights라는 것을 추측할 수 있다. 그리고 마지막 줄을 통해 우리는 이 암호문이 《천일야화Tales from the Thousand and One Nights》의 일부라는 것을 짐작할 수 있다. 즉 M=u, I=f, J=r, D=g, R=l, S=m이라 볼 수 있다.

계속해서 우리는 다른 단어들을 추측해 나가면서 다른 글자들을 찾을 수 있겠지만, 그러는 대신 지금까지 우리가 알고 있는 평문 알파벳과 사이퍼 알파벳을 살펴보자. 이 두 알파벳을 가지고 열쇠가 구성되며, 암호 작성자는 이 열쇠를 사용하여 메시지를 암호화했다. 이미 암호문에 있는 글자들이 실제로 어떤 글자인지 알아냄으로써 우리는 사이퍼 알파벳이 구체적으로 어떻게 구성되었는지 파악했다. 지금까지 우리가 밝혀낸 평문 알파벳과 사이퍼 알파벳을 정리하면 아래와 같다.

평문 알파벳	a	b	c	d	e	f	g	h	i	j	k	l	m	n	o	p	q	r	s	t	u	v	w	x	y	z
사이퍼 알파벳	X	-	-	V	O	I	D	B	Y	-	-	R	S	P	C	-	-	J	K	L	M	-	-	-	-	-

부분적으로 드러난 사이퍼 알파벳만 가지고도 우리는 암호 해독 작업을 마무리할 수 있다. 사이퍼 알파벳에서 연속으로 나온 VOIDBY는 이 암호 작성자가 열쇠로 열쇠구문keyphrase을 채택했다는 것을 말해준다. 조금만 더 추측해보면 열쇠구문은 A VOID BY GEOGRES PEREC(조르주 페렉의 공백)으로 공백과 반복된 글자를 없애서 AVOIDBYGERSPC로 압축

했음을 알 수 있다. 그러고 나서 나머지 글자들은 알파벳 순서로 배열하고, 이미 열쇠구문에 나온 알파벳은 건너뛴다. 이 암호문의 경우 암호 작성자는 열쇠구문을 사이퍼 알파벳의 A에서 시작하지 않고 세 번째 알파벳부터 시작하는 특별한 방법을 택했다. 아마도 열쇠구문이 A로 시작하지만 평문 알파벳 a가 사이퍼 알파벳의 A로 치환되는 것을 원치 않았던 것 같다. 마침내 사이퍼 알파벳을 모두 찾아냈으니 전체 암호문을 해독할 수 있게 되고, 암호 해독은 여기서 끝난다.

평문 알파벳	a	b	c	d	e	f	g	h	i	j	k	l	m	n	o	p	q	r	s	t	u	v	w	x	y	z
사이퍼 알파벳	X	Z	A	V	O	I	D	B	Y	G	E	R	S	P	C	F	H	J	K	L	M	N	Q	T	U	W

Now during this time Shahrazad had borne King Shahriyar three sons. On the thousand and first night, when she had ended the tale of Ma'aruf, she rose and kissed the ground before him, saying: 'Great King, for a thousand and one nights I have been recounting to you the fables of past ages and the legends of ancient kings. May I make so bold as to crave a favour of your majesty?'

Epilogue, Tales from the Thousand and One Nights

그동안 세헤라자데와 샤리아르 왕 사이에 세 왕자가 태어났다. 천일하고도 하루가 지난 날 밤, 세헤라자데는 마아루프의 이야기를 마치고 일어서서 왕 앞의 땅에 입을 맞추며 말했다. "위대한 왕이시여, 천일하고도 하룻밤 동안 전해 내려오는 이야기와 고대 제왕의 전설을 전해드렸습니다. 이제 전하에게 감히 부탁 하

나를 드려도 되겠습니까?"

《천일야화》 에필로그에서

서구의 르네상스

기원후 800년에서 1200년 사이에 아랍의 학자들은 활기찬 지적 성취의 시기를 누렸다. 같은 시대에 유럽은 암흑기에서 옴짝달싹 못하고 있었다. 알 킨디가 암호 해독법을 발견하고 기록하는 동안 유럽인들은 여전히 기초적인 암호의 원리만 붙들고 있었다. 유럽에서 암호 작성을 연구하도록 독려하는 유일한 기관은 수도원이었다. 이곳에서 수도사들은 성서의 감춰진 뜻을 찾기 위해 연구했다. 성서의 감춰진 뜻에 매혹되는 현상은 지금도 계속 되고 있다(부록 C 참조).

중세의 수도사들은 구약 성서에 의도적이고 너무나 뻔한 암호문의 예가 있다는 사실에 강한 호기심을 느꼈다. 예를 들어 구약에는 아트배시atbash로 암호화된 텍스트가 있다. 아트배시는 전통적인 형태의 히브리어 치환 암호다. 아트배시는 각각의 글자를 취해서 각 글자가 알파벳 처음부터 몇 번째에 오는지 센 다음, 그 글자를 알파벳의 끝에서부터 세어 같은 차례에 있는 글자로 치환한다. 영어를 예로 들면 알파벳의 맨 처음에 있는 a를 알파벳 제일 마지막 글자인 Z로 치환하고 b는 Y로 치환하는 식이다. 아트배시라는 용어 자체도 이 암호의 방식을 암시한다.

히브리 알파벳의 첫 번째 글자 '알레프aleph' 다음에, 제일 마지막 히브리 알파벳인 '타브taw'가 오고, 두 번째 히브리 알파벳인 '베트beth' 다음에, 히브리 알파벳의 끝에서 두 번째 자리에 있는 '신shin'이 와서 아트배시atbash라는 단어가 만들어졌기 때문이다. 예레미야 25장 26절과 51

장 41절에 아트배시를 사용한 예가 나와 있다.

여기서 '바벨Babel'이 'Sheshach'라는 단어로 대체되어 있다. 즉 Babel의 첫 번째 글자 '베트beth'는 히브리 알파벳에서는 두 번째 글자다. 이 글자는 히브리 알파벳에서 끝에서 두 번째에 있는 글자인 '신shin'으로 치환되어 있다. 이어서 바벨Babel에서 두 번째 글자도 '베트beth'이므로 이번에도 '신shin'으로 대체되며, 마지막 글자 '라메드lamed'는 히브리 알파벳에서 12번째 글자이므로 히브리 알파벳 끝에서 12번째에 있는 글자인 '카프kaph'로 대체되어 있다.

아트배시와 비슷한 성서 속의 다른 암호들은 의미를 감추기보다는 단지 신비감을 줄 목적으로 사용되었지만, 암호에 대해 진지한 관심을 불러일으키기엔 충분했다. 유럽의 수도사들 사이에서 오래된 치환 암호문이 재발견되면서, 그들은 새로운 암호를 개발하기도 했으며, 적절한 시기가 되자 서구 문명에 암호를 다시 소개하기도 했다. 암호 사용에 대해 기술한 유럽 최초의 책은 13세기 잉글랜드 프란체스코 수도회의 수도사이자 박식가인 로저 베이컨Roger Bacon이 저술한 《은밀한 예술 작품과 마술의 무의미에 대한 서한Epistle on the Secret Works of Art and the Nullity of Magic》이다. 베이컨은 이 책에 메시지를 숨기는 일곱 가지 방법을 수록하면서 다음과 같이 경고했다. "일반인들에게 비밀을 감추지 않고 비밀을 기록하는 자는 미친 사람이다."

14세기 무렵까지 암호의 사용이 점차 확산되면서 연금술사들과 과학자들은 자신들이 발견한 사실을 숨기는 데 암호를 사용했다. 문학적 업적으로 더 유명한 제프리 초서Geoffrey Chaucer는 천문학자이자 암호학자이기도 했으며, 또 초기 유럽 암호 가운데 가장 유명한 암호의 예시를 만든 장본인이기도 했다. 초서는 자신의 논문 《아스트롤라베에 관한 소고Treatise on the Astrolabe》에서 '행성 관측기구The Equatorie of the Planetis'라는 제목의 주석을 작성하면서 몇 개의 단락을 암호문으로 작성했다. 초서의 암호는 평문 글자를 기호로 바꾼 것으로, 일례로 b 대신에 δ를 쓰는 식이었다. 글자가 아닌 낯선 기호로 이뤄진 암호문은 처음 봤을 때 더 복잡해 보일 수는 있지만, 실질적으로는 전통적인 글자 대 글자 암호법과 같다. 암호화 과정과 보안의 수준도 정확히 동일하다.

15세기까지 유럽에서 암호학은 새롭게 떠오르는 분야였다. 르네상스 시기 동안 예술, 과학, 학문이 부흥하면서 암호를 수용할 수 있는 바탕이 더욱 발전하는 한편, 정치적 권모술수가 난무하면서 은밀한 통신의 필요성이 대폭 증가했다. 특히 이탈리아는 암호가 발달할 수 있는 최적의 환경을 갖추고 있었다. 르네상스의 중심부에 위치했을 뿐만 아니라 이탈리아는 독립된 도시국가로 이뤄져 도시국가끼리 서로를 견제하려고 했다. 외교 전쟁이 펼쳐졌으며 다른 도시국가로 대사가 파견되었다. 파견된 대사는 본국으로부터 상세한 외교정책이 담긴 메시지를 받았고 이에 대해서 자신이 수집한 정보를 다시 본국으로 보냈다. 분명히 이 같은 상황에서 양방향으로 오가는 메시지는 암호화하는 게 유리했으므로 각 국가는 암호 전담국을 설치했고 대사들은 전담 암호 비서관을 두었다.

암호 작성이 일상적인 외교 수단이 되면서 암호 해독학도 서양에 본격적으로 알려지기 시작했다. 외교관들이 안전하게 연락하는 데 필요한 암호화 기술을 이제 막 습득한 시점에, 벌써 암호 해독을 시도하는 사람들이 있었다. 암호 해독 기술을 유럽에서 독자적으로 발견했을 가능성이 제법 있지만, 아랍으로부터 들어왔을 가능성도 크다. 아랍인들이 보여준 과학적, 수학적 발견은 유럽에서 과학이 재탄생하게 되는데 큰 영향을 미쳤으므로 암호 해독학도 이슬람에서 들어온 지식들 가운데 하나였을 수 있다.

틀림없이 유럽 최초의 암호 해독자는 조반니 소로Giovanni Soro였을 것이다. 그는 1506년 베네치아 암호국의 국장으로 임명되었다. 소로의 명성은 이탈리아 전역에 퍼져, 우방국들은 입수한 암호문을 베네치아로 가져와 암호 해독을 소로에게 요청하곤 했다. 심지어 유럽에서 두 번째로 활발한 암호 해독 중심지인 바티칸에서조차 자신들이 입수했지만 해독 불가능한 메시지를 소로에게 보내곤 했다.

1526년 교황 클레멘트 7세는 소로에게 암호화된 메시지 2개를 보냈고, 소로는 그 메시지를 해독해 다시 교황에게 돌려보냈다. 그리고 교황이 작성한 암호문이 피렌체의 손에 들어가자, 교황은 유출된 암호문의 사본을 소로에게 보내면서 그 암호문을 아무도 깰 수 없다는 사실을 확인받고 싶어 했다. 소로는 교황의 암호문을 해독할 수 없었다고 보고하여, 피렌체도 교황의 암호문을 해독할 수 없을 것임을 넌지시 시사했다. 그러나 실은 바티칸의 암호 작성자들을 거짓으로 안심시켜 암호의 보안 수준을 더 높이지 않게 할 속셈이었을 수 있다. 또한 소로의 입장에서는 교황이 작성한 암호문의 약점을 굳이 지적하고 싶지 않았을 수도 있다. 암호가 취약하다는 사실을 밝히는 것은 바티칸에게 소로 자신도 해독할 수 없는 암호로 바꾸라고 독려하는 것과 마찬가지였기 때문이다.

유럽 다른 지역의 궁정에서는 프랑스의 프랑수아 1세 밑에서 일했던 필리베르 바부Philibert Babou와 같은 숙련된 암호 해독자를 고용하기 시작했다. 바부는 엄청난 끈기와 집념으로 몇 주일이고 가로챈 암호문을 밤낮없이 해독하기로 유명했다. 그러나 불행히도 바부의 암호 해독에 대한 이 같은 집념과 불굴의 의지는 바부의 아내와 왕이 오랜 기간 불륜에 빠지게 하는 계기가 되기도 했다.

16세기 말엽 프랑스에서는 프랑수아 비에트François Viète가 등장하면서 암호 해독의 기량을 강화시켰다. 프랑수아 비에트는 특히 에스파냐의 암호를 해독하길 좋아했다. 유럽의 다른 경쟁국들에 비해 나이브했던 에스파냐의 암호 작성자들은 자기들의 메시지가 프랑스에 노출되었다는 사실을 발견하고도 믿지 못했다. 에스파냐의 펠리페 2세는 비에트가 암호를 해독할 수 있었던 것은 그가 '악마 중의 악마'이기에 가능했다고 주장하며 바티칸에 청원하기까지 했다.

펠리페 왕은 악마 같은 소행을 저지른 비에트를 추기경 법정에 세워야 한다고 목소리를 높였지만, 수년간 자신이 관리하는 암호 해독자들도 에스파냐의 암호문을 읽어왔다는 사실을 아는 교황은 이 에스파냐 왕의 청원을 거절했다. 곧 이 청원 소식이 다른 나라들의 암호 전문가들의 귀에도 들어가자 에스파냐의 암호 작성자들은 유럽의 웃음거리가 되었다.

에스파냐의 이런 수모를 통해 암호 작성자와 암호 해독자들 사이에서 벌어지는 전쟁의 한 양상을 엿볼 수 있다. 이 시기는 과도기로서 암호 작성자들은 여전히 단일 치환 암호에 의존하지만, 암호 해독자들은 점차 빈도 분석을 활용해 암호를 해독하기 시작했다. 아직 빈도 분석의 위력을 알아내지 못한 이들은 소로나 바부, 비에트 같은 암호 해독자들이 자기들이 작성한 암호문을 해독할 수 있다는 사실은 모른 채 계속해서 단일 치환 암호만을 신봉했다.

한편, 체계가 단순한 단일 치환 암호의 약점을 경계한 나라들은 적국의 암호 해독자들이 깰 수 없는 더 강력한 암호를 개발하고 싶어 했다. 단일 치환 암호 체계의 보안성을 가장 쉽게 높일 수 있는 방법은 '무효 값null'을 도입하는 것이었다. 무효 값이란 실제 글자로 치환되지 않는 기호나 글자를 의미한다. 즉, 아무것도 나타내지 않는 값이다. 예를 들어, 1에서 99 사이의 숫자로 각 평문 알파벳을 치환하면서, 그 중 아무것도 대체하지 않는 73개의 숫자들을 그대로 사용하는 것이다. 그리고 빈도를 달리해서 이 같은 무효 값들을 암호문에 흩어놓는다. 무효 값들은 이미 무효 값의 존재를 알고 있는 메시지 수신인에게는 아무런 문제가 되지 않는다.

그러나 무효 값의 존재를 모른 채 메시지를 가로챈 적은 당황할 수 있다. 무효 값을 포함하는 암호화 방법은 빈도 분석으로 암호를 해독하려는 사람들을 혼란에 빠뜨릴 것이다. 이와 비슷한 방식으로, 암호 작성자들은 메시지를 암호화하기 전에 일부러 철자를 틀리게 적기도 한다. **Thys haz thi ifekkt off diztaughting thi ballans off frikwenseas**라고 쓰면 암호 해독자들이 빈도 분석을 적용하기 어려워진다. 그러나 열쇠를 알고 있는 메시지 수신자는 메시지를 해독한 다음 엉망이긴 하지만 알아볼 수 있는 철자들을 처리할 수 있다.

단일 치환 암호를 강화하려는 또 다른 시도로 '코드단어codeword'가 도입되었다. 코드단어에서 코드code는 일상 언어에서는 매우 폭넓은 의미로 쓰이지만, 연락을 은밀히 주고받는 것을 묘사할 때 종종 사용된다. 그러나 서문에서 언급했듯이 실제로는 매우 구체적인 의미를 내포하며, 치환 암호의 특정 형태에만 적용된다. 지금까지 우리는 각각의 글자를 다른 글자, 숫자 또는 기호로 대체한다는 의미에서의 치환 암호를 다뤘다. 그러나 좀 더 높은 수준의 치환, 즉 한 단어를 다른 단어 또는 기호로 대체하는 형태도 생각해볼 수 있다. 바로 이때 치환하는 단어를 코드라고 하며 예를 들면 다음과 같다.

암살하다assassinate = D	장군general = Σ	즉각immediately = 08
협박하다blackmail = P	왕king = Ω	오늘today = 73
생포하다capture = J	장관minister = ψ	오늘밤tonight = 28
보호하다protect = Z	왕자prince = θ	내일tomorrow = 43

평문 메시지 = **오늘밤 왕을 암살하라**assassinate the king tonight
암호 메시지 = D-Ω-28

기술적으로 코드code는 단어 또는 구절을 대체하는 수준의 암호화를 의미하는 한편, 사이퍼cipher는 글자를 대체하는 수준을 의미한다. 따라서 인사이퍼encipher는 글자 대 글자로 치환하여 암호화한다는 뜻이며, 인코드encode는 코드, 즉 단어 또는 구절을 치환하여 메시지를 암호화한다는 뜻이다. 이와 비슷하게 디사이퍼decipher는 인사이퍼로 작성한 암호문을 해독한다는 뜻이며 디코드decode는 인코드 방식으로 암호화한 메시지를 복호화한다는 의미로 쓰인다. 더 일반적으로 쓰이는 용어로 인크립트encrypt와 디크립트decrypt가 있으며, 이 두 용어는 코드와 사이퍼와 관련한 암호화와 복호화를 모두 아우른다.

〈그림 7〉은 지금까지 설명한 용어 정의를 간략하게 요약한 것이다. 일반

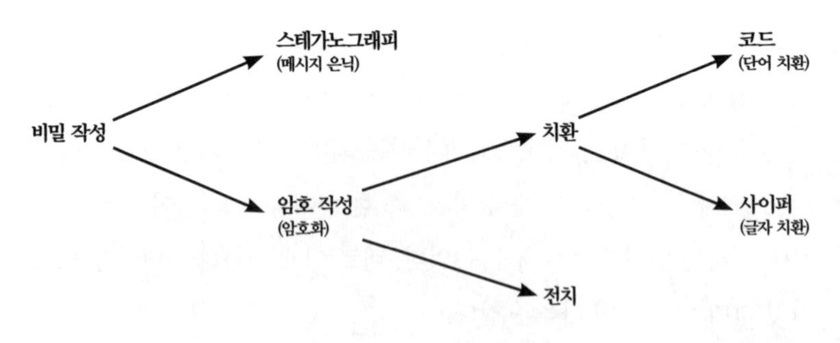

그림 7 비밀 작성을 위한 암호화의 주요 분야

적으로 나는 이 정의대로 용어를 사용하겠지만 어휘의 의미가 명확하면, 실제로는 '사이퍼 해독cipher breaking'이지만, '암호 해독codebreaking' 같은 용어를 사용하여 설명할 것이다. 엄밀하게 따지면 '사이퍼 해독'이 더 정확한 표현이지만, 암호 해독codebreaking이 실제로는 더 널리 쓰인다.

언뜻 보기에 코드가 사이퍼보다 보안성이 더 높아 보인다. 단어가 글자보다 빈도 분석에 덜 취약하기 때문이다. 단일 치환 암호문을 해독하려면 26개의 알파벳이 나타내는 실제 값만 찾으면 되지만 코드를 해독하려면 수백 또는 수천 개의 코드단어가 실제로 무엇을 의미하는지 알아내야 한다.

그러나 코드를 좀 더 자세히 살펴보면 코드단어에는 치명적인 약점이 존재한다. 첫째, 일단 송신인과 수신인이 사이퍼 알파벳(열쇠) 26글자에 대해 서로 합의하기만 하면 어떤 메시지든 암호화할 수 있다. 그러나 코드단어를 사용하여 사이퍼 암호가 갖는 동일한 융통성을 가지려면 수천 개에 달하는 선택 가능한 각각의 평문 단어를 코드단어로 정의하는 지루한 작업을 하지 않으면 안 된다. 수백 쪽에 달하는 코드북은 거의 사전과 같다. 다시 말해서, 코드암호에 있어서 주된 작업은 코드북을 만드는 것이며, 제일 불편한 점은 코드북을 들고 다녀야 한다는 점이다.

둘째, 코드북이 적의 손에 들어가면 엄청난 피해를 입게 된다. 즉각 암호화된 모든 통신이 적에게 노출된다. 송신인과 수신인은 다시 완전히 새로운 코드북을 만들기 위한 힘든 작업을 시작해야 한다. 그리고 두꺼운 새 코드북을 다시 통신 네트워크상에 있는 모든 이에게 배포해야 한다. 이는 곧 각국에 보낸 대사에게 안전하게 코드북을 다시 송부해야 한다는 뜻이다. 이와 비교해서 사이퍼 암호는 적이 암호 열쇠를 탈취하더라도 26개의 사이퍼 알파벳을 새로 만드는 게 상대적으로 수월한 데다 새로 만든 열쇠를 암기해서 쉽게 배포할 수 있다.

16세기에도 암호 작성자들은 코드의 생래적 취약점을 잘 알고 있었기 때문에 주로 사이퍼, 때로는 노멘클레이터nomenclator에 의지했다. 노멘클레이터는 사이퍼 알파벳에 의존하는 암호화 체계로 메시지를 암호화할 때 사이퍼를 이용하면서, 코드단어도 제한적으로 사용하는 암호화 방식이다. 예를 들어 노멘클레이터는 사이퍼 알파벳이 들어있는 첫 번째 페이지와 코드단어 목록이 있는 두 번째 페이지로 구성되어 있다. 노멘클레이터에는 코드단어라는 요소가 더 들어가긴 하지만, 그렇다고 일반 사이퍼보다 보안성이 더 높지는 않다. 빈도 분석으로 대부분의 메시지 해독이 가능했으며, 나머지 암호화된 단어들은 문맥을 통해 추측할 수 있기 때문이다.

최고의 암호 해독자들은 노멘클레이터뿐만 아니라 철자법이 엉망인 메시지는 물론 무효 값까지도 처리할 수 있었다. 한마디로 그들은 대부분의 암호문을 해독할 수 있었던 것이다. 이들은 자신들의 암호 해독 기술을 이용하여 꾸준히 비밀을 알아냈으며, 알아낸 비밀은 이들이 섬기던 왕과 왕비의 의사결정에 영향을 줌으로써 중대한 시점에 유럽 역사를 흔들었다.

암호 해독의 영향력을 극적으로 보여준 사건으로 스코틀랜드의 메리 여왕 사건만한 것이 없다. 메리 여왕의 반역 음모 재판 결과는 전적으로 암호 작성자와 암호 해독자 사이에 벌어졌던 치열한 싸움이 어떻게 결론 나느냐에 달려 있었다. 메리 여왕은 16세기에 가장 중요한 인물 중 하나였다. 메리는 스코틀랜드 여왕이자, 프랑스 왕비였으며 잉글랜드 왕위를 노리고 있었다. 그러나 그녀의 운명은 메시지가 담긴 단 한 장의 종이와, 그 종이 위의 암호가 풀리느냐 마느냐에 달려 있었다.

배빙턴 음모

1542년 11월 24일, 헨리 8세의 잉글랜드 군대는 솔웨이 모스 전투에서 스코틀랜드 군대를 물리쳤다. 헨리는 스코틀랜드 정복과 제임스 5세의 왕관 탈취를 목전에 둔 것처럼 보였다. 전투가 끝나고 심란해진 스코틀랜드 왕은 정신적 육체적으로 완전히 쇠약해져서 포클랜드에 있는 궁에 틀어박혀 있었다. 포클랜드로 옮긴 지 2주 후에 태어난 딸 메리도 병든 왕을 회복시킬 수 없었다. 마치 왕은 죽기 전에 왕으로서 자신의 의무를 다했다는 사실에 안도하고 평화롭게 눈을 감기 위해 후계자의 탄생 소식을 기다린 듯했다. 메리가 태어난 지 1주일 만에 제임스 5세는 30세의 일기로 세상을 떠났다. 이제 막 태어난 아기 공주가 스코틀랜드의 여왕이 되었다.

조산으로 태어난 메리를 두고 다들 얼마 살지 못할 거라고 걱정했다. 잉글랜드에서는 아기 메리가 죽었다는 소문이 돌았지만, 이 소문은 잉글랜드 왕실의 희망 사항일 뿐이었다. 잉글랜드 왕실은 스코틀랜드를 불안에 떨게 할 소식이면 무엇이든 알고 싶어 했다. 그러나 메리는 건강하고 튼튼하게 쑥쑥 자랐고, 생후 9개월이 되던 1543년 9월 9일, 스털링 성 안의 예배당에서 아기 메리를 대신해 왕관, 왕권을 상징하는 홀笏과 검을 든 세 명의 백작에 둘러싸여 대관식을 치렀다.

메리 여왕이 너무나 어렸다는 사실로 인해 잉글랜드의 스코틀랜드에 대한 공격은 잠시 휴지기에 들어갔다. 왕이 서거한 지 얼마 지나지 않은 데다 아기 여왕의 지배를 받는 나라를 침략하는 것은 기사도 정신에 어긋난다고 여겼기 때문이다. 대신에 헨리 8세는 메리와 자신의 아들 에드워드를 결혼시켜 잉글랜드와 스코틀랜드를 튜더 왕가의 이름으로 통일하고 싶었다. 그래서 어린 메리 여왕을 어르고 달래기로 결심했다. 헨리 8세는 스코틀랜드와 잉글랜드의 통합을 위해 일하는 조건으로 솔웨이 모스 전투에서 포로가 된 스코틀랜드 귀족들을 풀어주는 것으로 자신의 책략을 실행에 옮겼다.

그러나 헨리 8세의 제안을 숙고하던 스코틀랜드 왕실은 프랑스 황태자 프랑수아와의 결혼을 위해 헨리 8세의 제안을 거절했다. 스코틀랜드는 같은 로마 가톨릭 국가인 프랑스와 동맹을 맺기로 한 것이었다. 이 결정은 메리의 모친인 기즈의 메리를 기쁘게 했다. 기즈의 메리 역시 스코틀랜드와 프랑스와의 국교를 단단히 다지기 위해 제임스 5세와 결혼했었다. 메리 여왕과 프랑수아는 아직 둘 다 어렸지만, 계획상 두 사람은 결혼해서 프랑수아가 프랑스 왕이 되고 메리가 왕비가 됨으로써 스코틀랜드와 프랑스를 통합하려 했다. 그러는 동안 프랑스가 스코틀랜드를 잉글랜드의 공격으로부터 보호해줄 것이었다.

스코틀랜드를 보호해주겠다는 프랑스의 약속은 스코틀랜드를 안심시켰다. 마침 헨리 8세가 자신의 아들이 메리 여왕의 신랑감으로 더 어울린다며 외교적으로 구슬리다가 여의치 않자 겁을 주어 자신의 뜻을 관철시키려는 시점이었다. 헨리 8세의 군대는 노략질, 작물 파손, 방화를 일삼으며 국경을 따라 위치한 마을과 도시를 공격했다. '거친 구혼 rough wooing'이라고 알려진 이 같은 무력 행위는 1547년 헨리 8세가 세상을 떠난 뒤에도 계속되었다.

헨리의 아들 에드워드 6세(메리 여왕의 구혼자)의 지원 아래, 이들의 무력 행위는 핑키 클로 전투에서 그 정점을 찍었고, 이 전투에서 스코틀랜드 군대는 크게 패배했다. 결국 메리의 신변 안전을 위해서라도 잉글랜드의 위협이 미치지 않는 프랑스로 가야 한다는 결정이 내려졌다. 이곳에서 메리는 프랑수아와의 결혼을 준비할 수 있었다. 1548년 8월 7일, 여섯 살의 나이로 메리는 로스코프 항으로 출발했다.

프랑스 궁전에서 메리가 보낸 몇 년은 그녀의 인생에서 가장 평화로운 나날이었다. 호화롭고 안전한 환경에 둘러싸여 있었고, 미래의 남편이 될 프랑스 황태자에 대한 사랑도 커갔다. 16세가 되던 해 둘은 결혼식을 올렸으며, 그다음 해 프랑수아와 메리는 프랑스의 왕과 왕비가 되었다. 언제나 건강 문제에 시달렸던 남편 프랑수아가 중병에 들기 전까지는 모든 것이 메리 여왕의 화려한 귀국에 맞춰 준비된 듯 보였다. 프랑수아가 어린 시절부터 치료받았던 귓병이 악화되고 그 염증이 뇌에까지 퍼지면서, 농양이 심해지기 시작했다.

1560년 왕좌에 오른 지 1년 만에 프랑수아는 죽고 메리는 과부가 되었다. 이때부터 메리의 인생은 비극으로 점철된다. 1561년 스코틀랜드로 돌아온 메리는 나라의 상황이 많이 바뀌었음을 깨달았다. 스코틀랜드를 떠나 있는 동안 메리의 가톨릭 신앙은 더욱 깊어졌지만, 스코틀랜드 국민들은 점점 더 개신교 쪽으로 기울었다. 메리 여왕은 다수가 바라는 것을 존중하며, 처음에는 비교적 나라를 잘 다스렸다. 그러나 1565년 사촌인 단리 백작, 헨리 스튜어트와 결혼하면서 메리는 쇠락의 길을 걷기 시작했다. 단리 백작은 포악하고 잔인한 사람으로 그의 권력욕 때문에 메리는 스코틀랜드 귀족들의 인심을 잃었다.

결혼한 다음 해, 메리는 직접 남편 단리의 극악무도함을 두 눈으로 목격하고 말았다. 남편이 그녀의 비서 데이비드 리치오를 자기 눈앞에서 살해한 것이다. 스코틀랜드를 위해서는 단리를 제거하지 않으면 안 된다는 사실이 모두에게 분명해졌다. 역사가들 사이에서 단리 살해 음모를 메리가 주도했는지 아니면 스코틀랜드 귀족이 했는지 의견이 분분하다. 그러나 1567년 2월 9일 단리의 집은 폭파되었고, 탈출을 시도하던 중 그는 목이 졸려 살해되었다. 단리와의 결혼으로 인해 얻은 것이라고는 아들이자 후계자 제임스뿐이었다.

메리의 다음 결혼 상대자는 보스웰 백작 4세, 제임스 헵번이었지만, 이전 결혼 생활보다 나을 것이 없었다. 1567년 여름, 스코틀랜드 개신교 귀족들은 가톨릭교도인 메리 여왕에게 환멸을 느꼈다. 결국 개신교 귀족들은 보스웰을 추방하고 메리를 감옥에 가둔 다음, 메리에게 14개월 된 아들 제임스 6세에게 왕위를 넘기고 메리의 이복 오빠 모레이 백작에게 섭정을 맡기도록 강요했다. 그다음 해, 메리 여왕은 감옥에서 탈출하여 자신을 지지하는 왕당파 6천 명을 모아 군대를 꾸린 후, 왕권을 되찾기 위한 마지막 시도를 단행했다.

메리가 이끄는 군대는 글래스고우 근처 랭사이드라는 작은 마을에서 섭정군과 맞서게 되었고 메리는 근처 언덕 위에서 전투를 지켜봤다. 메리의 군대는 수적으로 우세했지만 훈련이 안 되어 있었다. 자신의 부대가 흩어지는 것을 메리는 지켜봐야 했다. 패배할 것임이 확실해지자 메리는 도주했다. 가장 좋은 도주로는 동쪽 해안가로 가서 프랑스로 넘어가는 것이었지만, 그러려면 자신의 이복 오빠에게 충성을 다짐한 지역을 지나야 했다. 그래서 메리는 남쪽에 있는 잉글랜드로 향했다. 그러면서 자신의 사촌 엘리자베스가 자신을 보호해줄지도 모른다고 생각했다.

그러나 그것은 메리의 오산이었다. 엘리자베스로 인해 메리는 또 다시 수감생활을 해야 했다. 공식적인 수감 이유는 단리 백작 살해사건과 관련이 있었지만, 실제로는 엘리자베스에게 메리가 위협적인 존재였기 때문이었다. 잉글랜드의 가톨릭교도들은 메리를 잉글랜드의 진정한 여왕으로 여겼다. 메리의 할머니 마가렛 튜더는 헨리 8세의 누나였으므로 메리에게도 왕위 계승권이 있었지만, 헨리 8세의 자녀 중 유일한 생존자인 엘리자베스 1세가 메리보다는 왕위 계승 서열에서 앞섰다. 그러나 가톨릭교도들은 엘리자베스가 사생아라고 주장했다. 헨리 8세가 교황의 뜻에 맞서 아라곤의 캐서린과 이혼한 후에 결혼한 두 번째 부인인 앤 불린의 딸이었기 때문이었다. 잉글랜드의 가톨릭교도들은 헨리 8세의 이혼을 인정하지 않았으며, 앤 불린과 올린 재혼도 인정하지 않았고, 당연히 헨리 8세와 앤 불린 사이에서 낳은 딸인 엘리자베스도 여왕으로 받아들이지 않았다. 가톨릭교도들의 눈에 엘리자베스는 왕위를 빼앗은 사생아에 불과했다.

메리는 여러 성과 저택을 옮겨 다니며 수감생활을 했다. 엘리자베스는 메리를 잉글랜드에서 가장 위험한 인물로 생각했지만, 많은 잉글랜드인들은 메리의 우아한 태도와 총명함 그리고 아름다움을 칭송했다. 엘리자베스의 각료였던 윌리엄 세실도 '메리의 재치와 감미로운 태도가 뭇 남성을 즐겁게 한다'고 평했으며, 세실의 특사였던 니콜라스 화이트도 이와 비슷한 말을 한 바 있다. "그녀에게는 은근히 드러나는 우아한 자태와 아름다운 스코틀랜드식 억양, 날카로운 위트와 온화함이 있었다." 그러나 해가 갈수록 미모가 시들고 건강도 악화되자 메리는 희망을 잃기 시작했다. 메리의 수감생활을 지키고 있던 개신교도 아미야스 폴렛 경은 메리의 매력에 무덤덤했으며 메리를 점점 더 가혹하게 대했다.

1586년, 메리가 수감생활을 한 지 18년이 된 무렵, 메리는 모든 특권을 상실했다. 스태퍼드셔에 있는 채틀리 홀에 갇혔고, 더 이상 벅스턴에 물을 뜨러가는 것도 허락되지 않았다. 벅스턴의 광천수는 자주 아픈 메리의 병세를 누그러뜨리는 데 도움을 주었다. 마지막으로 벅스턴에 방문했던 메리는 다이아몬드로 창 유리에 다음과 같은 메시지를 새겼다. "벅스턴, 그대의 따스한 샘물이 그대의 이름을 드높였습니다. 어쩌면 다시는 그대를 찾지 못할 것입니다. 잘 있어요." 이 글을 보면 메리는 자신이 누렸던 작은 자유마저 조만간 잃게 될 것임을 예감했던 것 같다.

메리의 수심은 자신이 낳은 19살의 스코틀랜드 왕 제임스 6세의 행동과 더불어 더욱 깊어져 갔다. 메리는 언젠가 잉글랜드를 탈출해 스코틀랜드로 돌아가 아들과 권력을 나눌 수 있기를 바랐지만, 1살 이후로 메리는 제임스를 만난 적이 없었다. 그러나 제임스는 자신의 어머니인 메리에게 눈꼽만큼의 정도 없었다. 제임스를 양육한 사람들은 메리의 정적들이었으며, 그들은 제임스에게 그의 모친이 정부와 결혼하기 위해 그의 아버지를 살해했다고 가르쳤다. 제임스는 메리를 경멸했으며 혹시라도 다시 돌아와 그의 왕관을 빼앗지는 않을까 두려워했다. 메리에게 품은 제임스의 증오심은 그가 자신의 어머니를 가둔 장본인이자 30세나 연상인 엘리자베스 1세에게 구혼하는데 주저함이 없었다는 사실에서 여실히 드러났다. 엘리자베스는 제임스의 구혼을 거절했다.

메리는 아들 제임스의 마음을 되돌리고자 편지를 썼지만, 그 편지는 스코틀랜드에 닿지 못했다. 그 무렵 메리는 그 어느 때보다 고립되어 있었다. 메리가 보내는 모든 편지들이 압수되었으며, 메리 앞으로 오는 편지들은 모두 간수의 손에 들어갔다. 메리는 자포자기 상태였고 모든 희망이 사라진 듯했다. 그렇게 가혹하고 절망적인 상황에 놓여 있던 1586년 1월 6일, 메리에게 놀라운 편지 꾸러미가 도착했다.

그 편지들은 유럽 대륙에 있는 메리의 지지자들이 보낸 것으로 길버트 기포드Gilbert Gifford에 의해 비밀리에 메리가 있는 감옥으로 간신히 전달되었다. 길버트 기포드는 가톨릭 신자로 1577년 잉글랜드를 떠나

로마에 있는 잉글리시칼리지에서 사제 훈련을 받았다. 1585년 잉글랜드로 돌아오자마자, 그는 메리 여왕을 섬기겠다는 절실한 마음으로 런던에 있는 프랑스 대사관을 방문했다. 그곳에는 편지가 한 무더기 쌓여 있었다. 대사관은 편지를 공식적인 경로를 통해서 보내게 되면, 메리가 결코 그 편지들을 보지 못하게 되리라는 것을 알고 있었다. 그러나 기포드는 메리가 갇혀 있는 채틀리 홀로 편지를 반입시킬 수 있다고 주장했고, 결국 자신의 말대로 편지를 전달하는 데 성공했다.

이후에도 기포드는 수차례에 걸쳐 편지를 배달하면서 메리 앞으로 편지를 전달할 뿐만 아니라 메리가 쓴 답장을 배달하는 일까지 도맡았다. 기포드는 제법 교묘한 방법으로 채틀리 홀로 편지를 배달했다. 그는 편지를 동네 맥주 양조업자에게 가져갔고, 양조업자는 가죽 꾸러미에 편지를 싼 다음 맥주통의 속이 비어 있는 맥주통 마개 속에 감췄다. 그러면 그 양조업자가 채틀리 홀로 맥주 통을 나르고, 메리의 하인 하나가 그 마개를 열어, 메리 여왕 앞으로 편지를 전하는 것이었다. 편지를 채틀리 홀에서 외부로 전달할 때도 그 과정은 똑같았다.

그러는 동안 메리도 모르는 사이 메리 여왕 구출 계획이 런던의 한 주점에서 싹을 틔웠다. 이 계획의 중심에 앤서니 배빙턴Anthony Babington이 있었다. 배빙턴은 당시 불과 24세에 불과했지만 이미 런던에서는 잘생기고 매력적이며 재치 있고 활달한 젊은이로 유명했다. 그를 선망하는 다수의 동시대인들은 배빙턴이 자신의 가족과 신앙을 박해하는 기득권 세력에 대해 깊은 분노를 품고 있다는 사실은 알지 못했다. 잉글랜드의 반 가톨릭 정책은 거의 공포 수준에 달했으며 가톨릭 사제들은 반역죄로 끌려갔고 누구든 사제를 보호하면 산채로 사지가 찢기고 내장이 파헤쳐지는 끔찍한 벌을 받았다. 가톨릭 미사는 공식적으로 금지되었으며, 교황에게 계속 충성하는 가문은 감당하기 힘들 정도로 많은 세금을 내야 했다. 가톨릭교도들이 헨리 8세에 대항해 일으킨 반란인 '은총의 순례Pilgrimage of Grace'에 증조부인 다시 경이 개입되었다는 이유로 참수당하자, 배빙턴의 적개심은 더욱 활활 타올랐다.

음모는 1586년 3월 어느날 저녁 배빙턴과 6명의 절친한 친구들이 템플바 지역 바깥에 위치한 더 플라우라는 여인숙에 모이면서 시작되었다. 역사가 필립 캐러만Philip Caraman은 다음과 같이 말했다. "배빙턴은 자신의 빼어난 매력과 개성으로 당시 탄압 받는 가톨릭 신앙을 수호할 젊은 가톨릭교도들을 끌어들였는데 모두 모험을 좋아하고 용감하였으며 대담한 품성을 지닌 신사들이었다. 이들은 가톨릭의 대의를 위해서는 무엇이라도 할 준비가 되어 있었다." 이로부터 몇 달 뒤 스코틀랜드의 메리 여왕 구출, 엘리자베스 여왕 암살, 그리고 프랑스의 지원에 기댄 반란 선동이라는 야심 찬 계획이 탄생했다.

공모자들은 나중에 '배빙턴의 음모'라 알려진 이 계획이 메리 여왕의 승인 없이는 진행될 수 없다는 데 뜻을 같이 했지만, 사실상 메리 여왕과 연락을 취할 마땅한 방법이 없었다. 그러던 중 1586년 7월 6일 기포드가 배빙턴 집 앞에 나타났다. 기포드는 메리의 편지를 전달했고, 편지에서 메리는 파리에 있는 자신의 지지자들로부터 배빙턴에 대해 들었으며 배빙턴의 답장을 기다리겠다고 했다. 배빙턴은 답장에 자신의 계획을 상세히 적고, 엘리자베스를 파문한 교황 피우스 5세의 결정을 언급하면서 엘리자베스의 암살이 정당하다는 신념도 밝혔다.

> 저와 10인의 동료들 그리고 100인의 지지자들이 여왕 폐하를 적으로부터 구출할 것입니다. 왕위를 찬탈한 자에 대해서는, 가톨릭의 순종에 따른 파문으

로 거리낄 것이 없습니다. 개인적으로 제 친구이자 가톨릭 대의와 전하에 대한 열의를 품은 고귀한 신사 6인이 처형을 감행할 것입니다.

여느 때와 마찬가지로 기포드는 맥주통 마개 속에 편지를 숨겨 간수들 몰래 메리에게 전달했다. 이런 방법은 스테가노그래피의 한 형태로 볼 수 있다. 편지를 숨겼기 때문이다. 그러나 신중을 기하기 위해 배빙턴은 자신의 편지를 암호화하여 중간에 간수에게 들켜도 해독할 수 없어서 자신의 계략이 드러나지 않도록 했다. 배빙턴의 암호는 단순한 치환 암호라기보다는 오히려 〈그림 8〉과 같은 노멘클레이터 쪽이었다. 암호는 j, v, w를 제외한 알파벳 글자를 23개의 기호로 치환했으며, 여기에 단어 또는 구절을 나타내는 35개의 기호를 사용했다. 게다가 무효 값 4개와 다음 기호가 두 번 겹치는 중복 글자라는 것을 나타내기 위한 σ 기호도 있었다.

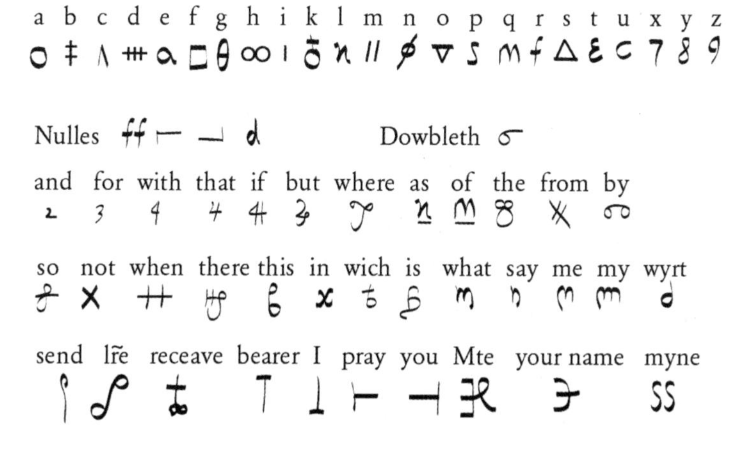

그림 8 스코틀랜드의 메리 여왕의 노멘클레이터는 사이퍼 알파벳과 코드단어로 구성되어 있다.

기포드는 배빙턴보다도 젊었지만 자신 있고 똑똑하게 자신의 임무를 수행했다. 콜러딘, 피에트로, 콘리스 등의 가명을 사용하여 아무런 의심을 사지 않고 온 나라를 누빌 수 있었고, 가톨릭 교도들과의 인맥을 통해 런던과 채틀리 홀 사이에 은신처를 제공받기도 했다. 그러나 기포드가 채틀리 홀을 오고 갈 때마다 우회하는 곳이 있었다. 겉으로 보면 기포드는 메리를 위해 일하는 스파이처럼 행동했지만, 실상은 이중첩자였다. 1585년 기포드는 잉글랜드로 돌아오기 전에 엘리자베스 여왕의 국무장관인 프란시스 월싱엄 경에게 엘리자베스 여왕을 위해 일하겠다는 편지를 보냈다. 기포드는 자신의 가톨릭교도 배경이 엘리자베스 여왕에 대한 반역 음모를 알아내는 데 매우 훌륭한 가면이 될 것임을 알고 있었다.

월싱엄 경에게 보내는 편지에서 그는 다음과 같이 썼다. "나리가 하시는 일들에 대해 들었습니다. 나리를 섬기고 싶습니다. 저는 양심에 거리낄 것이 없으며 위험한 상황에 놓이는 것을 두려워하지 않습니다. 제게 명하시는 일이면 뭐든지 하겠습니다."

월싱엄은 엘리자베스의 각료 중 가장 무자비한 사람이었다. 게다가 권모술수에 능한 사람으로 군주의 안전을 책임지는 보안 전문가이기도 했다. 월싱엄은 기존의 소규모 첩보원 네트워크를 넘겨받아 빠르게 유럽 대륙으로 첩보망을 확장했다. 엘리자베스에 반역을 꾀하는 상당수의 음모가 대륙에서 싹을 틔우고 있었다. 월싱엄이 죽은 후 그가 정보원들로부터 정기적으로 보고를 받았다는 사실이 밝혀졌다. 월싱엄이 보고를 받았던 곳은 프랑스에서 12곳, 독일에서 9곳, 이탈리아에서 4곳, 에스파냐에서 4곳, 현재의 베네룩스 3국이 위치한 지역에서 3곳이었으며 콘스탄티노플, 알제리, 트리폴리에도 정보원을 뒀다.

월싱엄은 기포드를 첩보원으로 뽑았으며, 기포드에게 프랑스 대사관에 접근해서 편지 심부름을 자원하라고 시킨 것도 월싱엄이었다. 기포드는 메리에게 배달되거나 메리가 보내는 편지들을 매번 가장 먼저 월싱엄에게 가져갔다. 언제나 조심스런 월싱엄은 그 편지들을 받자마자 문서 위조 전문가들에게 가져가 사본을 만든 다음 다시 원래 편지와 똑같은 인장을 찍어 봉한 후 기포드에게 다시 건넸다. 겉으로 보기에 손댄 흔적이 없는 편지는 메리와 연락을 주고받는 이들이나 메리에게 직접 전달되었다. 이들은 무슨 일이 벌어지는지 아무것도 몰랐다.

기포드가 배빙턴이 메리에게 보낸 편지를 월싱엄에게 가져다주었을 때, 제일 먼저 해결할 숙제는 편지를 해독하는 것이었다. 월싱엄은 원래 이탈리아 수학자이자 암호 전문가 지롤라모 카르다노Girolamo Cardano(지롤라모 카르다노는 시각장애인들이 촉각을 이용해 읽을 수 있는 점자의 전신이라 할 수 있는 표기법을 제안했었다)가 쓴 책을 읽으면서 코드와 암호문을 접했다. 카르다노의 책에 월싱엄은 흥미를 느꼈지만 암호 해독 전문가를 따로 두는 것이 중요하다고 확신하는 데 결정적 계기를 제공한 것은 플랑드르 출신의 암호 해독 전문가 필립스 반 마르닉스Philips van Marnix가 해독한 암호였다.

1577년 에스파냐의 펠리페 왕은 암호를 이용하여 자신의 이복형제이자 같은 가톨릭교도인 오스트리아의 돈 요한과 교신했다. 돈 요한은 당시 네덜란드의 상당 부분을 통치하고 있었다. 잉글랜드 침공 계획을 설명한 펠리페의 편지를 입수한 오랴녀 공작 윌리엄 3세는 그 편지를 자신의 암호 비서인 마르닉스에게 보냈다. 마르닉스는 그 침공 계획이 담긴 편지의 암호를 풀었고 윌리엄은 그 정보를 유럽 대륙에서 활동하는 잉글랜드 첩보원 다니엘 로저스에게 보냈으며, 다니엘 로저스는 월싱엄에게 그 소식을 전했다. 잉글랜드는 방어 태세를 강화했고, 결국 침공

시도를 무력화시킬 수 있었다.

암호 해독의 가치를 온전히 인식한 월싱엄은 런던에 암호 학교를 세우고 토머스 펠립스를 자신의 암호 비서로 고용했다. 펠립스는 30세 정도로 보이는 외모에 키가 작고 마른 체격이었으며 짙은 노란색 머리와 선명한 노란색 수염 그리고 지독한 근시에다가 얼굴에 천연두 흉터 자국이 있었다. 그는 프랑스어, 이탈리아어, 스페인어, 라틴어, 독일어에 능통한 언어 전문가였으며, 유럽 최고의 암호 해독 전문가 중 한 사람이었다.

메리가 주고받은 편지를 받을 때마다 펠립스는 모두 분석했다. 그는 빈도 분석 전문가로 그에게 암호 해독은 시간 문제일 뿐이었다. 그는 각각의 글자마다 출현 빈도를 분석한 다음 가장 많이 사용된 글자들을 대체하는 평문 알파벳을 그때그때 작성했다. 특정 방식으로 접근했을 때 그 결과가 모순에 부닥치면 그는 다시 처음으로 돌아가 다른 글자들을 대입했다. 조금씩 펠립스는 무효 값과 암호 해독을 방해하는 다른 기호들을 찾아내어 따로 떼어놨다. 마침내 몇 개의 코드단어를 추출했고 문맥을 통해 그 의미를 추론할 수 있었다.

펠립스는 메리에게 보낸 엘리자베스 암살을 제안하는 배빙턴의 메시지를 해독하자마자 즉각 월싱엄에게 알렸다. 월싱엄은 당장 배빙턴을 잡아들일 수도 있었지만, 그는 소수의 반역자들을 처형하는 것 이상을 원했다. 월싱엄은 메리가 답장으로 그 음모를 승인하길 바라는 심정으로 때를 기다렸다. 메리가 음모를 승인하면 메리도 같은 반역죄로 잡아들일 생각이었다. 월싱엄은 오랜 기간 동안 스코틀랜드의 메리 여왕을 처형하고 싶어 했지만, 엘리자베스가 자신의 사촌을 처형하는 것에 대해 주저한다는 사실도 잘 알고 있었다.

그러나 메리가 엘리자베스 암살 계획을 승인했다는 것을 월싱엄이 증명할 수만 있으면 분명히 엘리자베스도 자신의 경쟁자인 가톨릭교도 메리의 처형을 허락하지 않을 수 없을 터였다. 오래지 않아 월싱엄이 바라던 대로 일이 진행되었다. 7월 17일 메리가 배빙턴에게 답장을 했던 것이다. 이는 사실상 사형 선고문에 서명을 한 것이나 다름없었다.

메리는 그 '계획'에 대한 답장에서 엘리자베스 암살과 동시에 아니면 그 직전에 자기 자신도 풀려나야 한다고 숨김없이 강조했다. 그렇지 않으면 그 소식이 간수에게 전해질 것이고 그 간수가 자신을 살해할지도 모른다고 우려했다. 그 답장이 배빙턴 앞으로 도착하기 전에 편지는 언제나 그랬듯이 펠립스를 거쳐 갔다. 이전 메시지를 해독했던 펠립스는 이번 편지도 쉽게 해독하여 내용을 알아냈다. 그리고 그 편지에 교수대를 의미하는 'Π'를 표시했다.

월싱엄은 메리와 배빙턴을 체포하는 데 필요한 모든 증거를 갖췄지만 여전히 만족스럽진 않았다. 음모를 완전히 박멸하기 위해서는 음모에 가담한 공모자들의 이름을 전부 알아야 했다. 월싱엄은 펠립스에게 메리의 편지 뒤에 추신을 덧붙이라고 했다. 배빙턴이 가담자들의 이름을 모두 밝히도록 유인할 계획이었다. 위조는 펠립스의 또 다른 장기이기도 했다. 펠립스는 '한 번 보기만하면 누구의 필체라도 모방해서 마치 본인이 쓴 것처럼 만드는' 능력이 있는 것으로 알려져 있었다. 〈그림 9〉는 메리가 배빙턴에게 보낸 편지의 말미에 있는 추신이다. 이 추신은 〈그림 8〉에 있는 메리의 노멘클레이터를 이용하면 해독할 수 있다. 그 내용은 다음과 같다.

> 이 계획을 실행할 여섯 사람의 이름과 그들의 자질에 대해서 알고 싶습니다.
> 이들에 대해서 알고 있으면 필요시 더 상세한 조언을 해줄 수 있을 것이고,

특히 계획의 진행 과정에 필요한 조언을 시시때때로 할 수 있을 것입니다. 같은 이유로 가능하면 누가 이 계획에 이미 가담했고, 또 앞으로 누가 가담할 예정인지 알려주십시오.

메리 여왕의 암호문은 허술하게 암호화할 바에야 아예 암호화하지 않는 게 낫다는 사실을 여실히 보여준다. 메리와 배빙턴 둘 다 자기네들의 계획을 구체적으로 명시했다. 자기들의 암호문이 안전하다고 믿었기 때문이다. 암호화하지 않았다면, 그들은 자기들의 계획에 대해 좀 더 조심스럽게 언급했을 것이다. 게다가 이들은 암호가 안전하다고 확신한 나머지 펠립스가 위조한 내용을 아무런 의심도 하지 않고 받아들였다.

송신인과 수신인은 자기들의 암호가 강력하다고 확신한 나머지 적이 자기들의 암호를 모방하여 가짜 내용을 집어넣을 거라고는 꿈에도 생각지 못했다. 분명 강력한 암호는 제대로만 사용하면 송신인과 수신인에게 매우 요긴하다. 그러나 허술한 암호를 잘못 사용하면 보안에 대한 그릇된 확신만 준다.

메리가 보낸 편지와 추신을 확인한 배빙턴은 음모를 실행에 옮기기

그림 9 토머스 펠립스가 메리 여왕의 편지에 삽입한 위조된 추신이다. 〈그림 8〉에 있는 메리의 노멘클레이터를 사용하면 해독할 수 있다.

위해 해외로 나가야 했다. 그리고 여권을 만들려면 월싱엄의 외무부에 신청해야 했다. 반역자를 잡아들이기에는 이때가 가장 시기적절했을 수도 있었다. 그러나 외무부 사무실에 배치된 관료, 존 스쿠다모어는 잉글랜드가 가장 눈독들이고 있는 수배범이 사무실로 찾아올 거라고는 전혀 생각지 못하고 있었다. 지원 세력이 전혀 없는 상태에서 스쿠다모어는 아무것도 모르는 배빙턴을 근처 선술집에 데리고 가 자신의 부하가 체포대를 조직하는 동안 시간을 끌었다. 얼마 지나지 않아 선술집으로 배빙턴을 체포해도 된다는 쪽지가 도착했다. 그러나 쪽지를 슬쩍 엿본 배빙턴은 아무 일도 없다는 듯이 맥주와 식사를 자기가 사겠다고 말한 뒤, 곧 다시 돌아오겠다는 표시로 칼과 코트를 테이블 위에 두고 일어났다.

그러나 배빙턴은 뒷문으로 살짝 빠져나가 도망쳤다. 처음에는 세인트 존스 우드로 피신한 다음 해로우로 갔다. 배빙턴은 머리를 짧게 자르고 귀족 신분을 감추기 위해 호두 주스로 피부를 짙게 물들이는 등 변장도 했다. 간신히 10일간 잡히지 않고 도망 다닐 수 있었지만 8월 15일 배빙턴과 그의 동료 여섯 명은 체포되어 런던으로 이송되었다. 교회의 종소리가 승리를 알리는 듯이 런던 시가에 울려 퍼졌다. 이들의 처형은 극도로 끔찍했다. 엘리자베스 시대의 역사가 윌리엄 캠든William Camden은 이렇게 말했다. "이들은 모두 처형되었다. 이들의 은밀한 부위가 잘려나가고, 산 채로 자기 내장을 들어내는 것을 지켜봐야 했으며, 사지가 잘려나갔다."

한편 8월 11일 메리 여왕과 그녀의 시종들은 채틀리 홀 성 안에서 말을 타도 좋다는 예외적인 특전을 허락 받았다. 거친 초목이 펼쳐진 들판을 가로지르던 메리는 말을 탄 사람 몇 명이 다가오자, 즉각 자기를 구출하기 위해 배빙턴이 보낸 사람들이라고 생각했다. 그러나 곧바로 이 사람들이 메리를 풀어주러 온 게 아니라 체포하러 온 거라는 사실이 분명해졌다. 메리는 배빙턴 음모에 연루된 혐의와 '반역 음모 연루에 관한 법률'에 따라 기소되었다. 이 법은 의회가 1584년 통과시킨 법으로 엘리자베스 여왕을 상대로 한 음모에 관계된 사람들을 잡아들이기 위해 특별히 제정되었던 법이었다.

재판은 포더링헤이 성에서 열렸다. 포더링헤이 성은 음산하고 음울한 곳으로 특색 없는 이스트 앵글리아의 소택지 한가운데 위치해 있었다. 재판은 10월 15일 수요일 두 명의 수석 재판관과 네 명의 평 재판관, 대법관, 재무장관, 월싱엄 그리고 다른 백작과 기사, 남작들 앞에서 시작되었다. 재판정 뒤에는 지역 주민과 배석한 귀족의 하인들을 위한 공간이 있었다. 이곳에 온 모든 이들은 스코틀랜드 여왕이 용서를 빌며 목숨을 구걸하는 굴욕적인 모습을 무척 보고 싶어 했다. 그러나 메리는 위엄을 잃지 않고 재판 내내 평정을 유지했다. 메리는 배빙턴과의 연루 사실을 계속 부인했다. "절박한 몇 명의 젊은이들이 계획한 범죄행위에 제가 책임을 질 수 있을까요?" 메리가 주장했다. "제가 알지도 못했고 가담하지도 않은 범죄인데도요?" 그러나 메리는 자신에게 불리한 증거 앞에서는 아무런 힘을 쓰지 못했다.

메리와 배빙턴은 자기들의 계획을 비밀로 하기 위해 암호문에 기댔지만, 그 당시는 암호 해독이 발전하면서 암호의 위력이 약해지던 시기였다. 그들의 암호가 호기심 많은 아마추어들을 따돌리기에는 충분했을지 모르나, 빈도 분석의 고수들에게는 상대가 되지 않았다. 방청석에 앉아 있던 펠립스는 암호문으로 된 편지가 해독되어 증거로 제시되는 장면을 조용히 지켜보고 있었다.

재판이 이틀째에 들어섰고, 메리는 계속해서 배빙턴의 음모에 대해 아는 바가 없다고 주장했다. 재판이 끝나자 메리는 자신의 운명을 재판관들에게 맡기며, 그들이 내릴 수밖에 없는 판결을 미리 용서한다는 말을 남기고 자리를 떴다. 열흘 뒤 성실청 회의Court of Star Chamber가 웨스트민스터에서 열렸고 여기서 메리는 '6월 1일부터 잉글랜드 여왕의 암살을 모의'한 것에 대해 유죄를 선고받았다. 이들은 메리에게 사형을 선고했으며, 엘리자베스 여왕은 사형집행 영장에 서명했다.

1587년 2월 8일 포더링헤이 성의 그레이트 홀에 메리의 참수형을 구경하려고 300여 명이 모였다. 월싱엄은 메리가 남길 순교자로서의 영향력이 확대되는 것을 최소화하려고, 사형대로 쓰인 나무의 밑동, 메리가 입었던 옷 등 처형에 관련된 모든 것을 태우라고 명령했다. 이 물건들이 종교적 유물로 이용되는 것을 막기 위해서였다. 또, 월싱엄은 바로 다음 주에 자신의 사위 필립 시드니 경의 장례식을 성대하게 치를 계획도 세웠다. 네덜란드에서 가톨릭교도와 싸우다 전사한 시드니 경은 인기가 높은 영웅적인 인물이었다. 월싱엄은 시드니 경을 기리는 성대한 장례 행렬이 메리에 대한 동정심을 위축시킬 것이라고 생각했다. 그러나 월싱엄 못지않게 메리도 마지막까지 당당히 맞서는 모습을 보여서 가톨릭 신앙을 재확인시키고, 지지자의 마음에 울림을 줄 기회로 삼겠다고 단단히 결심하고 있었다.

피터버로우의 주임 사제가 기도를 하는 동안 메리는 큰 소리로 잉글랜드를 위한 가톨릭 교회의 구원과, 자신의 아들, 엘리자베스를 위해 따로 기도했다. 가문의 좌우명인 '나의 끝이 나의 시작'이라는 말을 되새기며 메리는 침착하게 사형장으로 걸어갔다. 처형관이 메리에게 용서를 구하자 메리는 "진심으로 그대를 용서하겠소. 이제 그대가 내 모든 비극을 종결해주길 바라오."라고 답했다. 리처드 윙필드는 그의 책 《스코틀랜드 여왕의 최후 어록Narration of the Last Days of the Queen of Scots》이라는 책에서 메리의 최후의 순간을 다음과 같이 기술했다.

> 그런 뒤 메리는 아주 조용히 참수대에 몸을 낮추고 팔과 다리를 뻗은 다음 '주님의 손길로'를 서너 번 외쳤다. 그리고 마지막으로 처형관 중 한 명이 한 손으로 메리를 살짝 잡고 있는 사이에, 다른 처형관이 도끼를 내리쳤다. 두 번을 내리 친 후에야 머리가 잘렸지만, 연골이 끊기지 않고 약간 남아 있었다. 이때 메리는 들릴락 말락한 소리를 냈지만 몸은 전혀 움직이지 않았다. 머리가 완전히 잘린 뒤에 거의 15분 간 입술을 위 아래로 계속 움직였다. 메리의 가터를 벗기던 처형관은 옷 속에서 작은 개가 숨어있는 것을 발견했다. 하지만 이 개는 어떤 방법을 써도 주인의 시신을 떠나려 하지 않고 메리의 머리와 어깨 사이에 몸을 눕혔다. 이 장면은 사람들 입에 자주 오르내렸다.

그림 10 처형 당하는 메리 여왕

CODE 02
깨지지 않는 암호

수백 년간 단일 치환 암호만으로도 충분히 비밀을 지킬 수 있었다. 하지만 빈도 분석법이 처음에는 아랍 세계에서 그 다음엔 유럽에서 발전하면서 단일 치환 암호의 보안성은 깨졌다. 스코틀랜드 여왕 메리의 비극적인 처형은 단일 치환 암호가 얼마나 취약한지를 극적으로 보여준 사례였다. 그리고 암호 작성과 암호 해독의 싸움에서 암호 해독이 우위를 점했다는 사실을 여실히 보여줬다. 메시지를 암호화해서 보내는 사람들은 누구나 적진의 암호 해독 전문가가 메시지를 가로챈 다음 귀중한 비밀이 담긴 암호문을 해독할 가능성이 있다는 사실을 인정해야 했다.

분명히 이제는 암호 해독자들을 능가할 수 있는 새롭고 더 강력한 암호문을 만들어내야 할 책임이 암호 작성자에게 떨어졌다. 비록 암호 해독자를 능가하는 암호는 16세기 말까지는 나타나지 않았지만, 15세기에 맹아가 싹트기 시작했다. 그 기원은 피렌체 출신 레온 바티스타 알베르티Leon Battista Alberti까지 거슬러 올라간다. 1404년에 태어난 알베르티는 르네상스를 선도하던 인물 중 한 사람으로 무척 박학한 사람이었다. 화가이자, 작곡가, 시인이자 철학자였을 뿐만 아니라 최초로 원근법을 과학적으로 분석한 책과 집파리에 대한 논문을 쓰기도 했고, 하다못해 자기 집 개의 장례 추도문까지 썼다. 알베르티는 건축가로 로마에서 트레비 분수를 가장 먼저 설계하고, 건축에 관한 책 중 처음으로 인쇄된 《건축론De re aedificatioria》을 집필한 것으로 가장 잘 알려져 있다. 알베르티의 《건축론》은 고딕 양식에서 르네상스 양식으로의 전환에 촉매제 역할을 했다.

1460년대 언젠가 알베르티가 바티칸의 정원을 거닐고 있을 때였다. 알베르티는 친구 레오나르도 다토Leonardo Dato를 만났다. 레오나르도 다토는 교황의 비서로 그날 알베르티에게 암호에 대해 매우 자세히 이야기하기 시작했다. 이렇게 우연히 시작된 대화는 알베르티가 암호학에 대한 논문을 쓰는 계기가 되었다. 이 논문에서 알베르티는 자신이 생각하는 암호문의 새로운 형태를 설명했다. 당시 모든 치환 암호에 따르면 각각의 메시지에는 단일 사이퍼 알파벳이 있어야 했다. 그러나 알베르티가 제안한 것은 사이퍼 알파벳 2개 이상을 암호화 과정에서 바꿔가면서 사용하는 방법이었다. 그렇게 하면 암호 해독자를 혼란에 빠뜨릴 수 있을 거라고 생각했다.

평문 알파벳	a	b	c	d	e	f	g	h	i	j	k	l	m	n	o	p	q	r	s	t	u	v	w	x	y	z
사이퍼 알파벳 1	F	Z	B	V	K	I	X	A	Y	M	E	P	L	S	D	H	J	O	R	G	N	Q	C	U	T	W
사이퍼 알파벳 2	G	O	X	B	F	W	T	H	Q	I	L	A	P	Z	J	D	E	S	V	Y	C	R	K	U	H	N

예를 들어 여기에 사용할 수 있는 두 개의 사이퍼 알파벳이 있다. 우리는 이 두 개의 사이퍼 알파벳을 번갈아 가면서 암호문을 작성할 수 있

다. hello라는 메시지를 암호화하려면 사이퍼 알파벳1에 따라 첫 번째 글자를 암호화한다. 그러면 h는 A가 된다. 그러나 두 번째 글자는 사이퍼 알파벳2에 따라 암호화된다. 그러면 e는 F가 된다. 세 번째 글자를 암호화하려면 다시 사이퍼 알파벳1로 돌아오고, 네 번째 글자를 암호화할 때는 다시 사이퍼 알파벳2로 돌아가는 것이다. 이 말은 곧 첫 번째 l은 P로 암호화되지만, 두 번째 l은 A로 암호화된다는 것을 뜻한다. 마지막 글자인 o는 사이퍼 알파벳1에 따라 D가 된다. 그렇게 해서 최종적으로 완성된 암호문은 AFPAD가 된다.

알베르티 암호 체계의 중요한 장점은 평문에 쓰인 동일한 글자가 반드시 똑같은 사이퍼 알파벳 글자로 표시되지 않는다는 데 있다. 따라서 hello에서 반복된 l이 매번 다르게 암호화된다. 마찬가지로 반복적으로 나타나는 A가 매번 다른 글자를 나타내기도 한다. 처음 A는 h였지만, 나중에 나온 A는 l을 나타낸다.

알베르티는 암호 역사 1,000년 만에 중요한 돌파구를 일궜지만, 생각해낸 개념을 암호 체계로 완성하지는 못했다. 이 작업은 다양한 분야의 지식인 그룹에게 맡겨졌고, 이들은 알베르티의 기본 개념을 바탕으로 암호 체계를 세워나갔다. 그중 첫 번째 인물이 1462년에 태어난 독일의 수도원장이었던 요하네스 트리테미우스Johannes Trithemius였으며, 1535년생의 이탈리아 과학자인 조반니 포르타Giovanni Porta가 그 뒤를 이었다. 마지막은 1523년에 태어난 프랑스 외교관 블레즈 드 비즈네르Blaise de Vigenère였다.

비즈네르가 알베르티와 트리테미우스, 포르타의 저작물을 알게 된 것은 그가 26세에 로마 외교관으로 2년간 파견되었을 때였다. 맨 처음 비즈네르가 암호에 관심을 갖게 된 것은 순전히 외교관 업무와 실무적으

그림 11 블레즈 드 비즈네르

로 관련되었기 때문이었다. 비즈네르는 39세가 되던 해 외교관을 그만뒀다. 비즈네르는 자신이 평생 학문에 몸담기에 충분할 만큼의 돈을 모았다고 판단했다. 바로 그 무렵 비즈네르는 알베르티와 트리테미우스, 포르타의 개념을 자세히 연구하면서 새로우면서 강력한 암호 체계를 만들기 시작했다.

새로운 암호 체계를 세우는 데 알베르티, 트리테미우스, 포르타 모두 크게 기여했지만, 마지막으로 암호 체계를 완성한 사람의 이름을 따서 이 암호 체계는 '비즈네르 암호'라고 불리게 되었다. 비즈네르 암호의 위력은 이 암호가 암호화를 하는 데 한 개도 아니고 무려 26개의 각기 다른 사이퍼 알파벳을 사용한다는 데 있다. 암호문 제작의 첫 단계는 〈표3〉에서 보는 것처럼 소위 비즈네르 표를 작성하는 것이다 .

이 표와 같이 평문 알파벳 뒤로 26개의 사이퍼 알파벳이 뒤따른다. 여기서 사이퍼 알파벳은 한 줄씩 내려갈 때마다 그 다음 글자가 맨 앞으로 온다. 따라서 1열은 1칸씩 이동한 카이사르 암호다. 이는 평문에 있는 모든 글자가 알파벳 상에서 원래 글자의 다음 글자로 한 칸씩 뒤로 밀리는 카이사르 암호 체계를 따른다는 뜻이다. 이와 마찬가지로 2열은 2칸 이동 카이사르 암호로 계속된다.

비즈네르 표에서 맨 윗줄은 평문을 나타내는 소문자로 표기한다. 26개의 사이퍼 알파벳 중에서 아무거나 한 가지를 골라 평문에 있는 각각

평문	a	b	c	d	e	f	g	h	i	j	k	l	m	n	o	p	q	r	s	t	u	v	w	x	y	z
1	B	C	D	E	F	G	H	I	J	K	L	M	N	O	P	Q	R	S	T	U	V	W	X	Y	Z	A
2	C	D	E	F	G	H	I	J	K	L	M	N	O	P	Q	R	S	T	U	V	W	X	Y	Z	A	B
3	D	E	F	G	H	I	J	K	L	M	N	O	P	Q	R	S	T	U	V	W	X	Y	Z	A	B	C
4	E	F	G	H	I	J	K	L	M	N	O	P	Q	R	S	T	U	V	W	X	Y	Z	A	B	C	D
5	F	G	H	I	J	K	L	M	N	O	P	Q	R	S	T	U	V	W	X	Y	Z	A	B	C	D	E
6	G	H	I	J	K	L	M	N	O	P	Q	R	S	T	U	V	W	X	Y	Z	A	B	C	D	E	F
7	H	I	J	K	L	M	N	O	P	Q	R	S	T	U	V	W	X	Y	Z	A	B	C	D	E	F	G
8	I	J	K	L	M	N	O	P	Q	R	S	T	U	V	W	X	Y	Z	A	B	C	D	E	F	G	H
9	J	K	L	M	N	O	P	Q	R	S	T	U	V	W	X	Y	Z	A	B	C	D	E	F	G	H	I
10	K	L	M	N	O	P	Q	R	S	T	U	V	W	X	Y	Z	A	B	C	D	E	F	G	H	I	J
11	L	M	N	O	P	Q	R	S	T	U	V	W	X	Y	Z	A	B	C	D	E	F	G	H	I	J	K
12	M	N	O	P	Q	R	S	T	U	V	W	X	Y	Z	A	B	C	D	E	F	G	H	I	J	K	L
13	N	O	P	Q	R	S	T	U	V	W	X	Y	Z	A	B	C	D	E	F	G	H	I	J	K	L	M
14	O	P	Q	R	S	T	U	V	W	X	Y	Z	A	B	C	D	E	F	G	H	I	J	K	L	M	N
15	P	Q	R	S	T	U	V	W	X	Y	Z	A	B	C	D	E	F	G	H	I	J	K	L	M	N	O
16	Q	R	S	T	U	V	W	X	Y	Z	A	B	C	D	E	F	G	H	I	J	K	L	M	N	O	P
17	R	S	T	U	V	W	X	Y	Z	A	B	C	D	E	F	G	H	I	J	K	L	M	N	O	P	Q
18	S	T	U	V	W	X	Y	Z	A	B	C	D	E	F	G	H	I	J	K	L	M	N	O	P	Q	R
19	T	U	V	W	X	Y	Z	A	B	C	D	E	F	G	H	I	J	K	L	M	N	O	P	Q	R	S
20	U	V	W	X	Y	Z	A	B	C	D	E	F	G	H	I	J	K	L	M	N	O	P	Q	R	S	T
21	V	W	X	Y	Z	A	B	C	D	E	F	G	H	I	J	K	L	M	N	O	P	Q	R	S	T	U
22	W	X	Y	Z	A	B	C	D	E	F	G	H	I	J	K	L	M	N	O	P	Q	R	S	T	U	V
23	X	Y	Z	A	B	C	D	E	F	G	H	I	J	K	L	M	N	O	P	Q	R	S	T	U	V	W
24	Y	Z	A	B	C	D	E	F	G	H	I	J	K	L	M	N	O	P	Q	R	S	T	U	V	W	X
25	Z	A	B	C	D	E	F	G	H	I	J	K	L	M	N	O	P	Q	R	S	T	U	V	W	X	Y
26	A	B	C	D	E	F	G	H	I	J	K	L	M	N	O	P	Q	R	S	T	U	V	W	X	Y	Z

표 3 비즈네르 표

의 글자를 암호화할 수 있다. 예를 들어, 2번 사이퍼 알파벳을 사용하면, 알파벳 a는 C로 암호화되지만 12번 사이퍼 알파벳을 사용하면 a는 M으로 암호화된다.

송신인이 전체 메시지를 단 한 가지의 사이퍼 알파벳만 사용해서 암호화한다면, 이 메시지는 실질적으로 단순한 카이사르 암호를 사용해서 암호화한 것이 되므로 보안성이 매우 약하며, 적에 의해 쉽게 암호가 해독될 수 있다. 그러나 비즈네르 암호에서는 비즈네르 표에 있는 다른 행(다른 사이퍼 알파벳)을 사용해서 메시지에 있는 각각의 글자를 암호화한다. 다시 말하면, 송신인은 5번 사이퍼 알파벳에 따라 첫 번째 글자를 암호화하고, 두 번째 글자는 14번 사이퍼 알파벳, 세 번째 글자는 21번 사이퍼 알파벳에 따라 암호화할 수 있다.

메시지를 해독하려면 이 암호문을 받기로 한 수신인이 비즈네르 표에서 각각의 글자를 어떤 사이퍼 알파벳으로 대체했는지 알아야 한다. 따라서 송신인과 수신인은 서로 몇 열에 있는 사이퍼 알파벳을 어떻게 바꿔가며 사용할지에 관한 규칙에 합의해야 한다. 규칙은 키워드를 사용해서 정할 수 있다. 짧은 메시지를 암호화할 때 비즈네르 표를 가지고 어떻게 열쇠단어를 사용할 수 있는지 알아보기 위해 divert troops to east ridge(병력을 동쪽 산등성이로 이동시켜라)라는 메시지를 열쇠단어인 WHITE를 사용해서 암호화 해보자.

먼저 열쇠단어를 평문 메시지 위에 반복적으로 펼쳐 놓아 메시지를 이루는 글자가 각각의 열쇠단어 철자와 일대일 대응할 수 있게 한다. 그렇게 하면 암호문은 다음과 같이 만들어진다. 첫 번째 글자 d를 암호화하려면 비즈네르 표에서 W로 시작하는 줄을 찾는다. W로 시작하는 22번 사이퍼 알파벳에서 평문 알파벳 d를 대체하는 글자를 찾을 수 있다.

W로 시작하는 행과 평문 알파벳 d열이 만나는 지점은 Z다. 결국 평문에서 d는 암호문에서 Z로 나타낼 수 있다.

열쇠단어	W	H	I	T	E	W	H	I	T	E	W	H	I	T	E	W	H	I	T	E	W	H	I
평문	d	i	v	e	r	t	t	r	o	o	p	s	t	o	e	a	s	t	r	i	d	g	e
암호문	Z	P	D	X	V	P	A	Z	H	S	L	Z	B	H	I	W	Z	B	K	M	Z	N	M

메시지에서 두 번째 글자인 i를 암호화할 때도 이 과정을 반복하면 된다. i 위에 위치한 열쇠단어의 철자는 H이다. 따라서 i는 비즈네르 표에서 다른 사이퍼 알파벳으로 암호화된다. 여기서는 H 행, 즉 7번 사이퍼 알파벳을 가지고 암호화한다. i에 해당하는 사이퍼 알파벳을 찾으려면 i열과 H로 시작하는 행이 만나는 지점을 찾는다. 여기서는 P다. 결과적으로 평문에서 i는 암호문에서는 P가 된다.

열쇠단어 각각의 글자는 비즈네르 표 안에서 특정 사이퍼 알파벳을 가리킨다. 여기서 열쇠단어는 5글자로 이뤄져 있기 때문에 송신인은 비즈네르 표에서 5개의 사이퍼 알파벳을 돌아가면서 사용하여 메시지를 암호화하는 게 된다. 메시지에서 5번째 글자에 해당하는 열쇠단어 알파벳이 E이지만 메시지에서 6번째 글자를 암호화하려면 다시 열쇠단어의 첫 번째 글자로 돌아가야 한다.

열쇠단어 또는 열쇠구문이 더 길어지면 암호화 과정에서 더 많은 행을 추가할 수 있으며 암호의 복잡도도 높아진다. 〈표4〉는 5개의 행, 즉 열쇠단어 WHITE에 따른 5개의 사이퍼 알파벳을 표시해 놓은 비즈네르 표다.

비즈네르 암호의 가장 큰 장점은 1장에서 설명한 빈도 분석을 가지고는 해독할 수 없다는 데 있다. 예를 들어 암호 해독자가 빈도 분석을 적

평문	a	b	c	d	e	f	g	h	i	j	k	l	m	n	o	p	q	r	s	t	u	v	w	x	y	z
1	B	C	D	E	F	G	H	I	J	K	L	M	N	O	P	Q	R	S	T	U	V	W	X	Y	Z	A
2	C	D	E	F	G	H	I	J	K	L	M	N	O	P	Q	R	S	T	U	V	W	X	Y	Z	A	B
3	D	E	F	G	H	I	J	K	L	M	N	O	P	Q	R	S	T	U	V	W	X	Y	Z	A	B	C
4	E	F	G	H	I	J	K	L	M	N	O	P	Q	R	S	T	U	V	W	X	Y	Z	A	B	C	D
5	F	G	H	I	J	K	L	M	N	O	P	Q	R	S	T	U	V	W	X	Y	Z	A	B	C	D	E
6	G	H	I	J	K	L	M	N	O	P	Q	R	S	T	U	V	W	X	Y	Z	A	B	C	D	E	F
7	H	I	J	K	L	M	N	O	P	Q	R	S	T	U	V	W	X	Y	Z	A	B	C	D	E	F	G
8	I	J	K	L	M	N	O	P	Q	R	S	T	U	V	W	X	Y	Z	A	B	C	D	E	F	G	H
9	J	K	L	M	N	O	P	Q	R	S	T	U	V	W	X	Y	Z	A	B	C	D	E	F	G	H	I
10	K	L	M	N	O	P	Q	R	S	T	U	V	W	X	Y	Z	A	B	C	D	E	F	G	H	I	J
11	L	M	N	O	P	Q	R	S	T	U	V	W	X	Y	Z	A	B	C	D	E	F	G	H	I	J	K
12	M	N	O	P	Q	R	S	T	U	V	W	X	Y	Z	A	B	C	D	E	F	G	H	I	J	K	L
13	N	O	P	Q	R	S	T	U	V	W	X	Y	Z	A	B	C	D	E	F	G	H	I	J	K	L	M
14	O	P	Q	R	S	T	U	V	W	X	Y	Z	A	B	C	D	E	F	G	H	I	J	K	L	M	N
15	P	Q	R	S	T	U	V	W	X	Y	Z	A	B	C	D	E	F	G	H	I	J	K	L	M	N	O
16	Q	R	S	T	U	V	W	X	Y	Z	A	B	C	D	E	F	G	H	I	J	K	L	M	N	O	P
17	R	S	T	U	V	W	X	Y	Z	A	B	C	D	E	F	G	H	I	J	K	L	M	N	O	P	Q
18	S	T	U	V	W	X	Y	Z	A	B	C	D	E	F	G	H	I	J	K	L	M	N	O	P	Q	R
19	T	U	V	W	X	Y	Z	A	B	C	D	E	F	G	H	I	J	K	L	M	N	O	P	Q	R	S
20	U	V	W	X	Y	Z	A	B	C	D	E	F	G	H	I	J	K	L	M	N	O	P	Q	R	S	T
21	V	W	X	Y	Z	A	B	C	D	E	F	G	H	I	J	K	L	M	N	O	P	Q	R	S	T	U
22	W	X	Y	Z	A	B	C	D	E	F	G	H	I	J	K	L	M	N	O	P	Q	R	S	T	U	V
23	X	Y	Z	A	B	C	D	E	F	G	H	I	J	K	L	M	N	O	P	Q	R	S	T	U	V	W
24	Y	Z	A	B	C	D	E	F	G	H	I	J	K	L	M	N	O	P	Q	R	S	T	U	V	W	X
25	Z	A	B	C	D	E	F	G	H	I	J	K	L	M	N	O	P	Q	R	S	T	U	V	W	X	Y
26	A	B	C	D	E	F	G	H	I	J	K	L	M	N	O	P	Q	R	S	T	U	V	W	X	Y	Z

표 4 비즈네르 표에서 열쇠단어 WHITE에 해당하는 행들이 표시되어 있다. 암호화는 여기서 표시된 5개의 사이퍼 알파벳을 바꿔 가면서 이뤄진다. 여기서는 W, H, I, T, E로 시작하는 사이퍼 알파벳이 사용된다.

용하여 암호문을 해석하려고 할 때는 보통 암호문에서 가장 많이 출현하는 글자를 찾아내는 것부터 한다. 예제 암호문에서는 Z의 출현 빈도가 제일 높다. 따라서 암호 해독자는 Z가 영문 알파벳 e를 나타낼 것이라고 가정한다. 그러나 실제로 Z는 e가 아니라 d, r, s를 나타낸다. 암호 해독자에겐 분명 골칫거리가 아닐 수 없다. 암호문에 여러 번 출현하는 글자가 매번 다른 평문 알파벳을 나타낸다는 사실은 암호 해독자로서는 난감한 일이다. 마찬가지로 평문에서 반복해서 나타나는 글자도 암호문에서 다른 글자로 나타난다는 것도 매우 혼란스러운 일이다. 예를 들어

troops에서 o가 반복해서 나오지만, o는 다른 글자로 치환된다. 여기서 oo는 HS로 암호화된다.

비즈네르 암호는 빈도 분석에 강할 뿐만 아니라 엄청난 수의 열쇠를 가지게 된다. 송신인과 수신인은 사전에 있는 어떤 단어든, 단어들의 조합이든, 아니면 전혀 새로운 조어를 열쇠로 삼을 수 있다. 암호 해독자로서는 선택 가능한 모든 열쇠를 찾아서 메시지를 해독하는 게 불가능해진다. 선택 가능한 열쇠가 너무나 많기 때문이다.

비즈네르의 연구는 결국 〈비밀 문서 작성에 관한 논문Traicté des Chiffres〉으로 1586년 출간되었다. 아이러니하게도 이 논문이 발표된 해는 토머스 펠립스가 스코틀랜드 메리 여왕의 암호를 해독한 해였다. 만일 메리의 비서가 이 논문을 읽었더라면, 비즈네르 암호문에 대해서 알았을 것이고, 펠립스는 메리가 배빙턴에게 보낸 메시지를 해독할 수 없었을 것이며, 메리는 목숨을 구할 수 있었을 것이다.

강력하고 높은 보안성 때문에 비즈네르 암호는 유럽의 암호 작성자들 사이에서 빠르게 퍼졌다. 다시 한 번 보안성이 높은 암호를 발견하게 된 것에 대해 암호 작성자들은 분명 안도할 만했다. 그러나 실상은 어떠했을까? 실상은 달랐다. 암호 작성자들은 비즈네르 암호에 퇴짜를 놓았다. 겉으로 보기에 흠잡을 데 없는 이 암호 체계는 그로부터 200년간 주목을 받지 못했다.

비즈네르 암호 기피 현상에서 철가면의 사나이까지

비즈네르 암호 이전에 존재했던 전통적인 형태의 치환 암호를 단일 치환 암호라고 불렀다. 단일 치환 암호는 메시지당 한 개의 사이퍼 알파벳을 사용했기 때문이다. 이와 반대로 비즈네르 암호는 다중 치환 암호polyalphabetic 군에 속한다. 메시지에 여러 개의 사이퍼 알파벳이 사용되기 때문이다. 비즈네르 암호문은 다중 치환 암호적 특성 때문에 강력할 뿐만 아니라 사용하기도 그만큼 복잡하다. 많은 사람들이 사용하기가 복잡하고 어렵다는 이유로 비즈네르 암호 사용을 포기했다.

17세기에는 단일 치환 암호만으로도 필요한 목적을 완벽하게 달성할 수 있었다. 부하가 사적인 서신을 읽을 수 없게 하거나 배우자의 감시를 피해 일기를 쓰고 싶을 때 옛날식의 암호문이면 충분했다. 단일 치환 암호는 빠르고 쉽게 사용할 수 있으며 암호 해독에 대한 교육을 받지 않은 사람들로부터 비밀을 유지하기에 좋았다. 실제로 단순한 단일 치환 암호는 다양한 형태로 수백 년 동안 존재해 왔다(〈부록 D〉를 보라). 그러나 더 중요한 분야인 군사 또는 정부 내 통신처럼 보안이 다른 무엇보다도 우선시되는 분야에서 단순한 단일 치환 암호를 사용하는 것은 어느 모로 보나 적절하지 않았다.

전문적인 암호 해독자들과 전쟁을 치르는 암호 제작 전문가들은 더 나은 암호가 필요했지만, 그럼에도 다중 치환 암호를 받아들이는 것을 꺼려했다. 다중 치환 암호의 복잡성 때문이었다. 특히 군사통신의 경우에는 속도와 단순성이 중요했으며 재외공관같이 수백 개에 달하는 메시지를 매일 주고받아야 하는 곳에서는 시간이 관건이었다. 결국 암호 작성자들은 기본적인 단일 치환 암호보다 강력하지만, 다중 치환 암호보다는 적용하기 쉬운 중간 수준의 암호를 찾아 나섰다.

다양한 후보군에는 놀랍도록 효과적인 동음 치환 암호homophonic substitution cipher가 포함된다. 동음 치환 암호에서 각각의 글자는 다양한 대체 글자나 기호로 치환된다. 다양한 대체 글자와 기호들은 글자의 빈도에 비례한다. 예를 들어 알파벳 **a**는 영문으로 작성된 텍스트에서 약 8퍼센트의 분포도를 보인다. 따라서 우리는 **a**를 나타내는 기호를 8가지로 가져갈 수 있다. 평문에 **a**가 출현할 때마다 8개의 기호 중에 무작위로 하나를 골라 치환한다. 따라서 최종 암호문에서 각각의 기호는 암호문 안에서 약 1퍼센트의 출현 빈도를 나타내게 된다.

그에 비해 **b**는 전체 글자의 2퍼센트를 차지하므로 기호 두 개 중에 하나로 **b**를 나타낸다. 평문에 **b**가 나타날 때마다 두 개의 기호 중 하나로 골라 쓰면 된다. 따라서 암호문을 다 작성하고 나면 각각의 기호가 전체 암호문에서 약 1퍼센트의 출현 빈도를 보이게 된다. 각각의 글자를 대체할 여러 숫자기호를 할당하는 이 과정은 알파벳 **z**까지 반복된다. 여기서 **z**는 너무나 빈도가 낮아서 대체할 기호가 단 하나에 그친다. 〈표5〉에서 주어진 예시에서 보듯이, 사이퍼 알파벳에서 대체 기호로 쓰일 수 있는 것들은 두 자리 수 숫자이며, 평문 알파벳에 있는 각각의 글자를

a	b	c	d	e	f	g	h	i	j	k	l	m	n	o	p	q	r	s	t	u	v	w	x	y	z
09	48	13	01	14	10	06	23	32	15	04	26	22	18	00	38	94	29	11	17	08	34	60	28	21	02
12	81	41	03	16	31	25	39	70			37	27	58	05	95		35	19	20	61		89		52	
33		62	45	24			50	73			51		59	07			40	36	30	63					
47			79	44			56	83			84		66	54			42	76	43						
53				46			65	88					71	72			77	86	49						
67				55			68	93					91	90			80	96	69						
78				57										99					75						
92				64															85						
				74															97						
				82																					
				87																					
				98																					

표 5 동음 치환 암호의 한 예. 맨 윗줄은 평문 알파벳을 나타낸 반면, 아래에 있는 숫자들은 사이퍼 알파벳으로 자주 출현하는 글자들의 경우 여러 개의 숫자를 배정한다.

대체하는 대체 기호는 각각의 평문 알파벳 글자의 빈도에 따라 1개에서부터 12개까지 있다.

평문 알파벳 a에 대응하는 모든 두 자리 수의 숫자들이 암호문에서 동일한 음, 즉 글자 a가 내는 소리를 가지고 있다고 생각할 수 있다. 이런 이유로 동음 치환 암호라는 용어를 나타내는 동음 homophonic은 '같은'이라는 뜻의 그리스어 homos와, '소리'라는 뜻의 phone이 합쳐져 만들어졌다. 많이 쓰이는 글자들에 대체할 기호를 여러 가지로 할당하는 이유는 암호문에서 기호들의 출현 빈도를 모두 비슷하게 맞추기 위함이다.

우리가 〈표5〉에 있는 사이퍼 알파벳을 사용하여 메시지를 암호화하면 각각의 숫자가 전체 원문에서 약 1퍼센트씩 차지하게 된다. 특정 기호가 다른 기호보다 더 많이 나타나지 않는다면 빈도 분석에 의해 해독될 가능성은 없는 것처럼 보인다. 그러면 보안성이 완벽한 걸까? 꼭 그렇지는 않다.

암호문에는 영리한 암호 해독자들이라면 찾을 수 있는 여전히 미묘한 단서들이 숨어 있다. 1장에서 봤듯이 영어에서 각각의 글자는 자기만의 특징이 있다. 이 특징은 글자끼리의 관계에 따른 것이며 동음 치환 암호로 암호화를 했더라도 계속 살아있다. 영어에서 이런 특징을 가진 극단적인 예가 바로 알파벳 q다. q 다음에는 언제나 u가 온다. 암호문을 해독할 때 우리는 흔치 않은 글자인 q를 먼저 주목할 것이다. 그리고 q는 흔하지 않기 때문에 하나의 기호로 표현될 가능성이 있다. 그리고 u는 우리도 알다시피 전체 글자에서 출현 빈도가 약 3퍼센트에 이르므로 u를 나타내는 기호는 아마도 세 가지가 될 것이다. 따라서 암호문에서 어떤 기호가 특정 세 가지 기호하고만 같이 나올 때, 첫 번째 기호는 q를 나머지 세 가지 기호는 u를 나타낼 것이라고 추정할 수 있다. 다른 글자는 훨씬 더 찾아내기 어렵지만 마찬가지로 글자와 다른 글자들 간의 관계를 가지고 유추할 수 있다. 동음 치환 암호 역시 해독이 가능하지만 단순한 단일 치환 암호에 비해서는 훨씬 안전하다.

동음 치환 암호는 다중 치환 암호와 각각의 평문 글자가 다른 여러 가지 방식으로 암호화될 수 있다는 점에서는 유사하지만, 이 둘에는 아주 중요한 차이점이 존재한다. 사실상 동음 치환 암호가 단일 치환 암호의 한 종류라는 점이다. 위의 표에서 볼 수 있듯이 알파벳 a는 여덟 가지의 숫자로 나타낼 수 있다. 여기서 중요한 점은 이 여덟 개의 숫자들이 모두 a라는 알파벳 글자만 나타낸다는 사실이다. 다시 말해서, 평문의 글자는 여러 기호로 나타낼 수 있지만, 각각의 기호는 단 하나의 글자만 나타낼 수 있다. 다중 치환 암호문에서 평문 글자는 여러 개의 기호로 나타낼 수 있지만, 이 기호들이 암호화 과정에서 각기 다른 글자들을 나타낸다는 점이 다중 치환 암호 해독을 더 어렵게 만든다.

아마도 동음 치환 암호가 단일 치환 암호로 간주되는 근본적인 이유는 한번 사이퍼 알파벳이 정해지면, 전체 암호화 과정에서 사이퍼 알파벳이 고정되기 때문이지, 각 글자를 암호화할 때 여러 개의 사이퍼 알파벳을 선택적으로 사용할 수 있다는 것과는 아무 관계가 없다. 그러나 다중 치환 암호를 사용하는 암호 작성자는 반드시 사이퍼 알파벳을 확실히 바꿔가면서 암호화해야 한다.

기본적인 단일 치환 암호에 동음을 추가해서 여러 가지 방식으로 조금씩 변형하면 분명 복잡한 다중 치환 암호에 기대지 않고도 안전하게 메시지를 암호화하는 게 가능하다. 이렇게 업그레이드된 단일 치환 암호 가운데 가장 강력한 예가 루이 14세의 '대암호Great Cipher'다. 대암호는 가장 중요한 왕의 메시지를 보호해야 하는 경우에 사용되었다. 이를테면 왕의 계획, 책략, 정략에 대한 상세한 내용을 비밀로 보호할 때 사용되었다. 왕의 메시지 중 하나에 프랑스 역사상 가장 수수께끼 같은 인물인 '철가면 사나이'가 언급되지만, 대암호의 강력함으로 인해 암호문과 거기에 담긴 놀라운 내용을 200년간 아무도 알아낼 수 없었다.

대암호는 아버지와 아들 사이인 앙투안 로시뇰Antoine Rossignol과 보나방튀르 로시뇰Bonaventure Rossignol이 개발했다. 앙투안이 유명해진 것은 1626년, 당시 포위되어 있던 레알몽을 떠나던 밀사에게서 빼앗은 암호문을 해독하면서였다. 입수한 당일 암호문을 해독했고, 해독한 암호문에는 레알몽을 장악하고 있던 위그노 군대가 붕괴 직전이라는 내용이 담겨 있었다. 위그노측이 절박한 상황에 처한 사실을 이전에는 몰랐던 앙투안은 해독한 내용과 함께 이 암호문을 위그노 측에 돌려보냈다. 이제는 적이 물러서지 않을 것임을 안 위그노 측은 곧바로 항복했다. 암호 해독을 통해 프랑스 군대는 힘들이지 않고 승리를 거머쥘 수 있었다.

암호 해독의 위력이 드러나면서 로시뇰 부자는 궁정의 고위직에 임명되었다. 로시뇰 부자는 루이 13세에 이어 루이 14세의 암호 해독자로 활동했다. 로시뇰 부자에게 깊은 인상을 받은 루이 14세는 로시뇰 부자의 집무실을 자신이 살고 있는 건물 바로 옆에 두게 하고 로시뇰 부자가 프랑스 외교정책을 결정하는 데 중요한 역할을 하도록 했다. 로시뇰 부자의 암호 해독 능력을 가장 잘 보여주는 사례가 로시뇰rossignol이라고 하는 단어로, 프랑스어 속어로 자물쇠를 따는 도구를 지칭한다. 바로 로시뇰 부자의 암호문 해독 능력을 빗댄 말이다.

암호를 해독하면서 쌓은 로시뇰 부자의 기량은 어떻게 하면 강력한 암호를 만들 수 있는가에 대한 통찰을 제공했다. 그리하여 부자는 소위 대암호를 만들어냈다. 대암호는 너무나 강력해서 프랑스의 비밀을 훔치려는 적국 암호 해독자들의 모든 노력을 수포로 만들었다. 안타깝게도 로시뇰 부자가 모두 사망한 후 대암호는 더 이상 사용되지 않았고 대암호에 대한 상세한 내용은 빠르게 유실되어 이 암호로 작성된 프랑스 고문서를 더는 읽을 수 없게 되었다. 대암호는 너무나 강력한 나머지 이후 여러 세대에 걸친 암호 해독자들의 노력에도 깨지지 않았었다.

역사가들은 대암호로 암호화된 문서에 17세기 프랑스 수수께끼와 관련한 특별한 단서가 존재할 수도 있다는 사실을 알아냈다. 그러나 19세기 말까지 해독할 수 있는 사람은 없었다. 그러던 중 1890년 루이 14세의 군사작전을 연구하던 빅토르 장드롱Victor Gendron이라는 군사 역사학자가 대암호로 암호화된 새로운 종류의 편지를 발견했다. 편지를 해독할 수 없었던 장드롱은 이를 프랑스 육군 암호국에서 근무하던 유능한 암호 전문가 에티엔 바제리에Étienne Bazeries에게 넘겼다. 바제리에는 넘겨받은 편지를 '궁극의 도전'으로 받아들이고 3년을 이 암호 해독에 바쳤다.

암호문에는 수천 개의 숫자가 담겨 있었지만 서로 다른 숫자는 587개에 불과했다. 분명 대암호는 단순한 치환 암호보다 복잡하긴 했다. 즉 각각의 글자에 26개의 서로 다른 숫자를 필요로 했기 때문이다. 처음에 바제리에는 잉여의 숫자들이 동음을 나타내므로 여러 개의 숫자가 동일한 글자를 가리킬 거라고 생각했다. 이런 생각을 바탕으로 몇 달 간 피나는 노력을 했지만, 아무런 소득이 없었다. 대암호는 동음 치환 암호가 아니었다.

그 다음으로 바제리에는 각각의 숫자들이 여러 개의 글자, 즉 두 글자가 한 음을 나타내는 이중음자digraph일지도 모른다고 생각했다. 글자는 26개뿐인데 가능한 쌍은 676개나 되었지만 이 숫자는 암호문에 사용된 숫자의 개수와 대략 맞아떨어졌다. 바제리에는 가장 출현 빈도가 높은 숫자(22, 42, 124, 125, 341)를 암호문에서 찾기 시작했다. 그는 어쩌면 이 숫자들이 프랑스어에서 흔한 이중음자인 es, en, ou, de, nt를 나타낼지도 모른다고 생각했다. 사실상 바제리에는 쌍으로 이뤄진 글자의 빈도 분석을 수행한 것이다. 불행히 다시 몇 달 동안 매달렸음에도 의미 있는 해독을 해내는 데 실패했다.

집착을 내려놓지 않으면 안 되는 시점에 이르렀을 무렵 바제리에에게 새로운 해결 방법이 떠올랐다. 그가 생각했던 이중음자 접근법이 완전히 잘못된 것만은 아닐 수도 있었다. 바제리에는 각각의 숫자가 글자 한 쌍이 아니라, 한 음절을 대체하는 것일지도 모른다는 생각에 이르렀다. 그는 각각의 숫자를 한 음절에 대응시키는 작업을 시작하면서 가장 많이 출현하는 숫자들이 가장 흔한 프랑스어 음절을 대체했을 거라고 가정했다.

다양한 순열 조합을 시도했지만 모두 제각기 뒤죽박죽이었다. 그런 끝에 딱 한 단어를 찾아내는 데 성공했다. 일군의 숫자 조합(124-22-125-46-345)이 각 페이지에 나타났고, 바제리에는 이 숫자군이 les-en-ne-mi-s, 즉 'les ennemis적들'일 것이라고 가정했다. 이 가정은 결정적인 단서였다.

그 다음으로 바제리에는 이 숫자들이 다른 단어에 사용된 부분을 찾아냈다. 그러고 나서 'les ennemis'에서 나온 음절가들을 대체해서 넣음으로써 다른 단어의 일부를 밝혀냈다. 십자말 풀이 중독자들은 알겠지만 한 단어의 일부가 밝혀지면 단어의 나머지 부분을 찾는 것은 식은 죽 먹기다. 바제리에는 새로운 단어를 찾아냄으로써 다른 음절도 찾아낼 수 있었고, 찾아낸 음절을 바탕으로 다른 단어들을 찾아내는 등의 과정을 반복했다. 때때로 장애물을 만나기도 했다. 음절가가 명확하지 않은 경우도 있었고 어떤 경우에는 일부 숫자들이 음절이 아닌 한 글자를 대체하기도 했으며, 로시뇰 부자가 암호문 안에 함정을 파놓은 경우도 있었기 때문이었다. 예를 들어 어떤 숫자는 음절도, 글자도, 대체하지 않은 채 대신 앞에 나오는 숫자를 비밀리에 삭제하기도 했다.

마침내 암호 해독이 끝나자 바제리에는 200년 만에 처음으로 루이 14세의 비밀을 들여다본 사람이 되었다. 새롭게 해독한 암호문의 내용은 역사가들을 흥분시켰다. 많은 서류 중에서 이들의 관심을 유독 끌었던 편지가 있었다. 이 편지는 17세기 최고의 미스터리를 풀 수 있는 열쇠로 '철가면을 쓴 사나이'의 정체에 대한 실마리를 제공할 것으로 보였다.

철가면을 쓴 사나이는 그가 사보이 지역 프랑스 요새인 피네롤에 수감된 이후로 계속 의혹의 대상이 되었다. 1698년 바스티유로 이감되었을 때, 그를 보려고 했던 농부들의 목격담도 가지각색이었다. 철가면을 쓴 사나이의 키가 작다는 사람들도 있었고 크다는 사람들도 있었으며, 피부가 하얗다, 아니다 피부가 검다, 젊은이다 아니다 노인이다, 등 제각각이었다. 심지어 어떤 사람들은 철가면을 쓴 사람이 남자가 아니라 여자라고 주장했다. 알려진 사실이 거의 없는 가운데 볼테르에서 벤자민 프랭클린에 이르기까지 모든 이들이 자기만의 이론을 가지고 어떻게든 철가면의 정체를 알아내려고 했다. 그 중 철가면(철가면을 쓴 사나이를 사람들은 그냥 철가면이라고 부르기도 했다)과 관련된 가장 유명한 음모론에 따르면 이 철가면은 루이 14세의 쌍둥이 형제였으며, 감옥에 간 이유가 왕위 쟁탈전을 피하기 위해서라고 했다. 이 이론의 한 가지 버전에 따르면 철가면의 후손이 존재했으며 왕족의 숨겨진 혈통이라고 했다. 1801년에 나온 정치 선전물에서 나폴레옹이 바로 그 철가면의 후손이라고 주장했고, 그 루머가 자신의 입지를 탄탄히 해준다고 봤던 나폴레옹은 이 소문을 부인하지 않았다.

철가면의 신화는 심지어 시와 산문, 연극에 영감을 주기도 했다. 1848년 빅토르 위고는 《쌍둥이twins》라는 제목의 희곡을 쓰기 시작했지만 알렉상드르 뒤마가 이미 동일한 플롯으로 글을 쓰기로 했다는 사실을 알고 그동안 완성했던 2막을 폐기했다. 이후로 철가면을 쓴 사나이에 관한 이야기라면 사람들은 뒤마를 떠올린다. 뒤마의 소설이 성공을 거두면서 철가면이 왕과 관련되어 있을 거라는 음모론은 더욱 힘을 얻었다. 게다가 바제리에가 해독한 암호문이 증거로 제시되었음에도 불구하고 이 음모론은 끈질기게 살아남아 있다.

바제리에가 해독한 편지는 루이 14세의 육군장관 프랑수아 드 루부아François de Louvois가 작성한 것으로 비비앙 드 불롱드의 범죄에 대한 언급으로 시작된다. 비비앙 드 불롱드는 프랑스와 이탈리아 사이의 국경에 위치한 쿠네오라는 도시의 공격을 지휘한 지휘관이었다. 불롱드는 후퇴하지 말라는 명령을 받았음에도 불구하고 오스트리아에서 적군이 올 것을 염려한 나머지 무기와 대다수의 부상당한 부하들을 뒤로하고 도주했다. 육군장관은 이 같은 행동으로 인해 피에드몽 지방에서의 군사 작전이 전부 위험에 빠지게 되었다고 했고, 이 편지에서 왕이 불롱드의 행위를 극도로 비겁한 행위로 보고 있다는 사실을 분명히 밝혔다.

> 폐하께서 이런 행위가 초래한 결과에 대해서 그 누구보다 잘 알고 계시며, 폐하 또한 이번 실패가 우리의 목표에 얼마나 큰 치명타를 입히게 될지 알고 계신다. 이번 겨울 내에 실패를 만회해야만 한다. 폐하께서는 불롱드 장군을 즉시 체포하기를 원하신다. 불롱드를 피네롤 요새에 수감해서 밤에는 간수가 지키는 감옥에 가두고 낮에는 걷는 것을 허락하되 가면을 쓰고 흉벽을 걷도

록 하셨다.

이 서신은 피네롤에 있는 가면을 쓴 죄수와 그가 저지른 중죄에 대해 직접적인 언급을 했으며, 철가면을 쓴 사나이에 관한 미스터리와 비슷한 연대에 벌어졌다는 점에서 모든 게 들어맞는 것처럼 보인다. 그러나 정말 철가면에 관한 수수께끼가 풀린 걸까? 보다 음모론적인 해석을 선호하는 사람들이 블롱드가 철가면의 주인공이라는 설명에서 구멍을 찾아내는 것은 그리 놀랄 일이 아니다. 예를 들어 실제로 루이 14세가 은밀하게 자신의 쌍둥이 형제를 감옥에 가두려고 했다면 일부러 거짓 증거들을 남기는 게 당연하다는 주장이다. 어쩌면 이 암호문은 의도적으로 해독을 염두에 두고 작성된 것일 수도 있다. 혹시 19세기 암호 해독자 바제리에는 17세기에 만들어놓은 함정에 빠진 것일 수도 있다.

블랙 체임버

단일 치환 암호를 강화하기 위해 단일 치환 암호를 음절에 적용한다든지, 동음 치환 암호를 추가하는 방식은 1600년대까지만 해도 효과가 있었다. 그러나 1700년대 무렵이 되자 암호 해독은 거의 산업화가 될 정도가 되었고, 정부 소속 암호 해독자들은 팀을 꾸려 가장 복잡한 단일 치환 암호의 상당수도 해독해냈다. 각 유럽 강국은 자기들만의 소위 '블랙 체임버black chamber', 즉 암호문을 해독하고 첩보를 수집하는 하나의 신경중추 역할을 하는 기관을 세웠다. 그 중 가장 유명하고 체계가 잘 잡히고 효율적인 블랙 체임버는 오스트리아 수도 빈에 있던 비밀정보국이었다.

오스트리아 비밀정보국은 엄격한 시간표에 따라 움직였다. 이들의 불법적인 행위가 순조로운 우편 업무를 방해해서는 안 되었기 때문이다. 비엔나에 있는 대사관들에 배달될 편지는 오전 7시에 블랙 체임버에 먼저 배달되었다. 비밀정보국 요원들은 봉인을 녹이고, 속기사 팀은 편지의 사본을 만들었다. 필요한 경우에는 언어 전문가들이 특이한 문자의 사본 제작을 담당하기도 했다. 3시간 안에 편지는 다시 봉투에 담겨 재 봉인되고 중앙 우편국으로 되돌아 간 다음 원래 수신인 앞으로 배달되었다.

오스트리아를 단순히 경유하는 우편물의 경우, 블랙 체임버에 도착하는 시각은 오전 10시였고, 빈의 대사관들을 출발해 오스트리아 밖으로 나가는 우편물은 오후 4시에 도착했다. 이 모든 편지는 본래의 행선지로 배달되기 전에 사본이 만들어졌다. 매일 백여 통의 편지가 빈의 블랙 체임버를 통과했다.

편지의 사본은 암호 해독자에게 넘겨졌다. 암호 해독자들은 작은 부스에 앉아서 암호문을 해독할 채비를 하고 있었다. 빈의 블랙 체임버는 귀중한 첩보를 오스트리아 황제에게 보고할 뿐만 아니라 유럽의 다른 강국에게 자기들이 입수한 정보를 팔기도 했다. 1774년, 프랑스 대사관 서기관 아보 조르젤에게 1주일에 2번씩 정보를 제공하고 1,000두캇[1]을 받기로 합의했다. 아보 조르젤은 유럽 각국 군주들의 비밀 계획이 들어 있는 편지들을 파리에 있는 루이 15세에게 곧바로 송부했다.

각 열강들의 비밀정보국은 사실상 모든 형태의 단일 치환 암호문의 보안성을 무력화시켰다. 결국 암호 해독 전문가들의 공격에 맞서 암호 작성자들은 무척 복잡하긴 하지만 비교적 안전한 비즈네르 암호를 채택해

1 중세 말부터 유럽에서 통용되던 화폐로, 1두캇은 순금 3.56g으로 만들어져 있음. 2015년 8월 시세로 환산하면, 약 1억 5천만원에 해당한다.

야 했다. 점차 암호 담당관들은 다중 치환 암호로 바꾸기 시작한 것이다.

향상된 암호 해독 기술과 더불어 더 강력한 보안성을 갖춘 암호로 전환하지 않으면 안 되는 요인이 또 있었다. 바로 전신 기술의 발달로 인한 전신 내용의 감청과 해독 방지의 필요성이었다. 전신 기술과 그 뒤를 이은 통신 혁명은 19세기에 일어났지만 그 원류는 1753년까지 거슬러 올라갈 수 있다. 스코틀랜드의 한 잡지에 익명으로 투고된 편지에 어떻게 하면 송신인이 알파벳 글자 하나에 케이블 하나씩, 총 26개의 케이블로 멀리 있는 수신자에게 메시지를 보낼 수 있는지에 대한 설명이 실렸다.

송신인은 각각의 전선에 전류를 흘려 메시지를 보낼 수 있었다. 예를 들어 hello를 전달할 때, 송신인은 먼저 h 전선에 전기 신호를 보내고, 그 다음엔 e 전선에, 그리고 그 다음 전선에 흘려보내는 식으로 메시지를 전송한다. 그러면 수신인은 각각의 전선에서 흘러 들어오는 전류를 감지하여 메시지를 읽게 된다. 그러나 발명자가 '정보 전달의 신속성을 높이는 방법'이라고 부른 이 기술은 실제로 구현되지 못했다. 극복해야 할 기술적인 문제들 때문이었다.

예를 들어, 기술자에게는 전기 신호를 충분히 감지할 수 있을 정도로 민감한 시스템이 필요했다. 잉글랜드에서 찰스 휘트스톤 경Sir Charles Wheatstone과 윌리엄 포더질 쿡William Fothergill Cooke은 자성을 띤 바늘을 가지고 신호 감지기를 만들었다. 자성을 띤 바늘은 전류가 들어오면 움직였다. 1839년까지 휘트스톤-쿡 시스템은 웨스트 드레이튼과 29킬로미터 떨어진 패딩턴 기차역 사이에서 메시지를 주고받을 때 사용되었다. 놀라운 통신 속도에 따른 전신 기술의 명성은 순식간에 널리 퍼졌는데, 무엇보다도 이 새로운 기술을 널리 알리는 데 가장 많이 기여한 것은 바로 1844년 8월 6일 빅토리아 여왕의 둘째 아들 알프레드 왕자의 탄생이었다.

왕자의 탄생 소식이 런던으로 타전되었고, 1시간도 안 돼 왕자의 탄생 소식은 신문 《더 타임스》에 실려 거리에 깔렸다. 《더 타임스》가 이 같은 개가를 이룰 수 있었던 게 전신 기술 덕분이었다면서, 신문이 "전자기를 이용한 전신 기술의 비상한 힘에 큰 빚을 졌다"고 언급했다. 이듬해 슬라우에서 자신의 정부를 살해하고, 런던행 기차를 타고 도주한 존 타웰이 체포되면서 전신 기술의 명성은 더욱 높아졌다. 슬라우 경찰이 타웰의 인상 착의를 전신을 통해 런던에 타전했고 존 타웰은 패딩턴에 도착하자마자 체포되었다.

한편, 미국에서는 새뮤얼 모스Samuel Morse가 최초의 전신망을 구축했다. 이 전신망은 60킬로미터에 달하는 볼티모어와 워싱턴 사이를 연결했다. 모스는 전자석을 사용하여 신호의 강도를 더욱 높여서 짧고 긴 신호, 즉 점과 대시를 수신기의 종이 위에 연속해서 찍을 수 있었다. 모스는 또 우리가 익히 아는 모스부호도 개발했다. 모스부호는 〈표6〉과 같이 각각의 알파벳 글자를 일련의 점과 대시로 변환한 것이다. 모스 체계를 완성하려 했던 모스는 전음電音 발생기를 고안하여 수신인이 각각의 글자를 나타내는 일련의 점과 대시를 소리로도 들리게 했다.

모스 체계가 유럽에서 인기를 얻으며 조금씩 휘트스톤-쿡 시스템을 밀어내게 되었고, 급기야 1851년 모스부호의 유럽판, 즉 글자의 강세 표시까지 할 수 있는 시스템이 유럽 대륙에서 채택되었다. 해가 바뀔 때마다 모스부호와 전신 기술의 영향력은 전 세계에 점점 더 확대되었다. 경찰은 더 많은 범죄자를 체포하고, 신문은 더 최신 소식을 전할 수 있었으며, 기업은 더 귀중한 정보를 얻을 수 있었고 멀리 있는 기업들끼리 즉각적으로 거래를 할 수 있었다.

원문	부호(코드)	원문	부호(코드)
A	·–	W	·––
B	–···	X	–··–
C	–·–·	Y	–·––
D	–··	Z	––··
E	·	1	·––––
F	··–·	2	··–––
G	––·	3	···––
H	····	4	····–
I	··	5	·····
J	·–––	6	–····
K	–·–	7	––···
L	·–··	8	–––··
M	––	9	––––·
N	–·	0	–––––
O	–––	마침표	·–·–·–
P	·––·	쉼표	––··––
Q	––·–	물음표	··––··
R	·–·	콜론	–––···
S	···	세미콜론	–·–·–·
T	–	하이픈	–····–
U	··–	사선	–··–·
V	···–	따옴표	·–··–·

표 6 국제 모스부호 기호

그러나 늘 민감한 내용이 오고가는 통신을 보호하는 것이 큰 문제였다. 모스부호 자체는 암호가 아니다. 메시지를 감추는 기능이 없기 때문이다. 점과 대시는 단순히 글자를 전신으로 편하게 보내기 위한 수단일 뿐이다. 즉 모스부호는 사실상 알파벳의 대체 수단에 지나지 않는다. 보안 문제가 주된 관심사로 떠오르기 시작했다. 메시지를 보내려는 누구나 자신이 보내려는 메시지를 모스부호 교환원에게 전달할 것이고, 교환원은 전송하기 위해 메시지를 읽지 않으면 안 되었다. 전신 교환원들은 모든 메시지를 볼 수 있었기 때문에 어떤 회사든 교환원을 매수해 경쟁사의 비밀 통신 내용을 빼낼 위험이 있었다. 이 문제는 1853년 잉글랜드의 〈쿼털리 리뷰Quarterly Review〉의 전신 기술 관련 기사에 다음과 같이 소개되었다.

> 현재 전신을 통해 사적인 내용을 보내는 데 따르는 중요한 문제점을 해결할 수단이 절실하다. 당면한 문제는 바로 비밀을 유지할 수 없다는 데 있다. 어떤 경우라도 6명가량은 한 사람이 다른 사람에게 보내는 메시지에 있는 모든 단어를 볼 수밖에 없다. 잉글랜드전신회사 직원들은 비밀유지서약을 하지만 우리는 낯선 사람이 우리가 보는 데서 절대로 읽어서는 안 되는 내용을 자주 쓴다. 이는 실로 엄청난 전신의 문제점이며 어떤 수단과 방법을 써서라도 보완해야만 한다.

메시지를 교환원에게 넘기기 전에 암호화하면 해결될 문제였다. 교환원은 먼저 암호문을 모스부호로 전환한 다음 전송하게 될 것이다. 이렇게 하면 교환원이 민감한 내용을 보게 되는 것을 방지할 수 있을 뿐 아니라 혹시라도 전송 내용을 중간에 감청하려는 첩자의 시도를 무력화시킬 수도 있다. 다중 치환 암호인 비즈네르 암호는 중요한 비즈니스 통신의 비밀을 지킬 수 있는 최고의 방법이었다.

비즈네르 암호는 깨지지 않는 암호로 간주되면서 '르 쉬프르 앙데쉬프라블le chiffre indéchiffrable(깨지지 않는 암호)'로 불리게 되었다. 적어도 당분간은 암호 작성자들이 암호 해독자들을 확실히 앞섰다고 할 수 있었다.

배비지 대 비즈네르 암호

찰스 배비지Charles Babbage는 19세기 암호 해독과 관련해 가장 흥미로운 인물로, 현대 컴퓨터의 청사진을 내놓은 것으로 잘 알려진 영국의 기이한 천재였다. 찰스 배비지는 1791년, 런던의 부유한 은행가 벤자민 배비지의 아들로 태어났다. 아버지의 허락을 받지 않고 결혼한 배비지는 더 이상 배비지 가문의 재산에 접근할 수 없었다. 그러나 재정적 안정을 유지할 만큼의 돈은 있어서 자신의 흥미를 자극하는 문제면 뭐든지 연구하는 자유로운 학자의 삶을 살 수 있었다.

배비지의 발명품 중에는 속도계와 배장기cowcatcher가 있다. 배장기는 증기기관차 앞에 장착해서 철로의 가축들을 몰아내는 장치이다. 과학 부문에서의 업적으로는 나무 나이테의 두께가 그해 기후에 따라 달라진다는 사실을 처음으로 발견했으며, 고대 나무를 연구하면 과거의 기후를 알아낼 수도 있다는 추론을 내놓았다. 또, 배비지는 통계에도 관심이 많아서, 취미 삼아 작성한 사망률 표는 오늘날 보험 산업의 기본적인 도구로 사용되고 있다.

배비지는 과학과 공학 분야의 문제만 해결한 것이 아니었다. 그 당시 편지의 발송 비용은 수취인까지의 거리에 따라 달랐다. 배비지는 각각의 편지에 얼마의 비용을 부과해야 하는지 계산하는 사람의 인건비가 실제 배달 비용보다 더 많다고 지적했다. 그래서 배비지는 우리가 지금도 사용하는 우편제도를 제안했다. 바로 수취인이 어디에 살든 상관없이 모든 편지에 동일한 비용을 부과하는 것이었다.

배비지는 정치와 사회 문제에도 관심이 많았다. 배비지는 인생 말년 즈음에 런던에 배회하는 떠돌이 악사와 거리의 음악가 들을 없애자는 운동을 시작했다. "이런 음악 때문에 넝마를 걸친 부랑자들이 춤을 추기 시작하면, 때론 건드레하게 취한 주정뱅이들이 합세하곤 하는데, 그들이 지르는 소리가 귀에 거슬리고 시끄럽다. 거리의 음악을 장려하는

그림 12 찰스 배비지

또 다른 부류가 있는데 범세계주의적 조류와 유연한 도덕을 말하는 여성들로, 이들은 열린 창문 앞에서 이런 음악에 매혹된, 고상하다고 보기엔 보잘 것 없는 자신들을 드러낸다"며 불평했다. 불행히도 악사들은 배비지의 집 주위로 몰려와 최대한 크게 연주를 하며 배비지에게 반격을 가했다.

그가 과학자로서의 경력에 전환점을 찍은 시기는 1821년이었다. 배비지와 천문학자 존 허셜John Herschel이 수학 도표 모음을 살펴보고 있을 때였다. 그 도표는 천문학, 공학, 항로 계산에 기본이 되는 도표들이었다. 이 두 사람은 도표 상의 숫자 오류에 넌더리가 났다. 이런 오류는 결과적으로 중요한 계산을 할 때 문제를 발생시킨다. 위도와 경도를 찾는 데 쓰는 항해 천문력Nautical Ephemeris for Finding Latitude and Longitude at Sea에만 무려 천 개 이상의 오류가 있었다. 실제로 수많은 조난사고와 공학적

재해의 원인이 이같이 잘못된 도표들 때문이었다.

이 같은 수학 도표들은 사람들이 수작업으로 계산한 것이므로 결국 이 도표의 오류는 사람의 잘못이었다. 배비지가 "신께서 이런 계산도 증기력으로 할 수 있도록 만들어주셨으면 좋았을 텐데!"라고 한탄하며 말한 이유다. 이는 도표를 고도로 정확하고, 한 점 오류 없이 계산해내는 '특별한 기계의 제작'을 알리는 첫 출발점이었다.

1823년 배비지는 '차분기관 1호Difference Engine No. 1'를 고안해냈다. 이 기계는 매우 뛰어난 계산기로 2만 5천 개의 정밀 부품으로 이뤄졌으며 정부의 지원으로 만들어졌다. 배비지는 탁월한 혁신가이긴 했지만, 뛰어난 실천가는 아니었다. 10년 동안 고군분투하던 배비지는 '차분기관 1호' 제작 계획을 포기하고 완전히 새로운 디자인의 '차분기관 2호' 제작에 들어갔다.

배비지가 그의 첫 번째 모델을 단념하자, 정부는 배비지를 더 이상 신뢰하지 않게 되었고, 손실을 줄이기 위해 그의 프로젝트에서 손을 떼기로 했다. 정부가 그동안 투입한 자금은 17,470파운드에 달했으며, 이 정도면 전함 두 척을 만들고도 남을 액수였다. 아마도 정부의 이 같은 지원 철회 때문에 나중에 배비지가 다음과 같은 불평을 했던 것 같다. "영국인에게 어떤 원칙이나 도구를 제안해 보라. 제안한 것이 아무리 훌륭해도 영국인들은 어떻게 해서든 어려운 점이나 잘못된 점, 불가능한 점을 찾아내고야 말 것이다. 영국인에게 감자 깎는 기계를 보여주면 그들은 그 기계가 쓸모없다고 단언할 것이다. 파인애플을 썰지 못한다는 이유로..."

정부 지원이 없다는 것은 곧 배비지가 차분기관 2호를 완성하지 못할 것임을 뜻했다. 배비지가 고안한 기계가 해석기관Analytical Engine의 발판이 될 수도 있었다는 점에서 이것은 과학적 비극이었다. 해석기관은 특정 도표를 계산하기보다는 주어진 지시에 따라 다양한 수학적인 문제를 풀 수 있었던 기계였다. 실제로 해석기관은 현대 컴퓨터의 원형을 제공했다. 설계도에는 '저장'(메모리)과 '공정'(처리)이 포함되어 해석기관이 결정을 내리고 지시를 반복할 수 있도록 되어 있었다. 이런 기능은 현대 프로그래밍에서 '조건문IF… THEN…'과 '루프LOOP' 명령에 해당하는 기능이다. 100년 후 제2차 세계대전 중 배비지가 고안한 기계식을 전자식으로 변형해서 만든 기계가 암호 해독에 커다란 영향을 끼쳤다.

하지만 배비지는 살아 있는 동안에도 여기에 버금가는 공을 세웠다. 바로 비즈네르 암호를 해독해낸 것이다. 이로써 배비지는 9세기 아랍의 학자들이 빈도 분석을 통해 단일 치환 암호를 깨뜨린 이래, 암호 해독 분야에 있어서 최고의 전기를 마련했다. 배비지의 해법은 어떤 기계적인 계산이나 복잡한 연산을 필요로 하지 않았다. 순전히 자신의 머리에만 의지했다.

배비지는 아주 어렸을 때부터 암호에 관심을 가졌다. 말년에 그는 자신의 어린 시절 취미 때문에 자신이 어떤 문제에 휘말리게 되었는지 회상했다. "암호문은 형들이 만들었다. 그러나 나는 몇 단어만 알게 되면 대개 열쇠를 찾아냈다. 나의 이런 능력은 아주 고통스런 결말을 맺곤 했다. 형들은 내가 자기들 암호를 풀었다며 나를 때리곤 했다. 어리석은 실수는 자기들이 저질러 놓고 말이다." 그렇게 얻어맞았지만 배비지는 암호에 대한 흥미를 잃지 않고 계속해서 암호 해독에 빠져들었다. 배비지는 자신의 자서전에서 "암호 해독은, 내 생각에, 가장 매혹적인 예술 활동이다"라고 썼다.

암호 해독 전문가로서 배비지의 명성이 런던 사교계에 자자해졌다. 배비지는 어떤 암호문이라도 해독할 수 있는 사람으로 유명했다. 낯선 사람들이 온갖 암호문을 가지고 그를 찾아오곤 했다. 일례로 배비지는 잉글랜드 최초의 왕실 천문학자인 존 플램스티드John Flamsteed의 속기록을 해독하지 못해 애태우던 전기 작가를 도와준 적도 있었다. 또한 한 역사가를 도와 찰스 1세의 왕비인 앙리에타 마리아의 암호문을 해독하기도 했다. 1854년 배비지는 암호를 해독하여 변호사와 함께 한 법률 사건의 중요한 증거를 밝혀내기도 했다. 수년간 배비지가 모은 암호문 서류철이 점점 두꺼워졌다. 배비지는 이 암호문 자료들을 모아 암호 해독에 대한 권위 있는 책을 낼 때 기초 자료로 활용할 계획이었다. 《암호 해독의 철학The Philosophy of Decyphering》이라는 제목이었다. 이 책에는 어떤 종류든지 암호별로 두 개의 예제가 들어갈 계획이었다. 하나는 암호 해독 과정을 설명할 목적의 예제였고, 다른 하나는 독자가 직접 연습해 볼 수 있는 암호문이었다. 안타깝게도 그의 다른 위대한 계획들과 마찬가지로 그 책도 미완으로 남게 되었다.

대부분의 암호 해독자들이 비즈네르 암호 해독을 포기했지만, 배비지는 존 홀 브록 드웨이츠John Hall Brock Thwaites와 서신 왕래를 하면서 자극을 받아 비즈네르 암호 해독에 도전하기로 했다. 드웨이츠는 브리스톨 출신의 치과의사로 암호문에 대한 그의 시각은 세상을 모르는 수준이었다. 1854년 드웨이츠는 자신이 새로운 암호를 만들어냈다고 주장했지만, 실상은 비즈네르 암호였다. 드웨이츠는 자신의 아이디어를 특허로 등록할 의도로 예술협회저널Journal of the Society of Arts에 글을 실었다. 아무래도 드웨이츠는 자신의 아이디어가 수백 년이나 뒤늦었음을 몰랐던 게 분명했다. 배비지는 협회에 편지를 보내 "드웨이츠의 암호문은... 아주 오래전부터 있었던 것으로 대부분의 책에서 찾을 수 있는 내용이다"라고 지적했다. 드웨이츠는 사과도 하지 않고 오히려 배비지에게 자기의 암호문을 해독해보라고 도전했다. 암호를 깰 수 있느냐 여부가 그 암호가 새로운 암호인지와는 상관없지만, 호기심 많은 배비지는 그 도전에 자극을 받았고 비즈네르 암호의 취약점을 찾기 시작했다.

어려운 암호문을 해독하는 것은 가파른 절벽을 오르는 것과 비슷하다. 암호 해독자는 어떻게든 손으로 잡을 만한 귀퉁이나 발로 디딜 틈새를 찾으려 한다. 단일 치환 암호문에서 암호 해독자는 글자의 빈도라는 틈새를 찾아내려 할 것이다. 제 아무리 감추려 해도 제일 자주 출현하는 e, t, a와 같은 글자는 눈에 띄기 마련이다. 다중 치환 암호인 비즈네르 암호문에서 글자의 빈도는 훨씬 고른 분포를 보인다. 열쇠단어를 이용해 사이퍼 알파벳들을 번갈아 가며 사용하기 때문이다. 따라서 처음에는 디딜 틈이라고는 하나도 없는 매끈한 절벽처럼 보인다.

여기서 기억할 것은 비즈네르 암호의 강점이 동일한 글자가 다른 방식으로 암호화되는 데 있다는 점이다. 예를 들어 열쇠단어가 KING인 경우 평문에 있는 모든 글자는 잠재적으로 네 가지 다른 방식으로 암호화될 수 있다. 열쇠단어가 네 글자로 이뤄졌기 때문이다. 열쇠단어를 이루는 각각의 글자가 〈표7〉에 있는 비즈네르 표 상에서 사용할 사이퍼 알파벳을 결정한다. 비즈네르 표에서 e열을 보면 열쇠단어에 있는 글자에 따라 평문의 알파벳 e가 어떤 글자들로 암호화될 것인지 알 수 있다.

KING의 K로 e를 암호화하면 O가 된다.

KING의 I로 e를 암호화하면 M이 된다.

KING의 N로 e를 암호화하면 R이 된다.

KING의 G로 e를 암호화하면 K가 된다.

평문	a	b	c	d	e	f	g	h	i	j	k	l	m	n	o	p	q	r	s	t	u	v	w	x	y	z
1	B	C	D	E	F	G	H	I	J	K	L	M	N	O	P	Q	R	S	T	U	V	W	X	Y	Z	A
2	C	D	E	F	G	H	I	J	K	L	M	N	O	P	Q	R	S	T	U	V	W	X	Y	Z	A	B
3	D	E	F	G	H	I	J	K	L	M	N	O	P	Q	R	S	T	U	V	W	X	Y	Z	A	B	C
4	E	F	G	H	I	J	K	L	M	N	O	P	Q	R	S	T	U	V	W	X	Y	Z	A	B	C	D
5	F	G	H	I	J	K	L	M	N	O	P	Q	R	S	T	U	V	W	X	Y	Z	A	B	C	D	E
6	G	H	I	J	K	L	M	N	O	P	Q	R	S	T	U	V	W	X	Y	Z	A	B	C	D	E	F
7	H	I	J	K	L	M	N	O	P	Q	R	S	T	U	V	W	X	Y	Z	A	B	C	D	E	F	G
8	I	J	K	L	M	N	O	P	Q	R	S	T	U	V	W	X	Y	Z	A	B	C	D	E	F	G	H
9	J	K	L	M	N	O	P	Q	R	S	T	U	V	W	X	Y	Z	A	B	C	D	E	F	G	H	I
10	K	L	M	N	O	P	Q	R	S	T	U	V	W	X	Y	Z	A	B	C	D	E	F	G	H	I	J
11	L	M	N	O	P	Q	R	S	T	U	V	W	X	Y	Z	A	B	C	D	E	F	G	H	I	J	K
12	M	N	O	P	Q	R	S	T	U	V	W	X	Y	Z	A	B	C	D	E	F	G	H	I	J	K	L
13	N	O	P	Q	R	S	T	U	V	W	X	Y	Z	A	B	C	D	E	F	G	H	I	J	K	L	M
14	O	P	Q	R	S	T	U	V	W	X	Y	Z	A	B	C	D	E	F	G	H	I	J	K	L	M	N
15	P	Q	R	S	T	U	V	W	X	Y	Z	A	B	C	D	E	F	G	H	I	J	K	L	M	N	O
16	Q	R	S	T	U	V	W	X	Y	Z	A	B	C	D	E	F	G	H	I	J	K	L	M	N	O	P
17	R	S	T	U	V	W	X	Y	Z	A	B	C	D	E	F	G	H	I	J	K	L	M	N	O	P	Q
18	S	T	U	V	W	X	Y	Z	A	B	C	D	E	F	G	H	I	J	K	L	M	N	O	P	Q	R
19	T	U	V	W	X	Y	Z	A	B	C	D	E	F	G	H	I	J	K	L	M	N	O	P	Q	R	S
20	U	V	W	X	Y	Z	A	B	C	D	E	F	G	H	I	J	K	L	M	N	O	P	Q	R	S	T
21	V	W	X	Y	Z	A	B	C	D	E	F	G	H	I	J	K	L	M	N	O	P	Q	R	S	T	U
22	W	X	Y	Z	A	B	C	D	E	F	G	H	I	J	K	L	M	N	O	P	Q	R	S	T	U	V
23	X	Y	Z	A	B	C	D	E	F	G	H	I	J	K	L	M	N	O	P	Q	R	S	T	U	V	W
24	Y	Z	A	B	C	D	E	F	G	H	I	J	K	L	M	N	O	P	Q	R	S	T	U	V	W	X
25	Z	A	B	C	D	E	F	G	H	I	J	K	L	M	N	O	P	Q	R	S	T	U	V	W	X	Y
26	A	B	C	D	E	F	G	H	I	J	K	L	M	N	O	P	Q	R	S	T	U	V	W	X	Y	Z

표 7 열쇠단어 **KING**과 결합하여 사용된 비즈네르 표. 열쇠단어로 네 개의 사이퍼 알파벳이 결정되므로, 평문의 알파벳 **e**는 **O**, **M**, **R**, **K**로 암호화될 것이다.

마찬가지로 전체 단어들은 다른 방식으로 암호화될 것이다. 예를 들어 the는 열쇠단어의 상대적인 위치에 따라 DPR, BUK, GNO, ZRM로 암호화 될 수 있다. 이런 방식이 암호 해독을 어렵게 만들 수는 있지만 불가능하게 만드는 것은 아니다. 주목해야 할 중요한 점은 만일 the를 암호화해서 표현하는 방법이 네 가지라고 하고 원문 메시지에 the가 여러 번 나오면, 네 가지 방식으로 암호화된 the가 암호문에 반복적으로 나올 가능성이 높다. 다음의 예시를 통해서 이 같은 경우를 살펴보자. 이 예시는 The Sun and the Man in the Moon(달에 있는 태양과 사람)으로 비즈네르 암호 표에서 열쇠단어 KING을 가지고 암호화한 것이다.

열쇠단어	K I N G K I N G K I N G K I N G K I N G K I N G
평문	t h e s u n a n d t h e m a n i n t h e m o o n
암호문	D P R Y E V N T N B U K W I A O X B U K W W B T

여기서 맨 먼저 the는 DPR로 암호화되었으며, 다음 두 번째와 세 번째는 BUK로 암호화되었다. BUK가 반복된 이유는 두 번째 the가 세 번째 the에 대해서 8글자 이동했기 때문으로 여기서 8은 열쇠단어를 이루는 글자 수인 4의 배수이다. 다시 말하면, 두 번째 the는 열쇠단어와의 관계(the는 ING 바로 밑에 위치한다)에 따라 암호화되었다. 그리고 세 번째 the가 나올 때쯤 열쇠단어가 정확히 두 바퀴를 돌고 원점으로 돌아온다. 그리고 이 같은 관계가 반복되면, 암호도 반복된다.

배비지는 이런 반복이 정확히 비즈네르 암호를 정복하는 데 필요한 발판임을 깨달았다. 배비지는 비교적 간단한 일련의 단계들을 정의하여 누구나 따라가기만 하면 그때까지 해독 불가능하다고 여겼던 암호를 풀 수 있게 만들었다. 배비지의 놀라운 기술을 설명하기에 앞서 〈그림 13〉과 같은 암호문을 우리가 입수했다고 가정하자. 우리는 이 암호문이 비즈네르 암호로 암호화되었다는 것은 알아도, 원문과 열쇠단어에 대해서는 아무것도 모른다.

배비지의 암호 해독 과정 1단계는 암호문에서 한 번 이상 반복되는 연속된 글자를 찾아내는 것이다. 반복이 생기는 경우는 두 가지다. 가장 확률이 높은 경우는 평문에서 연속된 같은 글자가 열쇠의 같은 부분을 이용해 암호화된 경우다. 확률은 조금 낮지만, 또 다른 경우는 평문에서

```
W U B E F I Q L Z U R M V O F E H M Y M W T
I X C G T M P I F K R Z U P M V O I R Q M M
W O Z M P U L M B N Y V Q Q Q M V M V J L E
Y M H F E F N Z P S D L P P S D L P E V Q M
W C X Y M D A V Q E E F I Q C A Y T Q O W C
X Y M W M S E M E F C F W Y E Y Q E T R L I
Q Y C G M T W C W F B S M Y F P L R X T Q Y
E E X M R U L U K S G W F P T L R Q A E R L
U V P M V Y Q Y C X T W F Q L M T E L S F J
P Q E H M O Z C I W C I W F P Z S L M A E Z
I Q V L Q M Z V P P X A W C S M Z M O R V G
V V Q S Z E T R L Q Z P B J A Z V Q I Y X E
W W O I C C G D W H Q M M V O W S G N T J P
F P P A Y B I Y B J U T W R L Q K L L L M D
P Y V A C D C F Q N Z P I F P P K S D V P T
I D G X M Q Q V E B M Q A L K E Z M G C V K
U Z K I Z B Z L I U A M M V Z
```

그림 13 비즈네르 암호를 사용해서 암호화한 암호문

는 전혀 다른 글자들의 연속인데 열쇠의 서로 다른 부분을 이용해 암호화되는 과정에서 우연히 암호문에서는 같은 글자로 연속해서 나타나는 경우다. 길게 연속하는 글자를 찾는 경우로 제한한다면, 두 번째 가능성은 거의 무시해도 좋다. 우리는 여기서는 반복되는 연속된 글자의 길이가 네 글자 이상인 경우만 살펴보려고 한다. 〈표 8〉은 반복된 패턴을 찾아 기록한 것으로 반복과 반복 사이의 간격까지도 기록했다. 예를 들어 E-F-I-Q는 암호문의 첫째 줄에 있고, 그 다음엔 다섯째 줄에서 반복된다. 정확히 E-F-I-Q가 처음 나오고 95번째 자리에 두 번째 E-F-I-Q의 Q가 온다.

열쇠단어는 평문을 암호화할 때 쓸 뿐만 아니라 수신인이 암호문을 다시 평문으로 해독할 때도 사용된다. 따라서 열쇠단어를 알아내기만 한다면 암호 해독은 간단해질 것이다. 지금 단계에서는 열쇠단어를 알아내기엔 정보가 부족하다. 그러나 〈표8〉은 열쇠단어의 길이를 유추하기에 좋은 단서를 제공한다. 어떤 글자의 연속체가 반복되는지, 또 반복할 때 그 간격은 어떤지 나와 있으므로, 나머지 표를 가지고 우리는 반복 간격의 인수들, 즉 반복 간격으로 나눴을 때 똑 떨어지는 수를 구할 수 있다.

예를 들어 W-C-X-Y-M 연속체의 반복 간격은 20 글자다. 그리고 20의 인수는 1, 2, 4, 5, 10, 20이다. 이 숫자들로 20을 나눴을 때 나머지 없이 완벽하게 떨어지기 때문이다. 이 인수들은 6가지 가능성을 제시한다.

(1) 열쇠는 1 글자로 이 연속된 글자가 다시 출현하기까지 20 회 반복되었다.

(2) 열쇠는 2 글자로 이 연속된 글자가 다시 출현하기까지 10 회 반복되었다.

(3) 열쇠는 4 글자로 이 연속된 글자가 다시 출현하기까지 5 회 반복되었다.

(4) 열쇠는 5 글자로 이 연속된 글자가 다시 출현하기까지 4 회 반복되었다.

(5) 열쇠는 10 글자로 이 연속된 글자가 다시 출현하기까지 2 회 반복되었다.

(6) 열쇠는 20 글자로 이 연속된 글자가 다시 출현하기까지 1 회 반복되었다.

첫 번째 가능성은 배제해도 된다. 한 글자로만 된 열쇠단어는 비즈네르 암호에서 한 줄만 사용해서 전체를 암호화한다는 뜻이므로 사이퍼 알파벳에 변화가 없는 단일 치환 암호와 다를 것이 없다. 암호 작성자가 이런 식으로 암호화 할 리는 없다. 각각의 다른 가능성을 표시하기 위해서 ✓ 표시를 〈표8〉의 적절한 열에 표시했다. 각각의 ✓는 잠재적인 열쇠단어 길이를 뜻한다.

열쇠단어의 길이가 2, 4, 5, 10, 20 중에 어떤 것인지 알아내기 위해 우리는 다른 연속된 글자들에 있는 반복 간격의 인수도 알아볼 필요가 있다. 열쇠단어의 길이가 20글자 또는 그 이하인 것 같으므로 〈표8〉에 나온 인수들은 반복 간격의 인수들 중 20이나 20보다 작은 수들만 나열

반복된 연속 글자	반복 간격	가능한 열쇠 길이 (또는 인수)																		
		2	3	4	5	6	7	8	9	10	11	12	13	14	15	16	17	18	19	20
E-F-I-Q	95				✓														✓	
P-S-D-L-P	5				✓															
W-C-X-Y-M	20	✓		✓	✓					✓										✓
E-T-R-L	120	✓	✓	✓	✓	✓		✓		✓		✓			✓					✓

표 8 암호문에 나오는 반복된 연속 글자와 반복 간격

한다. 우리는 반복 간격이 모두 5로 나눠떨어지는 경향을 보인다는 것을 확실히 알 수 있다. 실제로 모든 반복 간격이 5로 나누어떨어진다. 처음에 나오는 글자 배열인 E-F-I-Q는 첫 번째와 두 번째 암호화 사이에서 다섯 글자짜리 열쇠단어가 19번 반복되었다는 것으로 설명될 수 있다. 두 번째로 반복되는 연속 글자인 P-S-D-L-P는 다섯 글자로 된 열쇠단어로 설명이 된다. 이 연속된 글자가 처음 나타난 후, 두 번째 나타난 다음부터는 더 이상 반복되지 않는다.

세 번째 연속된 글자인 W-C-X-Y-M은 맨 처음 나타나고 두 번째 반복될 때까지 다섯 글자로 된 열쇠단어가 네 번 반복된다. 네 번째 연속 글자인 E-T-R-L은 다섯 글자로 된 열쇠단어가 처음 반복될 때까지 24번 반복된다. 한마디로 모든 것이 다섯 글자 길이의 열쇠단어와 일치한다.

그러면 열쇠단어의 길이가 다섯 글자라고 가정하자. 그러고 나서 다음 단계는 열쇠단어를 구성하는 실제 글자를 알아내는 작업이다. 당분간 그 열쇠단어를 L_1-L_2-L_3-L_4-L_5라고 하자. L_1처럼 L 옆의 숫자는 열쇠단어에서 몇 번째 글자인지를 나타낸다. 일단 열쇠단어의 첫 번째 글자에 따라 평문의 첫 번째 글자를 암호화하면서 암호화 과정이 시작될

것이다. L_1은 비즈네르 표에서 한 행을 가리키고 사실상 평문에 있는 첫 번째 글자를 단일 치환 암호문으로 만드는 역할을 한다. 그리고 평문의 두 번째 글자를 암호화할 때, 암호 작성자는 비즈네르 표에서 L_2에 해당하는 행을 이용한 단일 치환 암호를 작성하는 게 된다. 평문의 세 번째 글자는 L_3에 해당하는 행, 네 번째 글자는 L_4, 다섯 번째 글자는 L_5에 해당하는 행을 가지고 암호화될 것이다.

열쇠단어 각각의 글자는 암호화하는 데 사용되는 사이퍼 알파벳을 가리킨다. 그러나 평문에서 여섯 번째 글자는 다시 L_1에 따라 암호화될 것이며, 일곱 번째 글자는 L_2에 따라 암호화되는 등 이후로 동일한 과정이 반복된다. 다르게 말하면, 다중 치환 암호는 다섯 개의 단일 치환 암호문으로 이뤄진 것이며 각각의 단일 치환 암호문은 전체 메시지 중에 1/5을 차지한다. 그리고 가장 중요한 것은 우리가 이미 어떻게 하면 단일 치환 암호를 해독할 수 있는지 알고 있다는 사실이다.

우리는 계속 다음과 같은 과정을 밟는다. 우리는 L_1에 따라 정해진 비즈네르 표의 여러 행 중 하나를 알고 있다. 이 행은 우리에게 사이퍼 알파벳을 제공하여 우리가 원문의 1번째, 6번째, 11번째, 16번째 등의 글자를 암호화할 수 있게 해준다. 따라서 우리는 암호문에 있는 1번째, 6번째, 11번째, 16번째 등의 글자를 보면서 우리가 사이퍼 알파벳을 알아낼 때 쓰는 오래된 빈도 분석 방식을 이용할 수 있어야 한다. 〈그림 14〉는 암호문의 1번째, 6번째, 11번째, 16번째 위치에 나타나는 글자, 즉 W, I, R, E 등의 빈도 분포를 보여준다.

이 시점에서 명심할 것은 비즈네르 표에 있는 각각의 사이퍼 알파벳은 단순히 1에서 26까지 값에 따라 자리만 이동한 일반 알파벳이라는 사실이다. 그러므로 〈그림 14〉의 빈도 분포는 몇 자리씩 이동했다는 점

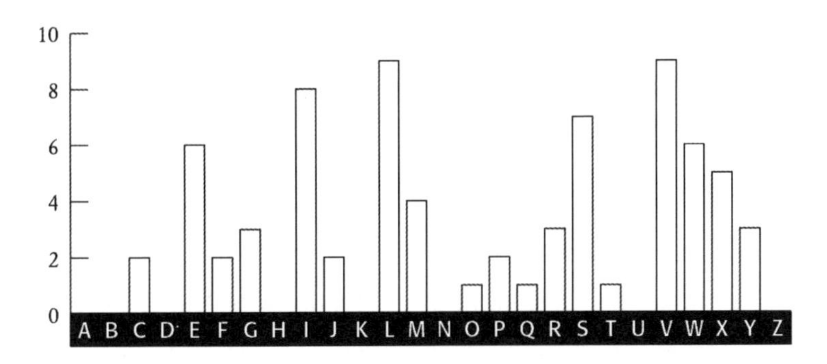

그림 14 L_1 사이퍼 알파벳을 사용한 암호문에 나타나 있는 글자들의 빈도 분포(출현 횟수)

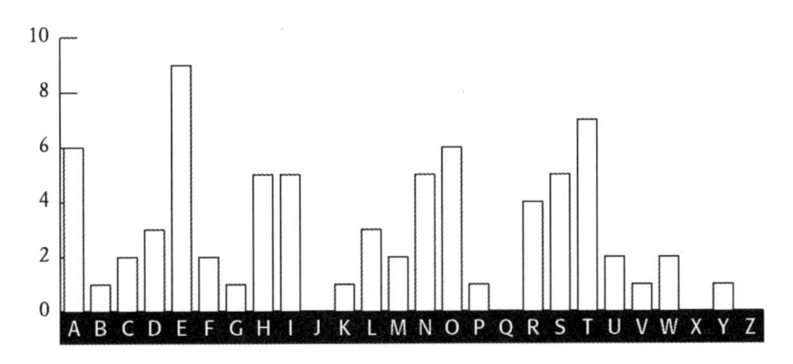

그림 15 표준 알파벳의 빈도 분포도(암호문의 글자 수와 같은 글자 수로 이뤄진 평문을 바탕으로 알파벳의 각 글자의 출현 횟수)

만 빼면 평범한 알파벳의 빈도 분포와 비슷한 양상을 보일 것이다. L_1에 따른 분포도를 표준 분포도와 비교하면 L_1의 알파벳이 몇 자리 이동한 것인지 알아낼 수 있다. 〈그림 15〉는 일반적인 영어 원문에 나타나는 표준 빈도 분포이다.

표준 빈도 분포도는 고산지대, 평야, 계곡 등의 양상을 보이는데, 이 그림을 L_1 암호문의 분포도와 비교하기 위해 우리는 가장 먼저 눈에 띄는 특징을 찾는다. 예를 들어 〈그림 15〉의 표준 분포도에서 **R-S-T** 위치에 솟은 지점과 오른쪽으로 U에서 Z까지 여섯 개의 글자들이 푹 주저앉은 듯한 부분이 눈에 띈다. 〈그림 14〉에서 이와 유사한 특징을 보이는 부분은 V-W-X 위로 솟은 부분과 그 뒤를 이어 Y부터 D까지 바닥 가까이로 낮게 깔린 부분이다.

이 말은 L_1에 따라 암호화된 모든 글자가 평문 알파벳을 네 자리씩 이동한 것이라는 사실, 다시 말하면 L_1이 정의한 사이퍼 알파벳이 E, F, G, H로 시작한다는 것을 의미한다. 결국, 열쇠단어의 첫 번째 글자인 L_1은 E일지도 모른다. 이러한 가정은 L_1 분포도를 네 글자 뒤로 옮긴 다음 그

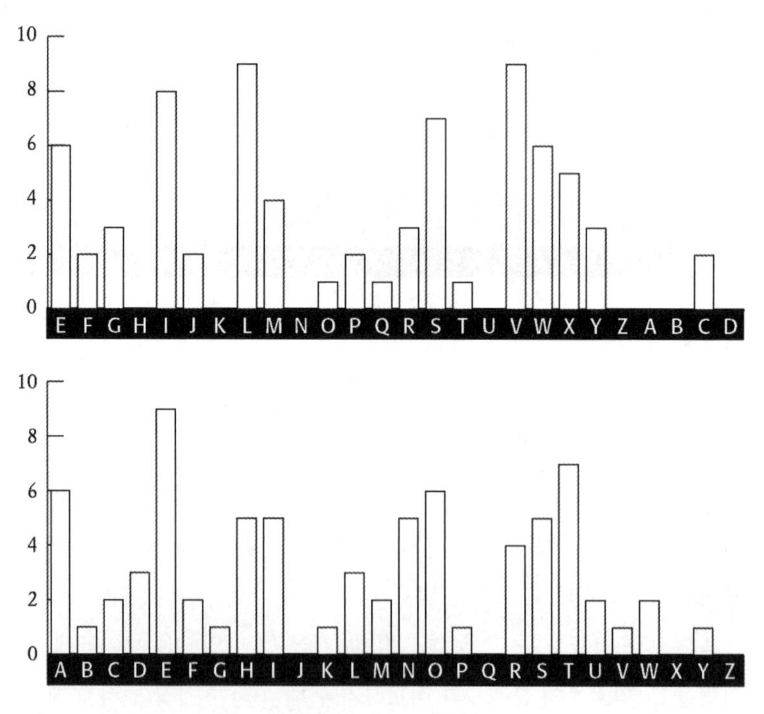

그림 16 L_1의 빈도 분포도를 네 자리 이동한 그림(위)과 표준 알파벳의 빈도 분포도(아래) 비교하면 산과 골짜기 부분이 거의 유사하다.

것을 표준 분포도와 비교하여 확인할 수 있다. 〈그림 16〉은 두 분포도를 함께 보여주고 있다. 많이 사용된 글자들의 높이가 두 분포도 모두 비슷한 것으로 보아 열쇠단어는 E로 시작한다고 가정해도 좋을 듯하다.

요약하자면 암호문에서 반복되는 연속된 글자를 찾아냄으로써 우리는 열쇠단어의 길이를 알아낼 수 있었고, 알아낸 열쇠단어의 길이는 5글자다. 이를 통해 우리는 암호문을 다섯 부분으로 나눌 수 있다. 각 부분은 단일 치환법에 따라 암호화되었으며 단일 치환법의 사이퍼 알파벳은 열쇠단어 중 한 글자에 의해 정의된 것이다. 열쇠단어의 첫 번째 글자에 따라 암호화된 암호문 일부를 분석함으로써 우리는 L_1이 E일 수도 있다는 사실을 알아냈다. 열쇠단어의 두 번째 글자를 알아내기 위해 이 과정을 다시 되풀이한다. 암호문의 2번째, 7번째, 12번째, 17번째 등의 글자들에 대한 빈도 분포가 나온다. 다시 〈그림 17〉로 나타난 빈도 분포도를 가지고, 알파벳이 몇 자리 이동했는지 유추하기 위해 표준 빈도 분

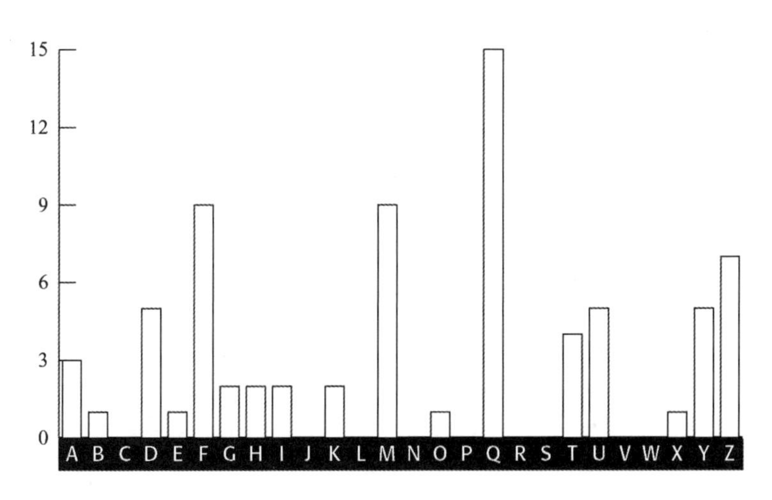

그림 17 L_2 사이퍼 알파벳을 사용하여 암호화한 암호문에 있는 글자들의 빈도 분포(출현 횟수)

포도와 비교한다.

이 분포도 분석은 좀 더 까다롭다. 표준 분포도에서 R-S-T에 나란히 대응하는 연속되는 막대가 명확하게 드러나지 않는다. 그러나 G에서 L까지 계속되는 낮은 분포는 특별히 눈에 띄므로 어쩌면 표준 분포도 상의 U에서 Z까지 보이는 낮은 분포도와 대응시킬 수 있을 것 같다. 만일 이 두 가지가 정말 맞아 떨어진다면 R-S-T 기둥은 D, E, F 부분에 있어야 하는데, E에 있어야 할 높은 기둥이 여기에는 없다. 그러나 일단은 사라진 기둥을 통계학적 실수로 간주하고, G에서 L까지의 확연하게 낮은 분포도에 초점을 계속 맞춰보자.

그렇다면 L2에 의해 암호화된 모든 글자들은 12자리 이동한 것이며, 이는 곧 L2에 의해 정의된 사이퍼 알파벳이 M, N, O, P...로 시작한다는 뜻이고, 결국 열쇠단어의 두 번째 글자 L2는 M이라는 것을 말해준다. 다시 한번, L2 분포도를 뒤로 12자리 이동한 다음 표준 분포도와 비교하여 확인해 본다.

〈그림 18〉은 두 분포도를 비교한 것으로 높은 기둥들이 분포된 패턴이 매우 흡사하므로, 열쇠단어의 두 번째 글자가 M이라고 가정해도 좋을 것 같다.

이 같은 분석은 여기에서 멈추겠다. 3번째, 8번째, 13번째 등의 글자를 분석한 결과 열쇠단어의 세 번째 글자가 I라는 것을, 4번째, 9번째, 14번째 등의 글자를 분석한 결과, 열쇠단어의 네 번째 글자가 L이라는 것, 5번째, 10번째, 15번째 등의 글자를 분석하니 열쇠단어의 마지막 글자가 Y라는 것을 여기서 밝히는 것만으로도 충분할 것 같다. 결국 열쇠단어는 EMILY다. 이제 비즈네르 암호를 뒤집어서 암호를 푸는 게 가능해졌다. 암호문에서 첫 번째 글자는 W고, 이 글자는 열쇠단어의

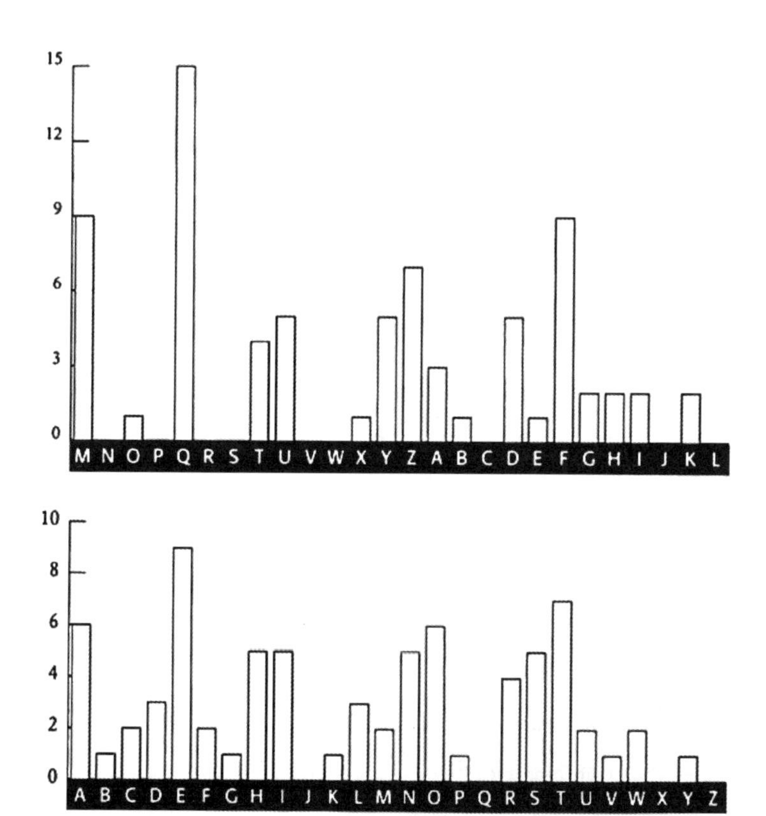

그림 18 L2 분포도를 12글자씩 뒤로 이동하여(위) 표준 빈도 분포도(아래)와 비교한다. 대부분의 산과 계곡이 일치한다.

첫 번째 글자인 E를 가지고 암호화되었다. 이제 거꾸로 작업을 하면 된다. 일단 비즈네르 표를 보고 E로 시작하는 사이퍼 알파벳에서 W를 찾은 다음, W가 있는 열과 비즈네르 표 맨 위에 있는 알파벳이 만나는 지점에 있는 글자를 찾는다. 바로 s다. 즉 평문에서 제일 처음 나오는 글자는 s다. 이 과정을 반복하면 평문이 다음과 같이 시작된다는 걸 알 수 있다. sittheedownandhavenoshamecheekbyjowl...적절히 띄어쓰기를 하고 문장부호들을 삽입하면 다음과 같은 평문이 나온다.

Sit thee down, and have no shame,

Cheek by jowl, and knee by knee:

What care I for any name?

What for order or degree?

그대 여기 앉으라, 부끄러워하지 마시라

바싹 내게 다가와, 무릎과 무릎을 맞대자

그대 이름이 무엇이든

신분과 학식이 무엇이든

오늘 나와 함께하자.

Let me screw thee up a peg:

Let me loose thy tongue with wine:

Callest thou that thing a leg?

Which is thinnest ? thine or mine?

독주로 그대 다리가 풀리고

포도주로 그대 혀가 풀리라

그대 그것을 다리라 하는가?

누구 다리가 더 앙상한가? 그대 것인가, 내 것인가?

Thou shalt not be saved by works:

Thou hast been a sinner too:

Ruined trunks on withered forks,

Empty scarecrwos, I and you!
그대 노력으로 구원받지 못하리니
어제도 오늘도 그대, 죄인이라
앙상한 다리로 망가진 몸을 버티나니
허망한 허수아비, 바로 그대와 나!

Fill the cup, and fill the can:
Have a rouse before the morn:
Every moment dies a man,
Every moment one is born.
잔을 채우고, 통을 채우라
축배를 들자, 아침이 오기 전에
일각일각 하나가 죽고
일각일각 하나가 태어나니

이 시구들은 앨프리드 테니슨Alfred Tennyson의 시 〈죄의 모습The Vision of Sin〉에서 발췌한 것이다. 암호에서 열쇠단어는 테니슨의 아내 에밀리 셀우드Emily Sellwood의 이름에서 따왔다. 특별히 이 시의 일부를 암호 분석 예제로 선택한 것은 이 시가 배비지와 앨프리드 테니슨 사이에 있었던 흥미로운 서신 교환을 촉발했기 때문이다.

예리한 통계학자이자 사망률표 편찬자이기도 한 배비지는 위에서 인용한 테니슨 시의 마지막 시구인 '일각일각 하나가 죽고 / 일각일각 하나가 태어나니'라는 구절이 거슬렸다. 결국 배비지는 테니슨에게 그 부분만 고치면 정말 아름다운 시일 것 같다며 수정안을 제시했다.

이 시구가 사실이라면 세계 인구는 변하지 않고 그대로 유지되어야 할 것이오. 선생님의 시를 다음에 편찬할 때 다음과 같이 수정하는 것을 제안합니다. 'Every moment dies a man, Every moment 1 1/16 is born일각일각 하나가 죽고, 일각일각 1과 1/16명이 태어나니'. 실제 숫자는 너무 길어서 한 줄에 다 쓸 수 없습니다만, 시라는 것을 감안했을 때 1과 1/16 정도면 충분할 것이라 생각합니다.

안녕히 계십시오.

찰스 배비지

배비지가 비즈네르 암호를 해독하는 데 성공한 것은 1854년으로 드웨이츠와의 공방전 직후였지만, 배비지의 업적을 알아주는 이는 아무도 없었다. 한 번도 공식적으로 발표하지 않았기 때문이었다. 배비지의 업적이 빛을 보게 된 것은 20세기 들어 학자들이 배비지의 방대한 기록을 연구하면서부터였다. 그 사이 배비지의 암호 해독 기술을 독자적으로 발견한 사람이 있으니 프러시아 군대의 퇴역 장성 프리드리히 빌헬름 카시스키Friedrich Wilhelm Kasiski였다. 1863년 카시스키가 저서 《암호 제작과 암호 해독술Die Geheimschriften und die Dechiffrir-kunst》에 자신의 획기적인 해독 방법을 공개한 이래, 이 기술은 카시스키 테스트라고 알려졌고 배비지의 업적은 크게 무시되었다.

그렇다면 배비지는 왜 이토록 중요한 암호문을 자신이 해독했다는 사실을 밝히지 않았을까? 분명 배비지는 시작한 프로젝트를 마무리하지 못하고, 자신이 발견한 것들을 발표하지 않는 습성이 있었다. 어쩌면 이 같은 그의 습성은 그저 자신이 해낸 일을 특별히 알리는 데 집착하지 않았던 배비지 성격의 한 단면에 지나지 않을 것이다. 그러나 일각에서는 배비지가 해독술을 발견한 직후 크림전쟁이 일어난 것과 관련을 짓기도 한다. 그 중 한 가지가 배비지가 암호 해독법을 알아낸 사실을 발설하지 않아 영국이 러시아를 상대로 한 전쟁에서 우위를 점할 수 있었다는 설이다. 영국정보국이 배비지에게 그가 해낸 일을 비밀로 해달라고 요구했을 가능성도 있다. 그렇게 함으로써 영국은 암호 분야에서 9년이나 다른 나라를 앞설 수 있었을 것이다. 이게 사실이라면, 국가안보를 위해 암호 해독 성과에 대해 입을 다물어온 오랜 전통과도 맞아떨어지며, 이 같은 전통은 20세기까지 이어진다.

신문 개인 광고란에서 땅속 보물까지

비즈네르 암호도 찰스 배비지와 프리드리히 카시스키가 해독 방법을 알아냄으로써 더 이상 안전하지 않았다. 암호 작성자들은 더 이상 비밀을 보장할 수 없게 되었다. 암호 해독자들이 정보 전쟁에서 반격을 가해 다시 우위를 선점했던 것이다. 암호 작성자들은 새로운 암호문을 만들기 위해 시도했지만, 19세기 후반 동안 별다른 성과를 내지 못했고 전문 암호 제작 분야는 혼란에 빠졌다. 그러나 이 시기는 암호에 대한 일반 대중의 관심이 급속도로 팽창했던 시기이기도 했다.

전신 기술의 발달 또한 암호에 대한 상업적 관심을 증폭시켰으며, 일반인들의 암호에 대한 관심을 높이는 데 일조했다. 사람들은 민감한 내용이 담긴 사적인 메시지 보호의 필요성을 인식하기 시작했고, 필요하다면 보내는 데 시간이 더 걸려 전송비가 늘어나더라도 암호화하려고 했다. 모스부호 교환원들은 일반 영어의 경우 분당 35단어를 외워서 전송할 수 있었다. 전체 구문을 외워 한꺼번에 전송할 수 있었기 때문이다. 그러나 뒤죽박죽 글자가 뒤섞여 있는 암호문의 경우 전송하는 데 시간이 더 많이 걸렸다. 교환원이 글자 하나하나를 순서대로 찬찬히 확인하면서 보내야 했기 때문이다. 일반인들이 사용하는 암호문은 암호 해독 전문가가 보기엔 아무것도 아니었지만, 가볍게 흘끗 보는 사람들로부터 내용을 지키기엔 충분했다.

사람들이 암호화에 대해 편안하게 여기기 시작하자 사람들은 자신의 암호 제작 기술을 다양한 방식으로 드러내기 시작했다. 예를 들어 빅토리아 시대 영국의 젊은 연인들은 공개적으로 애정 표현하는 것이 금지되었으며, 심지어 부모가 편지를 가로챌까봐 서신왕래도 할 수 없었다. 이로 인해 연인들은 신문의 개인광고란을 통해 암호로 작성한 편지를 주고받곤 했다. '고민 상담 칼럼'이라고도 알려지게 된 이 개인 광고란은 암호 해독자들의 호기심을 자극했다. 호기심이 발동한 암호 해독자는 내용을 죽 훑어보다가 뭔가 자극적일 것 같아 보이는 것들을 해독하곤 했다.

찰스 배비지는 자신의 친구인 찰스 휘트스톤 경과 리온 플레이페어Lyon Playfair 남작과 더불어 이 같은 취미 활동을 했던 것으로 알려져 있다. 세 사람은 교묘한 플레이페어 암호문Playfair cipher(부록 E 참조)을 개발하기도 했다. 한번은 휘트스톤 경이 한 옥스포드 학생이 자신의 연인에게 도망가자고 제안한 메시지가 실린 《더 타임스The Times》를 보았다. 며칠 뒤 휘트스톤 경은 이 학생과 같은 방법을 사용해 반항적이고 경솔한 행동을 하지 말라는 조언이 담긴 암호문을 신문에 실었다. 곧이어 세 번째 메시지가 게재되었다. 이번에는 암호화되지 않은 메시지로 미지의 여성이 보낸 메시지였다. "사랑하는 찰리, 더 이상 쓰지 마세요. 우리 암호가 깨졌어요."

시간이 흐르면서 더 다양한 종류의 암호문이 신문에 실렸다. 암호 작성자들은 동료 암호 전문가들에 대한 도전장으로 자기의 암호문을 신문에 싣기 시작했다. 어떤 경우에는 유명 인사나 조직을 비판하는 데 암호문을 사용하기도 했다. 심지어 《더 타임스》는 자기도 모르고 다음과 같은 의미를 담은 암호문을 싣기도 했다. "'더 타임스'는 신문업계의 제프리스다." 한마디로 《더 타임스》가 17세기 악명 높은 판사인 제프리스에 비교된 것이었다. 무자비하고 깡패 같은 정부의 대변지 역할을 하고 있음을 암시한 것이다.

일반인들이 암호와 친숙했음을 보여주는 또 다른 예가 널리 이용된 바늘구멍 암호다. 고대 그리스 역사학자이자 전술가인 아이네아스 Aeneas는 겉으로 보기엔 평범한 글의 특정 글자 아래에 아주 작은 구멍을 내어 비밀 메시지를 보낼 수 있음을 암시했다. 지금 이 본문의 단락에 있는 몇몇 글자 아래에 점이 찍혀 있는 것과 같은 식이었다. 점이 찍혀 있는 글자들은 비밀을 알리는 글자들로 원래 메시시의 수신인은 쉽게 담긴 내용을 알아낼 수 있다. 그러나 중간에서 메시지를 전달하는 사람은 이 종이를 쳐다봐도 아주 작은 바늘구멍을 모르고 지나칠 것이고, 결국 비밀 메시지에 대해서도 모를 것이다.

2천 년이 흐른 뒤 영국인들도 똑같은 방식으로 편지를 보냈다. 이들은 비밀을 보호하려 한 게 아니라 우편 요금을 아끼기 위해서였다. 1800년대 중반 우편제도를 개혁하기 전에는 편지를 보내는데 161킬로미터마다 1실링[2]이 들었으며, 보통 사람들의 생활수준에서는 부담스러운 금액이었다. 그러나 신문은 무료로 운송되었으므로 근검절약하는 빅토리아 시대 사람들은 이 허점을 이용했다. 편지를 써서 부치는 대신,

2 오늘날 원화 가치로 약 12,400원에 해당하는 금액이다.

신문의 1면에 바늘구멍을 이용해 하고 싶은 말을 전한 것이다. 그러면 돈 한 푼 내지 않고 우편은 신문으로 전달된다.

암호 제작 기술에 대한 일반인들의 관심이 증가하자, 코드와 암호문은 19세기 문학작품에도 등장했다. 쥘 베른의 《지구 속 여행Journey to the Centre of the Earth》의 대장정은 양피지 위에 쓰인 룬 문자[3]를 해독하면서 시작된다. 여기에 나오는 글자들은 치환 암호의 일종으로 라틴문자로 표기되고, 이 글자들을 뒤집을 때만 읽을 수 있게 된다. "7월 달력이 넘어가기 전, 스카르타리스의 그림자가 스네펠스 화산을 어루만지러 올 때, 대담한 여행자여, 그 분화구로 내려갈지어다. 그리하면 지구의 중심에 닿을지니."

1885년 쥘 베른은 자신의 소설 《마티아스 산도르프Mathias Sandorff》에서 다시 한번 암호를 소설의 중심축으로 활용했다. 영국에서 암호를 활용한 작품을 가장 빼어나게 쓴 작가는 아서 코난 도일 경이다. 당연히 셜록 홈즈는 암호 전문가였으며, 홈즈는 왓슨 박사에게 '약 160개의 암호문을 분석한 내용이 담긴 시시한 논문 하나를 쓴 적이 있다'고 말하기도 했다. 홈즈가 해독한 가장 유명한 암호는 《춤추는 사람의 모험The Adventure of the Dancing Men》에 춤추는 사람들로 표시한 암호로 각 사람의 포즈가 각각의 글자를 나타낸다.

대서양 건너편에서는 애드가 앨런 포가 암호 해독에 흥미를 느끼고 있었다. 포는 필라델피아의 〈알렉산더 위클리 메신저Alexander Weekly Messenger〉에 실린 자기 글에서 단일 치환 암호면 무엇이든 다 풀 수 있다고 독자들을 향해 도전장을 냈다. 수백 명의 독자들은 자기들이 작성한

3 북유럽과 브리튼 섬, 스칸디나비아 반도, 아이슬란드의 게르만족이 3세기 무렵부터 16세기(또는 17세기)까지 사용한 문자 체계이다.

그림 19 아서 코난 도일의 셜록 홈스의 모험에서 《춤추는 사람의 모험》편에 나오는 암호문 일부.

암호문을 보냈고 포는 모두 해독해냈다. 빈도 분석만 할 줄 알면 풀 수 있는 것들이었지만, 포의 독자들은 깜짝 놀랐다. 한 열성 팬은 포가 '역사상 가장 심오하고 뛰어난 암호 해독자'라고 칭송하기까지 했다.

1843년 포는 자신이 불러일으킨 암호에 대한 대중의 관심을 이용하고 싶었다. 그래서 암호에 관한 단편소설을 썼고, 암호 전문가들로부터 암호 관련 문학작품 중 최고라는 찬사를 듣기도 했다. 《황금벌레The Gold Bug》는 윌리엄 레그란드 씨에 대한 이야기다. 레그란드는 아주 특이한 딱정벌레를 발견한다. 딱정벌레는 황금색을 띠고 있었다. 레그란드는 근처에 놓인 종이를 가지고 벌레늘 잡는다. 그날 저녁, 벌레를 잡았던 종이에 황금 벌레를 스케치하다, 스케치가 잘 되었는지 확인하려고 종이를 불 가까이에 댄다. 그때 그 스케치는 불꽃의 열로 활성화된 투명 잉크에 의해 사라지고 그 대신 어떤 글자가 모습을 드러낸다. 글자들을 살펴보면서 레그란드는 자신이 손에 쥔 종이가 키드 선장의 보물 지도라고 확신한다. 그 다음부터 고전적인 빈도 분석이 나오고, 빈도 분석을 통해 키드 선장 암호의 단서를 찾아내 숨겨진 보물을 찾아낸다는 이야기가 펼쳐진다.

《황금벌레》는 완전 허구에 불과하지만, 이 작품과 매우 비슷한 요소를 갖춘 실제 사건이 19세기에 있었다. 바로 빌의 암호문 사건이다. 이 사건에는 엄청난 재산을 모은 한 카우보이, 땅속에 묻힌 2천 만 달러 상당의 보물, 그리고 그 보물의 위치를 가리키는 일련의 암호 등, 서부 활

THE

BEALE PAPERS,

CONTAINING

AUTHENTIC STATEMENTS

REGARDING THE

TREASURE BURIED

IN

1819 AND 1821,

NEAR

BUFORDS, IN BEDFORD COUNTY, VIRGINIA,

AND

WHICH HAS NEVER BEEN RECOVERED.

PRICE FIFTY CENTS.

LYNCHBURG:
VIRGINIAN BOOK AND JOB PRINT,
1885.

그림 20 《빌 페이퍼》의 표지. 빌의 보물에 얽힌 수수께끼에 대해 알려진 것은 모두 여기에 실려 있다.

극의 요소들이 들어있다. 암호문을 포함해서 우리가 아는 이 이야기의 대부분이 1885년에 출판된 소책자에 담겨 있다. 이 소책자는 23쪽에 불과하지만 몇 세대에 걸쳐 암호 해독자들을 미궁에 빠뜨렸으며 수많은 보물 사냥꾼들의 마음을 사로잡았다.

이 이야기는 이 소책자가 출판되기 65년 전 버지니아 주 린치버그의 워싱턴 호텔에서 시작된다. 소책자에 따르면 워싱턴 호텔과 호텔 주인 로버트 모리스에 대한 평판은 좋았다. 로버트 모리스의 선한 성품과 정직성, 탁월한 경영 능력, 깔끔하고 단정한 호텔 내부로 인해 그는 호텔 주로서 명성을 떨쳤고, 그의 명성은 다른 주에까지도 알려졌다. 모리스의 호텔은 그 도시에서 최고로 알려졌으며, 고급 사교 모임은 그의 호텔에서만 열렸다. 1820년 1월 토머스 J. 빌이라는 이름의 낯선 사내가 린치버그에 나타나 워싱턴 호텔에 투숙했다. 모리스는 '직접 봤을 때, 키가 약 180센티미터'였고, '칠흑 같은 눈동자와 머리카락에, 당시에 유행하던 스타일보다 머리가 길었다. 균형 잡힌 체구에 굉장히 힘이 세고 활기찬 인상을 줬다. 그러나 가장 눈에 띄는 것은 짙고 거무스름한 피부였다. 햇빛과 비바람을 맞아 피부가 그을리고 바랜 것 같았다. 그럼에도 그의 용모는 수려했으며 내가 본 중에서 가장 잘 생긴 사람이었다'고 회상했다. 그해 겨울이 다 갈 때까지 빌은 모리스의 호텔에 머물렀으며, '모든 사람들에게, 특히 여성들에게 인기가 있었'지만 그는 자신의 배경, 가족, 혹은 그곳을 방문한 목적에 대해 함구했다. 그리고 3월 말이 되자, 처음 나타났을 때처럼 홀연히 떠났다.

그로부터 2년 뒤인 1822년 1월 빌은 다시 워싱턴 호텔로 돌아왔다. '그전보다 더 검게 그을린 모습'이었다. 다시 한번 린치버그에서 겨울을 보낸 다음 봄이 되자 사라졌다. 그러나 이번에는 모리스에게 자물쇠로 잠긴 철로 만든 상자를 맡기면서 '귀중하고 중요한 서류'가 들어있다고 말했다. 모리스는 그 상자를 금고에 보관했고, 빌로부터 한 통의 편지를 받기 전까지 상자와 그 안의 내용물에 대해 관심을 두지 않았다. 편지는 1822년 5월 9일자로 세인트루이스에서 보낸 것이었다. 처음에는 사교적인 인사말과 평야 지대에서 '버팔로를 사냥하고 사나운 곰을 만난' 이야기를 하던 빌은, 뒤에서 자신이 맡기고 간 상자의 비밀에 대해 입을 열었다.

> 상자에는 저와 저의 동업자들 재산과 밀접한 관련이 있는 서류가 들어있습니다. 혹시 제가 죽고 서류가 사라지면 그 손실은 돌이킬 수 없을 것입니다. 따라서 모리스 씨가 앞으로 이 상자를 잘 맡아주시고 어떤 재앙이 일어나도 상자를 지켜 주시기 바랍니다. 우리 중에 누구도 모리스 씨를 찾아가지 않는다면, 이 편지를 쓴 날로부터 10년 동안 상자를 보관해주십시오. 그리고 10년 동안, 혹시 저나 저의 허락을 받은 누군가가 상자를 돌려달라고 하지 않는다면, 자물쇠를 떼어내고 상자를 열어보십시오. 그 안에는 모리스 씨 앞으로 된 서류와 암호 없이는 읽을 수 없는 서류가 들어있습니다. 열쇠 암호는 봉투에 담아 모리스 씨 앞으로 봉인해서 1832년 6월 전에는 발송되지 않도록 해 놓았습니다. 그 다음 하실 일은 이 열쇠 암호를 받으신 후에 알게 되실 겁니다.

모리스는 충실하게 상자를 계속 보관했으며 빌이 돌아와 찾아가길 기다렸다. 그러나 수수께끼에 싸인 거무스름한 피부의 사내 빌은 린치버그로 돌아오지 않았다. 빌은 아무 말 없이 사라졌고, 다시는 그를 만난 사람이 없었다. 10년 후 모리스는 그 편지에서 말한 대로 상자를 열 수도 있었지만, 그대로 두었다. 모리스는 자물쇠를 부수고 싶지 않아서 망설였던 것 같다. 빌의 편지에는 1832년 6월까지 모리스 앞으로 다른 편지를 보낸다고 언급했고, 그 편지에 상자 속의 암호문을 해독할 수 있는 방법이 들어있다고 했지만, 편지는 오지 않았다. 아마도 모리스는 그 안에 있는 내용을 해독할 수 없다면 굳이 상자를 열어볼 이유가 없다고 느꼈던 것 같다. 하지만 모리스는 호기심을 견디다 못해 마침내 1845년 자물쇠를 부수고 상자를 열었다. 그 상자에는 세 장의 암호문과 빌이 쓴 것처럼 보이는 평이한 영어로 된 쪽지가 들어있었다.

쪽지에는 빌, 상자, 그리고 암호문에 얽힌 진실이 담겨 있었다. 쪽지에 따르면 빌은 1817년 4월 즉 모리스를 처음 만나기 약 3년 전, 29명의 동료들과 미국을 횡단했다. 사냥감이 많은 서부 평야의 한 지역을 지난 후에 빌과 일행은 멕시코의 작은 도시인 산타페에 당도해 그곳에서 겨울을 보냈다. 3월에 빌과 일행이 북쪽으로 '엄청난 버팔로 떼'를 따라가면서 마음껏 버팔로를 사냥했다. 그러고 나서 빌과 일행은 엄청난 행운을 만났다. 빌의 말을 빌리자면 이렇다.

> 어느 날 버팔로 떼를 따라가던 중 작은 산골짜기에서 야영을 했습니다. 그곳은 산타페에서 북쪽으로 약 400킬로미터 혹은 480킬로미터 정도 떨어진 곳이었습니다. 우리는 말들을 묶어놓고 저녁식사를 준비하던 중이었습니다. 그때 일행 중 한 명이 바위틈에서 금처럼 보이는 것을 발견했습니다. 다른 일행에게 보여주고 나서 그것이 금이라는 게 확실해지자, 너무나도 당연히 모두가 흥분의 도가니에 빠졌습니다.

편지는 계속해서 빌과 동료들은 그 지역 원주민의 도움을 받아 18개월 동안 엄청난 양의 금은 물론 근처에서 발견한 은도 채굴했다고 말하고 있었다. 그러는 와중에 그들은 자신들이 발견한 보물을 안전한 장소로 옮겨야 한다는데 뜻을 모았고 보물을 고향인 버지니아로 옮기기로 결정했다. 이들은 버지니아에 비밀 장소를 정해 보물을 숨겨둘 계획이었다. 1820년 빌은 금과 은을 가지고 린치버그를 여행했고 그곳에서 적당한 장소를 찾아냈다. 바로 그때 빌이 워싱턴 호텔에 묵으면서 모리스와 아는 사이가 되었다. 겨울이 끝나자 빌은 그곳을 떠나 자신이 없는 동안에도 계속 금을 캐던 동료들에게 갔다.

그리고 다시 18개월 후 빌은 린치버그에 더 많은 금과 은을 가지고 돌아왔다. 이번에 빌이 린치버그를 방문한 데에는 다른 이유도 있었다.

> 들판에 있는 동료들을 떠나기 전 우리들이 만일의 사태를 대비해 계획을 세워두지 않으면 가족 친지들조차 우리가 숨겨둔 보물을 찾지 못하게 될 거라 생각했습니다. 동료들은 내게 온전히 신뢰할 만한 사람을 찾아보고, 일단 그런 사람을 찾으면, 그 사람이 믿어도 될 사람인지 동료들에게 확인시킨 다음, 그 사람에게 우리 각자의 몫을 처분해줄 것을 부탁하라는 임무를 맡겼습니다.

빌은 모리스가 믿을만한 사람이라고 생각했다. 바로 그런 이유로 모리스에게 세 장의 암호문, 소위 '빌 암호문'이 담긴 상자를 맡긴 것이었다. 암호문이 적힌 각각의 종이에는 일련의 숫자들(그림 21, 22, 23 참조)이 나열되어 있었고, 이 암호문을 풀면 보물을 찾는 데 필요한 정보를 얻게 된다.

첫 번째 암호문은 보물의 위치, 두 번째 암호문은 보물의 내용, 세 번째 암호문은 보물을 나눠 갖게 될 친지들의 목록이었다. 모리스가 이 모든 내용을 읽은 것은 그가 토머스 빌을 마지막으로 본 지 약 23년이 지난 뒤였다. 빌과 그의 동료들이 사망했다는 가정하에 모리스는 금을 찾

71, 194, 38, 1701, 89, 76, 11, 83, 1629, 48, 94, 63, 132, 16, 111, 95, 84, 341, 975, 14, 40, 64, 27, 81, 139, 213, 63, 90, 1120, 8, 15, 3, 126, 2018, 40, 74, 758, 485, 604, 230, 436, 664, 582, 150, 251, 284, 308, 231, 124, 211, 486, 225, 401, 370, 11, 101, 305, 139, 189, 17, 33, 88, 208, 193, 145, 1, 94, 73, 416, 918, 263, 28, 500, 538, 356, 117, 136, 219, 27, 176, 130, 10, 460, 25, 485, 18, 436, 65, 84, 200, 283, 118, 320, 138, 36, 416, 280, 15, 71, 224, 961, 44, 16, 401, 39, 88, 61, 304, 12, 21, 24, 283, 134, 92, 63, 246, 486, 682, 7, 219, 184, 360, 780, 18, 64, 463, 474, 131, 160, 79, 73, 440, 95, 18, 64, 581, 34, 69, 128, 367, 460, 17, 81, 12, 103, 820, 62, 116, 97, 103, 862, 70, 60, 1317, 471, 540, 208, 121, 890, 346, 36, 150, 59, 568, 614, 13, 120, 63, 219, 812, 2160, 1780, 99, 35, 18, 21, 136, 872, 15, 28, 170, 88, 4, 30, 44, 112, 18, 147, 436, 195, 320, 37, 122, 113, 6, 140, 8, 120, 305, 42, 58, 461, 44, 106, 301, 13, 408, 680, 93, 86, 116, 530, 82, 568, 9, 102, 38, 416, 89, 71, 216, 728, 965, 818, 2, 38, 121, 195, 14, 326, 148, 234, 18, 55, 131, 234, 361, 824, 5, 81, 623, 48, 961, 19, 26, 33, 10, 1101, 365, 92, 88, 181, 275, 346, 201, 206, 86, 36, 219, 324, 829, 840, 64, 326, 19, 48, 122, 85, 216, 284, 919, 861, 326, 985, 233, 64, 68, 232, 431, 960, 50, 29, 81, 216, 321, 603, 14, 612, 81, 360, 36, 51, 62, 194, 78, 60, 200, 314, 676, 112, 4, 28, 18, 61, 136, 247, 819, 921, 1060, 464, 895, 10, 6, 66, 119, 38, 41, 49, 602, 423, 962, 302, 294, 875, 78, 14, 23, 111, 109, 62, 31, 501, 823, 216, 280, 34, 24, 150, 1000, 162, 286, 19, 21, 17, 340, 19, 242, 31, 86, 234, 140, 607, 115, 33, 191, 67, 104, 86, 52, 88, 16, 80, 121, 67, 95, 122, 216, 548, 96, 11, 201, 77, 364, 218, 65, 667, 890, 236, 154, 211, 10, 98, 34, 119, 56, 216, 119, 71, 218, 1164, 1496, 1817, 51, 39, 210, 36, 3, 19, 540, 232, 22, 141, 617, 84, 290, 80, 46, 207, 411, 150, 29, 38, 46, 172, 85, 194, 39, 261, 543, 897, 624, 18, 212, 416, 127, 931, 19, 4, 63, 96, 12, 101, 418, 16, 140, 230, 460, 538, 19, 27, 88, 612, 1431, 90, 716, 275, 74, 83, 11, 426, 89, 72, 84, 1300, 1706, 814, 221, 132, 40, 102, 34, 868, 975, 1101, 84, 16, 79, 23, 16, 81, 122, 324, 403, 912, 227, 936, 447, 55, 86, 34, 43, 212, 107, 96, 314, 264, 1065, 323, 428, 601, 203, 124, 95, 216, 814, 2906, 654, 820, 2, 301, 112, 176, 213, 71, 87, 96, 202, 35, 10, 2, 41, 17, 84, 221, 736, 820, 214, 11, 60, 760.

그림 21 빌의 첫 번째 암호문

115, 73, 24, 807, 37, 52, 49, 17, 31, 62, 647, 22, 7, 15, 140, 47, 29, 107, 79, 84, 56, 239, 10, 26, 811, 5, 196, 308, 85, 52, 160, 136, 59, 211, 36, 9, 46, 316, 554, 122, 106, 95, 53, 58, 2, 42, 7, 35, 122, 53, 31, 82, 77, 250, 196, 56, 96, 118, 71, 140, 287, 28, 353, 37, 1005, 65, 147, 807, 24, 3, 8, 12, 47, 43, 59, 807, 45, 316, 101, 41, 78, 154, 1005, 122, 138, 191, 16, 77, 49, 102, 57, 72, 34, 73, 85, 35, 371, 59, 196, 81, 92, 191, 106, 273, 60, 394, 620, 270, 220, 106, 388, 287, 63, 3, 6, 191, 122, 43, 234, 400, 106, 290, 314, 47, 48, 81, 96, 26, 115, 92, 158, 191, 110, 77, 85, 197, 46, 10, 113, 140, 353, 48, 120, 106, 2, 607, 61, 420, 811, 29, 125, 14, 20, 37, 105, 28, 248, 16, 159, 7, 35, 19, 301, 125, 110, 486, 287, 98, 117, 511, 62, 51, 220, 37, 113, 140, 807, 138, 540, 8, 44, 287, 388, 117, 18, 79, 344, 34, 20, 59, 511, 548, 107, 603, 220, 7, 66, 154, 41, 20, 50, 6, 575, 122, 154, 248, 110, 61, 52, 33, 30, 5, 38, 8, 14, 84, 57, 540, 217, 115, 71, 29, 84, 63, 43, 131, 29, 138, 47, 73, 239, 540, 52, 53, 79, 118, 51, 44, 63, 196, 12, 239, 112, 3, 49, 79, 353, 105, 56, 371, 557, 211, 515, 125, 360, 133, 143, 101, 15, 284, 540, 252, 14, 205, 140, 344, 26, 811, 138, 115, 48, 73, 34, 205, 316, 607, 63, 220, 7, 52, 150, 44, 52, 16, 40, 37, 158, 807, 37, 121, 12, 95, 10, 15, 35, 12, 131, 62, 115, 102, 807, 49, 53, 135, 138, 30, 31, 62, 67, 41, 85, 63, 10, 106, 807, 138, 8, 113, 20, 32, 33, 37, 353, 287, 140, 47, 85, 50, 37, 49, 47, 64, 6, 7, 71, 33, 4, 43, 47, 63, 1, 27, 600, 208, 230, 15, 191, 246, 85, 94, 511, 2, 270, 20, 39, 7, 33, 44, 22, 40, 7, 10, 3, 811, 106, 44, 486, 230, 353, 211, 200, 31, 10, 38, 140, 297, 61, 603, 320, 302, 666, 287, 2, 44, 33, 32, 511, 548, 10, 6, 250, 557, 246, 53, 37, 52, 83, 47, 320, 38, 33, 807, 7, 44, 30, 31, 250, 10, 15, 35, 106, 160, 113, 31, 102, 406, 230, 540, 320, 29, 66, 33, 101, 807, 138, 301, 316, 353, 320, 220, 37, 52, 28, 540, 320, 33, 8, 48, 107, 50, 811, 7, 2, 113, 73, 16, 125, 11, 110, 67, 102, 807, 33, 59, 81, 158, 38, 43, 581, 138, 19, 85, 400,38,43, 77, 14, 27, 8, 47, 138, 63, 140, 44, 35, 22, 177, 106, 250, 314, 217, 2, 10, 7, 1005, 4, 20, 25, 44, 48, 7, 26, 46, 110, 230, 807, 191, 34, 112, 147, 44, 110, 121, 125, 96, 41, 51, 50, 140, 56, 47, 152, 540, 63, 807, 28, 42, 250, 138, 582, 98, 643, 32, 107, 140, 112, 26, 85, 138, 540, 53, 20, 125, 371, 38, 36, 10, 52, 118, 136, 102, 420, 150, 112, 71, 14, 20, 7, 24, 18, 12, 807, 37, 67, 110, 62, 33, 21, 95, 220, 511, 102, 811, 30, 83, 84, 305, 620, 15, 2, 108, 220, 106, 353, 105, 106, 60, 275, 72, 8, 50, 205, 185, 112, 125, 540, 65, 106, 807, 188, 96, 110, 16, 73, 33, 807, 150, 409, 400, 50, 154, 285, 96, 106, 316, 270, 205, 101, 811, 400, 8, 44, 37, 52, 40, 241, 34, 205, 38, 16, 46, 47, 85, 24, 44, 15, 64, 73, 138, 807, 85, 78, 110, 33, 420, 505, 53, 37, 38, 22, 31, 10, 110, 106, 101, 140, 15, 38, 3, 5, 44, 7, 98, 287, 135, 150, 96, 33, 84, 125, 807, 191, 96, 511, 118, 440, 370, 643, 466, 106, 41, 107, 603, 220, 275, 30, 150, 105, 49, 53, 287, 250, 208, 134, 7, 53, 12, 47, 85, 63, 138, 110, 21, 112, 140, 485, 486, 505, 14, 73, 84, 575, 1005, 150, 200, 16, 42, 5, 4, 25, 42, 8, 16, 811, 125, 160, 32, 205, 603, 807, 81, 96, 405, 41, 600, 136, 14, 20, 28, 26, 353, 302, 246, 8, 131, 160, 140, 84, 440, 42, 16, 811, 40, 67, 101, 102, 194, 138, 205, 51, 63, 241, 540, 122, 8, 10, 63, 140, 47, 48, 140, 288.

그림 22 빌의 두 번째 암호문

317, 8, 92, 73, 112, 89, 67, 318, 28, 96, 107, 41, 631, 78, 146, 397, 118, 98, 114, 246, 348, 116, 74, 88, 12, 65, 32, 14, 81, 19, 76, 121, 216, 85, 33, 66, 15, 108, 68, 71, 43, 24, 122, 96, 117, 36, 211, 301, 15, 44, 11, 46, 89, 18, 136, 68, 317, 28, 90, 82, 304, 71, 43, 221, 198, 176, 310, 319, 81, 99, 264, 380, 56, 37, 319, 2, 44, 53, 28, 44, 75, 98, 102, 37, 85, 107, 117, 64, 88, 136, 48, 154, 99, 175, 89, 315, 326, 78, 96, 214, 218, 311, 43, 89, 51, 90, 75, 128, 96, 33, 28, 103, 84, 65, 26, 41, 246, 84, 270, 98, 116, 32, 59, 74, 66, 69, 240, 15, 8, 121, 20, 77, 89, 31, 11, 106, 81, 191, 224, 328, 18, 75, 52, 82, 117, 201, 39, 23, 217, 27, 21, 84, 35, 54, 109, 128, 49, 77, 88, 1, 81, 217, 64, 55, 83, 116, 251, 269, 311, 96, 54, 32, 120, 18, 132, 102, 219, 211, 84, 150, 219, 275, 312, 64, 10, 106, 87, 75, 47, 21, 29, 37, 81, 44, 18, 126, 115, 132, 160, 181, 203, 76, 81, 299, 314, 337, 351, 96, 11, 28, 97, 318, 238, 106, 24, 93, 3, 19, 17, 26, 60, 73, 88, 14, 126, 138, 234, 286, 297, 321, 365, 264, 19, 22, 84, 56, 107, 98, 123, 111, 214, 136, 7, 33, 45, 40, 13, 28, 46, 42, 107, 196, 227, 344, 198, 203, 247, 116, 19, 8, 212, 230, 31, 6, 328, 65, 48, 52, 59, 41, 122, 33, 117, 11, 18, 25, 71, 36, 45, 83, 76, 89, 92, 31, 65, 70, 83, 96, 27, 33, 44, 50, 61, 24, 112, 136, 149, 176, 180, 194, 143, 171, 205, 296, 87, 12, 44, 51, 89, 98, 34, 41, 208, 173, 66, 9, 35, 16, 95, 8, 113, 175, 90, 56, 203, 19, 177, 183, 206, 157, 200, 218, 260, 291, 305, 618, 951, 320, 18, 124, 78, 65, 19, 32, 124, 48, 53, 57, 84, 96, 207, 244, 66, 82, 119, 71, 11, 86, 77, 213, 54, 82, 316, 245, 303, 86, 97, 106, 212, 18, 37, 15, 81, 89, 16, 7, 81, 39, 96, 14, 43, 216, 118, 29, 55, 109, 136, 172, 213, 64, 8, 227, 304, 611, 221, 364, 819, 375, 128, 296, 1, 18, 53, 76, 10, 15, 23, 19, 71, 84, 120, 134, 66, 73, 89, 96, 230, 48, 77, 26, 101, 127, 936, 218, 439, 178, 171, 61, 226, 313, 215, 102, 18, 167, 262, 114, 218, 66, 59, 48, 27, 19, 13, 82, 48, 162, 119, 34, 127, 139, 34, 128, 129, 74, 63, 120, 11, 54, 61, 73, 92, 180, 66, 75, 101, 124, 265, 89, 96, 126, 274, 896, 917, 434, 461, 235, 890, 312, 413, 328, 381, 96, 105, 217, 66, 118, 22, 77, 64, 42, 12, 7, 55, 24, 83, 67, 97, 109, 121, 135, 181, 203, 219, 228, 256, 21, 34, 77, 319, 374, 382, 675, 684, 717, 864, 203, 4, 18, 92, 16, 63, 82, 22, 46, 55, 69, 74, 112, 134, 186, 175, 119, 213, 416, 312, 343, 264, 119, 186, 218, 343, 417, 845, 951, 124, 209, 49, 617, 856, 924, 936, 72, 19, 28, 11, 35, 42, 40, 66, 85, 94, 112, 65, 82, 115, 119, 236, 244, 186, 172, 112, 85, 6, 56, 38, 44, 85, 72, 32, 47, 73, 96, 124, 217, 314, 319, 221, 644, 817, 821, 934, 922, 416, 975, 10, 22, 18, 46, 137, 181, 101, 39, 86, 103, 116, 138, 164, 212, 218, 296, 815, 380, 412, 460, 495, 675, 820, 952.

그림 23 빌의 세 번째 암호문

아서 그들의 가족과 친지들에게 나눠줘야 한다는 의무감을 느꼈다. 그러나 맨 처음 빌이 약속했던 암호문 해독에 필요한 열쇠 암호가 없었으므로 모리스는 맨주먹으로 해독하려 했으나 20년 동안 이 암호문은 모리스를 괴롭힌 끝에, 결국 모두 실패로 끝났다.

1862년 84세의 모리스는 살날이 얼마 남지 않았다는 것을 깨닫고, 빌의 암호문에 얽힌 비밀을 공개해야겠다고 마음먹었다. 그렇지 않으면 빌의 부탁도 모리스 자신의 죽음과 함께 묻히게 될 것이기 때문이었다. 모리스는 한 친구에게 모든 것을 털어놓았지만, 안타깝게도 그 친구가 누구인지는 알려진 바가 없다. 우리가 모리스의 친구에 대해 아는 것은 그가 1885년 소책자를 쓴 당사자라는 사실이 전부다. 따라서 지금부터 나는 모리스의 친구를 단순히 저자라고 지칭하겠다. 그 저자는 자신의 정체를 밝히지 않는 이유를 소책자에 설명해 놓았다.

> 나는 많은 사람들이 이 소책자를 보게 될 거라고 생각한다. 그러면 전국 각지에서 온갖 문제를 제기하는 편지와 답장을 요구하는 편지들이 쇄도할 것이다. 일일이 관심 갖고 편지들에 답을 하다 보면 시간을 모두 빼앗길 것이고, 그렇게 되면 본업이 전도될 것이다. 이런 사태를 막기 위해 이 소책자에서 내 이름을 빼기로 했다. 나는 이 사안에 대해 내가 알고 있는 모든 것을 이 소책자에 담았으며, 이 소책자에 쓴 내용 이외에 내가 아는 것은 하나도 없다.

자신의 신분을 드러내지 않기 위해 저자는 그 지역에서 신망이 두터운 인물이자, 도로 측량사인 제임스 B. 워드에게 자신의 대리인 겸 출판인이 되어 달라고 부탁했다.

'빌의 암호문'에 얽힌 이상한 이야기에 관한 모든 것은 그 소책자에

다 공개되어 있다. 따라서 우리 모두 그 저자에게 암호문과 모리스로부터 들은 이야기를 밝혀준 것에 대해 감사해야 한다. 뿐만 아니라 그는 빌의 두 번째 암호문을 성공적으로 해독하기까지 했다. 첫 번째와 세 번째 암호문과 마찬가지로 두 번째 암호문도 숫자로 이뤄져 있으므로 저자는 각각의 숫자가 글자 하나를 가리킨다고 생각했다. 그러나 숫자의 범위가 알파벳의 글자 수를 한참이나 초과했으므로, 저자는 여러 개의 숫자가 동일한 글자를 나타낸 것임을 알아차렸다. 이 조건을 충족하는 암호문은 소위 '책 암호book cipher'로 책이나 다른 텍스트 자체가 열쇠인 암호다.

먼저 암호 제작자는 열쇠 텍스트의 모든 단어에 연속으로 숫자를 매긴다. 그러면 각 단어에 매겨진 숫자는 그 단어의 첫 글자를 치환하는 암호가 된다. [1]For [2]example, [3]if [4]the [5]sender [6]and [7]receiver [8]agreed [9]that [10]this [11]sentence [12]were [13]to [14]be [15]the [16]keytext, [17]then [18]every [19]word [20]would [21]be [22]numerically [23]labelled, [24]each [25]number [26]providing [27]the [28]basis [29]for [30]encryption (예를 들어 송신인과 수신인이 이 문장을 열쇠 텍스트로 사용하기로 합의했다면, 단어마다 숫자가 매겨질 것이고, 이 숫자들이 암호화의 토대가 될 것이다.) 그런 다음에는 숫자들과 각 숫자에 해당하는 단어의 첫 글자들의 목록을 만들 수 있다.

1 = f	11 = s	21 = b
2 = e	12 = w	22 = n
3 = i	13 = t	23 = l
4 = t	14 = b	24 = e
5 = s	15 = t	25 = n
6 = a	16 = k	26 = p
7 = r	17 = t	27 = t

8 = a	18 = e	28 = b
9 = t	19 = w	29 = f
10 = t	20 = w	30 = e

이제 이 목록에 따라 평문의 글자들을 암호화할 수 있다. 이 목록에서 평문 글자 f는 1로 치환될 것이고, 평문 글자 e는 2, 18, 24 또는 30으로 치환할 수 있다. 우리가 사용한 열쇠 텍스트는 짧은 문장이었기 때문에 x와 z처럼 흔하지 않은 글자를 대신하는 숫자는 없지만 beale과 같은 단어를 암호화하기에는 충분하다. beale을 이 열쇠 텍스트로 암호화하면 14-2-8-23-18이다. 암호문을 읽도록 되어 있는 수신자에게 열쇠 텍스트가 있으면 암호문을 해독하는 것은 식은 죽 먹기다. 그러나 암호문만을 손에 넣은 제3자에게 암호 해독은 열쇠 텍스트를 알아내느냐에 전적으로 달려 있다. 소책자의 저자는 이렇게 썼다. "이 같은 생각을 바탕으로 손에 넣을 수 있는 책마다 글자에 숫자를 매긴 후 그 숫자와 암호문의 숫자들을 비교했지만 아무런 소득이 없었다. 그러다가 독립선언문에서 암호문 중 하나의 단서를 얻게 되었고, 희망은 되살아났다."

독립선언문은 빌의 두 번째 암호문의 열쇠 텍스트인 것으로 판명되었으며, 독립선언문에 있는 단어들에 숫자를 매기면 암호를 해독할 수 있다. 〈그림 24〉는 독립선언문의 도입부로 10개의 단어들마다 숫자가 매겨져 있어 어떻게 암호 해독이 가능한지 볼 수 있다. 〈그림 22〉의 암호문에서 첫 번째 숫자가 115이고, 독립선언문의 115번째 단어는 'instituted(도입하다)'이다. 따라서 첫 번째 숫자가 나타내는 글자는 i다. 암호문에서 두 번째 숫자는 73이고, 독립선언문의 73번째 단어는 'hold(보유하다)'이므로 두 번째 숫자가 나타내는 것은 h다. 소책자에 인쇄되어 있는 암호 해독문 전문이다.

When in the course of human events, it becomes [10]necessary for one people to dissolve the political bands which [20]have connected them with another, and to assume among the [30]powers of the earth, the separate and equal station to [40]which the laws of nature and of nature's God entitle [50]them, a decent respect to the opinions of mankind requires [60]that they should declare the causes which impel them to [70]the separation.

We hold these truths to be self-evident, [80]that all men are created equal, that they are endowed [90]by their Creator with certain inalienable rights, that among these [100]are life, liberty and the pursuit of happiness: That to [110]secure these rights, governments are instituted among men, deriving their [120]just powers from the consent of the governed; That whenever [130]any form of government becomes destructive of these ends, it [140]is the right of the people to alter or to [150]abolish it, and to institute new government, laying its [160]foundation on such principles and organizing its powers in such [170]form, as to them shall seem most likely to effect [180]their safety and happiness. Prudence, indeed, will dictate that governments [190]long established should not be changed for light and transient [200]causes; and accordingly all experience hath shewn, that mankind are [210]more disposed to suffer, while evils are sufferable, than to [220]right themselves by abolishing the forms to which they are [230]accustomed.

But when a long train of abuses and usurpations, [240]pursuing invariably the same object evinces a design to reduce [250]them under absolute despotism, it is their right, it is [260]their duty, to throw off such government, and to provide [270]new Guards for their future security. Such has been the [280]patient sufferance of these Colonies; and such is now the [290]necessity which constrains them to alter their former systems of [300]government. The history of the present King of Great Britain [310]is a history of repeated injuries and usurpations, all having [320]in direct object the establishment of an absolute tyranny over [330]these States. To prove this, let facts be submitted to [340]a candid world.

그림 24 미국 독립선언문의 처음 세 문단. 단어 10개마다 숫자가 매겨져 있다. 이 선언문이 빌의 두 번째 암호문의 열쇠다.

나는 뷰포드에서 약 4마일(6.4km) 떨어진 베드포드 카운티에 위치한 장소에 땅을 파서 지하 6피트(1.8m) 되는 지점에 금고를 묻었다. 그 금고 안에는 본 문서와 같이 들어있던 '3'번 문서에서 거명한 사람들의 소유물이 다음과 같이 들어있다.

1819년 11월 금 1,014파운드(460kg), 은 3,812파운드(1,729kg)가 이곳에 처음 보관되었다. 1821년 12월 두 번째로 보관된 내용물은 금 1,097파운드(865kg), 은 1,288파운드(584kg), 그리고 운송비를 절약하기 위해 세인트루이스에서 은과 교환한 약 1만 3천 달러 상당의 보석이다.

위에 해당하는 내용물은 쇠로 된 보관함에 담아 쇠로 된 뚜껑으로 덮어 안전하게 보관되었다. 금고는 대충 돌을 쌓아 만들었고, 단단한 돌 위에 보관함을 놓고 다른 돌로 그 위를 덮었다. '1'번 서류에 그 금고의 정확한 위치가 적혀 있으므로 찾는 데 어려움이 없을 것이다.

이 암호문에는 몇 개의 오류가 있다는 것을 주목할 필요가 있다. 예를 들어 해독문에는 'four miles'라는 단어가 들어있다. 여기서 u는 독립선언문의 95번째 단어가 u로 시작하기 때문이다. 그러나 실제로 95번째 단어는 'inalienable(빼앗을 수 없는)'이다. 이는 빌이 암호문을 대충 작성했기 때문일 수도 있고, 빌이 사용했던 독립선언문의 95번째 단어가 'unalienable'로 표기되어 있었을 수도 있기 때문이다. 빌이 암호문을 작성할 당시인 19세기 초반의 버전에는 'unalienable'로 표기된 것도 있다. 어째든, 성공적으로 해독한 결과물에는 분명하게 보물의 값어치가 명시되어 있다. 오늘날 금괴 가치로 따져보면 최소한 2천만 달러에 달한다.

당연히 보물의 가치를 파악한 저자는 더 많은 시간을 들여 나머지 두 개의 암호문, 특히 보물의 위치가 담긴 첫 번째 암호문 해독에 매달렸을 것이다. 저자는 엄청난 노력을 쏟아 부었지만 실패했고, 그 암호문이 저자에게 남긴 것은 후회뿐이었다.

> 이 일에 매달려 시간을 허비한 결과 비교적 풍족했던 집안은 극심한 가난에 시달리게 되었으며, 내가 보살펴야 했던 가족들, 내가 이 일에 매달리는 것을 만류했던 가족들까지 고통을 겪어야 했다. 마침내 집안과 가족들이 처한 상황에 눈을 뜬 나는 지금 당장 그리고 영원히 이 일에서 손을 떼고, 가능하면 그 동안 내가 저지른 잘못을 바로 잡기로 했다. 그러는 가장 좋은 방법은 유혹이 될 만한 것을 내 손이 닿지 않는 곳으로 멀리 떠나보내는 것이므로, 나는 이 모든 문제를 만인에게 공개하고, 내 어깨에 올려진 짐은 다시 모리스 씨에게 넘기기로 했다.

그렇게 해서 저자가 알아낸 모든 사실과 암호문이 1885년에 공개된 것이다. 비록 창고에 불이 나면서 대부분의 소책자들이 소실되었지만, 타지 않고 남은 소책자들은 린치버그에 큰 반향을 불러일으켰다. 빌의 암호문에 가장 큰 관심을 보인 보물 사냥꾼 중에서는 조지 하트와 클레이튼 하트 형제가 가장 열성적이었다. 하트 형제는 수년간 다양한 방법으로 나머지 두 개의 암호문을 해독하려 했으나 암호를 해독해냈다는 착각에 빠진 경우가 더 많았다. 때로는 잘못된 방법으로 암호 해독을 시도하더라도 무의미한 글자들의 망망대해에서 의미 있는 단어들이 감질나게 건져질 때도 있다. 그러고 나면 암호 해독자는 나머지 무의미한 말들을 합리화하기 위해 방법을 짜내게 된다. 제3자가 보기엔 막연한 희망사항으로 보일 뿐이지만, 보물에 눈이 먼 보물 사냥꾼들에겐 모든 게 완벽히 들어맞는 것처럼 보인다. 하트 형제는 임시로 해독한 암호문으로 자기네들이 찾았다고 생각한 장소에 다이너마이트까지 설치했지만, 불행히도 폭발 후 드러난 구멍에는 금이 없었다. 클레이튼 하트는 1912년 보물찾기를 포기했지만, 조지는 1952년까지 계속 빌의 암호문에 매달렸다. 하트 형제보다 빌 암호문에 더 끈질기게 매달린 사람은 히람 허버트 2세였다. 그는 1923년 처음 빌의 암호문에 관심을 가진 이래로 1970년대까지 계속 씨름했지만, 그 또한 아무런 소득을 얻지 못했다.

암호 해독 전문가들도 빌의 보물을 찾는 여정에 뛰어들었다. 제1차 세계대전 말엽, 미국의 블랙 체임버로 알려진 미국 암호국U.S. Cipher Bureau을 창설한 허버트 O. 야들리Herbert O. Yardley도 빌의 암호문에 관심을 보였으며, 20세기 초반 미국 암호 해독 분야를 주름 잡던 인물이었던 윌리엄 프리드먼William Friedman 대령도 그 중 한 사람이었다. 윌리엄 프리드먼은 육군 정보통신국을 지휘하는 동안 빌의 암호문을 훈련 프로그램의 일환으로 만들기까지 했다. 짐작건대, 프리드먼의 아내의 말을 빌리면, 프리드먼은 빌의 암호문을 '방심하는 독자들을 유인하기 위해 고의적으로 설계된 사악한 악마 같은 간계'라고 생각했기 때문이라고 한다.

1969년 프리드먼이 사망한 뒤에 전쟁 역사가들이 조지 C. 마샬 연구센터에 설치된 프리드먼 기록보관소를 자주 찾았으나 실은 그보다 더 많이 방문한 사람들은 따로 있었다. 빌의 암호문을 해독하려는 사람들로, 위대한 암호가가 남긴 단서를 조금이라도 얻기 위해서였다. 가장 최근에 빌의 보물 사냥에 나선 유명인 중 한 사람은 칼 해머Carl Hammer였다. 그는 스페리 유니백Sperry Univac 사의 전산부장으로 근무하다가 퇴직한 사람이자 컴퓨터 암호 해독의 선구자 중 한 사람이기도 했다. 해머는 이렇게 평가했다. "국내 최고의 암호 해독가 중 최소 10퍼센트가 빌의 암호문에 매달렸다. 그리고 이들의 그 어떤 노력도 결코 헛되지 않았다.

암호를 해독하는 과정에서의 노력은, 설령 그 노력이 막다른 골목으로 이어졌다 해도 컴퓨터 연구를 발전시키고 개선시켰다는 점에서 그 자체로 가치 있었다."

해머는 1960년대에 빌의 암호문에 대한 관심을 북돋기 위해 창립된 '빌의 암호문 및 보물 협회The Beale Cypher and Treasure Association'의 주요 회원으로 활동했다. 맨 처음 이 협회는 보물을 발견한 회원은 누구나 다른 회원과 보물을 나눠야 한다는 원칙을 세웠지만, 이 때문에 많은 사람들이 회원 가입을 주저하는 것처럼 보이자, 얼마 안 돼 이 원칙을 가입조건에서 삭제했다.

협회와 아마추어 보물 사냥꾼, 암호 해독 전문가들이 힘을 합쳤음에도 불구하고 빌의 첫 번째와 세 번째 암호문은 100년이 넘도록 풀리지 않았으며, 금은보석은 여전히 빛을 보지 못했다. 많은 사람들이 두 번째 빌의 암호를 해독하는 데 사용되었던 독립선언문을 중심으로 암호 해독을 시도했다. 선언문의 단어에 단순히 숫자를 붙이는 것만으로는 첫 번째와 세 번째 암호문을 해독할 수 없었다. 한편 암호 해독가들은 선언문 뒤에서부터 숫자를 매기거나 한 단어 건너 숫자를 매겼지만, 이 또한 아직까지 그 어떤 방법도 통하지 않았다. 한 가지 문제점은 첫 번째 암호문에서 가장 큰 숫자가 2906인데 반해 독립선언문에는 있는 단어는 모두 1,322개뿐이라는 사실이었다. 다른 텍스트와 책이 잠재적인 열쇠로 간주되기도 했지만, 상당수의 암호 해독가들은 전혀 다른 암호 체계가 사용되었을 가능성이 있다고 보기도 했다.

독자들은 풀리지 않는 빌의 암호문의 강력함에 대해 놀랐을 수 있다. 특히 바로 이전까지 암호 작성자와 암호 해독자들 간의 싸움에서 암호 해독자들이 우위를 점했다는 사실을 떠올리면 더더욱 놀라지 않을 수 없다. 배비지와 카시스키가 비즈네르 암호를 해독하는 방법을 알아냈고 암호 작성자들은 비즈네르 암호의 대안을 찾기 위해 고민하고 있었다. 도대체 빌은 어떻게 그토록 강력한 암호를 생각해낸 걸까? 빌의 암호문이 암호 작성자에게 매우 유리한 상황에서 만들어졌다는 것이 한 가지 답이다.

암호문은 단 한 번만 쓸 일회용이었고 그토록 엄청난 보물과 관련된 것이기에 빌은 어쩌면 첫 번째와 세 번째 암호문을 위해 특별히 일회용 열쇠 텍스트를 만들었을 수 있다. 실제로 빌 자신이 열쇠 텍스트를 작성했다면, 왜 그동안 출판된 텍스트로는 암호 해독을 할 수 없었는지가 설명이 된다. 우리는 빌이 어쩌면 버팔로 사냥을 주제로 2,000단어에 달하는 에세이를 단 한 부만 작성했다고 가정할 수 있다. 유일한 열쇠 텍스트인 그 에세이를 가지고 있는 사람만이 빌의 첫 번째와 세 번째 암호문을 풀 수 있다. 빌은 세인트루이스에 있는 자기 친구에게 암호를 풀 수 있는 열쇠를 맡겼다고 언급했다. 그런데 만일 빌의 친구가 암호의 열쇠를 분실했거나 없애버렸다면 암호 해독가들은 절대 빌의 암호문을 해독할 수 없을 것이다.

암호문 작성을 위해 일회용 암호문 열쇠를 만드는 것이 이미 출판된 책을 열쇠로 사용하는 것보다 훨씬 보안성이 높다. 그러나 이 같은 방법은 송신인에게 열쇠 텍스트를 작성할 수 있는 시간이 충분하고 원래 수신인에게 열쇠를 전달할 수 있어야만 실행이 가능하다. 규칙적으로 그날그날 통신을 해야 하는 경우에는 이 같은 여건을 갖추기 어렵다. 하지만 빌의 경우는 느긋하게 열쇠 텍스트를 작성할 수 있었고, 세인트루이스를 지나갈 일이 있을 때 그곳의 친구에게 전달할 수 있었다. 그러고 나서 언제든지 보물이 필요할 때, 열쇠 텍스트를 우편으로 보내거나 회수할 수 있었다.

빌의 암호문이 깨지지 않는 이유를 설명하는 또 다른 해석이 있다. 소책자의 저자가 소책자를 출간하기 전에 일부러 암호문을 조작했다는 설이다. 어쩌면 저자는 세인트루이스에 있는 빌의 친구가 가지고 있을 게 분명한 암호문의 열쇠를 찾고 싶었을 뿐이다. 저자가 암호문을 정확하게 소책자에 공개했다면, 빌의 친구가 암호문을 해독해서 금을 가져가 버릴 테니, 저자는 자신의 노력에 대해서 한 푼의 보상도 얻지 못할 수 있다. 그러나 암호문을 조금만 바꾸면 빌의 친구는 결국 저자의 도움이 필요하다는 것을 깨닫게 될 것이다. 그렇게 되면, 그는 소책자의 출판 대리인 워드에게 연락을 취할 것이고, 워드는 다시 저자에게 연락을 취할 수 있게 될 것이다. 어쩌면 저자는 정확한 암호문을 넘기는 조건으로 보물의 일부를 받을 수 있었을지도 모른다.

어쩌면 보물은 오래전에 발견되었고, 보물을 발견한 사람이 지역 주민에게 들키지 않고 재빨리 보물을 다른 곳에 숨겼을 가능성도 있다. '빌의 암호문'의 열광적인 팬들 중에 음모론을 좋아하는 사람들은 미국 국가안보국National Security Agency이 보물을 오래전에 찾아냈다고 주장한다. 미국의 연방정부 암호국은 가장 강력한 컴퓨터와 세계 최고의 암호 해독자를 보유하고 있으므로 어쩌면 NSA가 다른 사람들이 그동안 풀지 못한 암호문을 해독했을 수 있다는 것이다. 그리고 암호문을 해독해놓고도 아무런 발표를 하지 않는 것은 NSA가 쉬쉬하기로 유명한 기관이기 때문이라고 설명한다. 혹자는 NSA가 미국 국가안보국의 약자가 아니라 'Never Say Anything절대 아무 말도 하지 않는다', 혹은 'No Such Agency그런 기관은 없다'의 약자라고 말하기도 한다.

마지막으로 우리는 빌의 암호문이 한편의 정교한 사기극이며, 아예 처음부터 빌이라는 인물이 존재하지도 않았을 가능성을 배제할 수 없다. 회의론자들은 익명의 저자가 포의 《황금벌레》를 읽고 영감을 얻어 전체 이야기를 꾸며 다른 사람들의 탐욕을 이용해 이익을 챙기려 했을 수도 있다고 주장한다. 사기극이라는 이론을 지지하는 사람들은 빌의 이야기에 앞뒤가 맞지 않는 점들을 찾아냈다. 예를 들어 소책자에 의하면, 빌의 편지는 자물쇠가 달린 철제 상자에 담겨 있으며, 1822년에 작성된 것으로 추정된다. 그런데 그 편지에서 쓰인 'stampede'(동물들의 집단 이동)라는 단어는 1834년이 될 때까지는 인쇄매체에 사용된 적이 없다고 했다. 그러나 이 단어는 미국 서부에서는 이보다 훨씬 전부터 흔히 사용되었고, 빌이 여행 중에 이 단어를 배웠을 수 있다.

암호 작성자 루이스 크루Louis Kruh는 대표적인 회의론자였다. 그는 소책자의 저자가 빌의 편지들, 즉, 세인트루이스에서 보낸 편지와 철제 상자에 들어 있다는 편지를 썼다는 증거를 발견했다고 주장한다. 크루는 저자가 작성한 글의 단어들과 빌의 편지에 나오는 단어들을 분석해서 이 둘 사이에 유사점이 있는지 확인했다. 크루는 'The' 'Of' 'And'로 시작하는 문장들의 비율, 문장당 쉼표와 세미콜론 개수의 평균, 문체, 이를테면 부정문, 부정형 수동태, to부정사, 관계사절 들의 사용을 분석했다. 저자가 집필한 부분과 빌의 편지뿐만 아니라 세 명의 19세기 버지니아 사람이 쓴 글도 분석했다. 다섯 명의 글 중 빌과 소책자의 저자가 쓴 글이 가장 유사한 것으로 나타나 이 두 사람이 쓴 글이 동일인이 작성한 글일 수도 있다는 결론이 나왔다. 다시 말해서, 소책자의 저자가 빌이 썼다는 편지를 거짓으로 작성하고 이야기 전체를 지어냈다는 주장이다.

반면 빌의 암호문이 진짜라는 증거도 다양한 근거를 통해서 제시되고 있다. 첫째, 해독되지 않은 암호문이 가짜라면 사기꾼은 숫자들을 고를 때 신경을 쓰지 않았거나 무작위로 숫자들을 적었을 것이다. 그러나 숫자들은 다양하고 복잡한 양상으로 나타난다. 그 중 하나가 바로 독립선언문을 열쇠로 적용하여 첫 번째 암호문을 해독할 때 나타난다. 설령 이렇게 한다고 의미 있는 단어들이 나오는 건 아니지만 abfdefghiijklmmnohpp 같은 배열이 나온다. 비록 완벽한 알파벳 순서를 따르지는 않지만, 완전히 무작위도 아니다.

미국암호협회의 제임스 길로글리James Gillogly는 빌의 암호문이 진짜라고 확신하지는 않았다. 그러나 길로글리는 이 같은 알파벳의 배열이 우연히 발생할 확률은 10,000,000,000,000,000분의 1미만이라고 추정하며, 이는 첫 번째 암호문에 암호학적 원리가 바탕에 깔려 있음을 뜻한다고 봤다. 한 가지 가설은 분명 독립선언문이 암호문의 열쇠긴 하지만, 이 열쇠로 해독한 다음 두 번째 암호 해독 단계를 거쳐야 한다는 것이다. 즉, 빌의 첫 번째 암호문은 두 단계에 걸쳐 암호화되었다는 것인데, 이런 것을 소위 중복 암호문이라고 한다. 이 가설이 사실이라면 앞에서 언급한 알파벳의 배열은 어쩌면 상당히 고무적인 신호로서, 첫 번째 단계의 암호를 성공적으로 해독했음을 알리는 힌트 같은 것일 수 있다.

빌의 암호문이 진짜임을 뒷받침하는 증거가 역사적 연구를 통해 드러나기도 한다. 역사적 연구를 통해서 토머스 빌이 실존 인물인지 확인할 수 있다. 버지니아 주 출신 역사학자 피터 비마이스터Peter Viemeister는 토마스 빌에 대한 조사 내용 상당 부분을 저서 《빌의 보물-수수께끼의 역사The Beale Treasure-History of a Mystery》에 실었다. 비마이스터는 토머스 빌이 실존 인물이라는 증거가 존재하는지 묻는 것으로 이 책을 시작한다. 1790년 인구통계조사 자료와 다른 문서들을 이용해 비마이스터는 토머스 빌이라는 이름을 가진 사람 중에 버지니아에서 태어났으면서 빌의 배경과 관련해서 이미 알려진 사실과 일치하는 사람을 몇 명 추려냈다. 그러고 나서 소책자의 내용, 즉 빌이 산타페로 간 이야기며 금을 발견한 이야기 등의 진위 여부를 입증하려 했다. 예를 들어, 샤이엔 지방에서는 서쪽에서 금과 은을 가져와 동쪽 산에 묻었다는 전설이 1820년부터 내려온다. 또, 세인트루이스의 우체국 관리자 명부에는 '토머스 빌Thomas Beall'[4]이라는 이름이 포함되어 있으며, 이는 빌이 1820년 린치버그를 출발해 서쪽으로 떠나면서 세인트루이스를 거쳐 갔다는 소책자의 이야기와 일치한다. 소책자에는 또 빌이 1822년 세인트루이스에서 편지를 보냈다고 기록되어 있다.

따라서 빌의 암호문에 대한 이야기는 근거 있는 이야기처럼 보이며, 이로 인해 암호 해독가들과 보물 사냥꾼들을 계속해서 매료시키고 있다. 이를테면 조셉 잰지크, 마릴린 파슨스, 그리고 이 두 사람의 개, 머핀도 이들 중 일부다. 1983년 2월 이들은 한밤중에 마운틴뷰 교회의 묘지를 파헤치다 '무덤훼손죄'로 기소되기도 했다. 관 하나밖에는 찾은 게 없던 이들은 주말 동안 카운티 교도소에 수감되어 있다가 벌금 500달러를 내고 풀려났다. 이 아마추어 보물 사냥꾼들은 자기들만 헛수고를 한 게 아니라는 사실로 위안을 삼을 수 있었다.

전문 보물 사냥꾼인 멜 피셔는 침몰한 스페인 대형범선 누에스트라 세뇨라 데 아토차에서 4천만 달러 상당의 금을 찾아낸 적이 있었다. 피셔는 이 배를 1985년 플로리다 주 키웨스트 근해에서 발견했다. 피셔는 1989년 11월에 플로리다의 빌 전문가로부터 정보를 하나 입수했다. 이 정보를 제공한 전문가는 버지니아 베드포드 카운티의 그레이엄스밀에

4 소책자에 기록된 이름은 Thomas Beale이다.

그림 25 1891년 미국 지질조사지도. 원 부분은 두 번째 암호문에서 암시한 지역인 뷰포드 선술집을 가운데 두고 반경 4마일을 가리킨다.

빌의 보물이 묻혀 있다고 믿었다. 부유한 투자가들의 지원을 받은 피셔는 의혹의 눈길을 피하기 위해 '미스터 보다Voda'라는 이름으로 근처 땅을 사들였다. 오랜 기간 동안 발굴 작업을 지속했음에도 불구하고 그는 아무것도 찾아내지 못했다.

일부 보물 사냥꾼들은 두 개의 암호문을 풀겠다는 희망을 버리고, 이미 해독된 암호문에 있는 단서를 찾는 데 집중했다. 예를 들면, 파묻힌 보물의 내용에 대한 것뿐 아니라 해독된 암호문에 보물이 '뷰포드에서 약 4마일 떨어진' 곳에 묻혀 있다는 문구에 주목했다. 여기서 Buford's 가 뷰포드의 어떤 장소, 좀 더 구체적으로 〈그림 25〉의 중앙에 위치한 뷰포드 선술집을 가리키는 거라고 여겼다. 또 암호문에는 '금고는 대충 돌을 쌓아 만들었고'라고 언급된 부분 때문에 많은 보물 사냥꾼들은 큰 돌이 많이 나오는 지역인 구스 크리크를 뒤지기도 했다. 매년 여름마다 이 지역에 막연한 희망을 품고 금속 탐지기로 무장했거나, 또는 심령술사나 영매를 대동한 사람들이 찾아온다. 베드포드 시 근처에는 굴삭기 등을 대여해주는 업소들이 즐비해 있다. 지역 농민들은 이런 외지인들을 반기지 않는 편이다. 이들이 자기들의 땅을 무단 침입하기도 하고 담장을 훼손하는가 하면 커다란 구멍을 파놓을 때가 있기 때문이다.

지금까지 빌의 암호문에 대해 읽으면서 독자들은 직접 암호 해독에 도전하고 싶단 생각을 했을지도 모르겠다. 깨지지 않은 19세기 암호라는 사실과 2천만 달러에 달하는 보물은 거부하기 힘든 유혹이 아닐 수 없다. 그러나 보물을 찾아나서기 전 소책자를 쓴 저자의 충고에 귀를 기울이는 게 좋을 듯하다.

> 이 문서들을 공개하기 전에 이 문제에 관심을 갖게 될지도 모를 사람들에게 쓰라린 경험에서 나온 충고 한마디 하려고 한다. 자신의 본업을 다하고 남는 시간만 이 일에 할애하기 바란다. 만일 여유 시간이 없다면 이 일에 뛰어들지 말기를... 다시 한 번 더 강조하건대, 내가 그랬듯이 환상일 수도 있는 일에 가족까지 희생시키지 말길 바란다. 그러나 내가 이미 말했듯이 하루 일과를 마친 후에 편하게 난롯가에 앉아, 잠깐씩 짬을 내어 이 문제를 생각해보는 것은 누구에게도 해가 되지 않을 것이다. 그러면 혹여 답을 찾아낼지도 모른다.

CODE 03

암호의 기계화

19세기 말 암호 제작은 혼돈의 한가운데에 있었다. 배비지와 카시스키가 비즈네르 암호의 보안성을 무너뜨린 이래로 암호 작성자들은 새로운 암호를 찾아 헤맸다. 기업이나 군사 관계자들은 안전하게 비밀을 교환할 수 있는 방법을 찾아내어 통신이 감청되거나 암호가 해독될 수도 있다는 염려 없이 전신 기술이 선사하는 속도를 누리길 바랐다. 게다가 19세기 말엽 이탈리아 물리학자 구글리엘모 마르코니Guglielmo Marconi가 더 강력한 원거리 전기통신 기술을 선보였으며, 이로 인해 안전한 암호화의 필요성이 더욱 절실해졌다.

1894년 마르코니는 신기한 전기회로의 성질을 실험하기 시작했다. 특정 조건에서 어떤 회로에 전류가 흐르면, 이 회로가 멀리 떨어져 있는 또 다른 회로로 전류를 유도했다. 마르코니는 이 두 개의 회로 설계도를 개선하고, 전력을 높이고 안테나를 추가하여, 최대 2.5킬로미터 떨어져 있는 곳까지 정보를 펄스로 주고받을 수 있도록 하였다. 마르코니는 무선통신을 발명한 것이었다. 이미 전신은 50년 동안 널리 이용되었지만,

송신자와 수신자가 메시지를 주고받으려면 유선망이 필요했다. 그러나 마르코니가 발명한 기술은 무선이라는 크나큰 장점이 있었다. 마치 마술처럼 공기를 통해 신호가 돌아다니게 된 것이다.

1896년 마르코니는 자신의 기술 개발을 재정적으로 지원해줄 사람들을 찾아 영국으로 이주했다. 이곳에서 그는 처음으로 자신의 특허를 신청했다. 한편 실험을 계속한 마르코니는 무선통신 거리를 늘려나갔다. 처음에는 15킬로미터에 달하는 브리스틀해협을 사이에 두고 메시지를 주고받았으며, 그 다음에는 53킬로미터에 이르는 영국해협을 건너 프랑스와 교신하는 데 성공했다.

이와 동시에 마르코니는 자신이 발명한 무선통신 기술을 상업적으로 이용할 수 있는 방법을 모색하면서 잠재적인 후원자들에게 무선 기술의 두 가지 주요 장점을 강조했다. 첫째, 전신에 필요한 값비싼 회선을 설치하지 않아도 된다는 점, 둘째, 다른 방법으로는 통신할 수 없는 외딴 곳과 통신할 수 있다는 점이었다. 마르코니는 1899년 자신의 기술을 알리기 위해 엄청난 일을 벌였다. 배 두 척에 무선 장비를 설치해서 당시 세계 최대의 요트 경기인 아메리카 컵 대회를 취재하는 기자들이 당일 뉴욕으로 기사를 송고하여 경기 다음날 신문에 실을 수 있게 한 것이다.

무선통신은 지평선이나 수평선 너머로는 갈 수 없다는 신화가 깨지자 사람들의 관심이 더욱 높아졌다. 비평가들은 전파는 휘지 않아 지표면의 만곡을 따라갈 수 없으므로 100킬로미터 이상 떨어져 있는 곳과는 통신이 불가능하다고 주장했다. 마르코니는 메시지를 영국 콘월 주 폴듀에서 3,500킬로미터 떨어진 캐나다 뉴펀들랜드 주 세인트존스까지 보냄으로써 사람들의 생각이 틀렸다는 것을 증명하려 했다.

1901년 12월, 폴듀에 있는 무선 기사가 매일 3시간씩 글자 S(···)를 반복해서 보내는 동안 마르코니는 전파를 탐지하기 위해 뉴펀들랜드의 바람 부는 절벽에 서있었다. 마르코니는 매일 같이 거대한 연을 하늘 높이 날리려 애를 썼다. 안테나를 연에 달아 하늘 높이 띄우려 했던 것이다. 12월 12일 정오가 조금 지난 오후 마르코니는 세 개의 희미한 도트 신호를 잡았다. 최초로 대서양을 건너온 무선통신 메시지였다.

마르코니의 성공은 1924년 물리학자들이 전리층을 발견할 때까지 설명되지 않았다. 전리층은 대기층의 하나로 하부 경계가 지구 상공 60킬로미터 정도 떨어진 곳에 있다. 전리층은 하나의 거울처럼 작용하여 전파를 반사한다. 전파는 지구의 지표면도 반사한다. 따라서 전파가 지표면과 전리층 사이를 여러 차례 반사함으로써 무선통신 메시지는 사실상 전 세계 어디로든 갈 수가 있었다.

마르코니가 발명한 무선통신 기술에 군사 관계자들이 입맛을 다셨다. 그러나 그들이 바라보는 눈길에는 욕망과 두려움이 뒤섞여 있었다. 어떤 지점에서 다른 지점을 유선으로 연결하지 않고도 직접 통신을 할 수 있다는 점은 무선통신의 명백한 전술적 장점이다. 통신을 위해 선을 매설한다는 것이 비현실적이거나 때로는 불가능한 곳이 흔히 있었다. 이전에는 항구에 있는 해군 지휘관이 자신의 전함과 연락할 방법이 없어서 몇 달씩 전함과 연락이 두절될 때가 있었던 것이다. 그러나 무선통신으로 인해 지휘관은 배가 어디 있든지 함대를 지휘할 수 있게 되었다. 마찬가지로 장군들은 부대가 어디로 이동하든 상관없이 지속적으로 연락을 주고받으며 군사작전을 지휘하는 게 가능해졌다. 이 모든 것이 사방으로 퍼지는 전파의 특성과 수신자가 어디에 있든 상관없이 전파가 도달할 수 있다는 특징 때문에 가능해진 것이다.

그러나 이렇게 어디든 닿을 수 있다는 무선통신의 특징은 거꾸로 최대의 군사적 약점이 될 수도 있다. 무선통신 메시지는 같은 편 수신자뿐 아니라 적에게도 어쩔 수 없이 노출될 것이기 때문이다. 결국 확실한 암호화가 필요해졌다. 적이 모든 무선통신을 가로챌 수 있게 된다면 암호 작성자들은 적이 메시지를 해독하지 못하게 할 방법을 찾아야 한다.

통신하기도 쉽지만 감청 당하기도 쉬운 무선통신은 제1차 세계대전이 발발하면서 양날의 칼이 되어 집중적인 관심을 받았다. 각국은 무선통신의 위력을 이용하고 싶어 했지만, 한편으로 어떻게 보안을 지킬 수 있을지에 대해서는 확신하지 못했다. 무선통신의 발전과 세계대전은 효율적인 암호화의 필요성을 더욱 절실하게 만들었다. 사람들은 획기적인 새로운 암호가 만들어져 군사 지휘관들이 비밀을 지킬 수 있기를 바랐다. 그러나 1914년과 1918년 사이에는 별 다른 진전이 없었다. 그저 암호화 실패 사례만이 잇따라 나왔을 뿐이었다. 암호 작성자들은 여러 개의 새로운 암호문을 만들어냈지만, 하나씩 깨져 버렸다.

전쟁 중 개발된 유명한 암호문의 하나로 독일의 'ADFGVX' 암호가 있었다. 이 암호는 1918년 3월 21일 독일군의 대규모 공략이 있기 전인 같은 해 3월 5일에 처음 사용되었다. 다른 공격 작전과 마찬가지로 독일은 이 작전에서도 기습 효과를 노렸다. 그래서 암호 제작 위원회는 다양한 암호 후보군 중에서 ADFGVX 암호를 채택했다. 위원회는 이 암호의 보안성이 최고로 높다고 여겼고 실제로 이들은 이 암호가 깨지지 않을 것이라 확신했다. 이 암호문의 강점은 상당히 복잡하다는 것으로 치환 암호와 전치 암호를 뒤섞은 데에서 기인하는 특성이었다(부록 F 참조).

1918년 6월 초 독일 포병대는 파리에서 100킬로미터밖에 떨어지지 않은 곳에 있었고 마지막 대공격을 준비 중이었다. 연합군의 유일한 희망은 ADFGVX 암호를 해독하여 독일군이 공격하려는 지점이 어디인지를 알아내는 것뿐이었다. 다행히도 이들에게는 비밀 병기가 있었으니 바로 조르주 팽뱅George Painvin이라는 이름의 암호 해독가였다. 거무스름한 피부, 호리호리한 체구에 뛰어난 식견을 지닌 이 프랑스인이 자신에게 암호 해독 재능이 있다는 것을 알게 된 것은 제1차 세계대전 발발 직후 우연히 프랑스 암호국 직원을 만난 뒤부터였다. 그 이후로 조르주 팽뱅은 독일 암호문의 취약점을 찾아내는 데 자신의 귀중한 재능을 바쳤다. 팽뱅은 ADFGVX 암호문과 밤낮으로 싸우는 과정에서 체중이 15킬로그램이나 줄었다.

마침내 6월 2일 밤 팽뱅은 ADFGVX 암호문을 해독했다. 팽뱅의 성공은 다른 암호 해독으로 이어졌으며 그 중에는 '군수품을 서둘러 이동시켜라. 눈에 띄지 않으면 낮에도 계속하라'라는 명령도 포함되어 있었다. 이 메시지의 서두를 가지고 이 메시지가 파리에서 북쪽으로 80킬로미터 떨어진 몽디디에와 콩피에뉴 사이에서 송신된 것임을 알 수 있었다. 급하게 군수품이 필요하다는 사실은 이곳이 바로 독일군이 기습 공격을 앞두고 있는 지역임을 의미했다. 공중 정찰을 통해 이것이 사실임이 확인되었다. 연합군은 이 지역의 전선을 강화하기 위해 병력을 급파했으며, 예상대로 1주일 후 독일군은 맹공격을 시작했다. 기습 공격의 효과를 상실한 독일군은 5일간 지속된 지옥 같은 전투에서 패하고 말았다.

ADFGVX 암호문을 깸으로써 제1차 세계대전 중 암호 제작 양상의 전형이 드러났다. 새로운 암호문이 많이 소개되었지만 모두 19세기 암호문을 변형했거나 혼합한 것으로 이미 해독법이 밝혀진 것들이었다. 그 중 일부는 처음에는 안전했으나 곧이어 암호 해독자들에 의해 깨져 버렸다. 암호 해독자들이 직면한 가장 큰 문제는 엄청난 양의 메시지였

사진 26 조르주 팽뱅 중위

다. 무선통신이 발전하기 전까지만 해도 감청하면서 얻은 메시지는 매우 드물고 귀중한 정보였기에 암호 해독자들은 그런 암호문을 소중히 다뤘다. 그러나 제1차 세계대전이 일어나고 어마어마한 무선통신량에, 모든 메시지를 감청할 수 있게 되면서 암호문이 쉬지 않고 밀려 들어와 암호 해독자들의 머릿속을 놔주지 않았다. 제1차 세계대전 중 프랑스가 감청한 독일군의 통신만 1억 단어에 달하는 것으로 추산된다.

전시 암호 해독 전문가들 중에서 프랑스의 암호 해독자들이 가장 뛰어났다. 프랑스가 참전했을 때 이미 프랑스는 유럽에서 가장 뛰어난 암호 해독 전문가 팀을 보유하고 있었다. 프랑스가 프로이센과의 전쟁에서 대패한 결과였다. 떨어지는 인기를 만회하고 싶었던 나폴레옹 3세는

1870년 프로이센을 침략했지만 북쪽에 있는 프로이센이 남부 독일 국가들과 동맹을 맺으리라고는 예상하지 못했다. 프로이센 군대는 오토 폰 비스마르크Otto von Bismarck의 지휘 아래 프랑스 군대를 밀어붙였고 알자스로렌 지방을 합병함으로써, 유럽에서의 프랑스 지배력을 종식시켰다. 이후로 새롭게 통일된 독일의 지속적인 위협 때문에 프랑스의 암호 해독자들은 적의 계획과 첩보 입수를 위하여 필요한 관련 기술을 습득, 연마하는 데 더욱 박차를 가했던 것 같다.

이런 상황에서 아우후스트 케르크호프스Auguste Kerckhoffs는 《군사 암호학La Cryptographie militaire》을 집필했다. 비록 케르크호프스는 네덜란드인이었지만, 대부분의 삶을 프랑스에서 보냈으며, 그의 저서는 암호 해독 원리에 대한 프랑스인들의 훌륭한 지침서가 되었다.

30년 뒤 제1차 세계대전이 발발할 무렵, 프랑스 군대는 케르크호프스의 견해를 산업 규모로 실행에 옮겼다. 팽뱅처럼 천재들이 단독으로 새로운 암호문을 해독하는 동안, 특정 암호문 해독에 필요한 기술을 보유한 전문가 팀이 일상적인 암호문 해독에 집중했다. 시간이 관건인 상황에서 컨베이어 벨트식 대량 암호 분석 체계는 비밀정보를 빠르고 효율적으로 제공했다.

4세기 군사 전략서인 《손자병법》의 저자 손자는 "정보만큼 가장 호의적으로 대해야 하는 것이 없고, 정보만큼 후하게 보상해야 하는 것이 없으며, 정보에 관한 일만큼 비밀을 지켜야 하는 일도 없다"고 말했다. 프랑스 군대는 손자의 열렬한 신봉자였기에 그들은 암호 해독 기술을 연마할 뿐만 아니라 무선통신 정보를 수집하기 위한 부수적인 기술, 즉 암호 해독과는 관련 없는 기술도 개발했다. 예를 들어 프랑스군 감청사들은 무선통신사의 송신 습관을 구별하는 법을 배웠다. 한번 암호화된 메시지는 일련의 점과 선으로 된 모스부호를 통해 전송되는데 송신 간격과 송신 속도, 점과 선의 상대적인 길이로 무선통신사가 누군지 구별할 수 있었다. 무선통신사들의 이런 특징은 일반인으로 말하면 평소 필체와 같다.

감청소 운영과 더불어 프랑스군은 각각의 메시지가 어디서 오는지 가려낼 수 있는 여섯 개의 방향 탐지 기지국을 설립했다. 개별 방향 탐지 기지국은 입력 신호가 가장 강하게 잡힐 때까지 안테나를 이리저리 움직여 메시지가 어느 쪽에서 오는지 알아낼 수 있었다. 두 곳 이상의 방향 탐지 기지국이 수집한 방향 정보를 종합하면 적이 어디에서 무선통신을 보내고 있는지 정확히 찾아내는 것이 가능했다. 무선통신사 개개인의 특징과 알아낸 위치를 종합하면 특정 부대의 정체와 위치를 파악할 수 있었다. 그러고 나면, 프랑스 정보국은 여러 날에 걸쳐 이 부대의 움직임을 감시함으로써 이 부대가 이동하는 잠정 목적지와 이동 목적까지도 추론할 수 있었다. 이런 정보 수집 방식을 '통신량 분석traffic analysis'이라고 한다. 통신량 분석은 특히 새로운 암호문이 도입되었을 때 중요하게 쓰이는 정보 수집 방식이다. 각각의 새로운 암호문은 일시적으로 암호 해독자들을 무력화 할 수도 있다. 그러나 비록 암호문을 해독해내지 못했다 해도 통신량 분석을 통해 정보를 얻을 수 있었다.

프랑스군의 경계 태세와 달리 독일군은 매우 다른 태도를 보였다. 독일군은 군사 암호 해독 전담 부서 하나 없이 전쟁에 뛰어들었다. 1916년이 되어서야 독일군은 연합군의 메시지 감청기구인 아브호르흐딘스트Abhorchdienst를 설립했다. 독일군이 아브호르흐딘스트를 세우는데 늑장을 부렸던 데에는 독일군이 전쟁 초기에 프랑스 영토에 먼저 입성했다는 사실도 일부 작용했다. 프랑스 군대가 퇴각하면서 유선통신망을 파괴했기 때문에 어쩔 수 없이 독일군은 무선통신에 의존해야 했다. 이로써 프랑스 군대는 계속해서 독일군을 감청할 수 있었으며 거꾸로 독일은 프랑스군의 통신을 감청할 수 없었다. 프랑스군은 퇴각하면서도 자기들 지역의 유선통신망을 그대로 사용할 수 있었으므로 무선통신을 할 필요가 없었다. 프랑스의 무선통신 내용을 감청할 수 없었던 독일은 메시지를 많이 입수할 수 없어서, 전쟁이 일어나고 2년 동안은 아예 암호 해독 전담 부서 설립의 필요성을 느끼지 못했다.

영국과 미국 또한 연합군의 암호 해독에 큰 공헌을 했다. 1917년 1월 17일 입수한 독일의 암호화된 전문電文을 영국이 해독한 사건은 연합군 소속 암호 해독가들의 월등한 암호 해독 능력과 이들이 제1차 세계대전에 미친 영향을 단적으로 보여준다. 이 암호 해독 사건은 전쟁이 정점에 이르렀을 때 암호 해독이 전쟁의 양상을 어떻게 바꾸는지, 또 부적절한 암호 체계를 이용했을 때 잠재적으로 어떤 결과가 초래되는지를 보여준다. 암호가 해독된 지 몇 주 지나지 않아, 어쩔 수 없이 미국은 미국의 중립정책을 재고하게 되었고, 이로써 전쟁의 양상이 바뀌었다.

영국과 미국의 정치가들이 요구했음에도 불구하고 우드로 윌슨 미국 대통령은 제1차 세계대전이 발발하고 처음 2년 동안 연합군 지원을 위한 미군 파병을 고집스럽게 거부했다. 유혈이 낭자한 유럽의 전장에서 미국의 젊은이들을 희생시키고 싶지 않은 마음도 있었지만, 윌슨 대통령은 협상을 통해서만 전쟁을 끝낼 수 있다고 확신했다. 그리고 본인이 중립을 지키고 중재자로 남아있는 것만이 전 세계를 위한 일이라고 믿었다. 1916년 11월 독일이 외무장관으로 아르투르 치머만Arthur Zimmermann을 새로 임명하자 윌슨 대통령은 대화를 통해 종전이 가능하다고 보았다. 아르투르 치머만은 거구의 쾌활한 사내로 열린 자세로 독일 외교정책의 새 시대를 열 인물처럼 보였다. 미국의 신문들은 '우리 친구 치머만'과 '독일의 해방' 같은 헤드라인을 내걸었다. 그리고 어떤 기사에서는 치머만을 '미래 독일과 미국 관계에 있어 가장 좋은 길조'라고 호언했다. 그러나 미국인들이 모르고 있는 게 있었다. 치머만은 평화를 추구할 의도가 전혀 없었다. 오히려 그는 독일의 군사적 침략을 확대할 계획을 세우고 있었다.

1915년 독일 잠수함 U보트가 승객 1,198명을 실은 정기 여객선 루시타니아호를 격침한 적이 있었다. 이 배에는 미국인 민간인 128명이 포함되어 있었다. 독일이 앞으로는 U보트로 공격하기 전에 수면으로 올라오겠다고 약속하지 않았다면, 이 사건으로 자국민의 목숨을 잃은 미국은 전쟁에 참전했을 수도 있었다. 이 같은 독일의 약속은 민간 여객선을 실수로 공격하는 것을 피하기 위한 조치였다.

그러나 1917년 1월 9일, 치머만은 독일의 플레스 성에서 열린 중대한 회의에 참석했다. 이 회의에서 독일군 최고사령부는 빌헬름 2세에게 이전의 약속을 폐기하고 무제한적인 잠수함 전에 들어가야 할 때라고 설득하던 중이었다. 독일군 지휘관들은 U보트가 잠수한 상태에서 어뢰 공격을 할 경우 거의 대적할 자가 없다는 것을 알았다. 그리고 바로 이런 식의 공격이 전쟁의 승패를 좌우하는 데 결정적인 요소가 될 거라고 믿었다. 200척의 U보트 함대를 건조할 즈음, 독일 최고사령부는 무제한적인 U보트 공격으로 영국의 보급선을 차단하면 6개월 안에 영국이 항복할 것이라고 주장했다.

신속한 승리가 핵심이었다. 잠수함으로 무제한 공격을 가하면 그로 인해 미국 민간인 여객선 침몰이 불가피해질 것이고, 그렇게 되면 자극을 받은 미국이 독일을 상대로 선전포고를 해올 가능성이 있었다. 그런

사진 27 아르투르 치머만

상황을 예상한 독일은 미국이 군대를 동원하여 유럽의 전장에 뛰어들기 전에 어떻게든 연합군의 항복을 얻어내야 했다. 플레스에서의 회의가 끝나갈 무렵 빌헬름 2세는 독일이 신속하게 전쟁에서 승리할 것이라는 주장에 설득되어 결국 '무제한적인 U보트 공격 명령'에 서명했다. 이 명령은 2월 1일에 효력을 발휘하기로 되어 있었다.

남아 있는 3주간, 치머만은 만일의 사태를 위해 대책 마련에 들어갔다. U보트의 무차별 공격이 미국의 참전 가능성을 높일 경우를 대비해 치머만은 미국의 전쟁 개입을 지연시키고 유럽에서의 영향력을 약화시킬 계획을 세웠다. 어쩌면 미국이 완전히 참전을 포기할 수도 있을 만한 계획이었다. 치머만은 멕시코에게 동맹을 제안한 다음, 멕시코에게 미국을 침공하여 텍사스, 뉴멕시코, 애리조나 등의 지역에 대한 영토권을 회복하라고 설득하려고 했다. 독일은 미국이라는 공동의 적과 싸우는 멕시코를 재정적, 군사적으로 지원하려고 했다.

나아가 치머만은 멕시코 대통령을 중재자로 내세워 일본의 미국 공격을 유도하고자 했다. 이렇게 되면 멕시코가 남쪽에서 미국을 공략하는 동안, 동부 해안은 독일이, 서부 해안은 일본이 공격할 수 있을 것이었다. 치머만 계획의 주된 관심사는 미국이 국내 문제에 매여 유럽에 군대를 보낼 수 없게끔 만드는 데 있었다.

그럼으로써 독일이 해상 전투에서 승리를 거두고 유럽 전쟁에서 이기면 미국 협공에서 발을 뺄 계획이었다. 1월 16일 치머만은 자신의 제안을 요약한 전문을 워싱턴 주재 독일 대사에게 보냈다. 그러면 독일 대사가 이 전문을 멕시코 주재 독일 대사에게 재전송하고, 멕시코 주재 독일 대사가 마지막으로 그 전문을 멕시코 대통령에게 전달할 계획이었다. 〈그림 28〉이 그 암호화된 전문이며, 실제 내용은 다음과 같다.

> 독일은 2월 1일 무차별 잠수함 공격을 단행하려고 한다. 그럼에도 불구하고 독일은 미국이 중립을 지키도록 만전을 기할 것이다. 그러나 이런 노력이 실패할 경우를 대비해서 독일은 멕시코에게 다음과 같은 조건하에 동맹을 체결할 것을 제안한다. 전쟁도 함께, 화해도 함께 한다. 재정적으로 넉넉하게 지원하고, 멕시코가 텍사스, 뉴멕시코, 애리조나의 영토를 수복하는 데 동의할 것을 약속한다. 자세한 합의안은 멕시코가 정한다.
>
> 대사는 미국과의 전쟁이 확실시 되는 대로 위 사실을 (멕시코) 대통령에게 극비리에 알리며, 멕시코 대통령이 직접 일본에게 우리와 즉각 동맹 관계 체결

을 권유하고, 이와 동시에 일본과 독일의 중재 역할을 해야 한다고 추가로 제안한다.

독일이 무차별 잠수함 공격을 감행하면 수개월 안에 영국을 항복시킬 수 있다는 사실을 대통령에게 주지시켜주길 바란다. 메시지 수신 시 회신 요망.

치머만

치머만은 자신의 전문을 암호화해야 했다. 연합군이 대서양 횡단 통신 내용을 모두 감청한다는 사실을 알고 있었기 때문이었다. 영국이 그럴 수 있었던 것은 제1차 세계대전 중 영국이 맨 처음에 단행한 군사작전

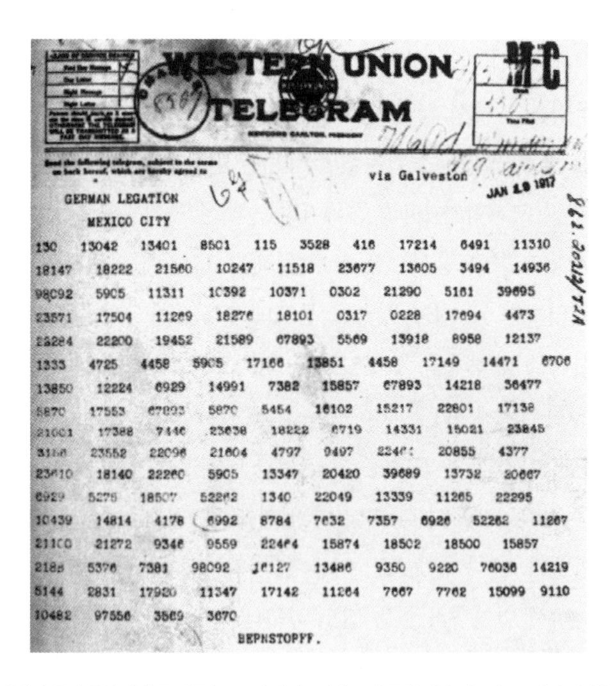

WESTERN UNION
TELEGRAM

via Galveston
JAN 19 1917

GERMAN LEGATION
MEXICO CITY

130 13042 13401 8501 115 3528 416 17214 6491 11310
18147 18222 21560 10247 11518 23677 13605 3494 14936
98092 5905 11311 10392 10371 0302 21290 5161 39695
23571 17504 11269 18276 18101 0317 0228 17694 4473
22284 22200 19452 21589 67893 5569 13918 8958 12137
1333 4725 4458 5905 17166 13851 4458 17149 14471 6706
13850 12224 6929 14991 7382 15857 67893 14218 36477
5870 17553 67893 5870 5454 16102 15217 22801 17138
21001 17388 7446 23638 18222 6719 14331 15021 23845
3156 23552 22096 21604 4797 9497 22464 20855 4377
23610 18140 22260 5905 13347 20420 39689 13732 20667
6929 5275 18507 52262 1340 22049 13339 11265 22295
10439 14814 4178 6992 8784 7632 7357 6926 52262 11267
21100 21272 9346 9559 22464 15874 18502 18500 15857
2188 5376 7381 98092 16127 13486 9350 9220 76036 14219
5144 2831 17920 11347 17142 11264 7667 7762 15099 9110
10482 97556 3569 3670

BERNSTORFF.

그림 28 워싱턴 주재 독일 대사 폰 베른슈토프가 멕시코시티 주재 독일 대사 에크하르트에게 전달한 치머만의 전보

덕분이었다. 전쟁이 터진 첫날 새벽, 날이 밝기 전 어둠을 틈타 영국의 텔코니아 호가 독일의 해안선에 접근하여 닻을 내리고 해저케이블 더미를 끌어 올렸다. 이 케이블들은 독일의 대서양 횡단 케이블로 독일과 외부 세계를 이어주는 연결고리였다. 해가 뜰 무렵 해저케이블은 모두 절단되었다. 해저케이블 파괴 작전은 독일이 지닌 가장 안전한 통신수단을 파괴하여 독일이 어쩔 수 없이 보안이 취약한 무선통신이나 다른 국가 소유의 케이블을 통해 메시지를 전송하도록 하기 위한 것이었다. 치머만도 자신의 암호화된 전문을 스웨덴을 통해 보낼 수밖에 없었으며, 만일의 사태에 대비해 미국 소유의 케이블을 통해 직통으로 메시지를 한 번 더 보냈다. 그러나 양쪽 경로 모두 영국을 지나갔고 치머만 전보라고 불리게 된 이 전문 내용이 영국의 손에 곧바로 들어갔다.

감청된 전문은 즉시 영국의 해군성 암호국인 40호실로 보내졌다. 40호실은 맨 처음 암호국이 위치했던 사무실 번호를 딴 것이었다. 40호실은 언어학자, 고전학자, 퍼즐 중독자라는 낯선 구성원의 조합으로 이뤄졌으며 가장 기발한 방식으로 암호를 해독했다. 예를 들면, 독일 신학 서적을 번역하는 데 재능 있었던 몽고메리라는 목사가 엽서에 숨겨진 비밀 메시지를 해독해낸 적이 있었다. 킹스로드 184번지, 타이나브루에이크, 스코틀랜드에 사는 헨리 존스 경 앞으로 배달된 그 엽서는 터키에서 발송된 것이었다. 헨리 경은 그 엽서가 터키에 포로로 잡혀 있는 아들에게서 온 거라고 생각했다. 그러나 엽서에 아무런 글도 쓰여 있지 않아 몹시 당황했다. 게다가 주소도 이상했다. 타이나브루에이크라는 마을은 너무나 작아서 번지수가 있는 집도 없는데다가 킹스로드라는 거리도 없었다. 마침내 몽고메리 목사가 엽서에 숨겨진 암호 메시지를 발견했다. 바로 엽서의 주소는 성경을 암시했다. 결국 주소는 열왕기상 18장 4절에 있는 "이세벨이 여호와의 선지자들을 멸할 때에 오바댜가 선지자 백 명을 가지고 오십 명씩 굴에 숨기고 떡과 물을 먹였더라"를 가리켰다. 헨리 경의 아들은 억류자들이 자신을 잘 돌보고 있다는 사실을 가족에게 알려 안심시키려던 것이었다.

암호화된 치머만의 전보가 40호실에 도착하자, 몽고메리에게 나이젤 드 그레이와 함께 이 암호를 해독하라는 임무가 떨어졌다. 나이젤 드 그레이는 윌리엄 하이네만 출판사에서 일하다 이곳에 파견 온 사람이었다. 두 사람은 암호문을 보자마자 암호문이 고위층 외교관들 사이의 통신문에서만 사용되는 암호의 형식을 갖추고 있음을 알아차리고는 서둘러 암호 해독에 들어갔다. 암호 해독은 결코 쉽지 않았지만, 두 사람은 이와 유사하게 암호화된 메시지를 분석해 놓은 이전 자료를 활용했다. 몇 시간도 지나지 않아 전문 텍스트 중 일부를 군데군데 해독할 수 있었다. 부분적인 내용만 갖고도 두 사람은 자기들이 극도로 중요한 내용을 해독하고 있음을 충분히 알아차릴 수 있었다. 몽고메리와 드 그레이는 집요하게 파고든 끝에 그날 저녁 무렵 치머만의 끔찍한 계획의 윤곽을 밝혀낼 수 있었다. 두 사람은 '무제한적 U보트 공격'이라는 끔찍한 계획과 더불어 독일 외무장관이 미국을 상대로 공격을 도발하고 있다는 사실도 알아낼 수 있었다. 이는 윌슨 대통령이 지금까지의 중립 입장을 포기하도록 자극할 가능성이 있었다. 치머만의 전보에는 치명적인 위협과 더불어 미국이 연합군에 합류할 가능성도 내포하고 있었던 것이다.

몽고메리와 드 그레이는 부분적으로 해독된 암호문을 해군성 정보국장인 윌리엄 홀 제독에게 가지고 갔다. 두 사람은 홀 제독이 이 정보를 미국에게 넘겨, 미국을 전쟁에 끌어들일 거라고 예상했다. 그러나 홀 제독은 건네받은 암호문을 금고에 넣고는 두 사람에게 계속해서 나머지 내용도 해독하라고 지시했다. 불완전한 암호문을 미국에게 넘긴다는 게 께름칙했다. 아직 해독되지 않은 부분에 더 중요한 내용이 있을 수도 있었다. 그러나 제독의 마음 한구석에는 또 다른 걱정이 자리하고 있었다.

만일 영국이 치머만의 전보를 해독해서 미국에 넘기면 미국은 독일의 침략 제안에 대해 공개적으로 비난할 것이고 그러면 독일은 자기들의 암호문이 깨졌다는 것을 알아차릴 수 있었다. 그렇게 되면 독일은 더 새롭고 강력한 암호화 체계를 개발하게 될 것이고, 이는 곧 사활이 걸린 정보 수집 통로의 차단을 의미했다. 일이 어떻게 되든 홀 제독은 2주 후에 독일이 U보트로 전면 공격을 시작할 것임을 알고 있었다. 2주면 충분히 윌슨 대통령이 독일을 상대로 선전포고를 하게끔 만들 수 있을 것 같았다. 원하는 결과가 어떻게든 나와 준다면 굳이 소중한 정보의 보고를 위험에 빠뜨릴 이유가 없었다.

2월 1일, 빌헬름 2세의 명령에 따라 독일은 무차별적인 잠수함 공격에 들어갔다. 2월 2일, 우드로 윌슨 대통령은 미국의 대응 방침을 결정하기 위해 각료회의를 개최했다. 2월 3일, 윌슨 대통령은 의회 연설에서 미국은 전투원이 아닌 중재자로서 중립을 계속 유지하겠다고 발표했다. 연합군과 독일군의 예상과 상반된 미국의 반응이었다. 미국이 연합군에 합류하기를 주저하자 홀 제독은 치머만의 전보를 이용하지 않을 수 없게 되었다.

몽고메리와 드 그레이는 최초 보고 후 2주 동안 치머만의 암호문을 모두 해독해냈다. 게다가 홀 제독은 독일 측 보안이 뚫렸다는 것을 독일이 눈치 채지 못하게 할 방법을 찾아냈다. 홀 제독은 폰 베른슈토프 워싱턴 주재 독일 대사가 치머만의 전보를 폰 에크하르트 멕시코 주재 독일 대사에게 전달하면서 메시지를 약간 수정할 거라고 파악했다. 이를

그림 29 《월드The World》 1917년 3월 3일자에 실린 롤린 커비의 시사 만화, 〈손 안에서 터지다Exploding in his Hands〉

테면 폰 베른슈토프는 자기가 받은 지시 사항은 삭제하고 주소도 바꿀 것이다. 폰 에크하르트는 이렇게 수정된 메시지를 받아 해독한 다음 멕시코 대통령에게 전달할 것이다. 만일 홀 제독이 어떻게든 치머만 전보의 멕시코 버전을 확보하기만 하면 이것을 신문에 공개할 수 있을 것이고, 그러면 독일은 영국이 미국을 통과하는 치머만의 전문을 감청했다기보다는 멕시코 정부에 의해 유출되었다고 여길 것이었다. 홀 제독은 멕시코에서 활동하고 있던 Mr. H라고만 알려진 영국공작원에게 연락했고, 그 공작원은 멕시코 전신국에 침투했다. Mr. H는 홀 제독이 원했던 정확한 자료를 확보했다. 바로 치머만 전보의 멕시코 버전이었다.

홀 제독은 바로 이렇게 확보한 멕시코 판 치머만 전보를 아서 밸푸어Arthur Balfour 영국 외무장관에게 건넸다. 2월 23일 밸푸어 장관은 월터 페이지 미국 대사를 불러 그에게 치머만 전보를 넘겼다. 밸푸어 장관은 나중에 이 순간을 '내 인생의 가장 극적인 순간'이었다고 회고했다. 4일 뒤, 윌슨 대통령은 그의 말을 빌리자면, '설득력 있는 증거' 곧, 독일이 미국에 직접 공격을 감행하려 했다는 증거를 두 눈으로 확인하게 된다.

치머만의 전문은 언론에 공개되었고, 마침내 미국은 독일이 실제로 어떤 꿍꿍이를 갖고 있었는지 알게 되었다. 미국이 보복해야 한다는 사실을 의심하는 미국인은 없었지만, 미국 행정부 내에서는 영국이 미국을 전쟁에 끌어들이려 전문을 조작했을 수도 있다는 의혹이 제기되기도 했다. 그러나 치머만이 공개적으로 자신이 작성했음을 인정하면서 치머만 전보의 진위 여부에 대한 의혹은 이내 불식되었다. 베를린에서 열린 기자회견에서 치머만은 자발적으로 간단명료하게 발표했다. "부인할 수 없습니다. 그것은 사실입니다."

독일 외무부는 어떻게 미국이 치머만의 전보를 입수했는지 진상 조사에 들어갔다. 독일 외무부는 홀 제독의 계략에 따라 '여러 정황 증거로 볼 때 이 반역 행위는 멕시코에서 이뤄졌다'고 결론을 내리기에 이르렀다. 그러는 동안 홀 제독은 영국 암호 해독가들의 활동에 대한 관심을 흐트러트리려고 노력했다. 홀 제독은 치머만 전보를 영국 첩보기관이 입수하지 못한 것을 비난하는 이야기를 영국 언론에 흘렸고, 결국 영국 언론은 영국의 정보기관들을 비판하고 미국을 칭송하는 기사를 쏟아냈다.

1917년 초만 해도, 윌슨 대통령은 미국을 전쟁으로 이끄는 것은 '문명사회에 반하는 범죄'가 될 거라고 말했다. 그러나 1917년 4월 2일이 되자 윌슨 대통령은 생각을 바꿨다. "나는 의회가 최근 독일제국 정부가 벌인 일들이 사실상 미국 정부와 미국민들을 상대로 한 전쟁 행위라는 것과 이미 미국이 전시 상황에 놓여 있음을 공식적으로 인정할 것을 권고합니다." 3년간의 치열한 외교전으로도 이루지 못한 일을 40호실의 암호 해독가들이 해낸 것이었다. 미국의 역사학자이자 《치머만 전보The Zimmermann Telegram》의 저자 바바라 터크만Barbara Tuchman은 다음과 같이 분석했다.

> '치머만의 전보'가 감청당하지 않았거나 공개되지 않았다면 독일은 우리를 끌어들일 다른 뭔가를 실행했을 것이다. 그러나 이미 시간이 지체된 데다, 미국의 참전이 더 늦어졌다면 연합군은 어쩔 수 없이 독일군과 협상에 들어갔을 것이다. 그런 점에서, 치머만의 전보는 역사의 방향을 바꿨다고 할 수 있다. (중략) 치머만 전보 그 자체로는 긴 역사의 행로 위에 놓인 한 개의 조약돌에 지나지 않는다. 그러나 조약돌 한 개가 골리앗을 쓰러뜨릴 수 있으며, 바로 그 조약돌 한 개가 미국이 다른 나라들과 별개로 스스로 잘 살 수 있다는 환상을 무너뜨렸다. 세계정세에 있어서 치머만의 전보는 한 독일장관의 대수롭지 않은 음모였다. 미국인들의 삶에 있어서 치미만의 전보는 순수의 종말이었다.

암호 제작의 성배

제1차 세계대전에서는 암호 해독가들이 일련의 승리를 거뒀으며, 치머만의 전보 해독은 그 승리의 정점이었다. 19세기 비즈네르 암호를 해독한 이후, 암호 해독가들은 암호 작성자보다 유리한 고지를 점하고 있었다. 그러니까, 전쟁이 끝날 무렵까지 암호 작성자들은 완전히 절망에 빠져 있던, 바로 그때에 미국의 과학자들이 놀라운 전기를 마련했다. 이들은 비즈네르 암호를 완전히 새롭고 더 강력한 암호 체계의 근간으로 사용할 수 있다는 사실을 발견한 것이다. 실제로 이 새로운 암호는 완벽한 보안성을 제공해줄 수 있었다.

비즈네르 암호의 근본적인 약점은 암호의 순환적 성질에 있다. 열쇠단어가 다섯 글자인 경우 평문에서 다섯 글자마다 동일한 사이퍼 알파벳으로 암호화된다. 암호 해독가가 열쇠단어의 길이를 알아내면 암호문은 일련의 다섯 자리 단일 치환 암호가 되고, 각각의 글자들은 빈도 분석으로 해독할 수 있게 된다. 그러나 열쇠단어가 길어졌을 때 어떤 일이 벌어질지 생각해보자.

비즈네르 암호로 암호화된 1,000글자로 된 평문이 있고 우리가 이 암호문을 해독해야 한다고 상상해 보자. 그 평문을 암호화하는 데 사용한 열쇠단어가 다섯 글자라고 하면, 암호 해독의 마지막 단계는 200글자로 이뤄진 다섯 개의 단일 치환 암호문을 해독하는 것과 같으므로, 난이도가 낮아진다. 그러나 열쇠단어의 길이가 20글자라고 하면, 마지막에 빈도 분석을 수행해야 할 대상은 50글자로 이뤄진 20개의 암호문이다. 이런 경우에는 난이도가 훨씬 높아진다.

그런데 열쇠단어가 1,000자라고 해보자. 그러면 1글자로 이뤄진 암호문 1,000개가 빈도 분석 대상이다. 이런 경우 암호 해독은 불가능하다. 다른 말로, 열쇠단어(또는 열쇠구문)가 메시지의 길이와 같아지면 배비지와 카시스키가 개발한 암호 해독 기술은 무력화된다.

메시지와 길이가 같은 열쇠라는 발상은 훌륭하고 좋은 생각이지만, 그렇게 하려면 암호 작성자는 아주 긴 열쇠를 만들어야 한다. 메시지의 길이가 수백 글자에 달하면 열쇠의 길이 또한 수백 글자가 되어야 한다. 긴 열쇠를 처음부터 만들기보다는 뭔가를 활용하고 싶을 수 있다. 예를 들면, 노래의 가사를 암호열쇠로 사용해보는 것이다. 그렇지 않으면 대안으로 암호 작성자는 조류 관찰 분야 책을 펼쳐서 그 책에 있는 새 이름을 무작위로 선택하여 암호열쇠로 사용하고 싶을 수도 있다. 그러나 이런 식의 잔꾀로 만든 열쇠들은 근본적인 결함을 갖게 된다.

다음의 예에서 나는 비즈네르 암호에 따라 암호문을 작성했으며, 이 때, 메시지와 같은 길이의 열쇠구문을 사용했다. 내가 앞에서 설명한 어떤 암호 해독 기술로도 이 암호를 해독하는 데는 실패할 것이다. 그러나 이 메시지는 해독된다.

열쇠	?	?	?	?	?	?	?	?	?	?	?	?	?	?	?	?	?	?	?	?
평문	?	?	?	?	?	?	?	?	?	?	?	?	?	?	?	?	?	?	?	?
암호문	V	H	R	M	H	E	U	Z	N	F	Q	D	E	Z	R	W	X	F	I	D	K

이 새로운 암호해독법은 암호문에 몇 개의 흔한 단어, 이를테면 the 같은 단어가 있다는 가정을 먼저 세운다. 그 다음, 아래와 같이 무작위로 평문의 여러 위치에 the를 대입해 본다. 그러고 나서 어떤 종류의 열쇠 글자를 사용해야 the를 적절한 암호문으로 바꿀 수 있을지 추론해본다.

열쇠	C	A	N	?	?	?	B	S	J	?	?	?	?	?	Y	P	T	?	?	?	?
평문	t	h	e	?	?	?	t	h	e	?	?	?	?	?	t	h	e	?	?	?	?
암호문	V	H	R	M	H	E	U	Z	N	F	Q	D	E	Z	R	W	X	F	I	D	K

예를 들어 the가 평문에서 맨 먼저 나오는 세 글자라고 하면, the가 평문의 맨 앞자리에 와 있다는 것이 열쇠의 맨 앞 세 글자와 관련해서 무엇을 의미할까? 열쇠에서 맨 처음 나오는 글자 t는 V로 암호화했을 것이다. 열쇠의 첫 번째 글자를 알아내기 위해서 우리는 비즈네르 표에서

t로 시작되는 열에서 V를 찾은 다음, 이 행의 시작 글자를 찾으면 된다. 여기서는 C가 시작 글자다. H와 R로 각각 암호화되었을 수도 있는 h와 e에 대해서도 동일한 과정을 반복하면 결국 열쇠의 처음 세 글자의 후보인 CAN을 얻을 수 있다. 이 모든 것은 평문에서 첫 번째 단어가 the일 것이라는 가정에서 나온 것이다. the를 다른 몇 개의 위치에 갖다놓고 다시 한번 열쇠글자에 대응할 만한 것을 추론한다. (각 평문 글자와 암호문 글자 사이의 관계는 〈표9〉의 비즈네르 표를 참조하여 확인할 수 있다.)

우리는 세 개의 the를 임의로 선택한 암호문 세 글자에 대입하고 열쇠의 특정 부분에 대해 세 가지를 추론했다. 그렇다면 the의 위치가 제대로 맞는지 어떻게 확인할 수 있을까? 우리는 열쇠가 의미 있는 단어일 거라는 점을 이용할 수 있다. 만일 어떤 the가 엉뚱한 위치에 있다면 무작위의 열쇠글자들이 도출되었을 것이다. 그러나 위치를 정확히 찾은 것이라면 열쇠글자는 의미 있는 단어가 되어야 할 것이다. 예를 들어 맨 처음 the를 가지고 추론한 열쇠글자는 CAN이었다. 이는 매우 고무적이다. CAN은 영어의 완벽한 음절이기 때문이다.

이 the는 정확한 위치에 와 있을 가능성이 높다. 두 번째 the를 통해 우리가 알아낸 열쇠글자는 BSJ이다. 매우 이상한 자음의 조합으로 두 번째 the는 아무래도 위치를 잘못 추론한 것 같다. 세 번째 the로 추론하면 YPT가 나왔다. 흔치않은 음절이긴 하지만 고려 대상으로 삼을 만하다. YPT가 실제로 열쇠의 일부라면 아마도 APOCALYPTIC 종말론적, CRYPT 지하실, EGYPT 이집트나 이들 단어에서 파생된 매우 긴 단어의 일부일 수 있다. 그렇다면 이 단어들 중 하나가 열쇠의 일부인지 어떻게 알 수 있을까? 우리는 세 개의 열쇠 후보 단어를 암호문 위의 적절한 위치에 대입하여 각각의 추론을 검증하여 대응하는 평문을 알아낼 수 있다.

열쇠	C A N ? ? ? ? ? A P O C A L Y P T I C ? ?
평문	t h e ? ? ? ? ? n q c b e o t h e x g ? ?
암호문	V H R M H E U Z N F Q D E Z R W X F I D K

열쇠	C A N ? ? ? ? ? ? ? ? ? C R Y P T ? ? ? ?
평문	t h e ? ? ? ? ? ? ? ? ? c i t h e ? ? ? ?
암호문	V H R M H E U Z N F Q D E Z R W X F I D K

열쇠	C A N ? ? ? ? ? ? ? ? ? E G Y P T ? ? ? ?
평문	t h e ? ? ? ? ? ? ? ? ? a t t h e ? ? ? ?
암호문	V H R M H E U Z N F Q D E Z R W X F I D K

만일 후보 단어가 열쇠의 일부가 아니라면 평문은 의미 없는 글자의 나열에 그칠 테지만, 열쇠의 일부가 맞다면, 말이 되는 것을 원문에서 찾을 수 있을 것이다. APOCALYPTIC을 열쇠의 일부로 가정했을 때 나오는 평문은 아무 의미 없는 글자들의 나열에 불과하다. CRYPT라고 가정하면, cithe가 평문에 나오며, cithe는 전혀 나올 수 없는 음절은 아니다. 그러나 EGYPT를 열쇠의 일부로 사용해서 나온 평문은 atthe이며, 이는 단어 at the를 나타내는 단어일 수도 있으니 EGYPT가 열쇠일 가능성이 가장 높다.

임시로, EGYPT가 열쇠의 일부일 가능성이 가장 높다고 가정해보자. 열쇠는 일련의 국가 이름일 수도 있다. 그렇다면 첫 번째 the에서 얻은 CAN은 CANADA캐나다의 앞부분인 CAN일 수 있다. 우리는 열쇠의 일부로 EGYPT뿐만 아니라 CANADA도 포함된다는 가정 하에 평문을 가지고 좀 더 테스트해볼 수 있다.

열쇠	C	A	N	A	D	A	?	?	?	?	?	?	E	G	Y	P	T	?	?	?	?
평문	t	h	e	m	e	e	?	?	?	?	?	?	a	t	t	h	e	?	?	?	?
암호문	V	H	R	M	H	E	U	Z	N	F	Q	D	E	Z	R	W	X	F	I	D	K

우리의 세운 가정이 어느 정도 일리가 있는 것처럼 보인다. CANADA를 사용해 해독한 평문이 themee, 즉 the meeting의 시작 부분임을 알 수 있다. 이제 우리는 평문에서 ting이라는 글자를 더 추론해냈으니 나머지 열쇠의 일부도 추론할 수 있다. 결과는 BRAZ이었다. 분명 이 글자는 BRAZIL브라질의 시작 부분이다. CANADABRAZILEGYPT를 열쇠로 사용하면 다음과 같이 해독할 수 있다. the meeting is at the ????(회의는 ????에서 열린다)

평문에서 마지막 단어, 즉 회의 장소를 찾기 위한 가장 좋은 전략은 가능한 모든 국가명을 가지고 하나씩 대입해 보면서 그 결과로 나오는 평문을 확인하는 것이다. 마지막 열쇠가 CUBA일 때 말이 되는 평문이 도출된다.

열쇠	C	A	N	A	D	A	B	R	A	Z	I	L	E	G	Y	P	T	C	U	B	A
평문	t	h	e	m	e	e	t	i	n	g	i	s	a	t	t	h	e	d	o	c	k
암호문	V	H	R	M	H	E	U	Z	N	F	Q	D	E	Z	R	W	X	F	I	D	K

따라서 메시지의 길이만큼 긴 열쇠도 보안을 장담하기엔 부족하다. 위

평문	a	b	c	d	e	f	g	h	i	j	k	l	m	n	o	p	q	r	s	t	u	v	w	x	y	z
1	B	C	D	E	F	G	H	I	J	K	L	M	N	O	P	Q	R	S	T	U	V	W	X	Y	Z	A
2	C	D	E	F	G	H	I	J	K	L	M	N	O	P	Q	R	S	T	U	V	W	X	Y	Z	A	B
3	D	E	F	G	H	I	J	K	L	M	N	O	P	Q	R	S	T	U	V	W	X	Y	Z	A	B	C
4	E	F	G	H	I	J	K	L	M	N	O	P	Q	R	S	T	U	V	W	X	Y	Z	A	B	C	D
5	F	G	H	I	J	K	L	M	N	O	P	Q	R	S	T	U	V	W	X	Y	Z	A	B	C	D	E
6	G	H	I	J	K	L	M	N	O	P	Q	R	S	T	U	V	W	X	Y	Z	A	B	C	D	E	F
7	H	I	J	K	L	M	N	O	P	Q	R	S	T	U	V	W	X	Y	Z	A	B	C	D	E	F	G
8	I	J	K	L	M	N	O	P	Q	R	S	T	U	V	W	X	Y	Z	A	B	C	D	E	F	G	H
9	J	K	L	M	N	O	P	Q	R	S	T	U	V	W	X	Y	Z	A	B	C	D	E	F	G	H	I
10	K	L	M	N	O	P	Q	R	S	T	U	V	W	X	Y	Z	A	B	C	D	E	F	G	H	I	J
11	L	M	N	O	P	Q	R	S	T	U	V	W	X	Y	Z	A	B	C	D	E	F	G	H	I	J	K
12	M	N	O	P	Q	R	S	T	U	V	W	X	Y	Z	A	B	C	D	E	F	G	H	I	J	K	L
13	N	O	P	Q	R	S	T	U	V	W	X	Y	Z	A	B	C	D	E	F	G	H	I	J	K	L	M
14	O	P	Q	R	S	T	U	V	W	X	Y	Z	A	B	C	D	E	F	G	H	I	J	K	L	M	N
15	P	Q	R	S	T	U	V	W	X	Y	Z	A	B	C	D	E	F	G	H	I	J	K	L	M	N	O
16	Q	R	S	T	U	V	W	X	Y	Z	A	B	C	D	E	F	G	H	I	J	K	L	M	N	O	P
17	R	S	T	U	V	W	X	Y	Z	A	B	C	D	E	F	G	H	I	J	K	L	M	N	O	P	Q
18	S	T	U	V	W	X	Y	Z	A	B	C	D	E	F	G	H	I	J	K	L	M	N	O	P	Q	R
19	T	U	V	W	X	Y	Z	A	B	C	D	E	F	G	H	I	J	K	L	M	N	O	P	Q	R	S
20	U	V	W	X	Y	Z	A	B	C	D	E	F	G	H	I	J	K	L	M	N	O	P	Q	R	S	T
21	V	W	X	Y	Z	A	B	C	D	E	F	G	H	I	J	K	L	M	N	O	P	Q	R	S	T	U
22	W	X	Y	Z	A	B	C	D	E	F	G	H	I	J	K	L	M	N	O	P	Q	R	S	T	U	V
23	X	Y	Z	A	B	C	D	E	F	G	H	I	J	K	L	M	N	O	P	Q	R	S	T	U	V	W
24	Y	Z	A	B	C	D	E	F	G	H	I	J	K	L	M	N	O	P	Q	R	S	T	U	V	W	X
25	Z	A	B	C	D	E	F	G	H	I	J	K	L	M	N	O	P	Q	R	S	T	U	V	W	X	Y
26	A	B	C	D	E	F	G	H	I	J	K	L	M	N	O	P	Q	R	S	T	U	V	W	X	Y	Z

표 9 비즈네르 표

의 예를 통해 드러난 약점은 열쇠가 의미 있는 단어들로 이뤄졌다는 데 있다. 맨 처음 우리는 무작위로 평문에 the를 대입해보았고 거기에 해당하는 열쇠글자들을 찾아냈다. 우리가 정확한 위치에 the를 대입할 수 있었던 것은 열쇠글자가 의미 있는 단어의 일부로 보였기 때문이다. 따라서 그 뒤로 우리는 이런 작은 단서를 활용해서 열쇠를 이루는 단어 전체를 추론할 수 있었다. 결국 작은 단서들이 더 많은 단서로 이어졌고, 마침내 전체 단어를 알아낼 수 있었던 것이다. 이렇게 암호문과 열쇠 사이를 왔다갔다 오가는 것이 가능했던 것은 열쇠의 내재적 구조와 열쇠가 인식 가능한 단어로 구성되었기 때문이다. 그러나 1918년 암호 작성자들은 아무런 구조를 갖추지 않은 열쇠를 가지고 실험하기 시작했다. 그 결과 깨지지 않는 암호문이 나왔다.

제1차 세계대전이 끝나가면서 미육군 암호연구소장 조셉 모본Joseph Mauborgne 소령은 '무작위 열쇠'라는 개념을 처음으로 도입했다. 무작위 열쇠는 인식할 수 있는 일련의 단어가 아닌, 아무 의미 없는 글자들의 연속이다. 모본 소령은 전례 없는 수준의 보안을 위해 비즈네르 암호의 열쇠로 무작위 열쇠를 채택해야 한다고 주장했다. 모본 암호 제작 체계의 첫 단계는 무작위로 나열한 글자들이 담긴 수백 장에 달하는 종이 묶음을 제작하는 것으로 시작한다. 그리고 이런 종이 묶음의 사본을 하나 더 제작한다. 하나는 송신자, 하나는 수신자를 위한 것이다. 암호화할 때, 송신자는 이 첫 번째 종이 묶음을 열쇠로 하여 비즈네르 암호로 암호화한다.

〈그림 30〉은 종이 묶음에서 꺼낸 세 장의 종이를 나타낸 것(현실에서 각 종이에 수백 개의 글자가 들어있다)이고, 이 중 첫 번째 장에 나온 무작위 열쇠를 사용해 메시지를 암호화했다. 수신자도 똑같은 열쇠를 사용하여 비즈네르 표를 역으로 추적하여 암호를 쉽게 풀 수 있다. 일단 암호화된 메시지를 성공적으로 전송하고, 수신하고, 해독하고 나면 송신자와 수신자 모두 암호열쇠로 사용했던 종이를 뜯어내어 다시는 사용하지 않는다. 그다음 메시지를 암호화할 때는, 종이 묶음의 그다음 장에 나온 무작위 열쇠를 사용한 다음 마찬가지로 사용한 열쇠는 찢어 버린다. 각각의 열쇠를 단 한 번만 사용하기 때문에 이런 암호 체계를 가리켜 '일회용 난수표 암호one-time pad cipher'라고 한다.

이전 암호의 취약점을 모두 극복한 것이 일회용 난수표 암호다. 〈그림 30〉처럼 'attack the valley at dawn 동틀 무렵 계곡을 공격하라'라는 메시지를 암호화하여 이 메시지를 무선으로 송신했는데, 적이 이 메시지를 도청했다고 가정해보자. 적의 암호 해독가가 이 암호문의 암호 해독을 시작한다. 첫 번째 장애물은 말 그대로 무작위 열쇠에는 반복되는 게 없다는 사실이다. 따라서 배비지와 카시스키가 쓴 방법으로 일회용 난수표 암호를 해독하는 건 불가능하다. 방법을 달리해서 적의 암호 해독가는 여러 글자에 the를 대입해 볼 것이다. 그리고 우리가 앞에서 암호를 해독했던 것처럼 거기에 대응하는 열쇠의 일부를 추론하려 할 것이다.

암호 해독자가 암호문의 맨 앞 글자에 the를 대입해 본다면(물론 틀린 것이다) 열쇠 일부로 WXB가 나오긴 하지만, 무작위로 나열된 글자일 뿐이다. 암호 해독자가 일곱 번째 자리에 the를 대입해서(우연히도 맞췄다) 찾은 열쇠의 일부로 QKJ가 나왔다고 하더라도 마찬가지로 이 세 글자도

종이 1

P	L	M	O	E
Z	Q	K	J	Z
L	R	T	E	A
V	C	R	C	B
Y	N	N	R	B

종이 2

O	I	W	V	H
P	I	Q	Z	E
T	S	E	B	L
C	Y	R	U	P
D	U	V	N	M

종이 3

J	A	B	P	R
M	F	E	C	F
L	G	U	X	D
D	A	G	M	R
Z	K	W	Y	I

열쇠	P	L	M	O	E	Z	Q	K	J	Z	L	R	T	E	A	V	C	R	C	B	Y
평문	a	t	t	a	c	k	t	h	e	v	a	l	l	e	y	a	t	d	a	w	n
암호문	P	E	F	O	G	J	J	R	N	U	L	C	E	I	Y	V	V	U	C	X	L

그림 30 세 장의 종이. 각각의 종이에는 일회용 난수표 암호를 위한 열쇠가 들어있다. 이 메시지는 종이 1의 열쇠를 사용해서 암호화한 것이다.

무작위로 나열된 글자일 뿐이다. 결국, 암호 해독자는 자기가 정확한 위치에 단어를 대입했는지 확신할 수 없다.

절박해진 암호 해독자는 선택 가능한 열쇠에 대해 전수조사를 고려할지도 모른다. 암호문은 21개의 글자로 이뤄져 있으므로 암호 해독자는 암호문의 열쇠도 21자로 되어 있다는 것을 알고 있다. 이 말은 시험해야 할 열쇠의 가짓수가 대략 500,000,000,000,000,000,000,000,000,000개에 이른다는 것을 의미한다. 이는 인간 또는 기계가 시험해 볼 수 있는 범위를 완전히 넘어선다. 그러나 설령 암호 해독자가 이 모든 열쇠를 다 시험해본다고 해도, 여기에는 극복해야 할 더 큰 장애물이 있다.

가능한 모든 열쇠를 시험하면, 맞는 메시지를 찾을 수 있는 것은 확실하다. 그러나 맞지 않는 엉뚱한 메시지도 나오게 된다. 예를 들어 다음의 열쇠를 동일한 암호문에 적용하면 완전히 다른 메시지가 나온다.

열쇠	M	A	A	K	T	G	Q	K	J	N	D	R	T	I	F	D	B	H	K	T	S
평문	d	e	f	e	n	d	t	h	e	h	i	l	l	a	t	s	u	n	s	e	t
암호문	P	E	F	O	G	J	J	R	N	U	L	C	E	I	Y	V	V	U	C	X	L

서로 다른 열쇠를 모두 시험할 수 있다면 21자로 된 상상 가능한 모든 메시지가 나올 것이다. 따라서 암호 해독자는 정확히 맞는 메시지와 그렇지 않은 메시지를 구분할 수 없을 것이다. 이런 어려움은 암호열쇠가 일련의 단어나 구절이었다면 발생하지 않았을 것이다. 정확하지 않은 메시지는 거의 언제나 의미 없는 열쇠와 관련이 있고, 정확한 메시지는 의미가 있는 열쇠와 연관되어 있기 때문이다.

일회용 난수표 암호의 보안은 전적으로 열쇠의 무작위성에 있다. 열쇠가 지닌 무작위성이라는 성질이 암호문에 주입되면, 즉 암호문이 무작위라면, 이는 곧 암호 해독자가 디딜 만한 패턴도 규칙도 없음을 의미한다. 실제로 암호 해독자가 일회용 난수표 암호문을 해독할 수 없다는 사실은 수학적으로도 증명이 가능하다. 다시 말해서 일회용 난수표 암호는 단순히 19세기 비즈네르 암호처럼 깨지지 않는다고 믿어지는 정도가 아니라 실제로 절대 깨지지 않는 암호다. 일회용 난수표 암호는 비밀을 완전히 보장한다. 암호 제작의 성배인 것이다.

드디어 암호 작성자들은 깨지지 않는 암호 시스템을 발견했다. 그러나 완벽한 일회용 난수표 암호가 비밀통신에 대한 탐색 여정을 멈추게 만들진 못했다. 일회용 난수표 암호가 현실에서는 거의 사용되지 않았던 것이다. 이론적으로는 완벽하지만 일회용 난수표 암호가 지닌 두 가지 근본적인 문제점 때문에 실제로 사용하기에 어려웠다. 첫째, 대량의 열쇠를 무작위로 만들어내는 게 현실적으로 어렵다. 군대는 하루에 수백 개의 메시지를 교환할 것이며 각각의 메시지는 수천 개의 글자로 되어 있다. 따라서 무선통신사는 매일 수백만 개의 글자들을 무작위 배열한 열쇠를 생성해야 했다. 무작위로 배열한 글자를 그렇게 많이 만들어내는 것 자체가 무지막지한 일이다.

일부 초기 암호 작성자들은 타자기를 무턱대고 마구 치다보면 엄청난 양의 무작위 열쇠를 생성할 수 있을 것이라고 생각했다. 그러나 타자수들이 타자기로 무작위 열쇠를 만들려고 할 때마다 타자수들은 글자를 칠 때 왼손으로 먼저 친 다음, 오른손 쪽에 있는 글자를 치고 그 다음에는 왼손과 오른손을 번갈아 가며 치는 습관을 보였다. 이런 방법으로 신속하게 열쇠를 만들 수는 있지만, 결과적으로 열쇠에 규칙성이 생기게 되어 더 이상 무작위 열쇠가 아닌 게 된다. 타자수가 자판의 왼편에 위치한 D를 치면 그 다음 글자는 자판의 오른편에 있는 글자가 될 것임을 예상할 수 있다. 일회용 난수표 암호가 진정으로 무작위가 되려면 자판 왼편에 있는 글자 다음에 다시 왼편 자판에 있는 글자가 나올 가능성이 절반은 되어야 한다.

암호 작성자들은 무작위 열쇠를 생성하는 데 엄청난 시간과 노력, 돈이 들어간다는 사실을 깨닫게 되었다. 무작위 열쇠를 생성하기에 가장 좋은 것은 자연에서 관찰되는 물리적 현상들, 이를테면 방사능 성질 같은 것을 무작위 열쇠 생성의 동력으로 활용하는 방법이다. 방사능에 따른 방사선 방출은 무작위로 일어난다고 잘 알려져 있다. 암호 작성자는 방사능 물질을 작업대에 올려놓고 가이거 계수기로 이 물질의 방사선 방출 형태를 관찰할 수 있다. 때로는 방사선이 빠르게 연이어 방출되기도 하고, 때로는 오랫동안 지연될 때도 있다. 방사선 방출 간격은 예측이 불가능하며, 무작위다.

암호 작성자는 가이거 계수기를 화면이 나오는 장치에 연결한다. 이 장치는 빠르고 일정한 속도로 알파벳을 순서대로 돌리다가 방사선 입자가 방출되는 게 감지되면 일시적으로 화면을 고정한다. 화면에 고정된 글자가 무엇이든 간에 그 글자는 무작위 열쇠글자로 채택된다. 화면은 다시 움직이고, 알파벳이 돌기 시작하다가 다음 입자가 방출되면 또 멈춘다. 그러면 화면에서 고정된 글자는 다음 열쇠로 추가되고, 이런 과정을 계속 반복한다. 이것이야말로 무작위 열쇠를 생성할 수 있는 진정한 방법이지만, 매일매일 암호를 작성해야 하는 상황에서는 비현실적이다.

설령 충분히 무작위 열쇠를 만들어낼 수 있다 해도 또 다른 문제가 있다. 말 그대로 암호열쇠를 배포하는 문제다. 수백 명의 무선통신사가 동일한 통신망에 연결되어 있는 전쟁터를 상상해보자. 먼저 각각의 무선통신사들은 저마다 똑같은 일회용 난수표 암호열쇠 사본을 갖고 있어야 한다. 그리고 새로운 암호열쇠가 생성되면 전쟁터에 있는 무선통신사에게 동시다발로 배포되어야 한다. 일회용 난수표 암호열쇠를 광범위하게 사용할 경우 전쟁터는 이를 배포하는 배포 담당자와 보관 담당자로 채워질 것이다. 게다가 적이 그중 하나의 암호열쇠를 빼앗기라도 하면 전체 통신망의 보안이 위태로워진다.

일회용 난수표를 재사용하여 암호열쇠를 만들고 배포하는 일을 줄이고 싶은 유혹에 빠질 수도 있다. 그러나 이는 암호 제작에 있어서 대역죄라 할 수 있다. 일회용 난수표 암호를 재사용하게 되면 적의 암호 해독자들이 비교적 쉽게 암호를 해독할 수 있게 된다. 똑같은 일회용 난수표 암호열쇠를 가진 두 개의 서로 다른 암호문을 해독하는 방법이 〈부록 G〉에 설명되어 있다. 그러나 지금 당장은 일회용 난수표 암호를 사용할 때는 요령을 부리면 안 된다는 점만 강조하고 넘어가겠다. 송신인과 수신인은 모든 메시지에 반드시 새로운 열쇠를 사용해야 한다.

일회용 난수표 암호는 철통 보안이 필요하면서 일회용 난수표 암호열쇠를 생성하고 안전하게 배포하는 데 드는 엄청난 비용을 감당할 수 있는 사람들에게만 실용적이다. 예를 들어 러시아와 미국 대통령 사이의 직통 전화는 일회용 난수표 암호로 암호화된다.

이론적으로는 완벽하지만 실용성에 문제가 있는 일회용 난수표 암호는 곧 머본의 아이디어가 치열한 전장에서는 결코 사용될 수 없음을 의미했다. 제1차 세계대전과 전쟁 당시 암호 제작 실패의 후유증으로 인해 사람들은 다음 전쟁이 일어날 경우 사용할 수 있는 실용적인 암호 체계에 대한 연구를 계속했다. 다행히도 얼마 지나지 않아 암호 작성자들은 새로운 돌파구를 찾아내어 전장에서의 비밀통신 체계를 새롭게 재정립했다. 더 강력한 암호문을 만들기 위해 암호 작성자들은 그동안 사용해온 종이와 연필식 접근법을 버리고 가장 최신 기술을 이용해 메시지를 암호화해야 했다.

암호화 기계 개발 – 사이퍼 디스크에서 에니그마까지

최초의 암호 제작 기계는 15세기 이탈리아 건축가이자 다중 치환 암호의 선구자 가운데 한 사람인 레온 알베르티Leon Alberti가 만든 사이퍼 디스크다. 알베르티는 크기가 다른 두 개의 구리로 만든 각 원판의 가장자리에 알파벳을 새겼다. 크기가 작은 원판을 큰 원판의 위에 올려놓고 가운데에 바늘을 꽂아 축으로 만들어 〈그림 31〉에서 보는 것과 비슷

그림 31 미국 남북전쟁에서 남부 연합이 사용했던 사이퍼 디스크

한 사이퍼 디스크를 만들었다. 두 개의 원판은 각각 따로 돌릴 수 있기에 두 개의 알파벳이 상관관계를 맺는 다른 위치에 올 수 있어서 단순한 카이사르 암호문을 생성하는 데 이용할 수도 있었다. 예를 들어 1칸 이동 카이사르 암호문을 사용한 암호문을 작성하려면 바깥쪽 원판의 A를 안쪽 원판에 있는 B에 맞추면, 바깥쪽 원판의 알파벳들이 평문 알파벳이 되고 안쪽 원판의 알파벳들이 사이퍼 알파벳이 된다. 평문에 있는 각 글자는 바깥쪽 원판에서 찾으면 되며 거기에 대응하는 안쪽 원판의 알파벳들이 암호문에 사용된다. 5칸 이동한 카이사르 암호로 암호문을 작성해서 보내려면 간단히 원판을 돌려 바깥쪽 A와 안쪽의 F와 맞춰 새로 세팅을 한 다음 사용하면 된다.

사이퍼 디스크는 매우 기본적인 도구지만 암호화를 쉽게 할 수 있다는 점 때문에 500년 이상 사용되었다. 〈그림 31〉의 사이퍼 디스크는 미국 남북전쟁 당시 사용하던 것이다. 〈그림 32〉는 미국 초창기 라디오 드라마 가운데 하나인 〈캡틴 미드나이트Captain Midnight〉에 나오는 주인공인 미드나이트 선장이 사용했던 코드-오-그래프Code-o-Graph라고 하는 사이퍼 디스크다. 라디오 청취자들은 가루 음료인 오발틴을 마신 후 그 상표를 뜯어내고 편지와 함께 이 라디오 프로그램의 후원사인 오발틴사에 보내면 자기만의 코드-오-그래프를 얻을 수 있었다. 간혹 라디오 프로그램은 미드나이트 선장의 비밀 메시지로 끝을 맺곤 했는데, 이때 코드-오-그래프를 가지고 있는 애청자는 그것을 이용해 방송의 암호를 해독할 수 있었다.

사이퍼 디스크는 각각의 평문 글자를 다른 글자로 바꿔주는 일종의 '변환기'라고 보면 된다. 지금까지 설명한 사이퍼 디스크 조작 방법은 매우 단순명료하여, 사이퍼 디스크로 제작한 암호문도 비교적 해독하기 쉽지만, 사이퍼 디스크를 좀 더 복잡한 방식으로 활용할 수도 있다. 사이퍼 디스크를 발명한 알베르티는 암호문을 작성하다가 중간에 디스크 세팅을 바꾸라고 했다. 그렇게 하면 단일 치환 암호가 아닌 다중 치환 암호문을 제작할 수 있게 된다.

예를 들어 알베르티가 자신이 만든 디스크로 열쇠단어 LEON을 사용해서 goodbye라는 단어를 암호화할 수 있다고 해보자. 먼저 알베르티는 열쇠단어의 첫 번째 글자를 가지고 사이퍼 디스크를 세팅할 것이다. 즉 바깥쪽 디스크의 A를 안쪽 디스크의 L과 맞출 것이다. 그런 다음 메시지의 첫 번째 글자인 g에 해당하는 안쪽 디스크의 글자를 찾는다. 이때 g에 해당하는 글자로 R이 나온다. 메시지의 두 번째 글자를 암호화하려면 열쇠단어의 두 번째 글자에 맞게 디스크를 세팅한다. 바깥쪽 디스크의 A를 안쪽 디스크의 E와 맞추는 것이다. 그러고 나면 바깥쪽 디

그림 32 미드나이트 선장의 코드-오-그래프. 이 사이퍼 디스크는 각각의 평문 글자(바깥쪽 디스크)를 글자가 아닌 숫자(안쪽 디스크)로 암호화한다.

스크에서 o를 찾고 o와 만나는 안쪽 디스크의 글자를 찾으면 S다. 사이퍼 디스크를 열쇠단어의 글자 O에 맞춰 세팅을 다시 하고, 그 다음 N, 다시 L로 돌아가 세팅을 반복하면서 암호화 과정이 진행된다.

사실상 알베르티는 열쇠단어로 자신의 이름인 LEON을 사용해서 비즈네르 암호문을 작성한 것이다. 사이퍼 디스크를 활용하면 암호화 속도가 빨라지고 그냥 비즈네르 표를 사용해서 암호화하는 것에 비해 실수도 줄일 수 있다.

이런 방식으로 사용하는 사이퍼 디스크의 중요한 특징은 암호화를 하다가 중간에 암호화 방식을 바꿀 수 있다는 데 있다. 이런 식으로 암호의 복잡도를 높이면 암호 해독이 한층 어려워지긴 하지만, 그렇다고 해독이 불가능한 암호로 만들어주진 않는다. 사이퍼 디스크는 비즈네르 암호의 기계 버전이며, 비즈네르 암호는 배비지와 카시스키에 의해 깨진 바 있다. 그러나 알베르티가 사이퍼 디스크를 발명한 지 500년 만에 그의 사이퍼 디스크는 더 복잡한 방식으로 부활했다. 이전에 사용된 암호보다 해독하기 한층 더 어려워진 신세대 암호가 등장한 것이다.

1918년 독일의 발명가 아르투르 셰르비우스Arthur Scherbius는 그의 절친한 친구 리하르트 리터Richard Ritter와 함께 셰르비우스 & 리터라는 엔지니어링 회사를 설립했다. 이 회사는 터빈부터 발열 베개에 이르기까지 혁신적인 아이디어를 과감히 실험했다. 셰르비우스는 연구개발을 담당했으며, 끊임없이 새로운 기회를 찾아다녔다. 그가 아끼는 프로젝트 중 하나는 제1차 세계대전 당시 사용되었던 부적절한 암호 제작 체계를 바꾸는 프로젝트였다. 셰르비우스는 연필과 종이를 사용했던 암호화 형태를 20세기 기술을 이용한 암호화 형태로 바꾸려고 했다. 하노버와 뮌헨에서 전기공학을 공부했던 셰르비우스는 알베르티의 사이퍼 디스크의 전자 버전이라 할 수 있는 암호화 기계를 개발했다. '에니그마 Enigma'라 불리운 셰르비우스의 발명품은 역사상 가장 가공할 위력의 암호화 기계가 된다.

셰르비우스의 에니그마에는 몇 가지 기발한 요소로 구성되어 있었다. 셰르비우스는 이 요소들을 하나로 모아 강력하고 복잡한 암호 기계로 완성했다. 이 기계를 부품 단위별로 분해한 다음 차근차근 조립해보면, 이 기계의 기본 원리를 분명하게 파악할 수 있다. 셰르비우스의 발명품은 기본적으로 각각의 평문 글자를 입력할 수 있는 자판, 입력된 평문 글자를 암호문 글자로 바꿔주는 변환기, 그리고 암호문 글자를 가리키는 다양한 램프들로 구성된 램프보드, 이렇게 세 부분이 전선으로 연결되어 있다.

〈그림 33〉은 에니그마를 이해하기 쉽게 도식화한 그림이다. 이해하기 쉽도록 알파벳도 여섯 자로 제한했다. 평문 글자를 암호화하기 위해서 암호작성자는 자판에서 적절한 평문 글자를 누른다. 그러면 전기 파동이 중앙의 회전자로 전달되고, 이에 해당하는 암호문 글자가 램프보드에 비친다.

전선으로 벌집처럼 구멍이 뚫린 두꺼운 고무 원판 모양의 회전자는 에니그마에서 가장 중요한 부품이다. 자판에서 나온 전선은 여섯 개의 지점을 통과해 회전자 안에서 구불구불 이어지다가 다른 쪽의 여섯 개의 지점으로 다시 나온다. 회전자 내부의 배선은 평문의 글자가 어떻게 암호화되는가를 결정한다. 예를 들어, 〈그림 33〉의 배선은 다음을 결정한다.

자판에서 a를 치면 B에 불이 켜진다. a는 B로 암호화된다.

자판에서 b를 치면 A에 불이 켜진다. b는 A로 암호화된다.
자판에서 c를 치면 D에 불이 켜진다. c는 D로 암호화된다.
자판에서 d를 치면 F에 불이 켜진다. d는 F로 암호화된다.
자판에서 e를 치면 E에 불이 켜진다. e는 E로 암호화된다.
자판에서 f를 치면 C에 불이 켜진다. f는 C로 암호화된다.

cafe라는 메시지는 DBCE로 암호화될 것이다. 이 같은 기본적인 설정을 통해 회전자는 사이퍼 알파벳을 결정하며 이 기계는 단순한 단일 치환 암호문을 작성하는 데 이용될 수 있다.

그러나 셰르비우스의 아이디어는 글자 하나가 암호화될 때마다 회전자가 6분의 1바퀴씩(알파벳 26글자가 다 들어간 기계라면 26분의 1바퀴씩) 자동으로 돌아가게 하는 데 있었다. 〈그림 34(a)〉는 〈그림 33〉과 동일하게 배열되어 있다. 자판에 b를 치면 마찬가지로 A에 불이 들어올 것이다. 그러나 이번에는 글자를 치고 램프보드에 불이 들어오자마자 회전자는 6분의 1바퀴를 돌아 〈그림 34(b)〉가 된다. 다시 b를 치면 다른 글자인 C에 불이 들어올 것이다. 그런 다음 회전자는 다시 회전을 하고 〈그림 34(c)〉가 된다. 이번에는 b를 치면 E에 불이 들어올 것이다. 글자 b를 연속해서 여섯 번 치면 ACEBDC라는 암호문이 나오게 된다. 다시 말해서 사이퍼 알파벳은 글자가 암호화 될 때마다 바뀌며 b는 매번 다르게 암호화된다. 이렇게 회전식 세팅에서 변환기는 기본적으로 여섯 개의 사이퍼 알파벳을 결정하며 이 기계는 다중 치환 암호문을 작성하는 데 사용할 수 있다.

회전자가 회전할 수 있다는 점이 셰르비우스 설계의 가장 중요한 특징이다. 그러나 지금까지 본 기계 구성에는 확연한 약점이 있다. b를 여

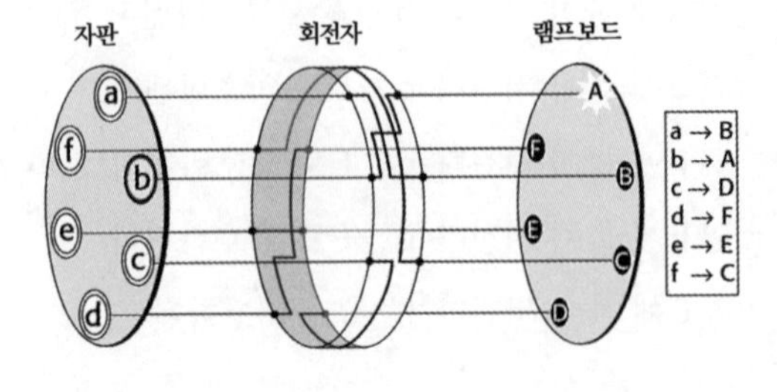

그림 33 에니그마를 단순화시킨 버전으로 여섯 개의 알파벳만 사용한다. 이 기계에서 가장 중요한 요소가 회전자다. 자판에서 **b**를 치면 전류가 회전자를 지나 내부의 배선 경로를 거쳐 **A** 램프의 불을 밝힌다. 간단히 말해서, **b**는 **A**로 암호화된다. 오른쪽 상자는 여섯 개의 알파벳이 각각 어떻게 암호화되는지 보여준다.

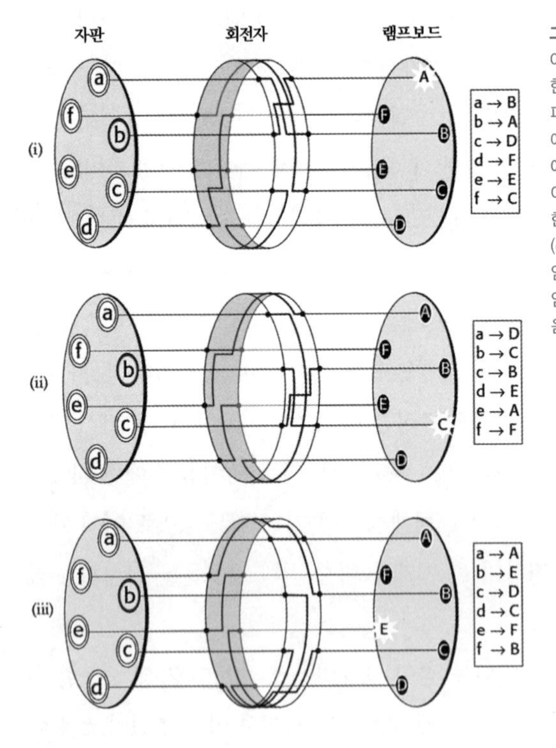

그림 34 자판에 글자가 입력되어 암호화될 때마다 회전자는 한 자리씩 회전 이동하여 사이퍼 알파벳이 바뀌게 된다. (a)에서는 회전자가 **b**를 **A**로, (b)에서는 회전자의 위치가 바뀌어 **b**가 **C**로 암호화되며, 다시 한 번 회전한 회전자로 인해 (c)에서는 회전자가 **b**를 **E**로 암호화한다. 글자 네 개를 더 암호화한 후에는 회전자는 처음 시작한 원 위치로 이동한다.

섯 번 치게 되면 회전자는 원래 위치로 돌아오게 되고 b를 계속 반복해서 치면 암호화 패턴도 반복된다.

보통 암호 작성자들은 어떻게든 반복은 피하려고 한다. 반복은 암호문에 규칙성과 일정한 구조를 만들어낸다. 일정한 규칙과 구조는 모두 취약한 암호에 나타나는 증상이다. 이런 증상을 완화하기 위해 도입하는 것이 두 번째 변환 디스크다.

〈그림 35〉는 두 개의 회전자가 달린 암호 기계를 도식화한 그림이다. 3차원적인 배선을 갖춘 회전자를 3차원으로 그리는 게 어려워서 2차원으로만 표현했다. 글자 하나가 암호화 될 때마다 첫 번째 회전자가 한 자리씩 돌아간다. 이를 2차원적 그림으로 설명하면 각 전선이 한 칸 아래로 이동한다. 그에 반해 두 번째 회전자는 대부분 고정되어 있다가 첫 번째 회전자가 완전히 한 바퀴를 다 돌고 나면 그제야 비로소 움직인다. 첫 번째 회전자는 톱니에 물려 있다가 이 톱니가 특정 위치에 닿을 때에만 두 번째 회전자는 한 자리 이동한다.

〈그림 35(a)〉에서 첫 번째 회전자가 두 번째 회전자를 앞쪽으로 건드리기 직전에 있다. 입력된 글자 한 개를 암호화하면 〈그림 35(b)〉에 나와 있는 위치로 회전자가 움직인다. 이 위치에서 첫 번째 회전자가 한 자리, 즉 〈그림 35(c)〉와 같이 이동하지만 이때 두 번째 회전자는 움직이지 않고 제 자리에 있다. 두 번째 회전자는 첫 번째 회전자가 한 바퀴를 모두 도는 동안, 다시 말해서, 글자 다섯 개를 암호화하는 동안에는 고정되어 있다. 이는 자동차의 주행거리 계기판과 비슷한 원리다. 계기판에서도 1단위 킬로미터를 나타내는 계기판은 매우 빨리 돌아가다가 숫자가 '9'에 닿으면 그 다음 10단위의 숫자가 한 자리 올라간다.

회전자를 추가할 때의 장점은 두 번째 회전자가 한 바퀴를 다 돌 때까

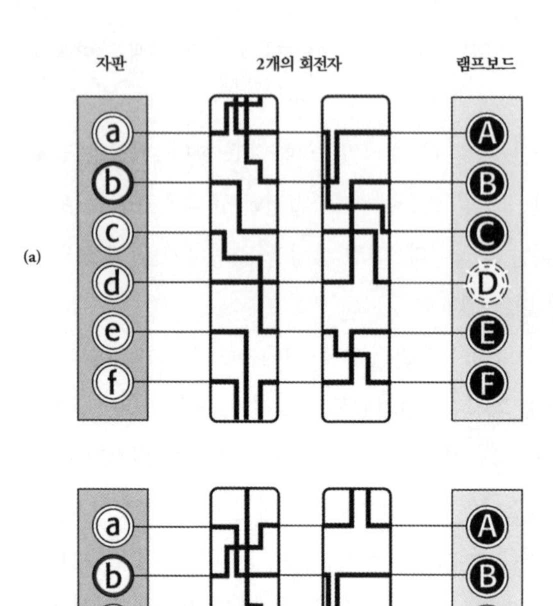

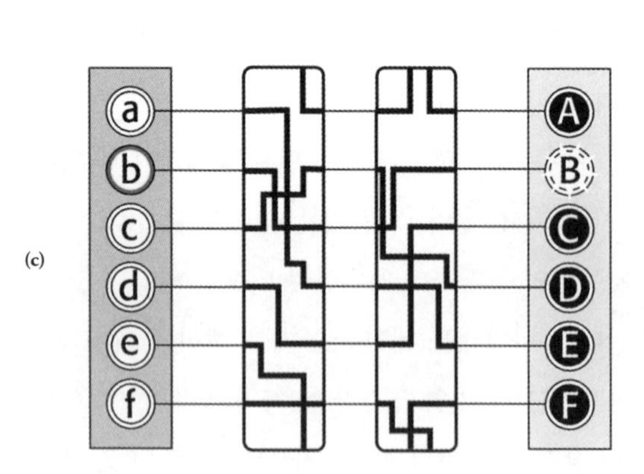

그림 35 회전자를 하나 더 추가하면 회전자 두 개가 모두 처음 위치로 되돌아오는 시점, 즉 36개의 글자가 암호화될 때까지는 암호문에 패턴이 생기지 않는다. 그림을 단순화하기 위해 회전자를 2차원적으로 도식화했다. 즉, 회전자가 한 자리 회전 이동하는 대신 연결된 전선이 한 자리 내려간다. 회전자의 맨 위나 밑에서 끝나는 전선은 같은 회전자의 맨 밑과 위에서 다시 시작한다. (a)에서 b는 D로 암호화된다. 그러고 나면 첫 번째 회전자가 한 자리 회전 이동한 다음 두 번째 회전자가 한 자리 회전 이동하도록 신호를 보낸다. 이런 동작은 첫 번째 회전자가 완전히 한 바퀴 도는 동안 단 한 번만 일어난다. 이렇게 한 바퀴를 돌면 (b)와 같이 새로운 설정으로 바꾸며, 여기서 b는 F로 암호화된다. 암호화가 끝나면 첫 번째 회전자는 한 자리 회전 이동하지만 이번엔 두 번째 회전자는 움직이지 않는다. 이렇게 해서 바뀐 설정은 (c)와 같으며, 이번에 b는 B로 암호화된다.

지는 암호화 패턴이 반복되지 않는다는 데 있다. 두 번째 회전자가 한 바퀴를 돌려면 첫 번째 회전자가 여섯 바퀴를 돌아야 하는데, 이는 곧, 6 × 6, 즉 총 36개의 글자를 암호화한 다음에야 두 번째 회전자가 움직인다는 뜻이다. 다른 말로 표현하면 회전자에 36개의 서로 다른 시작 위치를 설정할 수 있다는 뜻이며, 이는 곧 36개의 사이퍼 알파벳을 바꿔 가며 사용하는 것과 같은 효과를 가져온다. 알파벳 26자를 전부 사용하면 암호화 기계는 26 × 26, 즉 676개의 사이퍼 알파벳을 갖게 된다. 따라서 여러 회전자(때로는 변환기라고도 칭함)를 조합해서 사용하면 계속해서 다른 사이퍼 알파벳을 교체해서 암호화하는 기계를 만드는 게 가능해진다. 송신인이 특정 글자를 입력하면, 회전자 배열에 따라 수백 개의 사이퍼 알파벳 중 하나로 암호화할 수 있다.

그러고 나서 회전자의 배열이 바뀌어 그다음 글자가 기계에 입력되면 기계는 다른 사이퍼 알파벳으로 글자를 암호화한다. 게다가 이 모든 과정은 매우 효율적이고 정확히 이뤄진다. 모두 자동 회전자와 전기의 속도 덕분이다.

셰르비우스가 자기가 만든 암호화 기계를 어떤 식으로 이용하기 원했는지 자세히 설명하기 전에 에니그마의 두 가지 요소를 더 설명할 필요가 있다. 바로 〈그림 36〉에 나타나 있는 내용이다. 첫째, 셰르비우스의 표준 암호화 기계에는 암호화 과정을 더욱 복잡하게 하기 위해 세 번째 회전자가 들어가 있다. 알파벳 글자가 모두 사용될 경우 회전자는 26 × 26 × 26, 즉 17,576가지의 서로 다른 시작 위치를 가질 수 있다. 둘째, 셰르비우스는 반사판reflector을 추가했다. 이 반사판은 고무 원판 내부에 배선이 되어 있다는 점에서 회전자와 어느 정도 유사하지만, 회전하지 않고 전선이 한쪽 면으로 들어가 같은 쪽으로 나온다는 점에서는 다르다고 할 수 있다. 반사판이 설치되어 있는 상태에서 송신자가 글자를 입력하면 전기 신호가 세 개의 회전자로 간다. 반사판이 전기 신호를 받으면 반사판은 이 신호를 다시 세 개의 회전자로 돌려보내지만, 이번엔 다른 경로를 취한다.

예를 들어 〈그림 36〉과 같은 구성에서 b를 입력하면 전기 신호가 세 개의 회전자를 통과해서 반사판에 도달하게 되고, 전기 신호는 다시 회전자의 전선을 통과해 D에 도착한다. 실제로 전기 신호는 〈그림 36〉에서 보여주는 것처럼 자판에 나타나지 않고 램프보드에 표시된다. 처음에는 반사판이 무슨 소용일까 싶은 생각이 들 것이다. 고정된 반사판은 직접적으로 사이퍼 알파벳 개수를 늘리지 않기 때문이다. 그러나 기계가 실제로 어떻게 메시지를 암호화하고 해독하는지 알게 되면, 왜 반사판이 있어야 좋은지 분명해진다.

어떤 사람이 암호문을 보내고 싶어 한다고 하자. 이때 암호를 작성하기 전에 먼저 회전자를 특정한 시작 위치에 놓아야 한다. 회전자는

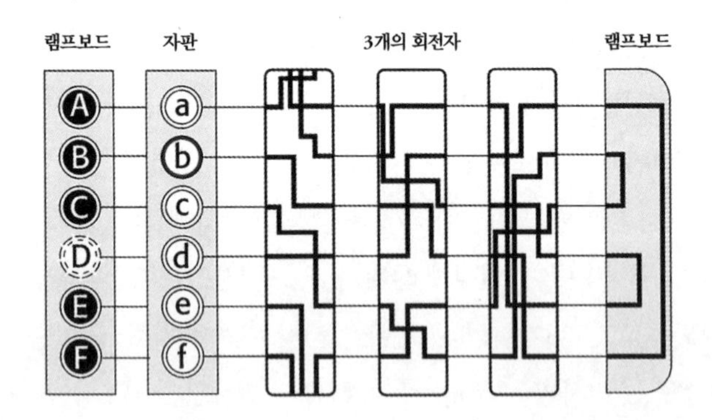

그림 36 셰르비우스의 에니그마 설계에는 세 개의 회전자가 있었고 전기 신호를 반사해 다시 회전자로 보내는 반사판이 하나 더 있었다. 그림의 구성에서 **b**를 입력하면 이 그림에서는 자판 옆에 있는 램프보드의 **D** 램프에 불이 들어올 것이다.

17,576개의 서로 다른 시작 위치의 조합이 가능하므로 가능한 시작 위치도 17,576개가 있다. 회전자의 시작 위치는 메시지가 어떻게 암호화될지를 결정한다. 에니그마를 일반적인 암호 체계의 관점에서 생각해보면, 시작 위치는 암호화 과정의 세부사항을 결정한다고 볼 수 있다. 다시 말하면, 시작 위치는 암호열쇠를 제공한다. 시작 위치는 보통 코드북에 따라 정해진다.

코드북은 매일 사용할 암호열쇠를 나열해 놓은 책으로 통신망에 연결되어 있는 모든 이들에게 코드북이 지급된다. 코드북을 배포하는 데에는 시간과 노력이 들지만 하루에 열쇠 한 개만 있으면 되기 때문에 28개의 열쇠가 들어있는 코드북은 한 달에 한 번씩만 배포하면 된다. 메시지를 보낼 때마다 새로운 열쇠가 필요해서 열쇠를 배포하는 일이 상당히 과중한 업무가 되는 일회용 난수표 암호와 상당히 대조된다. 일단 회전자를 그날그날의 코드북에 따라 설정하면 송신자는 암호 제작에 들어갈 수 있다.

송신자는 메시지의 첫 번째 글자를 입력하고 램프보드에 불이 들어온 글자를 암호문의 첫 번째 글자로 받아 적는다. 그러고 나면 첫 번째 회전자가 자동으로 한 자리 이동하고, 송신자는 메시지의 두 번째 글자를 입력하는 등 이 과정을 반복한다. 암호문을 모두 작성했으면 송신자는 이 암호문을 무선통신사에게 넘기고, 무선통신사는 이 암호문을 수신자에게 전송한다.

메시지를 복호화하려면, 수신자에게도 에니그마와 그날의 시작 위치가 기입된 코드북 사본이 있어야 한다. 수신자는 코드북에 나온 대로 에니그마의 시작 위치를 설정하고 암호문을 한 글자씩 입력해서 램프보드에 나타난 평문 글자를 받아 적는다. 정리하자면, 송신자가 평문을 암호문으로 변환한 것을 수신자는 에니그마에 입력하여 평문으로 다시 변환하는 것으로 암호화 과정과 복호화 과정이 대칭으로 이뤄진다.

암호 해독이 쉽게 이뤄지는 이유는 반사판 때문이다. 〈그림 36〉에서 우리가 b를 입력한 다음 회로를 따라가면 D가 나온다. 마찬가지로 d를 입력한 다음 회로를 따라가면 다시 B가 나온다. 에니그마는 에니그마의 시작 위치가 동일하게 설정되어 있는 한, 평문 글자를 암호문 글자로 바꾸고, 암호문의 글자는 동일한 평문 글자로 바꾼다.

이쯤에서 열쇠와 열쇠가 담긴 코드북은 절대로 적의 손에 넘어가서는 안 된다는 사실이 분명해졌다. 적이 에니그마를 손에 넣을 수는 있어도, 암호화할 당시 에니그마의 시작 위치를 모르면 도청한 암호문을 쉽게 해독할 수 없다. 코드북이 없으면 적의 암호 해독자는 선택 가능한 열쇠를 모두 시험해야 하는데, 이는 곧 17,576개에 달하는 시작 위치를 모두 시험하는 것을 의미한다. 절박한 암호 해독자는 입수한 에니그마의 시작 위치를 임의로 설정하고 짧은 암호문을 입력해 본 다음 의미가 통하는지 확인할 것이다. 의미가 통하지 않으면 시작 위치를 바꾸고 같은 시험을 반복할 것이다. 1분에 시작 위치 하나를 확인할 수 있다고 하면, 하루 종일 여기에 매달린다고 가정할 때 모든 시작 위치를 확인하는 데에만 대략 2주가 소요된다. 이 정도면 중간 정도 수준의 보안이라고 할 수는 있으나 적이 이 업무에 12명을 동시에 배치하면, 하루면 모든 시작 위치를 시험해 볼 수 있다. 따라서 셰르비우스는 초기 시작 위치의 수를 늘려 가능한 열쇠의 수를 늘리는 식으로 에니그마의 보안성을 높였다.

셰르비우스는 회전자(변환기 한 개가 새로 추가될 때 가능한 열쇠의 수가 26배씩 증가한다)를 추가하여 보안성을 높일 수도 있었지만 그렇게 되면 에니그마의 덩치가 커지게 된다. 그래서 셰르비우스는 두 가지 요소를 추가했다. 먼저 그는 회전자들을 분리해서, 회전자끼리 자리를 바꿔 낄 수 있게 만들었다. 예를 들면 첫 번째 회전자를 세 번째 위치에 갖다 놓고, 세 번째 위치에 있는 회전자를 첫 번째 위치에 가져다 놓는 식이다. 회전자의 배열은 암호화에도 영향을 주므로 회전자가 정확히 어떻게 배열되어 있는가에 따라 암호 제작과 해독 과정이 결정된다. 그렇게 되면 세 개의 회전자는 여섯 개의 서로 다른 방식으로 배열이 가능해지고, 이렇게 되면 선택 가능한 열쇠의 수, 또는 가능한 시작 위치의 수가 여섯 배로 늘어난다.

두 번째로 추가한 요소는 자판과 첫 번째 회전자 사이에 위치한 배선반plugboard이다. 배선반에서 송신자는 전선을 삽입해 회전자를 통과하기 전에 글자 일부를 바꾸는 효과를 얻을 수 있다. 예를 들어 배선반의 a 소켓과 b 소켓을 연결하는데 전선을 이용할 수 있다. 따라서 암호 작성자가 b를 암호화하는 경우, 실제 전기 신호는 원래 a가 지나가게 되어 있는 경로를 따라가고, 마찬가지로 자판에 a가 입력되면 원래 b가 지나가게 되어 있는 경로로 전기 신호가 흐른다. 에니그마 사용자들에게는 여섯 개의 전선이 있었으며 이는 곧 여섯 쌍의 글자를 맞바꿀 수 있음을 뜻했다. 그렇게 되면 14개의 글자는 바뀌지 않고 그대로 사용된다. 배선반에 의해 바뀌는 글자들도 에니그마 설정의 일부로서, 코드북에 제시되어야 한다. 〈그림 37〉은 배선반이 추가된 기계의 배치도다. 그림에서는 여섯 개의 알파벳만 다루기 때문에 a와 b, 한 쌍의 글자들만 교환된다.

셰르비우스의 디자인에는 또 하나의 요소로 고리ring가 있다. 고리는 지금까지 언급하지 않았던 요소다. 이 고리도 어느 정도는 암호화 과정에 영향을 주지만 에니그마 전체를 놓고 봤을 때 중요도가 가장 떨어지기에 이 책에서는 다루지 않겠다. (고리의 역할에 대해 정확히 알고자 하는 독자

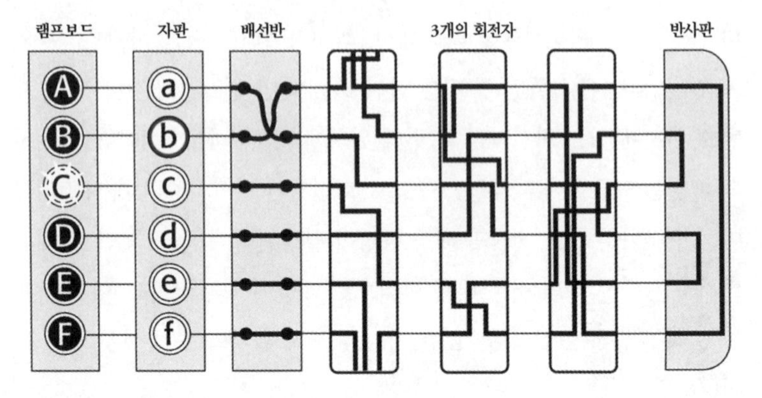

그림 37 배선반은 자판과 첫 번째 회전자 사이에 온다. 배선반에 전선을 끼워 두 글자를 맞바꾸는 게 가능하다. 그림의 경우 **b**는 **a**와 맞바꿀 수 있다 이제 **b**를 입력하면 배선반을 사용하기 전에는 **a**의 회로였던 경로를 따라 전류가 흘러 **a**의 사이퍼 알파벳에 해당하는 글자가 **b**의 암호문 글자가 된다. 26글자를 사용하는 실제 에니그마에서 사용자는 여섯 개의 전선으로 여섯 쌍의 글자를 서로 맞바꿀 수 있다.

들은 참고자료 목록에 포함되어 있는 데이비드 칸David Kahn의 《에니그마 입수작전Seizing the Enigma》과 같은 책을 참고하기 바란다. 참고자료 목록에는 훌륭한 에니그마 에뮬레이터가 실린 웹사이트도 소개되어 있어서 가상의 에니그마를 실행해 볼 수 있다.)

이제 우리는 셰르비우스가 제작한 에니그마의 주요 요소에 대해 파악했으니 이제 선택 가능한 열쇠의 개수를 계산할 수 있다. 선택 가능한 열쇠의 개수는 가능한 배선반 전선의 위치와 가능한 회전자 배열과 회전자 위치를 고려하여 계산한다. 다음의 목록은 기계의 각 요소와 그에 따라 나올 수 있는 경우의 수다.

회전자 위치. 세 개의 회전자의 위치는 26가지 중 하나다.
따라서, 26×26×26=17,576

회전자 배열. 회전자 세 개(1, 2, 3)의 배열 순서는 다음 여섯 가지 중 하나다.

123, 132, 213, 231, 312, 321 : 6개

배선반. 전선을 연결하는 방법의 수이므로 26개의 글자 중 6쌍의 글자를 선택해서 교환할 수 있는 경우의 수는 매우 크다. : 100,391,791,500

총계. 가능한 열쇠의 총 개수는 다음의 세 수를 곱한 것과 같다.

$$17,576 \times 6 \times 100,391,791,500 \approx 10,000,000,000,000,000$$

송신자와 수신자가 암호열쇠를 구성하는 배선반 전선의 연결 방법, 회전자의 순서, 각각의 시작 위치에 대해 합의하는 한 메시지를 쉽게 암호화하고 복호화할 수 있다. 그러나 열쇠가 무엇인지 모르는 적은 10,000,000,000,000,000개에 달하는 경우의 수를 모두 확인해야만 암호를 풀 수 있다. 쉽게 말해서, 1분에 한 가지 경우를 확인할 수 있는 끈질긴 암호 해독가가 있다고 할 때, 그 사람이 모든 경우의 수를 확인하는 데에는 우주의 나이보다 더 긴 시간이 필요하다. (사실, 고리들로 인해 생기는 변수는 계산에 넣지 않았으므로 가능한 열쇠의 수는 훨씬 더 늘어날 것이며, 에니그마로 제작된 암호문을 해독하는 데는 시간이 더 많이 걸린다.)

지금까지 선택 가능한 열쇠의 수를 가장 많이 늘리는 데 기여한 요소는 배선반이다. 그렇다면 왜 셰르비우스가 회전자에 신경을 썼는지 궁금할 것이다. 배선반 그 자체로는 12개 정도의 글자만 바꾸는 단일 치환 암호에 지나지 않는다. 일단 암호를 작성하기 시작하면 글자를 다시 바꿀 수 없기 때문에 결국 빈도 분석으로 해독이 가능한 암호문을 만든

그림 38 아르투르 셰르비우스

다는 것이 배선반의 문제점이다. 회전자는 열쇠의 개수를 늘리는 데에는 큰 역할을 못하지만, 위치가 계속 바뀌어 빈도 분석으로는 공략할 수 없는 암호문을 만들어낼 수 있다. 셰르비우스는 배선반과 회전자를 결합하여 빈도 분석으로부터 안전하면서 엄청난 수의 열쇠를 선택할 수 있는 암호 기계를 완성했다.

셰르비우스는 1918년 처음으로 특허를 받았다. 그의 암호 기계는 34cm × 28cm × 15cm 크기의 작은 상자에 들어가는 크기였지만, 무게는 무려 12킬로그램에 달했다. 〈그림 39〉는 바깥 뚜껑이 달린 에니그마로 뚜껑만 열면 바로 사용할 수 있다. 평문 글자를 입력할 수 있는 자판과 그 위에 암호문 글자가 나타나는 램프보드가 달려 있다. 자판 아래에는 배선반이 있다. 배선반에 여섯 쌍 이상의 맞바꿀 수 있는 글자들이 있는 것은 사진의 모델이 지금까지 설명한 최초의 모델보다 뒤에 나온 모델이어서 그렇다. 〈그림 40〉은 특히 세 개의 회전자를 볼 수 있게끔 에니그마의 안쪽 뚜껑까지 열어젖힌 것이다.

그림 39 즉각 사용이 가능한 군용 에니그마

그림 40 내부 뚜껑을 연 상태의 에니그마. 세 개의 회전자가 보인다.

셰르비우스는 에니그마가 절대 깨지지 않을 거라고 믿었다. 따라서 엄청난 수요를 창출할 것이라 생각했다. 셰르비우스는 이 암호 기계를 군과 기업체를 상대로 판매하기 위해 각각 다른 버전을 내놓았다. 일례로, 셰르비우스는 기업용으로는 기본형 에니그마를, 외교관용으로는 램프보드 대신에 프린터를 장착한 고급형을 내놓았다. 기계 한 대 값은 오늘날 시세로 무려 2만 파운드(약 3천4백만 원)에 달했다.

불행히도 높은 가격 때문에 잠재 고객들은 구매를 주저했다. 기업가들은 자신들이 에니그마가 보장하는 보안성을 감당할 돈이 없다고 말했지만, 셰르비우스는 이들이 에니그마 없이는 살아남기 어려울 것이라고 여겼다. 셰르비우스는 경쟁사가 사활이 걸린 메시지를 가로챘을 경우 입게 될 피해가 막대할 것이라고 주장했지만, 그의 주장을 귀담아 듣는 기업가는 거의 없었다. 독일군 당국도 시큰둥하기는 마찬가지였다. 그때까지만 해도 제1차 대전 당시 취약한 암호 때문에 입은 피해를 의식하지 못했던 것이다. 예를 들어 독일군은 치머만 전보가 멕시코에 있는 미국 첩보원에 의해 유출된 걸로 봤고, 그들은 모든 잘못이 멕시코 정부에 있다고 생각했다. 그때까지도 독일은 치머만의 전보를 영국이 감청한 후 해독했다는 사실을 몰랐다. 그리고 치머만 전보 사건이 사실상 독일의 암호 체계의 구멍 때문임을 깨닫지 못하고 있었다.

셰르비우스만이 관계자들의 무지와 무관심에 절망한 것은 아니었다. 세 나라에서 세 명의 발명가들이 독자적으로 그리고 거의 동시에 회전자에 기초를 둔 암호 기계를 생각해냈다. 1919년 네덜란드에서 알렉산더 코흐Alexander Koch는 특허 10700호를 취득했지만, 자신의 암호 기계를 상업적 성공으로 연결시키지 못해 결국 1927년 특허권을 매각해야 했다. 스웨덴에서는 아르비드 담Arvid Damm이 이와 유사한 특허를 받았지만, 1927년 세상을 뜰 때까지도 판로를 찾지 못했다. 미국에서는 발명가 에드워드 헤번Edward Hebern이 자신의 발명품에 큰 확신을 갖고 '무선의 스핑크스'라는 이름을 붙였다. 그러나 세 명의 발명가 중 헤번이 가장 크게 실패했다.

1920년대 중반, 헤번은 38만 달러 규모의 공장을 짓기 시작했지만, 불행히도 이때는 피해망상에 빠져 있던 미국이 개방적으로 변모하던 시기였다. 제1차 세계대전이 끝나고 10년간 미국 정부는 미국판 블랙 체임버를 세웠다. 이 미국판 블랙 체임버는 매우 뛰어난 암호국으로, 대담하고 명석한 허버트 야들리Herbert Yardley의 지휘 아래 20명의 암호 해독가들이 이곳에서 근무했다. 훗날 야들리는 "빗장을 걸어 잠그고, 숨어서 감시하는 블랙 체임버는 모든 것을 보고, 모든 것을 듣는다. 이들은 창가에 블라인드를 드리우고 창문에 두껍게 커튼을 쳐 놓았지만, 워싱턴, 도쿄, 런던, 파리, 제네바, 로마의 비밀 회의장을 속속들이 꿰뚫어 보고 있다. 민감한 귀로는 전 세계 다른 나라의 수도에서 들리는 아주 작은 속삭임도 놓치지 않는다"고 썼다.

미국의 블랙 체임버는 십년간 45,000개의 암호문을 해독했다. 그러나 헤번이 공장을 지을 무렵, 대통령으로 당선된 허버트 후버가 신뢰를 기반으로 한 국제 관계를 정립하려고 했다. 후버 정부의 헨리 스팀슨 국무장관은 블랙 체임버를 해체하면서 당당하게 '신사는 신사의 편지를 읽지 않는다'고 공표했다. 한 국가가 다른 국가의 메시지를 읽는 게 잘못이라고 믿으면 그 국가는 다른 국가들도 자기들의 메시지를 읽지 않게 될 것이라고 생각하게 되어, 결국 복잡한 암호 기계의 필요성을 느끼지 않게 된다. 헤번은 기계 12대를 총 1,200달러에 파는 데 그쳤고, 1926년 불만에 가득 찬 주주들에 의해 재판에 회부되어 결국 캘리포니아 기업 보장법에 따라 유죄 선고를 받았다.

그러나 셰르비우스는 운이 좋았다. 두 건의 영국 문서 때문에 충격에 빠진 독일군 당국이 에니그마의 가치를 알아보게 된 것이었다. 첫 번째 자료는 윈스턴 처칠이 1923년에 출간한 《세계의 위기The World Crisis》라는 책으로 어떻게 영국이 독일의 귀중한 암호를 해독할 수 있었는지 극적으로 기술하고 있다.

> 1914년 9월 초, 독일의 경순양함 마크데부르크가 발트해에서 침몰했다. 몇 시간 뒤 독일 하사관의 시체가 떠오르자 러시아 해군이 인양해갔다. 그 하사관이 죽는 순간까지 가슴팍에 굳은 팔로 감싸 안고 있었던 것은 독일 해군의 암호문과 암호책, 그리고 모눈종이에 그려진 북해와 헬골란트 만의 상세 지도였다. 9월 6일 러시아 해군무관이 나를 찾아왔다. 그는 페트로그라드에서 메시지를 받았다고 했다. 그 메시지에는 그동안 벌어진 일들과 러시아 해군이 암호문과 암호책의 도움을 받아 독일 해군 암호의 일부를 해독할 수 있었다는 사실이 담겨 있었다. 러시아는 해군 강국인 영국이 이 책들과 지도를 가지고 있어야 한다고 했다. 그래서 우리가 알렉산드로프로 함대를 파견하면 이 자료를 맡고 있는 러시아 장교들이 자료를 영국으로 가져올 것이라고 말했다.

이 자료들은 영국의 40호실에서 근무하는 암호 해독가들이 정기적으로 독일의 암호문을 해독하는 데 도움을 줬다. 거의 십 년이 지난 후, 마침내 독일군들은 자기들의 통신의 보안에 문제가 있었음을 알아차렸다. 그리고 1923년 영국 해군은 제1차 세계대전에 대한 공식 역사서를 발간하면서 독일 통신을 감청한 후 해독하여 연합군이 유리한 고지를 점할 수 있었다는 사실을 다시 언급했다. 영국 정보부의 자랑스러운 업적이 보안을 책임졌던 독일인들에게는 엄연한 치욕이었다. 결국 독일 정보부는 자체 보고서에 다음과 같은 사실을 인정해야 했다. "영국이 독일 함대 사령부의 메시지를 도청, 해독하는 가운데, 독일의 함대 사령부는 한마디로 영국 해군 사령부에게 패를 모두 보여준 채 카드 게임을 한 셈이었다."

독일군은 제1차 세계대전의 과오를 반복하지 않으려면 어떻게 해야 할지 조사했고 에니그마가 최선의 해결책이라는 결론을 내렸다. 1925년 이미 셰르비우스는 에니그마 대량생산 체제에 들어갔고 이듬해 에니그마는 군에 보급되었다. 뒤이어 정부와 철도 같은 국영 기관도 에니그마를 도입했다. 이 에니그마 기계들은 셰르비우스가 이전에 기업체에 팔았던 것들과는 달랐다. 회전자 내부 배선이 이전 에니그마와는 완전히 달랐다. 따라서 상업용 에니그마 소유자들은 정부와 군에서 사용하는 에니그마에 대해서는 아무것도 알지 못했다.

이후 20년간 독일군은 에니그마를 3만 대 이상 사들였다. 셰르비우스의 발명품은 세계에서 가장 안전한 암호 시스템을 독일군에게 선사했다. 그 결과 제2차 세계대전이 발발했을 때, 전례 없는 수준의 암호로 독일군의 통신이 보호되었다. 한때 에니그마가 나치에게 승리를 가져다주는 데 극히 중대한 역할을 할 것처럼 보였지만, 오히려 에니그마는 히틀러에게 패망을 안겨준 요인 중 하나가 되었다. 셰르비우스는 자신이 발명한 에니그마의 흥망성쇠를 모두 볼 만큼 오래 살지 못했다. 1929년 셰르비우스는 한 조의 말을 몰다가 마차의 고삐를 놓치면서 벽에 부딪혀 그때 입은 내상으로 5월 13일에 사망했다.

CODE 04

에니그마의 해독

제1차 세계대전 이후 몇 년간 40호실 소속의 영국 암호 해독가들은 계속해서 독일의 통신을 감시했다. 1926년 영국은 자기들로서는 도저히 알 수 없는 독일의 메시지를 입수하기 시작했다. 에니그마가 등장한 것이었다. 에니그마의 수가 늘어갈수록 40호실의 첩보 수집 능력은 빠르게 약화되었다. 미국과 프랑스 또한 에니그마 암호문을 해독하려고 했지만 어렵기는 영국이나 마찬가지였다. 얼마 되지 않아 이들은 암호를 해독해내겠다는 희망을 버렸다. 이제 독일은 세계에서 가장 안전한 통신을 자랑하는 국가가 되었다.

연합군 측 암호 해독가들이 에니그마 해독을 포기하는 속도는 이들이 불과 10년 전 제1차 세계대전에서 보여준 불굴의 의지와 큰 대조를 이뤘다. 패전의 두려움으로 연합군의 암호 해독가들은 독일의 암호문을 깨는 데 밤낮없이 매달렸었다. 마치 주된 원동력이 두려움이요, 암호 해독의 토대가 역경으로 보일 정도로 암호 해독을 성공시키는 데 매진하였다. 마찬가지로 19세기 말, 강성해지는 독일에 맞서 프랑스의 암호 해독가들을 움직이게 한 것도 두려움과 역경이었다. 그러나 제1차 세계대전이 끝나자 연합군은 무서울 게 없었다. 패전으로 독일은 제 기능을 다하지 못했고, 연합군은 우위를 차지하게 되었다. 그 결과 연합군은 암호 해독에 대한 열의를 잃어버렸다. 연합군 암호 해독가의 수는 줄었고 암호 해독 능력은 퇴보했다.

그러나 한 국가만은 마음을 놓을 여유가 없었다. 제1차 세계대전이 끝나고 폴란드는 독립국이 되었지만 새롭게 되찾은 주권에 위협이 닥칠까 염려했다. 동쪽에는 공산주의 확산에 야심을 품은 러시아가 있었고, 서쪽으로는 전쟁 후 폴란드에게 넘긴 영토를 되찾기 위해 호시탐탐 노리는 독일이 있었다. 양쪽 적들로 샌드위치가 된 폴란드는 필사적으로 기밀 정보를 수집하려 했고, 새로운 암호국 뷰로 시프로프Biuro Szyfrów를 세웠다.

필요가 발명의 어머니라면 역경은 암호 해독의 어머니라 할 수 있다. 1919~1920년에 벌어진 폴란드-러시아 전쟁에서 거둔 폴란드 암호국 뷰로 시프로프의 성공이 그 대표적인 예다. 소련 군대가 바르샤바 코앞까지 진주했던 1920년 8월에만 뷰로 시프로프가 해독한 소련의 암호문이 400건에 달했다. 1926년 독일의 에니그마로 제작한 암호문을 맞닥뜨리기 전까지 이들은 독일을 상대로 한 감청 활동에 있어서도 똑같은 효율을 자랑했다.

독일 암호문 해독의 책임자는 막시밀리안 체스키Maksymilian Ciezki였다. 열렬한 애국자였던 체스키는 폴란드 민족주의의 본고장인 샤모투위에서 자랐다. 체스키는 상업용 에니그마를 손에 넣어 셰르비우스 발명품의 기본 원리를 알아낼 수 있었다. 그러나 불행히도 상업용 에니그마는 각 회전자 내부가 회로도 측면에서 군사용과 완전히 달랐다. 군사용 에니그마 내부의 배선도를 모르고는 체스키는 독일군이 보내는 암호문을 해독할 수 없었다. 체스키는 너무나 실의에 빠진 나머지 한때는 심령술사를 데려다가 입수한 암호문을 해독시키기까지 했다. 입수한 암호문에서 어떤 의미라도 건져 보려는 시도였다. 당연히 심령술사는 뷰로 시프로프가 원했던 획기적인 돌파구를 찾지 못했다. 그러던 와중에 독일 정부에 불만을 품은 한스 틸로 슈미트Hans-Thilo Schmidt라는 사람을 만나 에니그마 암호문 해독에 한 걸음 다가가게 되었다.

한스 틸로 슈미트는 1888년 베를린에서 저명한 교수인 아버지와 귀족 집안의 어머니 사이에서 둘째 아들로 태어났다. 슈미트는 독일 육군에서 군생활을 시작했으며 제1차 세계 대전에 참전하기도 했지만, 베르사유 조약에 따른 독일군의 대규모 감축 과정에서 육군은 슈미트가 계속 군에 남아야 할 정도의 인물로 평가하지 않았다. 일이 그렇게 되자 그는 기업가로서 명성을 얻으려 노력했다. 그러나 그의 비누 공장이 전후 불황과 극심한 인플레이션으로 문을 닫게 되었고, 슈미트와 그의 가족은 경제적으로 궁핍해지고 말았다.

잇따른 좌절로 슈미트가 느낀 굴욕감은 그의 형 루돌프의 성공과 대비되어 더욱 커지기만 했다. 형 루돌프는 제1차 세계대전에 참전한 이후에도 계속 군에 남았다. 1920년대에 승진을 거듭한 루돌프는 마침내 통신부대 군단장의 자리에까지 올랐다. 루돌프는 독일 육군의 통신 보안 책임자였으며, 실제로 육군의 에니그마 사용을 공식 승인한 사람도 바로 루돌프였다.

사업에 실패한 한스 틸로는 어쩔 수 없이 형에게 도움을 청할 수밖에 없었고, 그런 한스 틸로에게 형 루돌프는 독일의 암호 통신 관련 업무를 관리하는 베를린 소재 암호 센터에 일자리를 알아봐주었다.

그림 41 한스 틸로 슈미트

이곳은 에니그마 지휘본부로 매우 민감한 정보를 다루는 1급 비밀기관이었다. 새로운 직장으로 옮기게 되자, 한스 틸로는 생활비가 저렴한 바바리아에 가족들을 남겨 두고 홀로 베를린으로 떠났다. 한스 틸로는 모든 것이 비싼 베를린에서 혼자 살았다. 그는 가난하고 고독했으며, 완벽한 형을 질투했고, 자신을 거부한 조국에 대해서 분노했다. 결과는 뻔했다. 외국에 에니그마에 대한 비밀정보를 팔면 한스 틸로는 돈도 벌고 조국의 안보를 손상시키고 형이 몸담은 조직의 기반을 흔들어 복수도 할 수 있었다.

1931년 11월 8일, 한스 틸로 슈미트는 렉스라는 암호명의 프랑스 첩보원과 접촉하기 위해 벨기에 베르비에에 있는 그랜드호텔에 도착했다. 1만 마르크(오늘날의 돈으로 약 3천4백만 원 상당하는 금액임)를 받고 한스 틸로는 렉스가 서류 두 개의 사진을 찍을 수 있도록 해줬다. 하나는 '에니그마 기계 사용 지침서', 다른 하나는 '에니그마 기계 입력 지침서'였다. 이 문서들은 기본적으로 에니그마 기계의 사용 매뉴얼이었으며 비록 각 회전자 내부 회로에 대한 분명한 설명은 없었지만 내부 회로를 추측하는 데 필요한 정보를 담고 있었다.

슈미트의 배신으로 이제 연합군은 독일의 군사용 에니그마를 똑같이 복제하는 게 가능해졌다. 그러나 복제품을 만들 수 있다고 해서 에니그마로 제작한 암호문을 해독할 수 있는 것은 아니었다. 암호문의 보안 수준은 암호 제작 기계가 아니라 암호 제작 기계의 초기 설정(바로 열쇠)에 달려 있었던 것이다. 암호 해독가가 입수한 암호문을 해독하려면, 똑같은 에니그마 기계뿐만 아니라 수억만 개의 선택 가능한 열쇠 중에 어떤 열쇠를 암호 제작에 사용했는지 알아야 한다. 독일의 한 내부 보고서에는 '적이 이와 동일한 기계를 마음대로 사용할 수 있다는 상황을 가정하고 암호 시스템의 보안을 평가했다'고 적혀 있었다.

프랑스 첩보국은 슈미트라는 정보원을 찾아내고 군사용 에니그마 내부 회로에 대한 문건을 확보한 것에 대해 확실히 만족스러워했다. 그러나 첩보국의 능력에 비해 프랑스 암호 해독가들은 무능했으며, 새롭게 입수한 정보를 이용할 의지도 능력도 없어 보였다. 프랑스 암호 해독가들은 제1차 세계대전 이후 자신감 과잉과 그에 따른 동기 부족 상태에 빠져 있었다. 프랑스 암호국은 군사용 에니그마의 복제품을 만들려는 시도조차 하지 않았다. 그들은 에니그마를 복제하고 난 다음 단계 즉, 에니그마로 제작한 특정 메시지를 해독하는 데 필요한 열쇠를 찾는 게 불가능하다고 믿었던 것이다.

우연히도 10년 전 프랑스는 폴란드와 군사협정을 맺었었다. 폴란드는 에니그마와 관련된 것은 모두 관심을 표명해왔었고, 10년 전 체결한 협정에 따라 프랑스는 슈미트의 문서를 찍은 사진을 폴란드에 넘기면서, 에니그마 암호 해독이라는 가망 없는 과제를 폴란드 암호국 뷰로 시프로프에 넘겼다. 뷰로 시프로프는 이 문서들이 단지 시작점에 불과하다는 사실을 알고 있지만, 프랑스와 달리 이들에게는 일을 추진하게 만드는 침략에 대한 두려움이 있었다. 폴란드 암호 해독가들은 에니그마로 제작한 암호문의 열쇠를 더 쉽게 찾을 수 있는 지름길이 반드시 있을 거라고 확신했다. 따라서 충분히 노력을 기울이고 창의력과 기지를 발휘하면 그 지름길을 찾을 수 있다고 믿었다.

슈미트의 서류에는 회전자의 내부 회로에 대한 정보뿐만 아니라 독일군이 사용하는 코드북의 레이아웃에 대해서도 상세히 다루고 있었다. 에니그마 교환원들은 매일 사용해야하는 열쇠가 구체적으로 명시된 새 코드북을 다달이 받았다. 예를 들어 매달 첫째 날, 코드북에는 다음과 같은 일일 열쇠가 적혀 있었다.

(1) 배선반 설정 : A/L – P/R – T/D – B/W – K/F – O/Y

(2) 회전자 배열 : 2-3-1

(3) 회전자 위치 : Q-C-W

회전자 배열과 위치를 합쳐 회전자 설정이라고 한다. 특정 일일 열쇠를 에니그마에 적용하려면, 에니그마 교환원은 에니그마를 다음과 같이 설정할 것이다.

(1) 배선반 설정: 배선반의 전선을 이용해 글자 A와 L을 연결하여 글자 A와 L이 맞바뀌도록 한다. 마찬가지로 P와 R, 그다음에 T와 D, 그다음 B와 W, K와 F, 마지막으로 O와 Y에 대해서도 같은 조치를 취한다.

(2) 회전자 배열: 두 번째 회전자를 기계의 첫 번째 슬롯에 끼우고 세 번째 회전자는 두 번째 슬롯, 그리고 첫 번째 회전자는 세 번째 슬롯에 끼워 넣는다.

(3) 회전자 위치: 각각의 회전자 바깥쪽 테두리에 알파벳이 새겨져 있어서 교환원이 회전자를 특정 위치에 맞출 수 있다. 이 경우에는 교환원은 첫 번째 슬롯에 있는 회전자를 돌려 Q가 위로 오도록 하고 두 번째 슬롯에 있는 회전자는 C가 나오게 돌리고, 세 번째 슬롯에 있는 회전자는 W가 보이게 맞춘다.

메시지를 암호화하는 방법 중 하나는 송신자가 그날의 일일 열쇠에 따라 그날 오고가는 메시지를 모두 암호화하는 것이다. 이 말은 그날 하루 종일의 작업을 위해 각각의 메시지를 보내기에 앞서 모든 에니그마 교환원들은 동일한 일일 열쇠에 따라 기계를 설정한다는 뜻이다. 그러고 나서 메시지를 보내야 할 때마다 열쇠를 먼저 에니그마에 입력하고, 다 만들어진 암호문을 메시지 전송을 담당하는 무선통신사에게 건넨다. 반대편에서는 메시지를 수신하는 무선통신사가 메시지를 받아 기록해서 에니그마 교환원에게 건네면, 에니그마 교환원은 받은 암호문을 자신의 에니그마에 입력한다. 이때 수신자 쪽 에니그마도 송신자와 같은 그날의 일일 열쇠에 따라 설정이 되어 있다. 그렇게 해서 얻은 결과물이 평문 메시지다.

이 같은 과정은 어느 정도까지는 안전하지만 매일 주고받는 수백 개의 메시지를 같은 일일 열쇠로 반복적으로 암호화하다보면 보안이 취약해진다. 일반적으로, 대량의 자료를 암호화할 때 한 가지 열쇠만 사용하게 되면 암호 해독자가 열쇠를 추측하기 쉬워진다. 동일한 열쇠를 사용한 암호문이 많으면 많을수록 그만큼 암호 해독자가 열쇠를 찾아낼 가능성도 높아진다. 일례로 더 단순한 암호인, 단일 치환 암호의 경우 단 몇 문장만 있는 암호문보다는 몇 페이지짜리 긴 암호문인 경우, 빈도 분석으로 해독하기가 훨씬 쉽다.

따라서 독일군은 추가적인 암호 유출 예방책으로 일일 열쇠를 사용하여 메시지를 보낼 때마다 새로운 메시지 열쇠를 전송하는 영리한 조치를 취했다. 메시지 열쇠에서 배선반 설정과 회전자 배열은 일일 열쇠와 같게 하되 회전자의 위치는 다르게 가져간 것이다. 새로운 회전자 위치는 코드북에 들어있지 않기 때문에 송신자는 다음의 절차에 따라 안전하게 수신자에게 메시지 열쇠를 전송해야 했다. 첫 번째 송신자는 자기 에니그마를 그날의 일일 열쇠에 따라 설정한다. 일일 열쇠에는 그날의 회전자 위치가 포함된다. 여기서는 일단 QCW라고 하자. 그 다음 송신자는 메시지 열쇠를 위한 새로운 회전자 위치를 임의로 정한다. 이를테면 PGH라고 하자. 그러고 나서 송신자는 그날의 일일 열쇠를 사용해 PGH를 암호화한다. 메시지 열쇠는 에니그마에 두 번씩 입력한다. 수신자에게 재확인시키기 위함이다. 예를 들면, 송신자는 PGHPGH라는 메시지 열쇠를 KIVBJE라고 암호화하게 된다. 두 개의 PGH가 서로 다르게 암호화되었음(처음 PGH는 KIV로 두 번째 PGH는 BJE로 암호화됨)을 주목하기 바란다. 글자 하나가 입력될 때마다 에니그마의 회전자가 돌아가서 글자마다 사용되는 사이퍼 알파벳이 계속 바뀌기 때문이다. 그런 다음 송신자는 자기 에니그마의 회전자 위치를 PGH에 맞추고 이 메시지 열쇠를 이용해 메시지 본문을 암호화한다. 그럼 수신자 쪽은 어떨지 살펴보자. 수신자의 에니그마는 일단 그날의 일일 열쇠인 QCW로 설정되어 있다. 들어오는 메시지의 처음 여섯 글자인 KIVBJE를 입력하면 PGHPGH라는 원문 메시지를 얻는다. 그러면 수신자는 자기 에니그마의 회전자 위치를 메시지 열쇠인 PGH로 재설정한다. 그러고 나면 나머지 메시지 본문을 해독할 수 있다.

이 같은 과정은 송신자와 수신자가 주된 암호열쇠에 합의하는 과정에 해당한다. 그러니까 일일 열쇠 하나로 모든 메시지를 암호화하는 대신 각각의 메시지를 위한 새로운 암호열쇠를 암호화하는 데 그날의 일일 열쇠를 사용하는 것이다. 독일군이 메시지 열쇠를 사용하지 않았다면 모든 메시지, 아마도 수백만 개의 글자로 이뤄진 수천 건의 메시지가 같은 일일 열쇠로 암호화되어 전송되었을 것이다. 그러나 일일 열쇠가 메시지 열쇠 전송에만 사용된다면, 일일 열쇠가 암호화하는 텍스트의 양은 매우 적어지게 된다. 하루에 천 개의 메시지 열쇠가 전송된다고 하면, 그날의 일일 열쇠로 암호화되는 글자는 단 6,000자에 불과할 것이다. 그리고 각각의 메시지 열쇠는 무작위로 선택되며, 단 하나의 메시지를 암호화하는 데 사용되므로, 이 메시지 열쇠로 암호화하는 텍스트의 양도 수백 자에 머무를 것이다.

일견 이 같은 암호 체계는 결코 뚫을 수 없을 것처럼 보였지만, 폴란드 암호 해독가들은 이에 굴하지 않았다. 폴란드 암호 해독가들은 에니그마와 일일 열쇠와 메시지 열쇠 사용법상의 취약점을 찾아내기 위해서라면 물불을 가리지 않을 태세였다. 에니그마와의 전쟁에서는 새로운 부류의 암호 해독가들이 선봉에 서 있었다. 사람들은 수백 년 동안 최고의 암호 해독가는 언어 구조 분야의 전문가라고 생각했다. 그러나 에니그마의 출현은 폴란드의 암호 해독가 채용 정책을 바꿔놓았다. 에니그마는 기계로 작성한 암호였다. 따라서 뷰로 시프로프는 좀 더 과학적으로 사고하는 사람들이 에니그마에 대항하는 것이 더 승산이 있을 거라고 보았다. 뷰로 시프로프는 암호학 강좌를 열고 스무 명의 수학자들을 초청했으며, 초청받은 수학자들은 모두 비밀 유지 서약에 서명했다. 이 수학자들은 모두 포츠난 대학 출신이었다. 포츠난 대학은 폴란드 제일의 명문은 아니었지만, 1918년까지 독일 영토의 일부였던 폴란드 서쪽에 자리하고 있다는 장점이 있었다. 따라서 이곳 출신의 수학자들은 독일어가 유창했다.

20명의 수학자들 중 세 명이 암호 해독에 소질이 있는 것으로 판명되어 뷰로에 채용되었다. 그 중 가장 뛰어난 사람은 마리안 레예프스키 Marian Rejewski였다. 소심한 인상에 안경을 쓴 스물세 살의 레예프스키는 보험 업계에 종사하기 위해 통계학을 공부한 바 있었다. 대학에서도 우수한 학생이었지만, 뷰로 시프로프에 들어오자 그는 마치 물을 만난 물고기처럼 능력을 발휘했다. 견습 기간 동안 레예프스키는 매우 어려운 에니그마에 도전하기 전에 전형적인 암호문을 먼저 해독했다. 완전히 홀로 일하면서, 레예프스키는 셰르비우스가 만든 기계의 복잡한 특성을 파악하는 데 자신의 모든 에너지를 쏟아 부었다. 수학자이기도 한 레예프스키는 에니그마의 모든 동작 원리를 분석하려고 했고 회전자와 배선반의 전선이 암호 제작에 어떤 영향을 주는지 면밀히 조사했다. 그러나 모든 수학이 그러하듯, 레예프스키가 하는 일에도 논리뿐만 아니라 영감을 필요로 했다. 전쟁 중에 활동했던 어떤 수학자 출신 암호 해독가는 "독창적인 암호 해독가는 자신의 정신적 위업을 달성하기 위해 필연적으로 매일 어두운 영혼과 교감해야 한다"고 했다.

에니그마를 공략하기 위한 레예프스키의 전략은 반복이 보안에 취약이라는 점에 집중하는 것이었다. 반복은 패턴을 낳고, 패턴은 암호 해독가를 춤추게 한다. 에니그마 암호에서 가장 눈에 띄게 반복되는 것이 바로 메시지 열쇠다. 메시지 열쇠는 모든 메시지의 시작 부분에서 두 번씩 암호화된다. 만일 교환원이 메시지 열쇠로 ULJ를 선택했다고 하면 ULJ는 두 번씩 암호화되어 ULJULJ는 PEFNWZ가 된다. 교환원은 PEFNWZ를 먼저 전송한 다음 실제 본문 메시지를 보낼 것이다. 독일군이 이렇게 열쇠를 두 번씩 전송하도록 한 것은 전파 혼선이나 통신사의 오작업으로 야기되는 실수를 방지하기 위해서였다. 그러나 독일군은 이 같은 실수 방지책이 에니그마의 보안에 구멍을 내리라고는 예측하지 못했다

매일 레예프스키 앞에는 새로운 암호문 뭉치가 놓여 있었다. 이 암호문들은 모두 세 글자로 된 메시지 열쇠를 반복해서 생성된 여섯 글자로 시작했고, 그날 사용하기로 된 같은 일일 열쇠로 암호화된 것들이었다. 예를 들면, 레예프스키는 다음과 같이 암호화된 메시지 열쇠로 시작하는 네 개의 암호문을 받을 것이다.

	1	2	3	4	5	6
첫 번째 메시지	L	O	K	R	G	M
두 번째 메시지	M	V	T	X	Z	E
세 번째 메시지	J	K	T	M	P	E
네 번째 메시지	D	V	Y	P	Z	X

각 메시지에서 첫 번째와 네 번째 글자는 동일한 글자를 암호화한 것으로 메시지 열쇠의 첫 번째 글자를 암호화한 것이다. 또 두 번째와 다섯 번째 글자는 같은 글자로 메시지 열쇠의 두 번째 글자를 암호화한 것이며, 세 번째와 여섯 번째 글자도 같은 글자로 메시지 열쇠의 세 번째 글자를 암호화한 것이다. 예를 들어 첫 번째 메시지에서 L과 R은 같은 글

자 즉, 메시지 열쇠의 첫 번째 글자를 암호화한 것이다. 같은 글자가 처음에는 L로, 그 다음엔 R로 암호화된 이유는 암호화가 두 번 일어나는 과정에서 에니그마의 첫 번째 회전자가 세 자리 이동하면서 전체적인 암호화 방법을 바꿔놓았기 때문이다.

L과 R이 동일한 글자를 암호화한 것이라는 사실에서 레에프스키는 에니그마의 시작 위치를 설정할 때 다소 제약이 있음을 추론할 수 있었다. 미지의 초기 회전자 설정에 따라 미지의 일일 열쇠 첫 번째 글자가 암호화된 것이 L이다. 그런 다음, 여전히 미지의 초기 설정에서 세 자리 이동한 회전자 설정에 따라 앞에서 한 번 암호화한 미지의 일일 열쇠 첫 번째 글자가 암호화된 것이 R이다.

이 같은 제약이 너무나 모호해 보이는 것은 미지의 것이 너무나 많기 때문이다. 그러나 최소한 L과 R은 에니그마의 초기 설정, 즉 일일 열쇠에 의해 매우 밀접한 관계를 맺고 있음을 보여준다. 매번 새로운 메시지를 입수할 때마다 반복되는 메시지 열쇠의 첫 번째 글자와 네 번째 글자 사이의 관계를 밝히는 것이 가능하다.

이 모든 관계는 에니그마의 초기 설정을 반영한다. 예를 들어, 앞에서 제시한 두 번째 메시지는 우리에게 M과 X와 관련이 있다는 것을, 세 번째 메시지는 J와 M이 관련되어 있다는 것을, 네 번째 메시지는 D와 P가 관련되어 있다는 것을 말해 준다. 레예프스키는 이 관계들을 표로 정리하기 시작했다. 지금까지 예로 든 네 개의 메시지를 이용하면 (L, R), (M, X), (J, M), (D, P) 사이의 관계를 다음과 같이 나타낼 수 있다.

첫 번째 글자	A	B	C	D	E	F	G	H	I	J	K	L	M	N	O	P	Q	R	S	T	U	V	W	X	Y	Z
네 번째 글자				P						M		R	X													

레예프스키가 같은 날 오고간 메시지를 충분히 확보할 수만 있다면 전체 알파벳의 관계를 알아낼 수 있을 것이다. 다음의 표는 알파벳들 사이의 관계를 모두 나타낸 것이다.

첫 번째 글자	A	B	C	D	E	F	G	H	I	J	K	L	M	N	O	P	Q	R	S	T	U	V	W	X	Y	Z
네 번째 글자	F	Q	H	P	L	W	O	G	B	M	V	R	X	U	Y	C	Z	I	T	N	J	E	A	S	D	K

레예프스키는 일일 열쇠를 몰랐으며 어떤 메시지 열쇠가 선택되었는지도 몰랐다. 그러나 레예프스키는 일일 열쇠와 메시지 열쇠를 통해 이 표가 도출된다는 것은 알았다. 일일 열쇠가 달랐다면 위 관계 표는 전혀 다르게 나왔을 것이다. 그다음 문제는 이 관계표를 보고서 일일 열쇠를 알아내는 방법이 있느냐 하는 것이었다. 레예프스키는 이 표 안에서 패턴을 찾기 시작했다. 그는 일일 열쇠의 단서가 될 만한 패턴을 찾았던 것이다. 결국 레예프스키는 특정 유형의 패턴을 찾아내 집중적으로 조사하기 시작했다. 그 패턴의 특징은 글자들이 사슬 관계로 되어 있다는

그림 42 마리안 레예프스키

점이었다. 예를 들어 표에서 윗줄의 A는 아래 줄의 F와 연결되어 있다. 그래서 그 다음에 레예프스키는 윗줄의 F를 찾아갈 것이다. 결국 W는 A와 연결되어 있음이 밝혀지고, 바로 이 지점은 우리가 맨 처음 시작한 지점이다. 바로 여기서 사슬 관계가 끝난다. 나머지 알파벳 글자를 가지고도 레예프스키는 유사한 사슬들을 만들어냈다. 그는 찾을 수 있는 모든 사슬을 나열한 다음, 각 사슬의 연결점의 개수를 표시했다.

A → F → W → A	연결점 3개
B → Q → Z → K → V → E → L → R → I → B	연결점 9개
C → H → G → O → Y → D → P → C	연결점 7개
J → M → X → S → T → N → U → J	연결점 7개

지금까지 우리는 반복되는 여섯 글자짜리 열쇠에서 첫 번째와 네 번째 글자 사이의 연결점만 고려했다. 그러나 실제로 레예프스키는 두 번째와 다섯 번째, 그리고 세 번째와 여섯 번째 글자 사이의 관계에서 사슬 관계를 찾아낸 다음 사슬의 연결점 개수를 조사했다.

레예프스키는 사슬이 매일 달라진다는 것을 알았다. 어떤 때는 짧은 사슬이 많았고, 어떤 때는 긴 사슬이 많이 나타났다. 물론 사슬을 구성하는 글자들도 달라졌다. 사슬의 특징은 일일 열쇠 설정의 결과물임이 분명했다. 즉, 배선반 설정, 회전자 배열과 그 위치가 복잡하게 얽힌 결과 나타나는 것이었다. 그러나 레예프스키에게는 이런 사슬들로부터 어떻게 일일 열쇠를 알아낼 수 있느냐 하는 문제가 남아 있었다. 10,000,000,000,000,000개의 선택 가능한 일일 열쇠 중에서 특정 패턴의 사슬과 관련 있는 일일 열쇠는 무엇일까? 경우의 수가 너무나 많았다.

바로 이 지점에서 레예프스키는 깊은 통찰력을 발휘했다. 배선반과 회전자 설정 둘 다 사슬의 모양에 영향을 주지만 이 두 개의 설정이 사슬에 미치는 영향을 어느 정도는 구분할 수 있었다. 특히 사슬의 한 가지 측면은 전적으로 회전자 설정에 따라 달라지며 배선반 설정과는 아무런 관련이 없다. 즉, 사슬에서 연결점의 개수는 순전히 회전자 설정에 따라서만 달라진다. 일례로 앞에서 다룬 예에서 일일 열쇠의 배선반 설정이 S와 G를 맞바꾸도록 되어 있었다고 해보자. 이때 우리가 S와 G를 바꾸는 전선을 빼고 대신에 T와 K를 맞바꾸는 것으로 설정했다고 하면 사슬은 다음과 같이 바뀔 것이다.

사슬의 글자 일부가 바뀌었다. 그러나 여기서 결정적으로 중요한 것은 사슬의 연결점 개수는 변하지 않았다는 사실이다. 레예프스키는 회전자 설정만 반영하는 사슬의 단면을 알아낸 것이었다.

A → F → W → A	연결점 3개
B → Q → Z → T → V → E → L → R → I → B	연결점 9개
C → H → S → O → Y → D → P → C	연결점 7개
J → M → X → G → K → N → U → J	연결점 7개

선택 가능한 회전자 설정의 총 개수는 회전자를 배열하는 경우의 수(6) 곱하기 회전자 위치에 대한 경우의 수(17,576)이므로 총 105,456이다. 따라서 10,000,000,000,000,000개의 일일 열쇠 중에서 어떤 것이 특정 사슬 집합과 관련 있는지 고민하는 대신에, 레예프스키는 훨씬 단순한 문제에만 전념할 수 있었다. 곧, 105,456가지의 회전자 설정 중에서 어떤 회전자 설정이 사슬 집합 내의 연결점 개수와 관련 있는지 찾으면 되

었다. 105,456도 작은 수는 아니지만 선택 가능한 일일 열쇠의 총 개수보다는 1천억 분의 1배 작은 수다. 다시 말해서, 문제가 1천억 배 쉬워진 것이다. 분명 이 정도면 인간의 노력으로 해결할 수 있는 영역에 속한다.

레예프스키는 다음과 같이 계속 작업했다. 한스 틸로 슈미트의 스파이 활동 덕분에 레예프스키는 에니그마의 복제품을 이용할 수 있었다. 그의 팀은 105,456개에 달하는 회전자 설정을 일일이 확인하면서 각 회전자 설정에 따른 연결점의 개수를 기록하는 지난한 작업에 돌입했다. 이 작업을 마치는 데 꼬박 1년이 걸리지만, 일단 폴란드 암호국이 데이터를 축적하면 레예프스키는 마침내 에니그마 암호 해독을 시작할 수 있을 것이었다.

매일같이 레예프스키는 암호화된 메시지 열쇠 즉, 입수한 암호문의 맨 처음 여섯 글자들을 들여다보고, 이 글자들을 가지고 자신의 글자 관계표를 작성했다. 이런 작업을 통해 레예프스키는 사슬을 추적할 수 있었고 각 사슬에 있는 연결점의 개수를 알아낼 수 있었다. 예를 들면, 첫 번째 글자와 네 번째 글자를 분석하면 사슬 네 개의 연결점이 각각 3개, 9개, 7개, 7개가 나올 수 있다. 두 번째와 다섯 번째 글자를 분석하면 마찬가지로 네 개의 사슬에 연결점은 각각 2개, 3개, 9개, 12개가 나올 수 있다. 세 번째와 여섯 번째 글자를 분석하면 다섯 개의 사슬에 연결점의 개수는 각각 5개, 5개, 5개, 3개 그리고 8개일 것이다. 아직까지 레예프스키는 일일 열쇠를 모르지만, 일일 열쇠를 통해 세 개의 사슬 집합이 있고, 그 사슬 집합에는 다음과 같이 사슬과 연결점의 개수가 각각 나온다는 것을 알았다.

첫 번째 글자와 네 번째 글자 사이에는 4개의 사슬, 연결점의 수는 3, 9, 7, 7

두 번째 글자와 다섯 번째 글자 사이에는 4개의 사슬, 연결점의 수는 2, 3, 9, 12

세 번째 글자와 여섯 번째 글자 사이에는 5개의 사슬, 연결점의 수는 5, 5, 5, 3, 8

이제 레예프스키는 그동안 자신이 작성한 관계표를 보고 위의 사슬과 연결점을 만들어내는 회전자 설정이 무엇인지 찾기만 하면 되었다. 사슬의 개수와 각 사슬마다 갖고 있는 연결점의 개수를 관계표에서 찾으면, 그는 즉각 특정 일일 열쇠에 해당하는 회전자 설정이 무엇인지 알았다. 사실상 사슬은 초기 회전자 배열과 위치를 드러내는 지문이었다. 레예프스키는 범죄 현장에서 지문을 찾아낸 다음 데이터베이스에서 지문과 일치하는 용의자를 찾아내는 수사관처럼 일했다.

레예프스키는 일일 열쇠 중 회전자 부분에 해당하는 것은 알아냈지만 여전히 배선반 설정도 알아내야 했다. 배선반 설정 방법에도 약 1천억 개의 경우의 수가 있었지만, 배선반 설정을 알아내는 작업은 비교적 단순했다. 먼저 레예프스키는 새롭게 알아낸 일일 열쇠의 회전자 설정에 맞춰 자신이 갖고 있는 에니그마를 설정했다. 그런 다음 레예프스키는 배선반에 꼽혀 있는 전선을 모두 빼서 배선반이 아무런 영향을 줄 수 없는 상태로 만들었다. 마지막으로 그가 입수한 암호문을 에니그마에 입력하고 나면 대부분 전혀 뜻을 알 수 없는 글자들이 나올 것이다. 당연히 배선반의 전선이 어떻게 꼽혀 있는지도 모르는 데다 전선이 없는 상태기 때문이다. 그러나 가끔 막연하게나마 알아 볼 수 있는 구절이 나타나기도 할 것이다. 이를테면 alliveinbelrin 같은 문구가 출현할 수 있다. 아마도 'arrive in Berlin(베를린에 도착하다)'일 수도 있다. 만일 이 같은 가정이 맞는다면, R과 L은 서로 연결되어 있으며, 배선반의 전선에 의해 바뀌었을 가능성이 있는 반면 A, I, V, E, B, N은 배선반 전선과는 관계가 없을 것이다. 다른 구를 분석하면 배선반에 의해 바뀐 다섯 쌍의 글자들을 찾을 수 있을 것이다. 이미 회전자 설정을 찾아냈고 이렇게 배선반 설정을 알아냈으므로 레예프스키는 일일 열쇠를 완벽하게 파악하게 되었다. 이젠 그날그날 전송된 암호문을 모두 해독할 수 있게 되었다.

레예프스키는 회전자 설정을 찾아내는 일과 배선반 설정을 찾아내는 일을 분리시킴으로써 일일 열쇠를 찾는 일을 엄청나게 단순화시켰다. 각각의 설정만 알아도 두 개의 문제를 모두 해결할 수 있었다. 원래 우리는 선택 가능한 에니그마 열쇠를 일일이 확인하려면 우주의 나이보다 더 걸릴 거라고 추정했다. 그러나 레예프스키는 딱 1년간 사슬의 길이를 모두 정리하고는, 그 다음부터는 하루가 다 가기 전에 일일 열쇠를 찾아낼 수 있었다. 일단 일일 열쇠를 알아내면 레예프스키는 원래의 메시지를 받기로 한 수신자와 똑같은 정보를 수중에 넣은 게 되었고, 이로써 쉽게 메시지를 해독할 수 있었다.

레예프스키가 에니그마 해독의 전기를 마련한 후, 폴란드는 독일의 통신 내용을 환히 들여다볼 수 있게 되었다. 폴란드는 독일과 전쟁을 하고 있지는 않았지만 독일의 침략 위협은 항상 있었다. 따라서 에니그마를 정복했다는 데서 폴란드가 느낀 안도감은 이루 말할 수 없이 컸다. 폴란드가 독일군 장성들이 무슨 생각을 하는지 알아 낼 수만 있다면, 폴란드군은 스스로를 방어할 수 있을 것이다. 폴란드의 운명은 레예프스키에 달려 있었고, 레예프스키는 조국을 실망시키지 않았다.

레예프스키의 에니그마 공략은 암호 해독 분야의 실로 위대한 업적 가운데 하나다. 지금까지 나는 단 몇 페이지에 걸쳐 레예프스키의 업적을 요약해야 했다. 따라서 기술적인 세부 사항과 레예프스키가 겪은 난관들은 모두 생략해야 했다. 에니그마는 매우 복잡한 암호 기계이며 에니그마를 깨는 데에는 엄청난 지적 능력이 요구된다. 내가 간략하게만 기술한 내용들 때문에 독자들이 레예프스키가 이룬 놀라운 업적을 과소평가해서는 안 될 것이다.

폴란드가 에니그마 암호를 깨는 데 성공할 수 있었던 요인으로 두려움, 수학, 첩보활동, 이렇게 세 가지를 꼽을 수 있다. 침략에 대한 두려움이 없었다면, 폴란드는 절대 깨지지 않을 것 같은 에니그마 암호 앞에서 의욕을 잃었을 것이다. 수학이 없었다면 레예프스키는 사슬을 분석할 수 없었을 것이다. 그리고 '아쉬Asche'라는 암호명을 썼던 슈미트가 없었다면, 또 슈미트의 문서가 없었다면 회전자의 회로를 알 길이 없었을 것이고, 나아가 암호 분석 자체를 시작도 하지 못했을 것이다. 레예프스키는 슈미트에게 빚을 졌다는 사실을 망설임 없이 인정했다. "아쉬의 문서는 마치 하늘이 내려준 만나manna 같았다. 즉각 모든 문이 활짝 열렸다."

몇 년간 폴란드는 레예프스키의 기술을 훌륭하게 이용했다. 1934년 바르샤바를 방문했을 때, 헤르만 괴링은 자기가 주고받은 통신 내용을 폴란드가 감청해서 모두 해독하고 있을 거라는 사실을 까맣게 몰랐다. 괴링과 여타 다른 독일 고위 관리들이 뷰로 시프로프 사무소 옆에 있는 무명용사비에 헌화하는 동안 레예프스키는 창밖으로 그들을 지켜보며, 자신이 그들의 가장 은밀한 통신 내용을 알고 있다는 사실을 만족스러워했을 것이다.

심지어 독일이 메시지 전송 방법을 살짝 바꿀 때도 레예프스키는 이에 즉각 대응했다. 연결점 개수를 기록한 그의 오래된 목록은 더 이상 쓸모가 없어졌지만, 레예프스키는 목록을 새롭게 작성하는 대신 자동으로 정확한 회전자 설정을 찾을 수 있는 원래 목록의 기계화된 버전을 생각해냈다. 레예프스키가 고안한 기계는 에니그마를 변형한 것으로 정확히 일치하는 결과가 나올 때까지 17,576개의 설정을 빠르게 검색할 수 있었다. 여섯 개의 가능한 회전자 배열 때문에 레예프스키의 기계 여섯 대를 동시에 돌려야 했으며, 여기서 각 기계는 가능한 회전자의 배열을 나타냈다. 이렇게 여섯 대의 기계를 한데 묶어 하나의 단위 기계로 만드니, 그 크기는 높이가 1미터에 달했으며, 대략 2시간이면 일일 열쇠를 찾을 수 있었다. 이 단위 기계를 사람들은 '봄브bombe'라고 불렀다. 회전자 설정을 찾을 때 돌아가는 소리가 시한폭탄의 재깍거리는 소리를 연상시켜서 그렇게 이름을 붙였다는 설이 있다. 또는 레예프스키가 카페에서 반 구체 모양의 봄브라는 아이스크림을 먹다가 영감을 얻어 만든 기계라 그런 이름을 얻게 되었다는 설도 있다. 봄브는 효과적으로 암호 해독 과정을 기계화했다. 이는 암호화 과정을 기계화한 에니그마 출현에 대한 자연스러운 현상이었다.

1930년대 대부분 레예프스키와 그의 동료들은 에니그마의 열쇠를 알아내기 위해 쉬지 않고 일했다. 레예프스키의 팀은 암호 해독에 따른 스트레스와 중압감과 싸워야 했으며, 계속해서 봄브의 기계적 결함을 해결해야 했고, 끝없이 밀려드는 암호문을 처리해야 했다. 점점 일일 열쇠, 즉 암호문의 의미를 밝혀낼 매우 중요한 정보를 찾는 일이 이들의 삶을 지배했다. 그러나 레예프스키의 팀은 자신들이 한 일 중 상당 부분이 불필요한 일이었음을 모르고 있었다. 뷰로 시프로프 국장 그비도 란게르 소령은 이미 에니그마의 일일 열쇠를 가지고 있었지만, 아무에게도 말하지 않고 자기 책상 속에 숨겨 두었다.

프랑스를 통해 란게르 국장은 슈미트로부터 정보를 계속 얻고 있었다. 이 독일 스파이의 매국 행위는 1931년 에니그마 작동법에 관한 두 건의 문서를 건네는 것으로 끝나지 않고, 계속해서 7년간 이어졌던 것이다. 슈미트는 렉스라는 프랑스 비밀첩보원을 20여 차례에 걸쳐 만났다. 접선 장소는 주로 사생활이 보장되는 알프스의 외딴 오두막이었다. 만날 때마다 슈미트는 코드북을 한 권 이상 건넸으며 한 권의 코드북에는 한 달 치 분량의 일일 열쇠가 들어 있었다.

이 코드북들은 모든 독일군 에니그마 교환원에게 배포되던 것이었고, 거기에는 메시지를 암호화하고 복호화하는 데 필요한 모든 정보가 들어있었다. 슈미트는 총 38개월 동안 사용할 수 있는 분량의 일일 열쇠가 든 코드북을 프랑스에게 넘겼다. 이 열쇠의 존재를 알았다면 레예프스키는 엄청난 노력과 시간을 절약할 수 있었을 것이며, 봄브를 만들 필요도 없었을 테고, 여유 인력을 뷰로의 다른 업무에 활용할 수도 있었을 것이다. 그러나 놀라울 정도로 빈틈없는 란게르는 레예프스키에게 열쇠의 존재를 알리지 않기로 했다. 언젠가는 더 이상 코드북을 입수하지 못하게 될 때를 대비하려면, 레예프스키에게 열쇠를 주어서는 안 된다고 생각했던 것이다. 란게르는 전쟁이 터지면 슈미트와 더 이상 비밀 접선을 할 수 없게 될 것이고, 그렇게 되면 어쩔 수 없이 자구책을 마련하지 않으면 안 될 게 분명하다고 봤던 것이다. 따라서 란게르는 알 수 없는 앞날을 위해 레예프스키가 평화 시에 스스로 문제를 해결하는 훈련을 해야 한다고 판단했다.

레예프스키의 기술이 마침내 한계에 다다른 때는 1938년 12월, 독일의 암호 작성자들이 에니그마의 보안성을 높이면서부터였다. 에니그마 교환원들에게 모두 두 개의 새로운 회전자가 지급되었다. 따라서 회전자 배열은 다섯 개의 회전자 중 세 개를 선택해서 배열하는 것으로 바꿔었다. 이전에는 단 세 개의 회전자(1, 2, 3번이라고 이름을 붙인 것들) 중에서 고르면 되었고, 배열하는 방법도 여섯 가지에 지나지 않았다. 그러나 이제는 4번과 5번 회전자가 추가되어 선택 가능한 배열의 가지수가 〈표 10〉에서 보듯이 60개로 늘어났다. 레예프스키의 첫 번째 과제는 새로운 두 회전자의 내부 회로를 알아내는 것이었다. 이보다 더 걱정되는 문제는 각각 다른 회전자 배열을 나타내는 봄브를 10배나 늘려야 한다는 사실이었다. 봄브를 더 제작하는 데 들어가는 비용은 뷰로의 연간 장비 예산의 15배에 달했다. 그다음 달 배선반의 전선 개수가 6개에서 10개로 늘어나면서 상황은 더욱 악화되었다. 회전자로 입력하기 전에는 12글자만 바뀌던 것이 이제는 20글자가 된 것이다. 그리고 선택 가능한 열쇠의 수는 159,000,000,000,000,000,000로 늘어났다.

1938년 폴란드의 정보 수집 능력과 암호 해독 능력은 정점에 달했지만, 1939년 초, 새로운 회전자와 배선반 전선이 추가되면서 정보 흐름에 차질이 생겼다. 그동안 암호 해독의 한계를 밀어붙였던 레예프스키

회전자 세 개의 가능한 순서 배열	회전자가 두 개 추가 되었을 때 가능한 순서 배열								
123	124	125	134	135	142	143	145	152	153
132	154	214	215	234	235	241	243	245	251
213	253	254	314	315	324	325	341	342	345
231	351	352	354	412	413	415	421	423	425
312	431	432	435	451	452	453	512	513	514
321	521	523	524	531	532	534	541	542	543

표 10 회전자가 다섯 개였을 때 가능한 배열 조합

는 당황스러웠다. 그는 에니그마가 해독 가능한 암호라는 것을 증명했지만, 선택 가능한 모든 회전자의 설정을 확인하는 데 필요한 자원이 없이는 일일 열쇠를 찾아낼 수 없었고, 일일 열쇠가 없으면 암호 해독은 불가능했다. 이 같은 절박한 상황에서 란게르는 슈미트로부터 입수한 열쇠를 레예프스키에게 알려주고 싶었을 수도 있었다. 그러나 이때 슈미트는 더 이상 열쇠를 넘기지 않았다. 새로운 회전자의 도입이 있기 전 슈미트는 프랑스 첩보원 렉스와의 교신을 끊었다. 7년간 폴란드 정보국의 혁신 덕분에 필요 없게 된 열쇠를 슈미트로부터 공급받았지만, 정작 열쇠가 꼭 필요한 시점이 되자 열쇠 공급이 끊긴 것이었다.

더욱 강력해진 에니그마는 폴란드에게 치명적이었다. 에니그마는 단순히 비밀통신 수단이 아니라 히틀러의 '전격전' 전략의 핵심이었기 때문이었다. 전격전은 신속하고 집중적이면서도 조직적인 공격이라는 개념으로 대규모 탱크 부대들이 다른 보병 및 포병 부대들과 통신을 해야 했다. 더우기 지상군은 급강하 폭격기인 슈트카의 공중 지원을 받아야 했으므로, 최전방 부대와 공군의 이착륙장 사이에 효과적이고 안전한 통신이 이뤄져야 했다. 전격전의 핵심은 '신속한 통신을 통한 신속한 공격'이었다. 폴란드 군이 에니그마를 해독할 수 없다면, 독일의 맹공격을 막을 가망도 없었다.

조만간 독일은 몇 달 안에 폴란드를 공습하려는 게 분명했다. 이미 독일은 슈데텐란트를 점령한 상태였고 1939년 4월 27일 폴란드와 맺은 불가침 조약을 파기했다. 히틀러의 반 폴란드성 발언의 수위는 점점 높아졌다. 란게르는 독일이 폴란드를 침공한다면, 그동안 연합국에는 비밀로 해온 폴란드의 암호 해독 기술이 그대로 사라지게 두지 않겠다고 결심했다. 폴란드가 레예프스키의 성과를 활용할 수 없다면, 적어도 연

그림 43 하인츠 구데리안 장군의 지휘 차량. 왼쪽 아래에 에니그마를 사용하고 있는 모습이 보인다.

합국이라도 이용할 수 있게 해야 했다. 어쩌면 영국과 프랑스는 더 많은 자원을 확보해, 봄브의 개념을 더욱 발전시키고 충분히 이용할 수 있을지도 몰랐다.

6월 30일 란게르 소령은 프랑스와 영국의 암호국장들에게 전보를 보내어 에니그마와 관련해서 시급한 사안을 논의해야 하니 바르샤바로 와 달라고 요청했다. 7월 24일 프랑스와 영국의 고위 암호 해독 전문가들이 뷰로 시프로프 본부에 도착했지만, 구체적으로 어떤 얘기가 오갈지 모르는 상태였다. 란게르는 검은 천으로 덮여 있는 물체가 서있는 방으로 그들을 안내했다. 란게르가 천을 걷어내자 레예프스키의 봄브가 극적으로 모습을 드러냈다. 두 사람은 어떻게 레예프스키가 몇 년간 에니그마를 해독해왔는지를 들으며 크게 놀랐다. 폴란드의 암호 해독 기술은 세계 어느 나라보다도 10년 이상 앞서 있었다. 특히 프랑스 암호 전문가가 충격을 받았던 것은 폴란드가 이룬 쾌거가 프랑스의 첩보활동 결과에 기초했기 때문이었다. 프랑스가 슈미트로부터 받은 정보를 폴란드에게 넘긴 것은 그 정보의 이용가치가 없다고 생각했기 때문이었다. 그러나 폴란드는 프랑스의 생각이 틀렸음을 증명했다.

마지막 깜짝 선물로 란게르는 영국과 프랑스 측에 에니그마 복제품 두 대와 봄브의 청사진을 건넸다. 이 물건들은 외교 행낭으로 파리로 배송될 예정이었다. 그리고 파리에서 8월 16일 두 대의 에니그마 중 한 대가 런던으로 이송되었다. 이때 항구를 감시하는 독일 첩보원들의 의심을 사지 않기 위해 극작가 사샤 기트리와 그의 아내인 배우 이본 프랭탕의 수하물로 가장해 영국 해협을 건너 런던으로 옮겼다. 2주 뒤, 9월 1일 히틀러가 폴란드를 침공하면서 전쟁이 시작되었다.

절대 울지 않았던 거위

13년 동안 영국과 프랑스는 에니그마 암호는 깨질 수 없다고 생각했지만 이제는 희망이 있었다. 폴란드 암호국이 에니그마 암호문에도 허점이 있다는 것을 밝혀냈고 이로 인해 연합국 암호 해독가들의 사기가 높아졌다. 폴란드 암호국은 새로운 회전자가 도입되고 배선반의 전선이 추가되면서 더는 앞으로 나가지 못했다. 그러나 에니그마가 더 이상 완벽한 암호가 아니라는 사실만큼은 변하지 않았다.

또, 폴란드가 일군 돌파구는 연합국에게 수학자를 암호 해독가로 고용하는 것이 얼마나 가치 있는지를 입증했다. 영국의 40호실은 언제나 언어학자와 고전학자들이 주를 이뤘지만 이제는 수학자와 과학자를 암호 해독가로 채용하여 균형을 이루려는 노력이 함께 이뤄졌다. 주로 40호실에서 근무하던 동창 모임이 중심이 되어, 모교인 옥스포드와 케임브리지 대학에 직접 연락하여 소개받는 식으로 채용되었다. 또, 여학생만 들어가는 케임브리지 뉴햄칼리지, 거턴칼리지 같은 대학의 동창 모임을 통해서 여성들도 채용했다.

새롭게 뽑힌 사람들은 런던의 40호실로 가지 않고 대신에 버킹엄셔에 있는 블레츨리 파크로 갔다. 이곳은 영국정부 암호학교(GC&CS)의

그림 44 1939년 8월 영국의 고위 암호 해독가들이 블레츨리 파크를 방문해 새로운 영국정부 암호학교 자리로 적절한지 살펴봤다. 지역 주민들 사이에서 불쾌한 의혹이 생기는 걸 막기 위해 리들리 대위의 사냥 모임의 일환이라고 위장했다.

본거지였으며, 영국정부 암호학교는 새롭게 신설된 암호 해독기관으로 40호실에서 이뤄지던 업무를 이어받았다. 블레츨리 파크는 훨씬 많은 직원을 수용할 수 있었다. 이점이 특히 중요했던 것은 전쟁이 시작되자마자 감청한 암호문들이 폭주할지도 모른다는 점 때문이었다. 제1차 세계대전 중 독일은 한 달에 2백만 단어의 메시지를 전송했었다. 그러나 무선통신의 발전으로 제2차 세계대전이 벌어지면 하루에 2백만 단어가 오고갈 것이라 예측되었다.

블레츨리 파크의 중심부에는 빅토리아시대의 튜더-고딕 양식으로 지은 대저택이 자리하고 있었다. 이 저택은 19세기 은행가 허버트 레온 경이 세운 것이다. 도서관, 식당, 화려한 대연회장을 갖춘 이 대저택은 블레츨리 파크 업무의 중앙관제센터 역할을 했다. GC&CS 국장 알라스테어 데니스톤 사령관의 집무실은 1층으로 정원이 내다 보였지만, 정원의 풍광은 막사가 잔뜩 세워지면서 사라지고 말았다. 이렇게 임시로 세워진 목조 건물 안에서는 다양한 암호 해독 활동이 벌어졌다.

예를 들어 막사 6호는 독일군의 에니그마 통신문 해독을 전담하고 있었다. 막사 6호가 해독한 메시지를 막사 3호에 보내면 막사 3호에서는 첩보원들이 메시지를 번역해서 이 정보를 어떻게 활용할지 머리를 짜냈다. 막사 8호는 해군의 에니그마 통신문을 전담했고, 여기서 해독한 메시지를 막사 4호에 보내 번역과 정보 수집을 맡겼다. 처음에 블레츨리 파크에서 근무하는 직원 수는 200명에 불과했지만 5년도 안 돼, 남녀 직원 7천명이 이 대저택과 막사에서 근무하게 되었다.

1939년 가을 내내 블레츨리 파크에 있던 과학자와 수학자들은 복잡한 에니그마 암호문의 원리를 익히고 신속하게 폴란드인들이 개발한 기술을 연마했다. 블레츨리 파크는 폴란드 암호국 뷰로 시프로프보다 더 많은 인력과 자원을 보유했으므로 늘어난 회전자와 이전보다 10배는 해독이 어려워진 에니그마에 대응할 수 있었다. 24시간을 주기로 영국의 암호 해독가들은 똑같은 일과를 되풀이했다. 자정이면 독일 에니그마 교환원이 일일 열쇠를 새로 교체하므로, 그 전날까지 블레츨리 파크에서 어떤 성과를 거뒀든지 간에 더 이상 암호 해독에 활용할 수 없게 된다. 그때부터 암호 해독가들은 새로운 일일 열쇠를 알아내기 위한 작업을 시작해야 했다. 몇 시간이 걸릴 수도 있었지만 일단 그날의 에니그마 설정을 알아내기만 하면 블레츨리 직원들은 설정을 알아내는 동안 들어왔던 암호문 해독에 돌입하여, 전쟁을 치르는 데 무척 귀중한 정보들을 알아냈다.

기습이라는 요소는 지휘관이 사용할 수 있는 매우 귀중한 무기다. 그러나 블레츨리 파크에서 에니그마를 해독할 수 있으면, 독일군의 계획이 드러나고, 영국군이 독일군 고위 지휘부의 생각까지 읽을 수 있을 것이다. 영국군이 임박한 공격에 관한 정보를 입수할 수 있다면 영국군은 병력을 강화하거나 회피 전략을 구사할 수 있다. 독일군이 자신들의 약점에 대해 논하는 내용을 영국군이 해독할 수 있다면, 연합군은 독일군의 약점을 공격하는 데 집중할 수 있을 것이다.

블레츨리 파크의 암호 해독은 극도로 중요했다. 일례로 1940년 4월 독일군이 덴마크와 노르웨이를 침공했을 때 블레츨리 파크는 독일군의 작전 계획을 상세히 제공했다. 마찬가지로, 영국본토항공전[1]이 벌어지는 동안, 암호 해독가들은 폭격 시간과 장소를 사전에 경고할 수 있었다. 또한, 독일 공군의 상태에 대한 최신 정보, 이를테면 독일군이 잃은

1 1940년 중반에 영국 본토 공습에 나선 독일 공군과 영국의 공중전이다.

그림 45 블레츨리 파크의 암호 해독가들이 라운더스 게임을 하며 휴식을 취하고 있다.

비행기 수와 비행기를 교체하는 속도와 같은 정보를 계속해서 제공할 수 있었다. 블레츨리 파크에서 수집한 모든 정보는 영국의 대외정보국인 MI6 본부로 보내졌고, MI6 본부가 다시 정보를 영국의 육군성과 항공성, 그리고 해군성으로 보냈다.

전쟁 중에 큰 활약을 펼치는 동안 암호 해독가들은 짬짬이 시간을 내어 휴식을 취했다. 정보국에서 근무하다 블레츨리를 방문했던 맬컴 머거리지에 따르면, 사람들 사이에서 야구와 비슷한 라운더스rounders가 인기 있는 여가활동이었다고 했다.

매일 점심을 마치고 날씨가 좋으면, 암호 해독가들은 대저택 잔디밭에서 라운더스를 즐겼다. 이들은 자기들이 맡고 있는 중책과 비교하면 정말 시시하거나 별 볼 일 없는 이 같은 놀이를 할 때도 짐짓 심각한 태도로 일관했다. 따라서 게임을 하다가 논쟁을 할 때도 자유의지냐 결정론이냐 같은 문제나 세상이 빅뱅으로 시작되었느냐 아니면 계속 창조의 과정에 따른 것이냐 하는 문제를 토론할 때처럼 열정적으로 임했다.

일단 폴란드가 개발한 기술을 완전히 숙달하자, 블레츨리의 암호 해독가들은 에니그마 열쇠를 빨리 찾을 수 있는 자기들만의 방법을 개발하기 시작했다. 일례로, 이들은 가끔 독일의 에니그마 교환원들이 너무나 뻔한 메시지 열쇠를 사용한다는 것을 알아챘다. 메시지를 보낼 때마다 교환원들은 무작위로 선택한 세 글자로 된 매번 다른 메시지 열쇠를 사용해야 했다. 그러나 한창 전쟁 중인 상황에서 과로에 시달리던 교환원들은 무작위로 열쇠를 만들어내기 위해 머리를 짜내기보다는, 에니그마 자판(그림 46)에서 연속된 세 글자를 메시지 열쇠로 사용하곤 했다. 이를테면 QWE 또는 BNM 같은 식이다. 이렇게 예측 가능한 형태의 메시지 열쇠에 '실리cilly'라는 이름을 붙였다. 또 다른 유형의 실리는 동일한 메시지 열쇠를 사용하는 경우였다. 교환원이 자기 여자친구 이름의 첫 글자를 따서 계속 사용한 것일 수도 있었다. 실제로 C.I.L.과 같은 이니셜이 열쇠로 사용되었다. 아마 실리라는 별칭이 여기서 유래했는지도 모른다. 어렵게 에니그마를 해독하기 전에 먼저 이 같은 실리 열쇠들을 시험해 보는 게 암호 해독가들 사이에서 일상이 되었고, 때로는 그들의 예

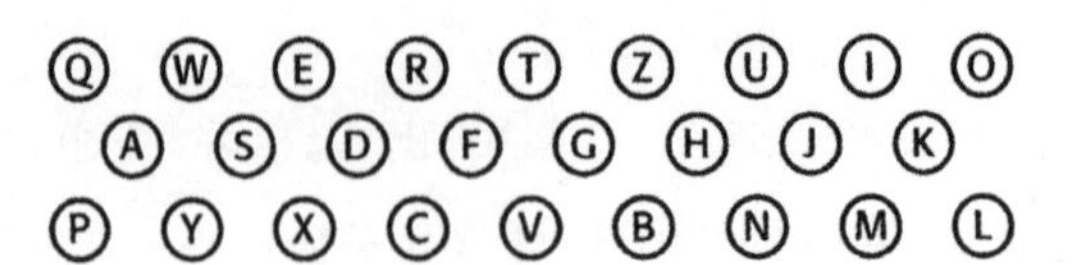

그림 46 에니그마 자판 구조

감이 맞아떨어질 때도 있었다.

실리는 에니그마 자체의 허점이라기보다는 에니그마를 사용하는 방식의 허점이었다. 좀 더 윗선에서 벌어지는 사람의 실수도 에니그마 암호의 보안성을 떨어뜨렸다. 코드북 책임자들은 어떤 회전자를, 어떻게 배열할지 매일 결정해야 했다. 책임자들은 회전자가 같은 위치에 이틀 연속 배열하지 않도록 함으로써 회전자 설정을 예측할 수 없게 해야 했다. 다섯 개의 회전자에 각각 1, 2, 3, 4, 5라는 이름을 붙인다고 할 때, 첫 날에는 134로 배열하고, 둘째 날에는 215로 배열할 수 있지만, 214로 배열하는 건 안 된다. 4번 회전자가 이틀 연속 같은 위치에 놓이면 안 되기 때문이다. 어찌 보면 회전자의 위치가 항상 바뀐다는 건 나름 합리적인 전략으로 보일 수 있다.

그러나 이런 규칙을 강제로 시행하는 건 사실상 암호 해독가들을 편하게 만들어주는 꼴이다. 회전자가 같은 위치에 오는 것을 피하려고 특정 배열을 허용하지 않는 것은 코드북 책임자들이 직접 선택할 수 있는 회전자 배열의 수를 반으로 줄이는 것과 같기 때문이다.

블레츨리에 있는 암호 해독가들은 이 같은 원리를 간파하고 이를 최대한 이용했다. 일단 그날의 회전자 배열을 알아내면, 즉시 그 다음날 가능한 회전자 배열 중에서 절반을 제외시킬 수 있었다. 따라서 이들의 업무량도 절반으로 줄었다.

마찬가지로 배선반 설정에도 규칙이 있었다. 어떤 글자도 바로 이웃하는 글자끼리는 바꿔치기할 수 없었다. 예를 들면 S는 R이나 T와는 맞바꾸게 설정할 수 없었다. 바로 옆 글자들끼리 바꾸는 게 너무 뻔할 수 있기에 피해야 한다는 게 이 규칙의 근거였지만, 이 같은 규칙이 적용되자 선택 가능한 열쇠의 수가 다시 한번 급격히 줄었다.

새로운 암호 해독 요령을 찾아내는 게 필요했던 것은 전쟁 중에도 에니그마가 계속 진화했기 때문이었다. 암호 해독가들은 계속해서 봄브를 혁신하고 다시 설계하고 다듬어 가야 했으며, 전적으로 새로운 전략을 고안하지 않으면 안 되었다. 영국이 암호 해독을 잘 해낼 수 있었던 데는 각각의 막사마다 수학자, 과학자, 언어학자, 고전학자, 체스 전문가, 십자말풀이 중독자 등으로 구성된 매우 특이한 인물 조합 덕분이었다. 어려운 문제가 있으면 사람들은 그 문제를 풀기에 적합한 기술과 지식을 보유한 사람이 나올 때까지 막사 안에서 회람시키거나, 최소한 자기가 할 수 있는 범위 내에서 문제를 해결한 뒤, 다음 단계의 문제를 해결할 수 있는 사람에게 문제를 전달했다. 막사 6호의 책임자 고든 웰치만은 자기 팀을 가리켜 '흔적을 찾아 헤매는 사냥개 무리들'이라고 표현했다. 블레츨리에는 뛰어난 암호 해독가가 많을 뿐만 아니라 이들이 세운 위대한 업적도 상당해서, 이들의 업적을 모두 자세히 설명하면 여러 권의 책으로 펴낼 수 있을 것이다. 그러나 그중 단 한 사람만 지목한다면 단연 앨런 튜링Alan Turing이다. 앨런 튜링은 에니그마의 최대 약점을 알아냈고 가차 없이 그 약점을 이용했다. 튜링 덕분에 가장 힘든 상황에서도 에니그마 암호를 해독할 수 있었다.

앨런 튜링의 어머니는 1911년 가을, 대영제국 인도 공무원이었던 아버지 줄리어스 튜링이 근무했던 인도 남부 마드라스 근처 차트라푸르에서 앨런 튜링을 임신했다. 아버지 줄리어스와 어머니 에셀은 아들을 영국에서 낳아야겠다고 결심했고 런던으로 돌아갔다. 그곳에서 앨런 튜링은 1912년 6월 23일에 태어났다. 앨런이 태어난 직후 아버지는 인도로 돌아갔으며 어머니도 15개월 후 앨런이 기숙사 학교에 들어갈 나이가 될 때까지 맡아달라고 유모와 친구에게 부탁하고는 남편을 따라 인도로

그림 47 앨런 튜링

돌아갔다.

1926년, 14세가 된 앨런 튜링은 도르싯에 있는 셔번 학교에 다니게 되었다. 하필이면 새 학기의 첫날이 영국에서 전국 총파업이 있던 날이었다. 그러나 튜링은 학교에 가기로 마음을 먹고 혼자서 자전거로 사우스햄튼에서 셔본까지 100킬로미터를 달렸다. 이 같은 그의 행동이 지역 신문에까지 실렸다. 학교에서의 첫 1년이 끝나갈 무렵, 튜링은 잘하는 것이라고는 과학밖에 없는 수줍음 많고 특이한 아이로 알려지게 되었다. 셔본 학교의 목표는 남자아이들을 대영제국을 이끄는 데 적합하고 다재다능한 인재로 키우는 것이었지만, 튜링은 학교의 원대한 목표에는 관심이 없었으며, 대체로 우울한 학창 시절을 지냈다.

셔본에서의 학창생활 동안 그의 유일한 친구는 크리스토퍼 모컴이었다. 모컴도 튜링처럼 과학에 흥미가 많은 아이였다. 둘은 최신 과학 뉴스를 놓고 토론하기도 하고 자기들만의 실험을 하기도 했다. 모컴과의 관계는 튜링의 지적 호기심에 불을 지폈지만, 이보다 더 중요한 것은 두 사람의 관계가 튜링에게 정서적으로 깊은 영향을 끼쳤다는 사실이다. 튜링의 전기 작가 앤드류 호지스는 '그것은 첫사랑이었다... 저항할 수 없는 무력감, 고양된 인식, 흑백의 세상 앞에 돌연 펼쳐진 총천연색 세계'라고 기록했다. 모컴과 튜링의 우정은 4년간 지속되었지만 모컴은 튜링이 자기에게 느끼는 깊은 감정을 몰랐던 것 같다. 그런데 그들이 셔본에서 보낸 마지막 해에 튜링은 자신의 감정을 고백할 기회를 영영 놓쳐 버렸다. 1930년 2월 13일 목요일, 크리스토퍼 모컴은 갑자기 결핵으로 세상을 떠났다.

튜링은 자신이 진정으로 사랑했던 유일한 사람을 잃은 슬픔에 고통스러웠다. 튜링은 친구의 못다 이룬 꿈을 대신 이루고자 과학 연구에 더 몰두하는 방식으로 모컴의 죽음을 견디려 했다. 둘 중에서 더 뛰어난 듯했던 모컴은 이미 장학금을 받고 케임브리지대학에 진학하기로 되어 있었다. 튜링은 자기도 케임브리지대학에 들어간 다음, 친구 모컴이 이뤘을 과학적 발견을 대신 해내는 것이 자기의 의무라고 생각했다. 튜링은 모컴의 어머니에게 모컴의 사진을 달라고 부탁했고, 사진을 받은 후, 감사하다는 답장을 보내면서 다음과 같이 썼다. "크리스토퍼 사진이 제 책상에 있습니다. 열심히 공부하라고 격려해주는 것 같네요."

1931년 튜링은 케임브리지대학 킹스칼리지로부터 입학허가를 받았다. 그가 대학에 들어갔을 때, 한창 수학과 논리학의 본질에 대한 논쟁이 격렬하게 벌어지고 있었고, 버트런드 러셀Bertrand Russell, 알프레드 노스 화이트헤드A. N. Whitehead, 루트비히 비트겐슈타인Ludwig Wittgenstein과 같은 당대의 일류 학자들이 가까이에 있었다. 논쟁의 한가운데에는 논리학자 쿠르트 괴델Kurt Gödel이 내놓아 논란을 일으켰던 '결정불가능성undecidability'이라는 개념이 있었다. 그때까지는 적어도 개념적으로는 모든 수학적 문제에는 답이 있다고 추정했었다.

그러나 괴델은 소위 결정불가능성 문제라고 하는, 즉 논리적 증거가 미치는 범위 밖에 있는 소수의 문제가 존재할 수 있다는 사실을 입증했다. 수학자들은 수학이 모든 문제를 해결할 수 있는 전능한 학문이라는 자신들의 신념을 부정하는 소식을 듣고 충격에 휩싸였다. 수학자들은 이런 난감한 결정불가능성 문제들을 골라내는 방법을 찾아내려고 안간힘을 다했다. 이런 문제들을 따로 떼어 놓으면 수학의 나머지 부분은 안전할 거라고 생각했던 것이다. 이 같은 문제의식은 결국 튜링에게 영감을 줬고, 튜링은 그의 수학 논문 중 가장 많은 영향을 끼친 〈계산 가능한 수에 대해서On Computable Numbers〉를 1937년 발표했다. 휴 화이트모어Hue Whitemore가 쓴 튜링의 인생에 관한 희곡 《암호 해독Breaking the Code》에서 한 등장인물이 튜링에게 그 논문의 의미를 묻는 장면이 나온다. 이때 튜링은 다음과 같이 대답한다. "맞고 틀림에 관한 논문이죠. 쉽게 말하면 그렇다는 거구요. 그 논문은 수학적 논리에 대한 기술적인 논문이지만, 한편으론 맞는 것과 틀린 것의 차이를 구분하는 것이 얼마나 어려운지를 말하는 것이기도 합니다. 사람들은 생각합니다. 아니 대부분의 사람들은 수학에서는 언제나 무엇이 옳고 그른지 안다고 생각합니다. 그러나 그렇지 않습니다. 적어도 이제는 더 이상 그건 사실이 아닙니다."

결정불가능한 문제들을 알아내기 위한 시도로써, 튜링은 논문에서 특정 수학적 연산, 또는 알고리즘을 수행하는 가상의 기계에 대해 기술했다. 이 기계는 고정적이고 미리 규정된 절차, 이를테면 두 개의 숫자를 곱하는 것 등을 계산했다. 튜링은 곱셈을 할 숫자들을 종이 테이프를 통해 기계에 입력하는 방식을 생각했다. 마치 자동 피아노에 곡을 입력하는 데 펀치 테이프를 쓰는 것과 비슷한 방식이었다. 곱셈 결과는 다른 테이프에 찍혀 나온다. 튜링은 이 같은 특정 연산을 수행하는 일련의 기계들을 상상하며 소위 '튜링 기계Turing Machine'라고 통칭했다. 즉, 각각의 튜링 기계는 나눗셈, 제곱근 구하기, 인수분해와 같은 특정 연산만 수행하도록 설계되어 있었다. 그 다음 튜링은 좀 더 과감한 시도를 했다.

튜링은 내부 작동 방식을 바꿀 수 있는 기계를 상상했다. 이 기계는 튜링 기계가 할 수 있는 상상 가능한 모든 기능을 수행할 수 있었다. 이 기계의 내부 작동 방식을 바꾸려면 신중하게 선택한 테이프들을 집어넣으면 되었다. 그러면 집어넣은 테이프에 따라 한 대의 기계가 나눗셈 기계, 곱셈 기계, 아니면 다른 종류의 기계로 유연하게 바뀌었다. 튜링은 이런 가상의 기계를 '보편만능 튜링 기계universal Turing machine'라고 불렀다. 논리적으로 답할 수 있는 모든 문제에 답을 할 수 있는 기계였기 때문이었다. 불행히도 또 다른 문제의 결정불가능성에 대한 답을 하는 것은 언제나 논리적으로 가능하진 않다고 판명되었다. 따라서 보편만능 튜링 기계조차도 모든 결정불가능성 문제를 찾아낼 수 없었던 것이다.

튜링의 논문을 읽은 수학자들은 결정불가능성이라는 괴델의 괴물을 제압하지 못했다는 사실에 실망했다. 그러나 튜링은 위로 차원에서 실망한 수학자들에게 프로그램 작동이 가능한 현대 컴퓨터의 청사진을 제

2 1823년에 영국의 수학자 배비지가 만든 기계식 계산기 차분기관 1호는 덧셈만으로 여러 가지의 수 표를 자동적으로 계산할 수 있도록 설계하였다. 이어 1847년부터 1849년 사이에 만든 계산기가 차분기관 2호다.

시했다. 튜링은 배비지의 연구 내용을 알고 있었고, 보편만능 튜링 기계는 차분기관 2호[2]가 환생한 것으로 볼 수 있었다. 그러나 실제로 튜링은 배비지보다 훨씬 앞서 나감으로써 컴퓨터에 대한 탄탄한 이론적 기반을 제공하였으며 그때까지는 상상할 수 없었던 잠재력을 컴퓨터에 불어 넣었다.

그러나 그때는 1930년대였으며, 당시엔 보편만능 튜링 기계를 현실화시킬 기술이 존재하지 않았다. 하지만 튜링은 기술적으로 실현시키기에 자신의 이론이 너무나 앞서 있다는 사실에 전혀 위축되지 않았다. 단지 튜링이 원했던 것은 수학자들 사이에서 인정받는 것이었고, 실제로 수학자들은 그의 논문이 20세기 최고의 수학 논문 중 하나라며 높이 평가했다. 당시 튜링의 나이는 불과 26세였다.

튜링에게 이 시기는 행복과 성공이 뒤따르던 특별한 때였다. 1930년대에 튜링은 승승장구하여 마침내 세계 엘리트 지식인들의 본고장인 킹스칼리지의 교수가 되었다. 튜링은 순수한 수학자로서의 생활과 일상의 소소한 활동이 혼합된 전형적인 케임브리지 학자의 삶을 이어갔다. 1938년 튜링은 나쁜 마녀가 사과를 독에 담그는 인상 깊은 장면이 나오는 《백설 공주와 일곱 난쟁이》라는 영화를 보았다. 이후 동료들은 튜링이 '끓는 독에 사과를 담가라, 죽음처럼 깊은 잠이 스며들도록'이라는 마녀의 섬뜩한 주문을 계속 읊조리는 소리를 들었다.

튜링은 케임브리지에서 보낸 시간들을 무척 소중히 생각했다. 케임브리지는 튜링에게 학문적인 성공을 안겨줬을 뿐만 아니라 매우 관대하고 개방적인 환경을 제공했다. 대학 안에서 동성애가 대체로 용인되었으며, 이로 인해 튜링은 남의 이목이나 입방아를 걱정할 필요 없이 자유롭게 관계를 맺을 수 있었다. 튜링은 한 사람과 진지하게 오래 사귀진 않았지만 자신의 삶에 만족한 듯했다.

그러다가 1939년, 튜링의 학자로서의 삶에 급제동이 걸렸다. 영국 정부 암호학교에서 튜링을 블레츨리의 암호 해독가로 초빙한 것이었다. 영국 네빌 체임벌린 총리가 독일에게 선전포고를 한 바로 다음날인 1939년 9월 4일, 튜링은 무엇하나 부족할 것이 없던 케임브리지 캠퍼스를 떠나 셴리 브룩 엔드에 있는 크라운 여관으로 갔다.

튜링은 매일 자전거를 타고 셴리 브룩 엔드에서 5킬로미터 떨어진 블레츨리 파크까지 출근한 다음 막사에서 일상적인 암호 해독 업무를 하거나, 블레츨리 싱크탱크에서 일을 했다. 블레츨리 싱크탱크 사무실은 이전에 허버트 레온 경이 사과, 배, 자두를 팔던 가게가 있던 자리였다. 싱크탱크의 암호 해독가들은 새로운 문제를 놓고 브레인스토밍을 하거나 앞으로 일어날 문제를 어떻게 해결할지 방법을 모색했다.

튜링은 독일군이 메시지 열쇠 교환 체계를 바꿀 경우 어떤 일이 일어날 것인가 하는 문제를 집중적으로 다뤘다. 블레츨리의 초창기 성공은 레예프스키가 발견한 에니그마에서 각 메시지 열쇠가 두 번씩 암호화된다는 사실(예를 들면, 메시지 열쇠가 YGB이면, 교환원이 YGBYGB를 두 번 암호화하는 것)에 큰 빚을 졌었다. 이런 반복은 수신자 쪽에서 실수를 하지 않도록 하기 위한 것이었지만, 에니그마의 보안에 구멍을 만들었다. 영국의 암호 해독가들은 얼마 가지 않아서 독일군이 열쇠의 반복 입력이 에니그마 암호를 취약하게 만들 수 있음을 깨닫고 반복 입력을 금지할 테고, 그렇게 되면 블레츨리의 현재 암호 해독 기술에 문제가 생기게 될 거라고 내다봤다. 튜링에게 반복해서 입력되는 메시지 열쇠에 의존하지 않고도 에니그마를 해독할 수 있는 다른 방법을 찾는 임무가 주어졌다.

몇 주가 흐르자, 튜링은 블레츨리에 방대한 양의 해독된 메시지가 축

적되고 있다는 것을 알아냈다. 튜링은 그중 상당수가 특정한 형식을 엄격히 따르고 있음을 알아차렸다. 오래전에 해독된 메시지들을 조사하면서 튜링은 어떤 때는 메시지의 전송 시기와 출처에 근거해서 암호문 일부 내용을 해독하기 전에 미리 추측할 수 있다고 생각했다. 예를 들어, 경험상 독일군은 매일 오전 6시가 조금 지나면 정기적인 일기예보를 암호문으로 전송했다. 따라서 오전 6시 5분에 입수한 암호문에는 독일어 단어로 '날씨'를 뜻하는 wetter가 포함되어 있을 게 거의 확실했다. 어떤 군사조직이든 규정을 엄격하게 따른다는 점에서 이 같은 메시지들도 매우 엄격한 형식을 갖췄다. 따라서 튜링은 암호문 내에서 wetter의 위치까지도 정확히 짚을 수 있다고 자신했다. 이를테면, 튜링은 특정 암호문에서 첫 번째 여섯 글자가 평문 글자로 wetter에 해당한다는 것을 경험상 알 수 있었다. 특정 평문을 특정 암호문과 관련 지을 수 있을 때, 이런 조합을 '크립crib'이라고 한다.

튜링은 크립을 이용하면 에니그마를 해독할 수 있다고 확신했다. 일단 암호문이 있고 그 암호문의 특정 부분을 알고 있다고 하자. 예를 들어 ETJWPX가 wetter를 나타낸다는 것을 안다고 하면, 이제 해결할 문제는 평문 wetter를 암호문 ETJWPX로 변환하게 만드는 에니그마의 설정을 알아내는 것이다. 암호 해독자가 에니그마에 직접 wetter를 입력한 다음 원하는 암호문이 나오는지 확인하는 것은 가장 단순하긴 하지만 비현실적인 방법일 것이다. 원하는 암호가 나오지 않으면 암호 해독자는 에니그마의 설정을 바꾸거나 배선반 전선을 바꿔 낄 수도 있고 회전자 위치를 바꾸거나 배열을 바꾼 후, 다시 wetter를 자판에 입력한다. 암호가 정확하게 나타나지 않으면 암호 해독자는 제대로 나올 때까지 계속 설정을 바꿀 것이다.

이렇게 시행착오를 반복하는 접근법의 유일한 문제점은 확인해야 할 설정의 수가 159,000,000,000,000,000,000에 달한다는 사실이다. 따라서 wetter를 ETJWPX로 변환하는 설정을 찾는 것은 겉으로 보기에 불가능했다.

문제를 단순화하기 위해 튜링은 에니그마의 설정들을 각각 별도로 취급했던 레예프스키의 전략을 따라 해보았다. 회전자 설정을 찾는 문제(어떤 회전자가 어떤 슬롯에 꽂히는지, 그리고 회전자 각각의 시작 위치를 알아내는 것)와 배선반의 전선을 어떻게 꽂을지에 대한 문제를 따로 생각해보고 싶었다. 일례로, 크립에서 배선반의 전선과 관계없는 뭔가를 찾아낼 수 있다면, 나머지 1,054,560가지의 회전자 조합(60가지 배열 순서 × 17,567개의 위치 조합)을 확인하는 것은 확실히 가능할 것 같았다. 그리고 정확한 회전자 설정을 찾아내면 튜링은 배선반 전선의 설정도 추론해낼 수 있었다.

마침내 튜링은 내부에 루프가 있는 특정 유형의 크립에 집중했으며, 이 루프는 레예프스키가 이용했던 사슬과 유사했다. 그러나 튜링의 루프는 메시지 열쇠와는 아무 관계가 없었다. 튜링은 조만간 독일군이 메시지 열쇠를 반복해서 전송하지 않을 거라는 가정하에 작업을 진행했기 때문이었다. 튜링의 루프는 크립 안에서 평문과 암호문을 연결했다. 이를테면 〈그림 48〉의 크립에 있는 루프이다.

크립은 단지 추측에 불과하다는 것을 기억해야 한다. 그러나 우리가 이 크립이 맞다고 가정하면, 루프의 일부로 글자들을 w→E, e→T, t→W처럼 연결 지을 수 있다. 비록 우리는 에니그마 설정에 대해서 아는 게 없지만, 초기 설정과 상관없이 첫 번째 설정을 S라고 부를 수 있다. 첫 번째 설정에서 우리는 w가 E로 암호화 되었다는 것을 안다. w를 E로 암호화한 다음, 첫 번째 회전자는 다음 자리로 넘어가서 S+1이 되

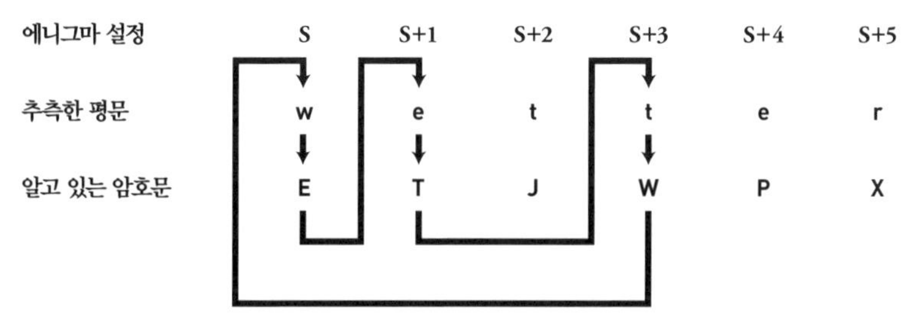

그림 48 루프가 포함되어 있는 튜링의 크립 중 하나

고 e는 T로 암호화된다. 회전자는 찰칵 소리를 내며 한 자리 이동하지만 이번에 암호화되는 글자는 루프에 속하지 않으므로 이번 암호는 무시한다. 회전자는 다시 찰칵하면서 한 자리 이동하고 이번에는 루프에 속한 글자를 암호화한다. S+3 설정에서 t는 W로 암호화된다. 요약하면 우리는 다음과 같은 사실을 알고 있다.

S 설정에서 에니그마는 w를 E로 암호화한다.
S+1 설정에서 에니그마는 e를 T로 암호화한다.
S+3 설정에서 에니그마는 t를 W로 암호화한다.

그때까지 루프는 좀 신기한 패턴에 지나지 않는 것처럼 보였다. 그러나 튜링은 루프 내에서 이런 관계가 의미하는 바를 열심히 추적했고 마침내 이런 관계가 에니그마를 해독하는 데 엄청난 지름길을 제시한다는 걸 알아냈다. 모든 설정을 테스트하는 데 한 대의 에니그마를 사용하는 대신, 튜링은 세 대의 에니그마가 각각 루프 안에서 한 가지 암호문만 처리하는 상황을 머릿속에 그리기 시작했다. 첫 번째 에니그마는 w를 E로 암호화하는 것만, 두 번째 에니그마는 e를 T로, 세 번째 에니그마는 t

를 W로 암호화하는 것이다. 이렇게 세 대의 에니그마는 모두 동일하게 설정되어 있되, 두 번째 기계만 회전자 위치가 첫 번째 에니그마의 회전자 위치에서 한 자리 이동한 위치, 즉 S+1에서 시작하고, 세 번째 에니그마는 세 자리 이동한 위치, 즉 S+3에서 시작하도록 했다. 튜링은 그런 다음 암호 해독자가 미친 듯이 배선반의 전선을 바꿔 끼고, 회전자의 배열과 위치를 바꿔가면서 예상한 암호문이 나올 때까지 작업하는 모습을 상상했다. 첫 번째 에니그마에서 배선반의 전선이 어떻게 바뀌건 간에 다른 두 에니그마 배선반 설정도 똑같이 바뀔 것이고, 또 첫 번째 에니그마의 회전자 배열이 어떻게 바뀌든 나머지 두 에니그마의 회전자 배열도 바뀔 것이다. 그리고 무엇보다 중요한 것은 첫 번째 에니그마의 회전자 시작 위치가 어디로 설정되든 두 번째 기계의 회전자 위치는 첫 번째 기계의 시작 위치에서 한 자리 이동한 위치에, 세 번째 기계는 세 자리 이동해 있어야 한다는 사실이었다.

튜링이 많은 일을 해낸 것처럼 보이지 않을 수 있다. 암호 해독가는 여전히 159,000,000,000,000,000,000개의 가능한 설정을 모두 확인해야 하며, 게다가 이제는 기계 한 대가 아니라 세 대를 동시에 확인해야 하는 일이 생겼기 때문이다. 그러나 튜링의 다음 단계 아이디어는 문제를 완전히 변형시켜 이를 크게 단순화시킨다. 튜링은 전선으로 각 기계의 입력과 출력을 연결하여 〈그림 49〉처럼 기계 세 대를 하나로 연결하면 어떨까 상상했다. 사실상, 크립의 루프는 전기회로의 루프와 동일하다. 튜링은 앞에서 설명한 대로 배선반과 회전자 설정을 계속 바꾸는 기계들을 머릿속에 그렸다. 단, 세 대의 기계들이 모두 정확히 설정될 때만 회로가 완성되어, 세 대의 기계에 모두 전류가 흐르게 된다고 상상했다. 만일 튜링이 회로에 전구를 집어넣으면, 전류가 흘러 전

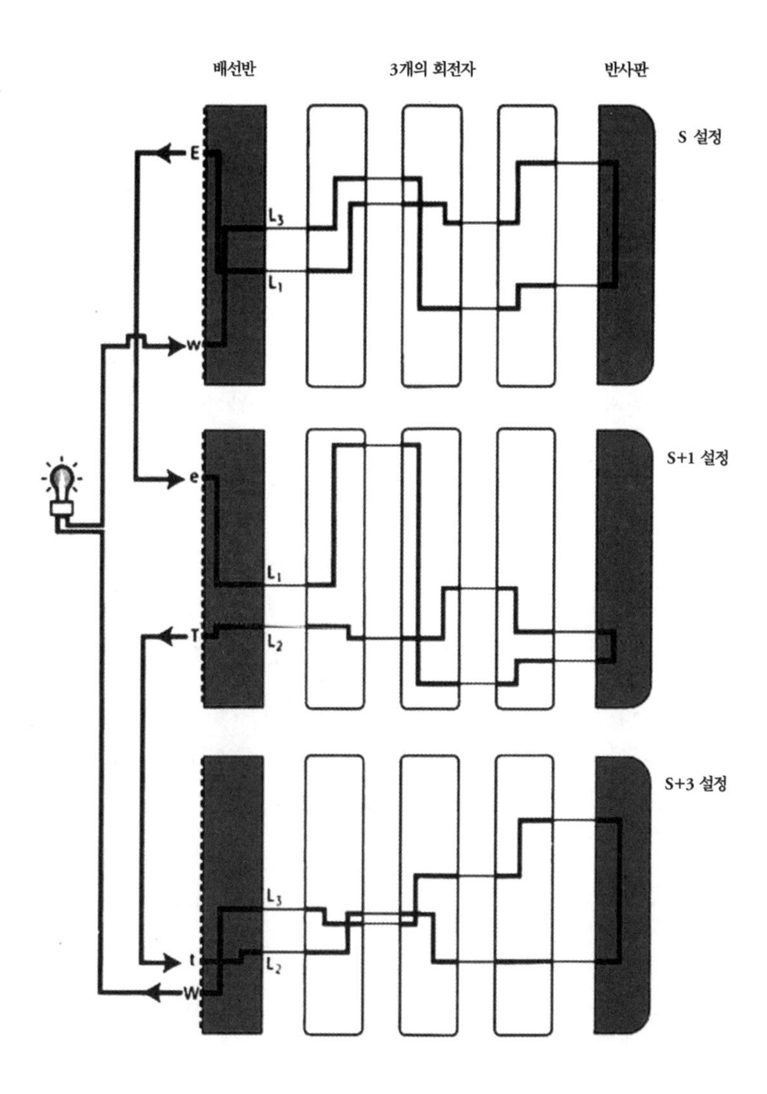

그림 49 크립에서 발견된 루프는 전기적 루프와 유사하다. 세 대의 에니그마를 동일한 방식으로 설정하되, 두 번째 에니그마는 첫 번째 에니그마의 1번 회전자를 한 자리 이동시킨 자리(S+1)에, 세 번째 에니그마는 1번 위치 회전자를 세 자리 이동시킨 자리(S+3)에 맞춘다. 각 에니그마에서 출력된 결과는 다음 에니그마로 입력된다. 세 개의 회전자 집합은 동작을 같이하여 회로가 완성되면 불이 켜진다. 불이 켜지면 올바른 설정을 찾은 것이다. 위 그림은 정확한 설정을 찾아내어 회로가 완성된 것을 나타내고 있다.

구에 불이 켜질 것이고, 이는 곧 정확한 설정을 찾았다는 신호가 될 것이다. 이 시점에서, 세 대의 에니그마는 전구를 밝히기 위해 여전히 159,000,000,000,000,000,000개의 선택 가능한 설정을 모두 확인해야 한다. 그러나 지금까지의 모든 과정은 튜링의 마지막 논리적 도약을 위한 준비단계에 지나지 않는다. 이 한 번의 도약으로 작업량을 단숨에 10조분의 1로 줄일 수 있게 된 것이다.

튜링은 배선반의 효과를 무효화할 만한 자신만의 전기회로를 만들었다. 그 결과, 수십억 개나 선택이 가능한 배선반 설정을 무시할 수 있었다. 〈그림 49〉는 첫 번째 에니그마에서 전류가 회전자로 흘러들어가 어떤 글자로 출력되는 것을 보여준다. 이때, 이 미지의 글자를 L_1이라고 하자. 그 다음에 이 전류는 배선반으로 흘러가 L_1을 E로 변환한다. 이 E는 두 번째 에니그마의 글자 e와 전선으로 연결되어 있다. 그리고 전류가 두 번째 배선반으로 흘러가면 다시 글자는 L_1으로 변환된다. 바꿔 말하면 두 개의 배선반이 서로를 상쇄한다는 것이다. 마찬가지로, 두 번째 에니그마에서 나오는 전류는 L_2의 배선반으로 흘러 들어간 다음, 이 글자를 T로 변환한다. 이 글자 T는 세 번째 에니그마의 글자 t와 전선으로 연결되어 있으며 전류가 세 번째 배선반으로 흘러가면 t는 다시 L_2로 변환된다. 요약하면, 전체 회로를 통틀어 배선반들이 서로의 효과를 상쇄함으로써 튜링은 배선반이 주는 효과를 완전히 무시할 수 있었다.

튜링은 첫 번째 회전자 집합에서 출력된 L_1이 두 번째 회전자 집합의 L_1에 입력되도록 연결하기만 하면 된다. 불행히도 튜링은 글자 L_1의 값을 몰랐으므로, 첫 번째 회전자 집합의 26개 출력단자를 두 번째 회전자 집합에서 26개의 입력단자에 해당하는 것들과 일일이 연결해야 했다. 사실상 이제 26개의 전기 루프가 있으며, 각각의 루프에는 전기회로의 완성을 알리는 전구가 있다. 그러면 세 개의 회전자 집합은 단순히 각각의 17,576개의 선택 가능한 시작 위치를 확인할 수 있다. 이때, 두 번째 회전자의 집합은 항상 첫 번째 회전자 집합보다 한 자리 앞에서, 세 번째 회전자 집합의 확인 작업은 두 번째 회전자 집합보다 두 자리 앞에서 진행된다. 마침내 회전자의 정확한 시작 위치를 찾아내면, 전기회로 중 하나가 완성되면서 전구에 불이 들어올 것이다. 만일 회전자의 위치를 1초에 한 번씩 바꾼다고 하면, 위치를 전부 확인하는 데 5시간밖에 걸리지 않는다.

이제 두 가지 문제만 남았다. 한 가지 문제는 잘못된 회전자 배열 상태로 세 대의 기계가 돌아갈 수 있는 경우다. 에니그마는 5개의 회전자 중에 세 개를 골라 순서를 뒤바꿔 배열되므로 선택 가능한 회전자 배열의 가짓수가 60개가 되기 때문이다. 따라서 17,576개의 회전자 위치를 모두 확인했는데도 전구에 불이 들어오지 않으면 이때부터 회로가 완성되어 불이 들어올 때까지 60개의 회전자 배열을 계속 시험해야 한다. 아니면 세 대의 에니그마를 한 세트로 한 에니그마를 60세트 제작해 동시에 돌리는 방법도 가능했다.

다른 한 가지 문제는 일단 회전자 배열과 위치를 알아낸 다음, 배선반 전선의 설정을 찾아내는 것이다. 이 문제는 비교적 단순한 편이다. 에니그마의 정확한 회전자 배열과 위치를 찾아내기만 하면 암호 해독자는 암호문을 입력한 다음 출력되는 평문을 보기만 하면 된다. 결과가 wetter가 아니라 tewwer이면, 배선반 전선은 w와 t를 맞바꾸도록 설정되어야 할 것이다.

크립과 루프, 전선으로 연결된 에니그마의 조합을 통해 멋지게 암호를 해독할 수 있었다. 그리고 오직 '수학적 기계'에 관한 남다른 배경을 갖춘 튜링만이 이런 해결책을 생각해낼 수 있었다. 튜링이 가상의 튜링 기계에 대해 깊이 사색한 이유는 원래 매우 심오하고 난해한 수학적 결정불가능성에 대한 문제를 해결하기 위한 것이었다. 그러나 이토록 순수한 학술 연구가 매우 실질적인 문제 해결이 가능한 실용적인 기계를 설계하는 데 필요한 사고의 틀을 제공했다.

블레츨리는 십만 파운드를 투입하여 튜링의 아이디어를 실제 작동하는 기계로 구현할 수 있었다. 이 기기도 '봄브'라고 불리웠던 것은 레예프스키가 개발한 봄브로부터 물려받은 점 때문이었다. 튜링의 봄브는 각각 12개의 전기로 연결된 에니그마의 회전자 세트로 구성되어 있어 훨씬 더 긴 글자 루프까지 처리할 수 있었다. 이렇게 완성된 기계는 가로 1미터, 세로 2미터, 높이 2미터의 크기를 갖췄다. 튜링은 1940년 초에 이 기계의 설계도를 완성했으며, 실제 제작은 레치워스에 있는 영국 태뷸레이팅 머시너리 공장에서 했다.

봄브가 완성되어 도착하길 기다리는 동안 튜링은 블레츨리에서 일상적인 업무를 계속 처리했다. 튜링이 해법을 찾아냈다는 소식이 다른 상급 암호 해독가들 사이에 빠르게 퍼지면서, 튜링은 뛰어난 암호 해독가로 인정받았다. 블레츨리의 동료 암호 해독가였던 피터 힐튼은 "앨런 튜링은 누가 보든 천재였지만, 매우 친근하고도 다정한 천재였다. 자신의 생각을 설명하는 데 드는 시간과 노력을 아까워하지 않았다. 튜링은 한 분야만 깊게 파는 전문가가 아니었다. 그는 정밀과학 분야를 광범위하게 다룰 줄 아는 다재다능한 인물이었다"고 했다.

그러나 정부 암호학교에서 벌어지는 모든 일은 1급 비밀이었으므로 블레츨리 파크를 벗어난 외부의 누구도 튜링의 놀라운 성과물에 대해서 알지 못했다. 예를 들어 튜링의 부모는 튜링이 일류 암호 해독 전문가라는 사실은 커녕 심지어 암호 해독가라는 사실조차 몰랐다. 튜링은 어머니에게 일종의 군사 관련 연구에 참여하고 있다고 단 한 번 말했을 뿐, 구체적인 이야기는 하지 않았다. 튜링의 어머니는 그저 맨날 머리에 새집을 짓고 다니는 아들이 군대와 관련된 일을 해도 좀 더 단정해지지 않는다는 사실에 실망했을 뿐이었다. 블레츨리는 군 소속기관이었지만, 이 꾀죄죄하고 별난 '교수 타입' 인물들을 있는 그대로 받아주었다. 튜링은 거의 면도를 하는 법이 없었고 손톱은 언제나 때가 껴 있었으며, 옷은 주름투성이였다. 군에서 튜링의 동성애 성향을 용인했는지는 여전히 알려진 바 없지만, 블레츨리 출신 잭 굿은 "다행히도 군 당국은 튜링이 동성애자라는 사실을 몰랐다. 만일 알았다면, 우리는 전쟁에서 졌을 것이다"고 말했다.

빅토리Victory라는 이름이 붙은 봄브의 첫 번째 프로토타입이 블레츨리에 도착한 것은 1940년 3월 14일이었다. 빅토리는 블레츨리에 도착하자마자 곧 운영에 들어갔지만, 첫 시험 결과는 그다지 만족스럽지 않았다. 기계의 동작 속도가 예상보다 훨씬 느렸던 것이다. 특정 열쇠를 찾는데 최대 일주일이 소요되었다. 봄브의 효율을 높이기 위한 합동 작업이 시작되었고, 몇 주 뒤 수정된 설계도가 완성되어 공장으로 보내졌다.

그러는 사이 암호 해독자들은 이들이 예상했던 최악의 상황을 맞이했다. 1940년 5월 1일 독일군이 열쇠 교환 프로토콜을 바꾼 것이다. 더 이상 메시지 열쇠를 반복하지 않게 됨으로써 에니그마를 성공적으로 해독해내는 빈도가 급격히 떨어졌다. 정보의 암흑기는 8월 8일, 새로운 봄브가 도착하면서 끝났다. 애그너스 데이Agnus Dei(하나님의 어린 양) 또는 애그너스라고 불리운 새로운 봄브는 모든 면에서 튜링의 기대를 충족시켰다.

그로부터 18개월도 되지 않아 15대의 봄브가 추가로 가동에 들어갔다. 크립을 이용하고 회전자 설정을 확인하고 열쇠를 찾는 모든 봄브가 수없이 많은 뜨개바늘이 부딪히는 듯한 소리를 내며 돌아갔다. 모든 게 순조로우면, 봄브는 한 시간 안에 에니그마 열쇠를 찾아냈다. 일단 특정 메시지에 대한 배선반과 회전자 설정(메시지 열쇠)을 알아내면 그날의 일일 열쇠를 알아내는 것은 쉬웠다. 그러고 나면 같은 날 전송된 다른 모든 메시지를 해독할 수 있었다.

봄브가 암호 해독에 있어서 매우 중요한 전기를 마련하긴 했지만, 암호 해독을 기계로만 해결한 것은 아니었다. 봄브가 열쇠를 찾기 시작하기 전부터 해결해야 할 장애물은 많이 있었다.

이를테면 봄브를 돌리려면 먼저 크립을 찾아야 했다. 상급 암호 해독가들이 크립을 찾아 봄브를 작동시키는 사람들에게 넘기지만 암호 해독가들이 암호문을 정확하게 추측한다는 보장은 없었다. 크립이 설령 맞다고 해도 엉뚱한 장소에 있을 수도 있었다. 또한 암호 해독가들이 암호문에 특정 문구가 들어있다고 제대로 추측했다 해도 암호문에서 그 문구의 위치를 잘못 짚어낼 수도 있었다. 그러나 크립이 추측한 대로 정확한 위치에 있는지 확인하는 좋은 방법이 있었다. 아래 크립의 경우 암호 해독가는 자신이 추측한 원문이 분명 존재한다고 확신하지만 암호문의 글자와 평문의 글자를 정확히 맞췄는지는 확신할 수 없다.

추측한 평문			w	e	t	t	e	r	n	u	l	l	s	e	c	h	s	
알고 있는 암호문	I	P	R	E	N	L	W	K	M	J	J	S	X	C	P	L	E	J	W	Q

에니그마의 특징 중 하나는 평문의 글자와 암호문의 글자가 절대 같을 수 없다는 점이다. 이런 현상은 반사판 때문에 초래된 결과다. 평문글자 a는 절대 A로 암호화될 수 없으며, 평문 글자 b도 B로 암호화될 수 없

다. 따라서 위의 크립은 잘못 배열된 게 틀림없다. wetter에서 첫 번째 글자 e가 암호문에서 E와 짝지어져 있기 때문이다. 올바른 위치를 찾으려면 우리는 그저 평문과 암호문에 있는 같은 알파벳끼리 만나지 않을 때까지 평문을 이리저리 밀어보면 된다. 평문을 왼쪽으로 한 자리만 옮겨 봐도 여전히 문제가 있다. sechs의 첫 s가 암호문의 S와 만나기 때문이다. 그러나 우리가 평문을 오른쪽으로 한 칸만 옮겨보면, 어떤 글자도 같은 것끼리 만나지 않는다는 것을 알 수 있다. 따라서 이 자리가 크립의 올바른 자리일 가능성이 있으며 봄브 해독 작업에 기초자료로 활용할 수 있다.

추측한 평문				w	e	t	t	e	r	n	u	l	l	s	e	c	h	s
알고 있는 암호문	I	P	R	E	N	L	W	K	M	J	J	S	X	C	P	L	E	J	W	Q

블레츨리에서 수집한 모든 정보는 군의 최고위층 인사와 전시 내각의 일부에게만 보고되었다. 윈스턴 처칠은 블레츨리의 암호 해독 작업의 중요성을 온전히 알고 있었기에 1941년 9월 6일 이곳을 방문했다. 일부 암호 해독가들을 만난 후에 처칠은 그에게 그토록 귀중한 정보를 제공하는 조직이 이토록 의외의 다양한 구성원들로 이뤄져 있었다는 사실에 매우 놀랐다. 수학자, 언어학자는 물론 도자기 전문가, 프라하 박물관 큐레이터, 영국 체스 챔피언, 그리고 수많은 브리지 게임 전문가들이 포진해 있었다.

처칠은 비밀정보국 국장이었던 스튜어트 멘지스 경에게 작은 소리로 이렇게 말했다고 한다. "내가 자네에게 전국을 이 잡듯이 뒤지라고 말하기는 했지만, 자네가 그 말을 곧이곧대로 받아들일 줄은 몰랐네." 비록 말은 그렇게 했지만, 처칠은 한 가지 목표를 위해 모인 이토록 다양

그림 50 가동 중인 봄브

한 사람들에 대해 큰 애정을 갖고 있었으며, 그들을 '황금알은 낳지만, 절대 시끄럽게 울지 않는 거위'라고 불렀다.

처칠이 블레츨리를 방문한 것은 정부의 최고위층이 이곳 암호 해독가들의 업무를 높이 평가하고 있음을 알림으로써 암호 해독가들의 사기를 진작시키기 위해서였다. 또한, 처칠의 방문은 튜링과 그의 동료들이 위기에 닥치자 직접 처칠에게 호소할 정도로 자신감을 불어넣기까지 했다. 봄브를 최대한 활용하기 위해 튜링에게는 더 많은 인력이 필요했지만, 그의 요청은 블레츨리 파크 소장으로 새로 부임한 에드워드 트레비스에 의해 번번이 거부당했다. 트레비스 소장은 더 많은 인원을 채용할 만한 정당한 사유가 없다고 생각했다. 1941년 10월 21일, 암호 해독가들은 트레비스를 무시하는 항명죄를 범하면서까지 처칠에게 직접 편지를 썼다.

수상 각하

몇 주 전 각하께서 영광스럽게도 직접 저희를 방문하셨습니다. 저희는 각하가 우리 업무의 중요성을 잘 알고 계신다고 믿습니다. 트레비스 소장의 열정과 혜안으로 인해, 독일 에니그마를 해독하기 위한 봄브 기계를 구비할 수 있었습니다. 그러나 현재 암호 해독 작업이 지연되고 있으며, 어떤 경우에는 전혀 진척되지 않고 있습니다. 주된 사유가 기계를 다룰 충분한 인력이 없기 때문임을 각하가 알고 계셨으면 좋겠습니다. 이렇게 각하에게 직접 편지를 쓰는 것은 지난 몇 달간 일반적인 창구를 통해 할 수 있는 것들은 다했습니다만, 각하가 직접 손을 써주시지 않으면, 상황이 조기에 개선될 수 없다는 사실에 절망했기 때문입니다.

감사합니다.

A.M. 튜링
W.G. 웰치만
C.H.O'D. 알렉산더
P.S. 밀너 베리

처칠은 주저하지 않고 이들의 요청에 응했다. 그는 즉시 다음과 같은 지시사항을 비서실에 내려 보냈다.

오늘 즉시 시행할 것

이들이 요청한 것을 최우선순위로 처리한 후 완료되면 직접 보고 바람.

이후로 이들은 필요한 인력이나 자료를 지원받는 데 어려움을 겪지 않았다. 1942년 말엽 블레츨리에는 49대의 봄브가 있었고, 블레츨리 파크 북쪽, 게이허스트 저택에 새로운 봄브 기지를 열었다. 암호 해독가들을 새로 뽑기 위해 영국정부 암호학교는 〈데일리 텔레그래프〉 신문사에 편지를 게재했다. 이들은 익명으로 십자말풀이(그림 51)를 신문에 실어 독자들에게 12분 안에 풀어보라고 했다. 암호학교 측은 십자말풀이를 잘 푸는 사람은 암호 해독가로서의 자질이 있는 사람이라고 여겼으며, 이들의 십자말풀이 실력이 이미 블레츨리에 있는 과학 천재들을 보완해 줄 거라고 여겼다. 물론 이런 얘기는 신문에 없었다. 그 중 십자말풀이를 풀었다고 자원한 26명의 독자를 런던의 중심가인 플리트 스트리트로 불러 십자말풀이 시험을 봤다. 그 중 주어진 12분 만에 십자말풀이를 푼 사람이 다섯 명이었고 다른 한 명은 한 단어만 남기고 다 풀었다. 몇 주 후 12분만에 다 푼 다섯 명과 한 단어만 남기고 다 푼 한 사람까지 총 6명이 군 정보국과 인터뷰를 한 다음 모두 블레츨리 파크의 암호 해독가로 채용되었다.

코드북 쟁탈전

지금까지 4장에서 에니그마 통신을 거대한 하나의 통신 체계로 취급했지만 사실, 에니그마는 여러 개의 별도 네트워크로 이뤄져 있다. 일례로 북아프리카의 독일군은 자기들만의 분리된 망을 보유하고 있었으며, 그

ACROSS

1 A stage company (6)

4 The direct route preferred by the Roundheads (two words–5,3)

9 One of the evergreens (6)

10 Scented (8)

12 Course with an apt finish (5)

13 Much that could be got from a timber merchant (two words–5,4)

15 We have nothing and are in debt (3)

16 Pretend (5)

17 Is this town ready for a flood? (6)

22 The little fellow has some beer: it makes me lose colour, I say (6)

24 Fashion of a famous French family (5)

27 Tree (3)

28 One might of course use this tool to core an apple (9)

31 Once used for unofficial currency (5)

32 Those well brought up help these over stiles (two words–4,4)

33 A sport in a hurry (6)

34 Is the workshop that turns out this part of a motor a hush-hush affair? (8)

35 An illumination functioning (6)

DOWN

1 Official instruction not to forget the servants (8)

2 Said to be a remedy for a burn (two words –5,3)

3 Kind of alias (9)

5 A disagreeable company (5)

6 Debtors may have to this money for their debts unless of course their creditors do it to the debts (5)

7 Boat that should be able to suit anyone (6)

8 Gear (6)

11 Business with the end in sight (6)

14 The right sort of woman to start a dame school (3)

18 "The War" (anag) (6)

19 When hammering take care to hit this (two words)–5,4)

20 Making sound as a bell (8)

21 Half a fortnight of old (8)

23 Bird, dish of coin (3)

25 This sign of the Zodiac has no connection with the Fishes (6)

26 A preservative of teeth (6)

29 Famous sculptor (5)

30 This part of the locomotive engine would sound familiar to the golfer (5)

그림 51 〈데일리 텔레그래프〉의 십자말풀이는 신규 암호 해독가를 채용할 때 테스트로 사용되었다. (해답은 부록 H 참조)

들의 에니그마 교환원들은 유럽에 있는 독일군들이 사용하는 것과는 다른 코드북을 가지고 통신했다. 따라서 블레츨리가 북아프리카에 있는 독일군의 일일 열쇠를 알아내는 데 성공했다면 그날 북아프리카에 있는 독일군이 보내는 모든 암호문은 해독할 수 있지만, 유럽의 독일군이 전송하는 암호문은 해독할 수 없었다. 마찬가지로 독일 공군도 자기들만의 통신 네트워크를 보유했기 때문에 독일 공군의 암호를 해독하려면 블레츨리에서는 독일 공군의 일일 열쇠를 알아내야만 했다.

어떤 네트워크는 다른 네트워크에 비해 깨는 게 훨씬 어려웠다. 그 중 더 정교한 버전의 에니그마를 사용했던 독일 해군의 네트워크를 깨는 게 가장 어려웠다. 예를 들어 해군의 에니그마 교환원은 다섯 개가 아니라 여덟 개의 회전자를 선택할 수 있었다. 말인즉슨 선택 가능한 회전자 배열의 가짓수가 여섯 배나 많다는 뜻이며, 이는 곧 블레츠리에서 확인해야 할 열쇠의 수가 거의 여섯 배나 늘어남을 의미했다. 독일 해군 에니그마의 또 다른 특이점은 반사판이었다. 반사판은 전자신호를 회전자에 다시 보내는 역할을 한다. 보통 에니그마에서 반사판은 언제나 특정 위치에 고정되어 있지만, 독일 해군의 에니그마에 있는 반사판은 26개의 위치 중 아무 곳에 고정될 수 있었다. 따라서 선택 가능한 열쇠의 수가 26배로 늘어났다.

독일 해군의 에니그마를 해독하는 일은 독일 해군 소속 에니그마 교환원 때문에 그 어려움이 배가 되었다. 이들은 정형화된 메시지를 보내지 않도록 주의를 기울였기 때문에 블레츨리는 크립을 찾기가 어려웠다. 게다가 독일 해군은 메시지 열쇠를 선택하고 전송하는 데 훨씬 안전한 시스템을 도입했다. 회전자 추가, 반사판의 변화, 비정형화된 메시지, 새로운 메시지 열쇠 교환 체계 등 모든 것이 독일 해군의 통신망을 뚫기 어렵게 만드는 요인이었다.

블레츨리가 독일 해군의 에니그마를 깨는 데 실패했다는 것은 독일 해군이 대서양 전투에서 꾸준히 우위를 점하고 있음을 의미했다. 칼 되니츠 제독은 해전에서 고도로 효과적인 2단계 전략을 개발했으며, 그 중 1단계 전략이 U보트를 대서양에 풀어 연합군의 화물선들을 샅샅이 찾는 것이었다. U보트 한 대가 연합군의 배를 찾으면 곧바로 다른 U보트를 그 현장으로 불러들이는 2단계 전략이 도입된다. 공격 개시는 반드시 U보트가 많이 모였을 때에만 이뤄졌다. 이렇게 여러 척의 잠수함이 한꺼번에 주도면밀하게 작전을 성공시키기 위해서 독일 해군에게는 안전한 통신망이 필수였다. 독일 해군의 에니그마가 그 같은 안전한 통신 환경을 제공했으며, U보트의 공격은 영국에 필요한 식량과 무기를 공급하는 연합군의 선박 운송에 매우 큰 타격을 입혔다.

U보트의 통신망이 보안을 유지하는 한 연합군이 U보트의 위치를 알 수 있는 방법은 없었으므로 안전한 항로를 통해 화물을 수송하는 일이 어려워졌다. 마치 영국 해군이 U보트의 위치를 알아낼 수 있는 유일한 방법은 침몰한 영국 배를 찾는 것밖에 없는 것 같았다. 1940년 6월부터 1941년 6월 사이에 연합군은 매달 평균 50척의 배를 잃었으며, 새로 배를 건조해도 잃은 배를 보충할 수 없는 위험한 지경에 이르렀다. 대규모의 전함 손실을 제외하고도 엄청난 인명 손실이 있었다. 전쟁 중 사망한 연합군 해군의 숫자는 5만 명에 달했다. 이 같은 손실이 급격히 줄지 않는 한, 영국은 대서양 전투에서 패배할 위험이 있었으며 이는 곧 패전을 뜻했다. 처칠은 후에 다음과 같이 회고했다. "맹렬히 전개되는 여러 사건의 소용돌이 속에서 단 하나의 무거운 근심이 나를 짓눌렀다. 전투에서 패배할 수도 있고 승리할 수도 있다. 계획이 성공할 수도 있고, 무산

될 수도 있다. 영토를 탈환하거나 빼앗길 수도 있다. 그러나 우리가 전쟁을 계속 수행할 수 있게 해주는 힘, 아니 심지어 우리의 목숨을 부지해주는 힘은 우리가 대서양 항로를 장악하고 우리 항구에 자유롭게 접근하고 입항할 수 있느냐 여부에 전적으로 달려 있다."

폴란드인들의 경험과 한스 틸로 슈미트의 사례를 통해 블레츨리 파크가 학습한 것이 있다. 머리로 암호를 해독하는데 실패하면, 첩보 활동, 잠입, 절도를 해서라도 적의 열쇠를 손에 넣을 필요가 있다는 사실이었다. 간혹 블레츨리는 영국 공군의 재치 있는 작전 덕분에 독일 해군의 에니그마를 해독하는 돌파구를 마련하기도 했다. 영국 공군기들이 특정 위치에 폭탄을 투하해 독일 전함들끼리 서로 경고 메시지를 주고받도록 유도하기도 했다. 이 같은 에니그마 경고문엔 지점 표시가 담겨 있기 마련인데, 여기서 핵심은 이미 영국군 측에서는 어떤 지점인지 알고 있다는 데 있었다. 따라서 바로 이 위치 정보가 크립으로 사용될 수 있었던 것이다. 다시 말하면, 블레츨리가 암호문의 특정 부분이 특정 좌표라는 것을 알고 있었다는 뜻이다. 폭탄을 투하해 크립을 얻는 작전을 '정원 손질gardening'이라고 불렀는데, 이 작전을 수행하려면 공군의 특별 작전이 필요했으므로 정기적으로 할 수는 없었다. 블레츨리는 독일 해군의 에니그마를 깨기 위한 다른 방법을 찾아내야 했다.

독일 해군의 에니그마를 깨기 위한 대안 전략은 열쇠를 훔치는 것이었다. 열쇠를 훔치는 여러 작전 중 가장 대담무쌍한 계획을 내놓은 사람이 제임스 본드를 만들어낸 이언 플레밍이었다. 이언 플레밍은 전쟁 중 영국해군정보국에서 일했다. 이언 플레밍은 노획한 독일 폭격기를 영국해협에 보내 독일 함대 근처에서 격추시키자고 제안했다. 그러면 독일 해군이 자기들의 동료를 구하기 위해 비행기 쪽으로 접근할 것이고, 이

때 독일군으로 가장한 영국군 비행 조종사가 독일 해군 배에 올라타 코드북을 훔쳐 오는 것이 계획의 요지였다. 독일 해군의 코드북에는 암호화에 필요한 열쇠 내용이 담겨 있을 것이고 전함들이 보통 기지에서 장기간 떨어져 있기 때문에 코드북은 최소한 한 달은 유효하다고 봤다. 이렇게 코드북을 훔치면 블레츨리는 독일 해군의 에니그마를 한 달 동안 해독해낼 수 있게 된다.

'루슬리스 작전Operation Ruthless'이라고 불린 플레밍의 계획이 승인된 후 영국 정보국은 불시착할 독일 폭격기를 준비하기 시작했고 독일어를 구사하는 영국 공군 소속 조종사들을 모았다. 작전 개시일은 월초로 정해졌다. 최신 코드북을 확보하기 위해서였다. 플레밍은 도버해협으로 가서 작전을 총괄했지만, 불행히도 그 지역에 독일 배가 없어서 작전은 무기한 연기되었다. 4일 뒤, 블레츨리에서 독일 해군 암호해독 팀을 이끌던 프랭크 버치가 튜링과 그의 동료 피터 트윈의 반응을 다음과 같이 기록했다. "튜링과 트윈은 마치 이틀 전에 시체를 도난당한 장의사 얼굴을 하고 나를 찾아왔다. 모두 루슬리스 작전이 취소될까 마음을 졸이고 있었다."

적절한 시기에 루슬리스 작전은 취소되었지만, 기상관측선과 U보트를 상대로 한 과감한 폭격 작전으로 블레츨리는 결국 독일 해군의 코드북을 손에 넣었다. 소위 '핀치pinches'라고 불리운 코드북에는 블레츨리의 정보 암흑기를 끝내는 데 필요한 모든 정보가 들어 있었다. 독일군 에니그마를 훤히 들여다볼 수 있게 되자 블레츨리는 U보트의 위치를 짚어낼 수 있었고 대서양 전투는 연합군에게 유리하게 전개되기 시작했다. 연합군의 수송선들은 U보트를 피해 다닐 수 있게 되었다. 심지어 영국의 구축함들은 독일 해군을 공격하고 U보트를 찾아 격침시킬 수 있었다.

연합군이 에니그마 코드북을 훔쳐갔을지도 모른다고 독일 총사령부가 의심하지 않도록 하는 것도 매우 중요했다. 혹여 독일군이 자기들의 보안이 뚫렸다는 것을 알아내기라도 하면, 에니그마의 보안을 상향 조정할 것이고 그렇게 되면 다시 블레츨리는 원점으로 돌아갈 것이 뻔했다. 치머만 전보 사건 때처럼 영국은 의혹을 사지 않도록 여러 가지로 주의를 기울였다. 예를 들면, 코드북을 훔친 다음 독일 배를 침몰시켰다. 그렇게 함으로써 되니츠 제독이 암호 관련 자료가 영국군의 손에 들어간 것이 아니라 바다 밑에 있다고 믿게 만들 수 있었다.

일단 비밀리에 코드북을 손에 넣으면, 코드북을 사용하기 전에 매우 조심스럽게 사전 작업을 했다. 예를 들어, 에니그마를 해독하면 U보트의 위치를 많이 알아낼 수 있었지만 그렇다고 알아낸 U보트의 위치를 이용해 모든 U보트를 공격하는 것은 현명한 선택이 아닐 수 있었다. 알 수 없는 이유로 영국의 승리가 급격히 늘어나면, 통신이 해독되고 있다고 독일이 의심할 수 있기 때문이었다. 결국 연합군은 어떤 U보트는 도망가게 놔두거나, 반드시 정찰기를 먼저 띄웠을 때에만 배를 침몰시켰다. 그렇게 함으로써 몇 시간 뒤 구축함이 U보트에 접근하는 것을 정당화할 수 있었다. 그렇지 않으면 연합군은 U보트를 목격했다고 가짜 메시지를 보내기도 했다. 이것으로 연이은 공격에 대한 설명은 충분히 한 셈이었다.

에니그마가 깨졌다는 사실을 어떻게든 감추려고 했지만, 간혹 영국의 행동은 독일군 보안 전문가들 사이에서 우려를 불러일으켰다. 한번은 블레츨리 측에서 총 아홉 척에 이르는 독일 유조선과 보급선의 정확한 위치를 알리는 에니그마 메시지를 해독했다. 영국 해군은 이 배들을 전부

격침하지 않기로 결정했다. 모두 깨끗이 제거했다가는 독일의 의심을 살 수 있었기 때문이었다. 대신에 영국군 구축함에 일곱 척의 위치만 정확히 알려주었다. 그리하여 나머지 두 척인 게다니아와 곤젠하임은 무사히 빠져나가게 해줘야 했다. 영국 해군은 결국 일곱 척의 배를 격침했다. 그런데 그냥 보내줬어야 할 두 척의 독일 배를 우연히 마주친 다른 영국 해군 소속 구축함들이 마저 모두 침몰시켜 버렸다. 이 구축함들은 에니그마나 의심을 살 만한 행동을 금하는 정책에 대해서 아는 바가 없었기 때문이다. 단지 자신의 임무를 다했다고 믿을 뿐이었다.

베를린에서는 쿠르트 프리케 제독이 이번 공격 그리고 이번 공격과 유사한 다른 사례를 조사하라고 지시했다. 혹시나 영국이 에니그마를 해독했을 가능성을 알아보려고 했던 것이다. 조사 보고서는 독일 측 피해는 그냥 운이 나빴거나 독일 해군에 침투한 영국 스파이 때문이라고 결론지었다. 에니그마를 해독한다는 것은 불가능하고 상상도 할 수 없는 일이라고 여겼던 것이다.

이름 없는 암호 해독가들

독일의 에니그마뿐만 아니라 블레츨리 파크는 이탈리아와 일본의 암호도 해독해냈다. 독일, 이탈리아, 일본의 암호문 해독을 통해 수집한 정보에 암호명 '울트라Ultra'가 붙여졌다. 그리고 울트라 정보 파일은 연합군이 주요 전투에서 우위를 점하는 데 기여했다. 북아프리카에서 울트라는 독일 물자보급선을 파괴하고 연합군에게 롬멜 장군의 부대 현황 정보를 제공하여, 연합군 제8군이 진격해오는 독일군을 반격하는 데 도움을 주었다. 울트라는 독일군의 그리스 공격을 사전에 경고하여 영국군이 큰 손실을 입지 않고 그 지역에서 퇴각할 수 있게 해주었다. 사실 울트라는 지중해 전역에 걸친 적의 동향에 대한 정보를 매우 정확하게 제공했다. 특히 연합군이 1943년 이탈리아와 시칠리아에 상륙할 때 그 정보의 가치가 입증되었다.

또한 1944년 연합군이 유럽지역을 공격할 때도 큰 역할을 했다. 이를테면 노르망디 상륙 작전을 개시하기 몇 달 전 블레츨리는 프랑스 해안의 독일 병력 배치에 관한 자세한 정보를 해독해서 제공했다. 전시 영국 정보부의 공식 역사가 해리 힌슬리Harry Hinsley 경은 다음과 같이 기록했다.

> 울트라의 정보가 쌓이면서 울트라는 꽤 기분 나쁜 충격파를 던졌다. 특히 5월 하순에 들어온 정보에 따르면 독일군영이 노르망디와 셰르부르 반도에 병력을 증강하고 있었다. 앞서 독일군이 르아브르와 셰르부르 사이가 연합군에 의해 공격 당할 가능성이 있고, 심지어 이 지역이 연합군의 주된 침투로가 될 걸로 결론짓고 있다는 불편한 징후를 포착한 뒤였다. 그러나 이윽고 연합군이 유타 해변과 그 뒤쪽에 상륙하기로 한 계획들을 일부 수정할 수 있도록 증거가 도착했다. 더 놀라운 것은 작전 개시 전 연합군이 모두 58개라고 추정했던 서쪽 주둔 적 사단의 총 병력 수, 사단 명, 주둔 위치에 대한 정보 가운데 두 가지를 빼고는 작전상 중요했던 정보가 모두 정확했다는 사실이다.

전쟁 기간 내내 블레츨리의 암호 해독가들은 자기들이 해독하는 메시지가 매우 중요하다는 것을 알고 있었다. 처칠이 블레츨리를 방문한 사실은 그런 생각을 더 강하게 심어 줬다. 그러나 암호 해독가들은 어떤 작전이 펼쳐지는지 몰랐으며, 그들이 해독한 정보가 어떻게 사용되는지에 대해서도 전해 듣지 못했다. 예를 들면 암호 해독가들은 노르망디 상륙 작전이 언제 개시되는지 몰랐다. 그래서 그들은 상륙작전이 있기 전날 댄스파티를 열기로 했다. 이 같은 사실은 블레츨리의 국장이자, 노르망디 상륙 작전에 대해 알고 있는 유일한 사람인 트레비스 장군의 심기를 불편하게 했다. 그러나 그렇다고 막사 6호의 댄스파티 준비 팀에게 행사를 취소하라고 명령할 수도 없었다. 그렇게 되면 곧 중요한 공격작전이 개시될 거라는 사실을 암시하는 게 될 테고 그것은 엄연한 보안 위반이었다. 댄스파티는 예정대로 열렸다. 그러나 파티가 열린 날, 기상 악화로 24시간 동안 상륙작전이 연기되었다. 암호 해독가들은 신나게 파티를 즐길 수 있었다. 상륙작전이 있던 날, 프랑스의 레지스탕스들이 육상의 유선통신선을 끊어서 어쩔 수 없이 독일군은 무선통신에 의존해야 했으며, 이로써 블레츨리의 암호 해독가들이 더 많은 메시지를 입수해서 해독할 수 있었다. 전쟁이 전기를 맞았을 때, 블레츨리는 독일군 작전에 대한 더 자세한 정보를 공급하게 되었다.

막사 6호 소속 암호 해독가 스튜어트 밀너-배리는 "고대로부터 있었던 어떤 전쟁에서도 이토록 다른 한쪽의 육해군 정보를 끊임없이 판독할 수 있었던 때는 없었다."고 기록했다. 한 미국 기자도 비슷한 결론을 내린 적이 있었다. "고위 참모들이 마련한 울트라는 정상회담 참여자의 마음 상태에 영향을 줘 의사결정 과정에도 변화를 가져왔다. 적을 알고 있다는 사실은 매우 큰 안도감을 준다. 적의 생각과 방법, 습관, 행동을 규칙적으로 가까이에서 지켜보게 되면 그러한 안도감은 자기도 모르게 더욱 커진다. 이런 종류의 정보를 가지고 있으면 스트레스는 덜 받고 자신감은 더욱 고양된 상태에서 좀 더 장기적이고 확실하게 계획을 세울 수 있다."

비록 논쟁의 여지가 있긴 하지만, 연합군의 승전에 블레츨리 파크의 역할이 결정적이었다고 사람들은 말해왔다. 한 가지 확실한 것은 블레츨리의 암호 해독가들이 전쟁 기간을 단축시키는 데 큰 역할을 했다는 사실이다. 이는 대서양 전투를 다시 복기하면서 울트라 정보가 없었으면 어떠했을지 생각해보면 분명해진다. 먼저 더 많은 배와 보급품들이 U보트 함대의 공격을 받아 사라졌을 것이고, U보트 함대는 미국과의 중요한 연결망을 마비시켰을 것이며, 연합군으로 하여금 새로운 배를 건조하게 함으로써 인력과 자원을 낭비하게 만들었을 것이다. 역사가들은 그런 사태가 벌어졌다면 연합군의 계획이 여러 달 지연되었을 것이며, 결국 노르망디 상륙 작전이 최소한 그다음 해로 연기되었을지도 모른다고 봤다. 해리 힌슬리 경은 "영국정부 암호학교가 에니그마를 해독하지 못하고 울트라 정보도 수집하지 못했다면, 제2차 세계대전은 1945년이 아닌 1948년에 끝났을지도 모른다"고 했다.

이렇게 작전이 지연되는 동안, 유럽에서는 더 많은 인명 피해를 입었을 것이고, 히틀러는 더 강력한 탄도미사일인 V계열 로켓을 이용해 영국 남부에 타격을 가했을 것이다. 역사가 데이비드 칸은 에니그마를 깬 것이 어떤 영향을 미쳤는지 다음과 같이 요약했다. "생명을 구했다. 연합국과 러시아 사람들의 생명뿐만 아니라, 전쟁을 단축시킴으로써 독일, 이탈리아, 일본인들의 생명까지도 구했다. 에니그마를 풀지 못했다면 전쟁 이후 살아있는 사람들 중 일부는 지금 여기에 없을 수도 있다. 바로 이 점이 세계가 이 암호 해독가들에게 진 빚이다. 이들이 거둔 승리의 가장 인간적이고 숭고한 면이 바로 여기에 있다."

전쟁이 끝난 후 블레츨리의 업적은 계속 비밀에 부쳐졌다. 전쟁 중에 암호 해독을 성공적으로 해낸 영국은 전쟁이 끝나도 계속 정보 수집 활동을 하고 싶어 했다. 따라서 영국은 자신들이 이 같은 능력을 보유하고 있다는 사실을 발설하고 싶지 않았다. 사실 영국은 수천 대에 달하는 에니그마 기계를 손에 넣었고, 이들 기계를 이전 식민지에 전해주었다. 이전 식민지 국가들도 독일처럼 에니그마 암호가 해독 불가능하다고 믿었다. 영국은 굳이 이들의 잘못된 확신을 바로 잡아주려 하지 않았고, 오히려 몇 년간 이들의 비밀통신을 일상적으로 훔쳐봤다.

그러는 동안 블레츨리 파크의 암호학교는 문을 닫았으며, 울트라 수집에 공을 세웠던 수많은 남녀 암호 해독가들은 제대했다. 봄브는 해체되었고 전쟁 중 암호 해독과 관련된 문서는 남김없이 비밀보관소에 따로 보관되거나 소각되었다.

영국의 암호 해독 업무는 런던에 신설된 정보통신본부(GCHQ)로 공식 이관되었다. 정보통신본부는 이후 1952년에 런던에서 첼튼햄으로 옮겨졌다. 일부 암호 해독가들은 GCHQ로 자리를 옮겼지만 대부분은 원래대로 민간인의 삶으로 돌아갔다. 이들은 비밀유지 서약을 했기에, 전시에 자신들이 한 일에 대해 밝힐 수 없었다. 참전 용사들이 자기들의 영웅적인 업적에 대해 말하고 다니는 가운데에서도, 정보전쟁에서 일반 참전용사들 못지않은 공적을 세운 암호 해독가들은 누군가가 전쟁 중 행방에 대해 물으면 질문을 회피해야 하는 당황스러운 순간을 견뎌내야 했다. 고든 웰치만은 자신이 막사 6호에서 데리고 있던 젊은 암호 해독가가 모교 교장으로부터 전선에 나가지 않은 것이 얼마나 치욕스러운 일인지 신랄하게 비난하는 편지를 받기까지 했다고 회고했다.

막사 6호에서 근무했던 또 다른 사람 데릭 톤트는 자기 동료들의 진정한 공적을 다음과 같이 요약했다. "기꺼이 이 일을 하게 된 우리는 고귀한 전장에 있지는 않았지만, 그렇다고 우리가 자고 있지 않았다는 것은 분명했으며, 우리가 블레츨리에 있게 된 것을 저주 받았다고 생각할 이유는 전혀 없다."

30년간의 침묵 끝에, 1970년대 초 블레츨리 파크에 대한 비밀이 결국 세상에 알려졌다. 울트라 정보의 배포를 맡았던 F.W.윈터보덤Winterbotham 대위가 영연방 국가들이 더 이상 에니그마를 사용하지 않는 데다 영국이 에니그마를 해독했다는 사실을 숨김으로써 얻는 것이 없다며, 영국정부를 압박하기 시작했던 것이다. 영국 정보국은 마지못해 이에 동의하고 윈터보덤 대위에게 블레츨리 파크에서 했던 업무에 대한 책을 써도 좋다고 허락했다. 1974년 여름에 출간된 윈터보덤의 책 《울트라 시크릿The Ultra Secret》은 마침내 전쟁 중 블레츨리 파크에서의 활동을 말해도 좋다는 최초의 신호탄이었다. 고든 웰치만은 그때 느낀 엄청난 안도감을 이렇게 표현했다. "전쟁이 끝나고 나는 계속해서 전쟁 중에 있었던 일에 대해 말하는 것을 피했다. 누구나 아는 알려진 이야기가 아닌 울트라를 통해 얻은 정보를 발설하게 될까봐 두려웠기 때문이었다... 나는 비로소 전쟁 비밀유지 서약으로부터 자유로워졌다."

전쟁에 크게 기여한 사람들이 뒤늦게 받아야 마땅한 인정을 받을 수 있게 되었다. 윈터보덤의 책으로 인해 가장 큰 충격에 휩싸인 사람은 레예프스키였다. 레예프스키는 자신이 전쟁 전에 에니그마를 깨는 데 큰 전기를 마련했던 일이 이토록 놀라운 결과로 이어졌다는 것을 그제야 알았던 것이다. 독일이 폴란드를 침공하자, 레예프스키는 프랑스로 탈출했다가 프랑스가 독일에 점령당하자 영국으로 피신했다. 어찌 보면 레예프스키가 영국의 에니그마 해독에 참여하는 것이 자연스러운 행보였을 것으로 생각되지만, 거꾸로 레예프스키는 헤멜 헴스테드 근처의 박스무어에 위치한 작은 정보 부서에서 시시한 암호문을 해독하는 신세로 전락해 있었다. 왜 그토록 출중한 암호 전문가가 블레츨리 파크의 업무에서 제외되었는지는 확실치 않다. 그러나 어쨌든 레예프스키는 영국 정부 암호학교에서 어떤 일이 벌어졌었는지 아무것도 몰랐다. 윈터보덤이 책을 내기 전까지 레예프스키는 자신의 아이디어가 에니그마로 작성된 암호문 해독의 근간으로 전쟁 내내 활용되었다는 사실을 몰랐다.

일부 암호 해독가들에게 있어서 윈터보덤의 저서는 너무 늦게 출간된 것이었다. 블레츨리 파크의 초대 소장 알라스테어 데니스톤이 세상을 뜬 지 여러 해가 지난 뒤, 그의 딸이 한 통의 편지를 아버지의 옛 동료로부터 받았다. "귀하의 아버지는 위대한 인물로 영어를 사용하는 모든 사람들이 아주 오랜 동안, 아니 영원히 고인에게 빚을 졌습니다. 고인이 정확히 무슨 일을 했는지 아는 이들이 극히 적다는 사실은 참으로 슬픈 일입니다."

앨런 튜링도 사람들이 그의 공적을 알아주기 전에 세상을 뜬 암호 전문가 중 한 명이다. 영웅으로 칭송받는 대신 그는 동성애자라는 이유로 박해를 받았다. 1952년 경찰에 절도사건을 신고하는 과정에서 튜링은 순진하게도 자신이 동성애 관계를 맺고 있다는 사실을 밝혔다. 경찰은 그를 구속한 다음 '형법 개정안 1885조 11항에 반한 음란죄'로 그를 기소하는 수밖에 없다고 생각했다. 신문사들이 후속 재판과 유죄판결 내용을 보도했고 튜링은 공개적으로 모욕당했다.

튜링의 사생활이 만천하에 드러나자 이제 그의 성 정체성을 모르는 사람이 없었다. 영국 정부는 튜링의 비밀정보 열람권을 박탈했으며, 그가 컴퓨터 개발과 관련한 연구 프로젝트에 참여하는 것을 금지했다. 튜링은 강제로 정신과 의사와 면담하면서 호르몬 치료를 받아야만 했고, 그 결과 튜링은 성적 능력을 상실하고 심각한 비만이 되었다. 이후 2년간 극심한 우울증에 시달리다 1954년 6월 7일 청산가리 액이 든 병과 사과 한 개를 들고 자신의 침실로 들어갔다. 20년 전 젊은 튜링은 '끓는 독에 사과를 담가라, 죽음처럼 깊은 잠이 스며들도록'이라는 사악한 마녀의 주문을 중얼거리곤 했었다. 이제 그는 마녀의 주문을 따를 준비가 되었다. 불과 42세밖에 안 된 암호 해독 분야의 진정한 천재는 이렇게 스스로 목숨을 끊었다.

CODE 05
언어 장벽

영국의 암호 해독가들이 독일 에니그마 암호를 해독하여 유럽에서 전쟁의 양상을 바꾸는 동안 미국의 암호 해독가들도 '퍼플'이라고 알려진 일본군의 기계 암호를 해독하여 똑같이 태평양 지역의 전황에 큰 영향을 미치고 있었다. 일례로 1942년 6월, 미군은 일본이 가짜 공격을 감행하여 미 해군을 알류샨 열도로 유인하려는 작전 개요를 담은 암호문을 해독했다. 실제 일본 해군은 가짜 공격을 통해 진짜 목표물인 미드웨이 섬을 차지할 계획이었다. 미 해군은 일본 해군의 의도대로 미드웨이 섬을 떠나는 척했지만 멀리 가지는 않았다. 미드웨이를 공격하라는 일본군의 명령을 입수해서 해독하자, 미 해군은 재빠르게 원래 위치로 돌아와 미드웨이 섬을 지킬 수 있었다. 이 전투는 태평양 전쟁을 통틀어 가장 중요한 전투로 손꼽힌다. 체스터 니미츠Chester Nimitz 제독은 미드웨이 전투에서 미국의 승리는 "본질적으로 정보의 승리였다. 기습을 노린 일본군이 되려 기습을 당했다"고 했다.

그로부터 거의 1년 후, 미국은 일본 함대 총사령관 야마모토 이소루

코 제독의 북 솔로몬제도 방문 일정을 담고 있는 메시지를 해독했다. 니미츠 제독은 전투기를 보내 야마모토의 비행기를 격추시켜 그를 죽이기로 결정했다. 강박적으로 시간을 엄수하기로 유명한 야마모토는 일정표에 기재되어 있듯이 정확히 오전 8시 정각에 목적지에 다다랐다. 그러나 그곳에서 그를 기다리고 있던 것은 18대의 미국 P-38 전투기들이었다. 미국은 일본 총사령부에서 가장 영향력 있는 인물 중 한 사람을 제거하는 데 성공했다.

일본의 퍼플과 독일의 에니그마는 결국에 깨지고 말았지만, 맨 처음 이 암호들을 사용할 때는 공히 강력한 보안을 제공했기에 미국과 영국의 암호 해독가들에게는 심각한 도전이었다. 사실 이 같은 암호 기계들을 제대로 사용했다면, 즉 메시지 열쇠를 반복 입력하지 않았다거나, 실리를 만들지 않았다거나, 배선반 설정과 회전자 배열에 제한을 두지 않았거나, 크립으로 이어지는 정형화된 메시지를 작성하지 않았더라면, 이 암호들은 절대 깨지지 않았을 수도 있었다.

기계 암호의 진정한 힘과 잠재력을 보여준 것은 영국 육군과 공군이 사용한 타이펙스Typex(또는 Type X)와 미군이 사용한 시가바SIGABA(또는 M-143-C)였다. 이 두 기계 모두 에니그마보다 훨씬 복잡했지만 둘 다 정석대로 사용함으로써 전쟁 동안 깨지지 않았다. 연합군의 암호 해독가들은 복잡한 전자기계식 암호가 통신의 보안을 지켜줄 것이라고 자신했다. 그러나 이렇게 복잡한 암호만이 안전하게 메시지를 전송하는 유일한 방법은 아니었다. 사실 제2차 세계대전 중에 사용된 암호 중 가장 안전했던 암호는 제일 단순한 형태의 암호였다.

태평양 전쟁 중에 미군 사령관들은 시가바와 같은 암호 기계에 근본적인 결점이 있다는 것을 깨달았다. 전자기계식 암호는 비교적 높은 수준의 보안을 제공하긴 했지만 속도가 너무나 느렸다. 기계에 메시지를 한 글자씩 입력해야만 했고, 출력물도 한 글자씩 받아 적어야 했다. 그런 다음에야 완성된 암호문을 무선통신사가 전송했다. 암호문을 수신한 무선통신사는 암호문을 다시 암호 담당자에게 보내야 했고, 암호 해독자는 조심스럽게 정확한 열쇠를 선택한 다음 암호문을 암호 기계에 입력해서 한 글자씩 해독해야 했다. 총사령부나 군함은 이렇게 정교한 작업에 수반되는 시간과 공간을 확보할 수 있었지만, 기계식 암호는 태평양 한가운데의 섬과 같이 위험하고 급박한 환경에는 적합하지 않았다.

한 종군기자는 정글 전투가 한창일 때 통신의 어려움을 다음과 같이 묘사했다. "전투가 좁은 지역에 국한될 때 모든 것을 순식간에 해치워야 했다. 암호화니 복호화니 할 시간은 없었다. 그런 순간에는 표준 영어는 최후의 수단이 되었고, 말은 짧을수록 비속어가 난무할수록 더 좋았다." 미국인들에게는 안타까운 사실이지만, 미국 대학 출신에 영어가 유창한 일본인 병사가 많았으며, 심지어 비속어도 능란하게 구사했다. 미군의 전략과 전술에 대한 귀중한 정보가 적의 손아귀에 그대로 들어갔다.

이 문제에 처음으로 대응한 사람이 필립 존스턴Philip Johnston이었다. 그는 로스앤젤레스에 사는 엔지니어로 전장에서 싸우기엔 너무 늙었지만 여전히 전쟁에 기여하고 싶어 했다. 1942년 초, 그는 어린 시절 경험을 되살려 암호 시스템을 만들기 시작했다. 개신교 선교사의 아들로 태어난 존스턴은 애리조나의 나바호 인디언 보호구역에서 자랐기에 나바호 인디언 문화에 완전히 익숙했다. 또한 나바호족이 아니면서 나바호족의 언어를 유창하게 구사할 수 있는 몇 안 되는 사람들 중 하나로, 나바호족과 정부 관리들 사이에서 통역을 하기도 했다. 존스턴의 나바호족 언어 구사 능력은 그가 백악관을 방문하면서 정점에 이르렀다. 두 명의 나바호 족이 테오도르 루즈벨트 대통령에게 나바호 인디언들을 보다 공정하게 대우해 달라고 요구하려고 백악관을 방문했을 때 불과 9살의 나이로 통역을 했다.

나바호족이 아니고서는 나바호 언어를 이해하기가 얼마나 어려운지 잘 알았던 존스턴은 나바호족 언어나 다른 아메리카 원주민의 언어가 사실상 거의 깨질 수 없는 암호가 될 수 있겠다는 생각을 했다. 태평양에 있는 각 미군 대대마다 아메리카 원주민을 무선통신사로 쓰면 안전한 통신을 보장할 수 있다고 본 것이다.

존스턴은 자신의 아이디어를 제임스 E. 존스 중령에게 알렸다. 존스 중령은 샌디에이고 바깥쪽의 캠프 엘리엇 지역의 통신 장교였다. 어리둥절해 하는 존스 중령에게 나바호어로 몇 마디 던지는 것만으로도 존스턴은 이 아이디어를 진지하게 고려해볼 가치가 있다고 설득할 수 있었다. 2주 후 존스턴은 두 명의 나바호족을 데리고 와서 고위 해군 장교들 앞에서 시범을 보였다. 두 명의 나바호 인디언을 따로 떼어 놓은 후 그 중 한 사람에게 여섯 개의 일반적인 영어 메시지를 주면 영어를 나바호어로 바꾼 다음 무선으로 다른 한 명에게 전송했다. 메시지를 받은 나바호 인디언이 메시지를 영어로 바꾼 다음 장교에게 전달하면 장교는 원래 메시지와 비교했다. 귓속말하기 게임 나바호어 버전은 완벽한 것으로 판명되었고, 그 자리에 있던 해병대 장교들은 시범 프로젝트를 수행할 것을 허가하면서 즉시 필요한 인원을 모집하라고 지시했다.

그러나 일단 인원을 모집하기 전에 존스 중령과 필립 존스턴은 시범 프로젝트를 나바호족과 할지 아니면 다른 부족과 해야 할지를 결정해야 했다. 존스턴이 나바호족을 데리고 애초에 시범을 보인 것은 개인적인 관계 때문이었을 뿐 나바호족이 가장 이상적이어서 선택한 것은 아니었다. 부족을 선택하는 데 있어서 가장 중요한 요건은 사람 수였다. 영어를 말하고 쓸 줄 아는 부족민의 숫자가 많은 인디언 부족을 찾아내야 했다. 정부의 투자 부족으로 대부분의 인디언 보호 구역은 문맹률이 매우 높았으므로 결국 후보는 가장 규모가 큰 네 부족으로 좁혀졌다. 나바호Navaho, 수Sioux, 치페와Chippewa, 피마-파파고Pima-Papago 부족이었다.

나바호는 가장 규모가 큰 부족이었지만 문맹률이 높은 반면, 피마-파파고는 문맹률은 낮았지만 인구가 훨씬 적었다. 네 부족 가운데 선택의 여지는 거의 없었다. 그래서 결국 또 다른 중요한 요소에 의해 결정이 내려지게 되었다. 존스턴의 아이디어에 대한 공식 보고서에 다음과 같은 기록이 있다.

> 나바호는 지난 20년간 미국에서 독일 학생들과의 접촉이 없었던 유일한 부족이다. 예술 전공 학생, 인류학자로 가장하여 다양한 부족의 방언을 연구하는 이 독일인들은 나바호어를 제외하고는 의심의 여지없이 모든 부족의 언어를 어느 정도는 구사한다. 이런 이유로 현재 고려 중인 종류의 일에 대해 완벽하게 보안을 지킬 수 있는 부족은 나바호족이 유일하다. 또 한 가지 주목할 점은 나바호족의 언어는 현재 나바호 부족 언어를 연구하는 28명의 미국인을 제외하고 어떤 부족이나 어떤 사람도 완전히 이해할 수 없다, 라는 사실이다. 나바호족의 언어는 적에게는 암호나 마찬가지이며, 무엇보다도 신속하고 안전한 통신에 놀라울 정도로 적합한 언어다.

미국이 제2차 세계대전에 참전할 당시 나바호족은 열악한 조건에서 인간 이하의 대접을 받으며 살고 있었다. 그러나 나바호 부족회의에서 미국의 참전을 돕기로 하면서 '원래 아메리카에 살던 사람들보다 더 순수한 아메리카 정신의 소유자들은 없다'며 충성을 서약했다. 나바호족의 참전 열의가 너무나 대단한 나머지 일부 나바호족은 나이를 속이기도 하고, 최저 체중 요건인 55킬로그램을 넘기 위해 바나나와 물을 잔뜩 먹기도 했다. 그런 면에서 나바호 암호통신병으로 복무할 적절한 지원자를 찾는 데에 전혀 문제가 없었다. 나중에 나바호 암호통신병은 매우 유명해졌다. 진주만 폭격이 있은 지 4개월이 채 지나지 않아 29명의 나바호족이 해병대에서 8주간의 통신 교육을 받기 시작했다. 이들 중에는 불과 15세의 소년들도 포함되어 있었다.

훈련을 시작하기 전, 해병대는 이전에 암호 통신에 사용했던 아메리카 원주민 언어의 문제점을 해결해야 했다. 제1차 세계대전 중 프랑스 북부에서 제141 보병대 D 중대 E. W. 호너 대위가 무선통신병으로 촉토족 8명을 뽑으라고 명령한 적이 있었다. 적들 중에 촉토족의 언어를 알아듣는 이가 한 명도 없었기에 통신의 보안에는 아무 문제가 없었다. 그러나 암호화 체계에 있어서 근본적인 결함이 있었다. 촉토족의 언어에는 현대 군사 용어에 해당하는 말이 없었기 때문이다. 따라서 메시지에 들어 있는 특정 기술 용어를 모호한 촉토어 표현으로 대체해야 했는데, 결국 수신자가 잘못 해석할 위험이 있었다.

동일한 문제가 나바호 언어에도 존재할 가능성이 있었다. 그래서 해병대는 나바호어로는 바꿀 수 없는 영어 단어를 대체할 다른 나바호 어휘집을 만들어 언어상의 모호함을 제거했다. 훈련생들이 어휘집 작성에 도움을 주었으며 주로 자연을 묘사하는 단어로 특정 군사용어들을 대체했다. 비행기는 새 이름을 따고, 배는 물고기 이름을 따는 식이었다(표

11 참조). 지휘 장교는 '전쟁 추장', 소대는 '진흙-부족', 요새는 '동굴집', 박격포는 '쭈그리고 앉은 총'으로 표현했다.

완성된 어휘집에는 274개의 단어가 있었지만, 여전히 예상하기 어려운 단어와 사람 이름, 지명을 옮기는 데에는 문제가 있었다. 해결책은 어려운 단어의 철자를 알파벳으로 말하되, 알파벳 음가를 암호화하는 것이었다. 예를 들면, 'Pacific(태평양)'이라는 단어를 전달할 때 'pig, ant, cat, ice, fox, ice, cat'라고 한다면, 이를 나바호어로 '비소디, 월라치, 모아시, 트킨, 마에, 트킨, 모아시'라고 옮기는 것이다. 나바호어로 표현한 알파벳은 〈표12〉에 있다. 8주 만에 암호 통신병 훈련생들은 전체 군사 용어집과 암호 알파벳을 암기했다. 이로써 적의 손에 들어갈 수도 있는 코드북을 만들 필요가 없었다.

나바호족들에게 있어서 모든 것을 암기해야 한다는 것은 그리 어려운 일이 아니었다. 전통적으로 나바호어에는 문자가 없었기 때문에 그들은 전해 내려오는 민담과 족보를 암기하는 데 익숙해 있었다. 훈련생 중 한

전투기	벌새	다헤티히 Da-he-tih-hi
정찰기	부엉이	네아스자 Ne-as-jah
뇌격기	제비	타스치지 Tas-chizzie
폭격기	대머리독수리	제이쇼 Jay-sho
급강하 폭격기	말똥가리	기니 Gini
폭탄	새알	아예시 A-ye-shi
수륙양용차	개구리	찰 Chal
전함	고래	로초 Lo-tso
구축함	상어	카로 Ca-lo
잠수함	철어	베시로 Besh-lo

표 11 비행기와 배에 대한 나바호어 암호

명인 윌리엄 맥카브는 "나바호족은 모든 것이 머릿속에 있다. 노래, 기도문, 모든 것을 외운다. 이런 식으로 우리는 길러졌다"고 말했다.

훈련이 끝날 무렵, 나바호 훈련생들은 시험을 쳤다. 송신자들이 일련의 메시지를 영어에서 나바호어로 옮긴 다음 송신하면, 반대편의 수신자가 받아서 나바호어를 다시 영어로 옮겼다. 이때 필요하면, 암기한 어휘집과 알파벳 암호를 사용했다. 결과는 한 단어도 틀리지 않았다. 암호 체계의 보안성이 강력한지 확인하기 위해 송수신된 통신문을 그대로 녹음해서 해군 정보국으로 보냈다. 해군 정보국은 일본군의 가장 강력한 암호인 퍼플을 해독한 당사자였다. 3주 동안 씨름했지만, 여전히 해군 정보국의 암호 해독가들은 메시지를 해독할 수 없었다. 이들은 나바호어에 대해 "괴상한 연구개음, 비음과 발음하기 힘든 소리의 연속... 해독은 커녕 받아 적을 수도 없었다"고 말했다. 나바호 암호는 성공작이

A	Ant 개미	Wol-la-chee 월라치	N	Nut 견과	Nesh-chee 네시치
B	Bear 곰	Shush 슈시	O	Owl 부엉이	Ne-as-jah 네아스자
C	Cat 고양이	Moasi 모아시	P	Pig 돼지	Bi-sodih 비소디
D	Deer 사슴	Be 베	Q	Quiver 화살통	Ca-yeilth 카예일스
E	Elk 큰사슴	Dzeh 드제	R	Rabbit 토끼	Gah 가
F	Fox 여우	Ma-e 마에	S	Sheep 양	Dibeh 디베
G	Goat 염소	Klizzie 클리지에	T	Turkey 칠면조	Than-zie 탄지에
H	Horse 말	Lin 린	U	Ute 유트족	No-da-ih 노다이
I	Ice 얼음	Tkin 트킨	V	Victor 승자	A-keh-di-glini 아케디글리니
J	Jackass 수탕나귀	Tkele-cho-gi 트켈레초기	W	Weasel 족제비	Gloe-ih 글로에이
K	Kid 새끼염소	Klizzie-yazzi 클리지에야지	X	Cross 십자가	Al-an-as-dzoh 알라아스죠
L	Lamb 새끼양	Dibeh-yazzi 디베야지	Y	Yucca 유카나무	Tsah-as-zih 차아스지
M	Mouse 쥐	Na-as-tso-si 나아스초시	Z	Zinc 아연	Besh-do-gliz 베시도글리즈

표 12 나바호어 암호 알파벳

라는 평가를 받았다. 두 명의 나바호 병사, 존 베널리와 조니 매뉴엘리토는 남아서 차기 훈련생 교육을 맡아달라는 요청을 받았고 나머지 27명의 나바호 암호통신병은 4개 연대에 배속되어 태평양으로 떠났다.

1941년 12월 7일 일본군이 진주만을 공격했다. 그리고 얼마 지나지 않아 태평양 서부의 많은 지역을 점령했다. 12월 10일 일본군은 괌에서 미 주둔군을 몰아냈고, 12월 13일엔 솔로몬 군도의 하나인 과달카날을, 12월 25일엔 홍콩을 굴복시켰으며, 1942년 1월 2일 필리핀에 있던 미군마저 일본에 항복했다. 일본은 그해 여름 태평양에서 세력을 확장할 계획을 세웠다. 과달카날에 비행장을 건설하여 폭격기의 기지로 삼아 미군의 보급선을 파괴하여 반격을 원천봉쇄할 계획이었다. 미 해군 작전 사령관 어네스트 킹 제독은 비행장이 완공되기 전에 과달카날을 공격해야 한다고 주장했고, 결국 8월 7일 제1해병사단이 과달카날 공격

그림 52 최초의 나바호 암호통신병 29명이 전통적인 졸업 사진 촬영 자세를 취하고 있다.

을 진두지휘했다. 1차로 섬에 상륙한 부대 중에는 처음으로 실전 배치되는 나바호 암호통신병들도 포함되어 있었다.

나바호 암호통신병들은 자기들의 기술이 해병대에 큰 도움을 줄 거라고 확신했지만, 처음에는 오히려 혼란만 야기했다. 상당수의 일반 통신병들이 새로운 암호에 대해 몰랐던 것이다. 깜짝 놀란 일반 통신병들은 섬 전체에 일본군이 미군 주파수를 사용하고 있다는 메시지를 허겁지겁 보냈다. 담당 대령은 나바호어 통신을 계속 추진해도 되는지 확신할 수 있을 때까지 즉각 중단하도록 했다. 나바호 암호 통신병 중 한 명은 훗날 나바호 암호가 어떻게 다시 재개되었는지 다음과 같이 회고했다.

> 대령이 아이디어를 냈다. 대령은 우리에게 한 가지 조건을 내걸었다. 내가 째깍거리는 원통 암호 기계인 '화이트 코드'보다 빠르면 나바호 암호를 사용하겠다고 한 것이다. 우리는 동시에 메시지를 전송했다. 하나는 흰색 원통으로 하나는 내 목소리로. 우리 둘 다 답변을 받았다. 시합은 누가 먼저 답변을 해독하느냐를 놓고 겨루는 것이었다. 대령이 물었다. "얼마나 걸릴 것 같은가? 두 시간?" 내가 대답했다. "2분 쪽에 더 가까울 것 같습니다." 약 4분 30초 만에 '알았다'라는 말을 받았을 때도 여전히 화이트코드를 다루는 통신병은 계속 암호를 해독하고 있었다. "대령님, 저 원통 기계는 언제 포기하실 겁니까?"라고 내가 말하자, 대령은 아무 말이 없었다. 그저 파이프에 불을 붙이고는 그 자리를 떠났다.

얼마 지나지 않아 나바호 암호통신병들은 전장에서 자기들의 가치를 입증했다. 사이판에서 그와 관련한 한 에피소드가 있다. 한 해병대 대대가 이전에 일본군이 차지하고 있던 진지를 접수했다. 그런데 갑자기 근처에서 일제 사격이 시작되었다. 같은 편 미군이 자기편이 그곳까지 진격한 줄 모른 채 사격했던 것이다. 해병대는 영어로 자기들의 위치를 무선으로 알렸지만, 일제 사격은 계속되었다. 자기들을 속이려고 일본군이 미군으로 위장했다고 오해했던 것이다. 그러나 나바호어로 메시지를 보내자 그제야 같은 편임을 깨닫고 사격을 멈췄다. 나바호어 메시지는 절대 가짜로 꾸밀 수 없었으며, 언제나 신뢰할 수 있었다.

나바호 암호통신병의 명성은 이내 널리 퍼졌고 1942년 말까지 나바호 암호통신병 83명을 더 보내달라는 요청을 받았다. 나바호족 통신병들은 6개의 해병대 사단에 배속되어 있었고 때로는 다른 부대에 파견되기도 했다. 나바호인들의 '말의 전쟁'은 이내 나바호 병사들을 영웅으로 만들었다. 다른 병사들이 그들의 무선 장비와 총기를 들어주기도 했고, 나바호 암호통신병에게 개인 경호를 붙여주기까지 했는데, 이는 주로 동료 미군 병사들로부터 보호하기 위해서였다. 나바호 암호통신병들이 일본군으로 오인되어 동료 미군에게 체포된 사례가 최소한 세 번 이상 있었다. 이런 경우 소속 부대 동료들이 이들의 신원을 보장해야만 풀려날 수 있었다.

나바호 암호를 뚫을 수 없었던 이유는 나바호어가 아시아나 유럽 언어와는 아무런 관련이 없는 나데네 어족에 속해 있기 때문이었다. 예를 들면, 나바호어에서 동사는 주어에 따라 변할 뿐만 아니라 목적어에 따라서도 달라진다. 동사의 어미는 목적어가 어느 범주에 속하는지에 따라 달라지는데, 여기서 범주는 이런 것이다. 긴 것(파이프, 연필), 가늘고 유연한 것(뱀, 가죽끈 등), 가루(설탕, 소금), 묶인 것(짚단), 끈끈한 것(진흙, 배설물) 등. 또한 동사에 부사가 결합되기도 해서 화자가 자신이 말하고 있는 것을 직접 경험했는지, 아니면 단지 전해들은 것인지를 나타낼 수 있다. 그러므로 결국 동사 하나가 문장 하나에 맞먹을 수 있어, 사실상 외국인이 의미를 알아듣는 건 불가능하다.

이토록 강력한 보안성을 갖췄음에도 불구하고 나바호어 암호에도 두 가지 중요한 단점이 있었다. 첫째, 본래 나바호어 어휘도 아니고 274개의 공인된 암호 어휘집에도 없는 단어인 경우에는 특수 암호 알파벳을 사용해 철자를 하나씩 불러야 했다. 이 방법이 너무 시간을 많이 잡아먹는다는 결론에 이르자 234개의 용어가 공통 어휘집에 추가되었다. 이를테면, 나라마다 나바호어 별명이 있었다. 호주는 '말아 올린 모자Rolled Hat', 영국은 '물에 갇힌 곳Bounded by Water', 중국은 '땋은 머리Braided Hair', 독일은 '철모자Iron Hat', 필리핀은 '떠있는 땅Floating Land', 스페인은 비슷한 발음의 '쉽 페인Sheep Pain'이었다.

둘째, 여전히 철자를 하나하나 불러야 하는 단어들이 많았다는 점이었다. 일본인들이 단어의 철자를 일일이 부르고 있다는 것을 알아채면 빈도 분석을 통해 각각의 글자를 나타내는 나바호어 단어를 찾을 수도 있었다. 일단 가장 흔히 나오는 단어는 큰 사슴elk이라는 뜻의 **dzeh**로 알파벳에서 **e**를 나타내는 단어이며, 알파벳 **e**는 영어 알파벳에서 가장 많이 쓰였다. 과달카날이라는 섬 이름만하더라도 철자를 말할 때, **wol-la-chee**(ant)만 네 번을 반복하게 되고, 이는 어떤 단어가 **a**를 나타내는지 알려주는 중요한 힌트가 될 수 있었다. 해결책은 많이 사용되는 글자를 대체할 단어(동음어)를 추가로 만드는 것이었다. 가장 흔히 사용되는 글자 여섯 개(e, t, a, o, i, n)에는 두 개의 나바호어 단어를 추가했고, 그 다음으로 자주 사용되는 글자 여섯 개(s, h, r, d, l, u)에는 단어를 하나씩만 추가했다. 일례로, **a**는 이제 **be-la-sana**(apple) 또는 **tse-nihl**(axe)이라는 단어로 대체할 수 있게 되었다. 이후로 과달카날Guadalcanal을 말할 때 a를 나타내는 단어는 한 번만 반복하면 되었다. 그러면 다음과 같이 철자를 나타낼 수 있다. klizzie(클리지에, goat), shi-da(시다, uncle), wol-la-chee(월라치, ant), lha-cha-eh(르하차에, dog), be-la-sana(벨라사나, apple), dibeh-yazzie(디베야지에, lamb), moasi(모아시, cat), tse-nihl(체닐, axe), nesh-chee(네시치, nut), tse-nihl(체닐, axe), ah-jad(아자드, leg).

태평양전쟁이 치열해지고 미군이 솔로몬 군도에서 오키나와로 진격하자 나바호 암호통신병들의 중요성이 점점 커졌다. 이오지마 공격 초기 며칠 동안 800개 이상의 나바호어 메시지가 전송되었으며, 한 치의 오차도 없었다. 하워드 코너 소장은 "나바호 병사들이 없었다면 해병대는 절대 이오지마를 차지하지 못했을 것"이라고 말했다.

특히 나바호 암호통신병들은 맡은 임무를 다하기 위해 깊은 공포감

그림 53 1943년 부겐빌 정글에서 헨리 베이크 2세 상병(왼쪽)과 조지 H. 커크 일병이 나바호 암호를 사용하고 있다.

을 이겨냈다는 사실을 감안하면 이들의 공로는 더욱더 대단하다고 할 수 있다. 나바호족은 죽은 사람의 시체를 의식에 따라 제대로 처리하지 않으면 친디chindi라고 부르는 죽은 자의 영혼이 돌아와 복수를 한다고 믿었다. 태평양전쟁은 특히 사상자가 많았고, 전장은 시체로 뒤덮였다. 그러나 나바호 병사들은 친디에 대한 공포에 시달리면서도 용기를 내어 임무를 계속 수행했다. 도리스 폴이 쓴《나바호 암호통신병The Navajo Code Talkers》이란 책에서는 이러한 나바호족의 용기와 헌신, 침착함을 잘 보여주는 한 나바호 병사의 일화를 회고하고 있다.

> 머리를 한 뼘만 올려도 목이 날아갈 수 있을 만큼, 총격전은 치열했다. 그러다 꼭두새벽이 되면 아군, 적군 모두 마음을 놓지 못하고 죽은 듯이 정지 상태에 있었다. 한 일본군 병사가 그 상태를 더 이상 참지 못했던 것 같다. 그가 갑자기 일어나 고래고래 소리 지르며 우리 참호 쪽으로 긴 사무라이 칼을 휘두르며 달려들었다. 아마도 그는 쓰러지기 전에 25발에서 40발 정도 총탄 세례를 받았던 것 같다.
>
> 그때 나는 한 동료와 참호에 있었다. 그런데 바로 그 일본군 병사가 그 친구의 목을 베었다. 그의 목 뒤쪽 척수까지 칼이 지나갔다. 친구는 간신히 기도로 숨을 헐떡였다. 그가 헐떡이는 소리는 너무나 끔찍했다. 물론 그는 끝내 숨을 거뒀다. 그 일본군 병사가 칼을 휘둘렀을 때 따뜻한 피가 무전기 마이크를 잡고 있던 내 손을 적셨다. 나는 구조 요청을 하고 있었다. 그런 상황에서도 내가 보낸 메시지의 음절 하나하나가 모두 정확하게 전달되었다고 사람들이 내게 알려줬다.

나바호 암호통신병은 모두 420명이었다. 이들이 전선에서 보여준 용맹

함은 널리 인정받았지만, 이들이 통신 보안 분야에서 맡은 특수한 역할은 기밀 사항이었다. 정부는 나바호 병사들이 자기들이 수행했던 임무에 대해 발언하는 것을 금했으며, 이들이 세웠던 특별한 공로는 공개되지 않았다. 마치 튜링과 블레츨리 파크의 암호 해독가들처럼 나바호 병사들도 수십 년간 어둠 속에 묻혀 있었다. 그러다가 마침내 1968년 나바호 암호에 관한 기밀이 해제되었고, 이듬해 나바호의 암호통신병들은 처음으로 한자리에 모였다. 그리고 1982년 미국 정부가 8월 14일을 '나바호 암호 통신병의 날'로 지정하면서 이들을 예우했다. 그러나 나바호 병사들의 업적에 대해 가장 영예로운 찬사는 이들의 암호가 역사를 통틀어 해독되지 않은 극소수의 암호 중 하나였다는 단순한 사실이다. 일본군 정보국장 세이조 아리수에 중장은 미 공군 암호 해독에는 성공했지만, 나바호어 암호 해독에는 실패했음을 인정했다.

잃어버린 언어와 고대 문자 해독하기

나바호어 암호가 성공했던 것은 누군가에게는 모국어이지만 그 언어를 모르는 사람에게는 전혀 알아들을 수 없는 말이라는 사실에 기반한다. 여러 면에서 일본군 암호 해독가들이 직면했던 상황은 오랫동안 사용하지 않았던 언어, 어쩌면 사라진 문자로 기록된 사어死語를 해독하려는 고고학자들이 직면한 상황과 비슷하다. 둘 중에 굳이 비교를 하자면, 고고학자들이 마주했던 그 문제를 푸는 게 훨씬 더 어렵다. 예를 들면 일본 암호 해독가들에게는 적어도 나바호어 단어들이 끊임없이 공급되지만, 고고학자들에게 이따금 주어진 정보는 몇 개의 점토판에 불과할 수 있기 때문이다. 게다가 고고학자는 고대 문서의 맥락이나 내용에 대해 전혀 모를 수도 있지만, 군대 암호 해독가들은 보통 맥락이나 내용에 의지해서 암호를 해독할 수 있다.

고대 문서를 해독하는 것은 거의 가망 없는 도전처럼 보이지만 많은 사람들이 이 고된 일에 온몸을 던졌다. 이들의 집념은 우리 조상들의 글을 이해하여 그들의 언어를 통해 그들의 생각과 삶을 엿보고 싶은 욕망에서 비롯되었다. 어쩌면 고대 문서를 해독하고자 하는 열망을 가장 잘 요약한 사람은 《문자 해독 이야기The Story of Decipherment》의 저자 모리스 포프Maurice Pope일 것이다. 그는 "문자 해독은 가장 매혹적인 학문적 성취다. 미지의 문자에는 마법이 걸려 있으며, 특히 머나먼 과거에서 왔을수록 더욱 그러하다. 그리고 처음으로 그 마법을 푼 사람에게는 그에 상응하는 영광이 반드시 돌아갔다"라고 기술했다.

고대 문자를 해독하는 것은 암호 작성자와 암호 해독자들이 지속적으로 벌여온 진화적 경쟁에 속하지 않는다. 고고학자라는 암호 해독자는 존재하지만 암호 작성자는 지금 없기 때문이다. 그러니까 대부분의 경우 고고학적 해독의 대상이 되는 텍스트의 작성자는 처음부터 의미를 감출 의도가 없었다. 그런 면에서 이번 장의 나머지 부분에서 다루려 하는 고고학적 해독 작업은 이 책의 주된 주제에서 살짝 벗어난 것이라 할 수 있다. 그러나 고고학적 해독작업의 원리는 전통적인 군사용 암호 해독과 기본적으로 유사하다. 사실 다수의 군사 암호 해독자들이 고대 문자 해독에 매력을 느끼기도 했다. 아마도 군사 암호 해독과 다른 신선함 때문일 것이다. 고고학적 해독 작업은 순수한 지적 호기심을 자극한다. 달리 말하면, 고고학적 해독 작업의 동기는 적대감보다는 호기심에 있다는 말이다.

가장 유명하고, 가장 낭만적인 문자 해독은 이집트 상형문자의 해독이었다. 수백 년 동안 상형문자는 수수께끼로 남아 있었으며, 고고학자들은 상형문자의 의미를 추측하는 데 머무를 수밖에 없었다. 그러나 최고 수준의 암호 해독 덕분에 이집트 상형문자의 수수께끼가 풀렸으며 이후로 고고학자들은 고대 이집트인들의 역사, 문화, 종교에 얽힌 이야기를 직접 읽을 수 있게 되었다. 상형문자 해독은 우리와 파라오 문명 사이에 놓인 수천 년이란 세월에 다리를 놓았다.

가장 오래된 상형문자는 기원전 3000년까지 거슬러 올라가며, 이 화려한 모양의 글자는 이후 3천5백 년 동안 사용되었다. 상형문자의 정교한 기호는 웅장한 사원(그리스어로 상형문자를 가리키는 히에로글리피카 hieroglyphica는 '신성한 조각'이라는 의미임)의 벽을 장식하는 데는 이상적이었지만, 일상적 거래를 기록하기에는 지나치게 복잡했다. 이런 이유로 상형문자와 함께 발달한 것이 신관문자hieratic다. 신관문자는 일상생활에서 사용하는 문자로서, 각각의 상형문자 기호를 더 빠르고 쉽게 쓸 수 있도록 정형화된 표현방식으로 대체한 것이다. 기원전 600년 신관문자는 민중문자demotic라고 알려진 더 단순한 글자로 대체된다. 민중문자는 '대중의'라는 뜻의 그리스어 데모티카demotika에서 유래했으며, 이는 민중문자가 지닌 세속적인 기능을 반영한다. 상형문자, 신관문자, 민중문자는 근본적으로 같은 문자이며, 단지 서체가 다른 정도로 볼 수 있다.

이 세 가지 형태의 글자는 모두 표음문자이며, 글자마다 다른 소리를 나타낸다는 점이 영어 알파벳과 같다. 3천 년이 넘도록 고대 이집트인들은 오늘날 우리가 글자를 사용하듯 이 문자를 가지고 생활의 모든 면면을 기록했다. 그런데 기원후 4세기 말경, 한 세대만에 이집트 문자가 사라졌다. 고대 이집트 글자로 시기를 추정할 수 있는 마지막 사례가 필라이 섬에서 발견된다. 사원에 새겨진 상형문자는 기원후 394년에 새겨진 것이었고, 민중문자로 되어 있는 낙서는 기원후 450년으로 추정되었다. 기독교가 확산되면서 고대 이집트 문자는 자취를 감췄다. 이집트의 이교도적 과거와 단절하기 위해 이집트 문자의 사용을 금했던 것이다.

고대 이집트 문자는 그리스어 알파벳에서 온 24글자와 이것들로는 표현할 수 없는 소리를 표기하기 위해 민중문자에서 차용한 여섯 개의 글자를 합친 콥트문자로 대체되었다. 콥트문자가 완전히 대세를 이루자 상형문자, 민중문자, 신관문자를 읽는 능력도 완전히 사라졌다. 고대 이집트의 언어는 계속 사용되어 콥트어로 진화했다. 그러나 콥트어와 콥트문자도 모두 11세기에 아랍어로 대체되었다. 이집트 고대 왕국과의 마지막 언어적 연결고리가 끊어진 것이다. 이로써 파라오의 이야기를 읽는 데 필요한 지식도 잃어버렸다.

상형문자에 대한 관심이 다시 일어난 것은 17세기로, 교황 식스투스 5세가 새로 닦은 길을 따라 로마시를 재정비하면서, 교차로마다 이집트에서 가져온 오벨리스크를 세우면서부터였다. 학자들이 오벨리스크에 새겨져 있는 상형문자의 의미를 해독하려고 시도했지만, 잘못된 가정에 의해 앞으로 나가지 못했다. 아무도 상형문자가 음성기호, 즉 표음문자일 수도 있다는 생각을 하지 않았다. 고대 문명에서 사용하기에 표음문자는 너무나 선진적인 개념이라고 여겼던 것이다. 17세기 학자들은 상형문자가 표의문자라고 확신했다. 글자의 복잡한 형태는 개념 전체를 나타내므로, 원시적인 그림문자에 지나지 않는다고 믿었다. 심지어 상형문자가 일상적으로 사용되던 당시 이집트를 방문했던 외국인들조차 흔히 상형문자는 단순한 그림문자라고 생각했다. 기원전 1세기 그리스 역사학자 디오도로스 시켈로스Diodorus Siculus는 다음과 같은 기록을 남겼다.

이집트인의 글자는 온갖 생물체의 모양과 인간의 사지, 농기구의 모양을 띠고 있다... 이집트인들의 글은 음절을 조합해서 말하고자 하는 바를 표현하지 않고, 전체적으로, 외양을 본뜬 모습과 실생활에서 기억에 남아 있는 은유를 통해 생각을 표현한다... 따라서 이집트인들은 뭔가 빨리 벌어지는 모든 것을 매로 표현한다. 매는 날개가 달린 짐승 중 가장 빠르기 때문이다. 그리고 이 개념은 적절한 은유적 전달을 통해 빨리 움직이는 모든 사물, 적절한 속도를 내는 것들로 의미가 전이되었다.

이런 기록들에 비춰보면, 17세기 학자들이 하나의 상형문자를 하나의 온전한 의미로 보고 해독하려고 했다는 것이 놀랍지 않다. 예를 들어 1652년 독일의 예수회 수사 아타나시우스 키르허Athanasius Kircher는 《이집트의 오이디푸스Œdipus œgyptiacus》라는 제목의 비유적 해석 사전을 출판했다. 그리고 이 사전을 가지고 일련의 기이하면서도 놀라운 번역물을 만들었다. 키르허는 오늘날 아프리에스Apries라는 파라오의 이름이라고 밝혀진 몇 개의 상형문자가 "신성한 오시리스의 은총은 신성한 의식과 정령의 도움으로부터 오며, 그래야만 나일강의 혜택을 입을 것이다"라는 의미라고 했다.

오늘날 키르허의 해석은 터무니없어 보이지만, 키르허의 해석이 상형문자 해석 지망생들에게 끼친 영향은 어마어마했다. 키르허는 이집트를 연구하는 학자였을 뿐만 아니라, 암호학에 대한 책도 썼으며 음악 분수를 만들기도 했고, 환등기(영화의 선구자)를 발명했으며, 베수비오 화산 분화구에까지 내려가 '화산학의 아버지'라는 칭호를 얻기까지 한 사람이다. 이 예수회 수사는 당대 가장 존경받는 학자로, 무척 유명했으며 그로 인해 키르허의 견해는 여러 세대의 이집트 연구 학자들에게까지 영향을 끼쳤다.

키르허가 살던 시대로부터 150년이 흐른 1798년 여름, 고대 이집트 유물에 대한 면밀한 조사가 다시 시작되었다. 이번에는 나폴레옹 보나파르트가 군대에 이어 역사학자와 과학자, 데생 화가로 이뤄진 팀을 파견했다. 군인들에 의해 '북경의 개[1]'라고 불리기도 한 이 학자들은 지도를 제작하고, 그림을 그리고, 말을 받아 적고, 측량하고, 목격한 것을 전부 기록하는 등의 일을 훌륭하게 해냈다.

1799년, 이들은 고고학 역사상 가장 유명한 석판을 만났다. 이 석판은 나일 삼각주의 로제타라는 마을의 줄리앵 요새에 주둔해 있던 군인들에 의해 발견되었다. 이 군인들은 요새를 확장하기 위해 길을 트려고 오래된 벽을 허물던 중이었다. 벽의 일부로 있던 돌에는 놀랍게도 동일한 내용의 글이 각각 그리스어, 민중문자, 상형문자로 새겨져 있었다. 로제타라는 이름이 붙은 이 석판은 암호 해독에서 크립에 맞먹는 것이었다. 마치 블레츨리 파크의 암호 해독가들에게 에니그마를 해독하는 데 도움을 줬던 그런 '크립' 같았다. 쉽게 읽을 수 있었던 그리스어는 사실상 민중문자와 상형문자로 된 암호문과 비교해 볼 수 있는 평문에 해당되었다. 로제타석Rosetta Stone은 고대 이집트 문자의 의미를 밝히는 데 도움을 줄 잠재력을 갖고 있었다.

학자들은 곧바로 그 돌의 가치를 알아봤고 카이로에 있는 국립과학원에 보내서 자세히 조사하도록 했다. 그러나 과학원에서 자세한 연구가 시작되기도 전에 영국군이 진격해오면서 금방이라도 프랑스군이 패배할 위기에 놓이게 되었다. 프랑스 학자들은 카이로에 있던 로제타석

1 당시 나폴레옹은 중국 궁정에서 신성한 개로 키워져 왔던 페니키즈라는 종의 개를 길렀는데, 원정대에 참가한 군인들이 동행한 학자들에 대한 질투심에, 이 학자들을 '페키니즈 개'라고 부른 데서 연유함.

을 비교적 안전한 알렉산드리아로 옮겼지만, 아이러니하게도 프랑스가 결국 영국에 항복했을 때 항복조약 제16항에 의해 알렉산드리아에 있던 모든 유물은 영국에 넘겨주게 된 반면 카이로에 있던 유물들은 프랑스가 가져갈 수 있게 되었다. 1802년, 값을 매길 수 없을 정도로 귀중한 이 검은 현무암(높이 118센티미터, 너비 77센티미터, 두께 30센티미터에 무게 750킬로그램)은 HMS 레집시안 호에 실려 포츠머스 항에 옮겨진 다음, 같은 해 말 대영박물관에 자리를 잡은 이래 지금까지 그곳에 보관되어 있다.

로제타석에 있는 그리스어를 번역해보니 기원전 196년 이집트 사제 총회에서 낸 포고령이었다. 그 내용은 이집트 왕 프톨레마이오스가 이집트 백성들에게 내린 은총과 그에 대한 보답으로 이집트의 사제가 왕에게 올리는 찬양이었다. 예를 들어 사제들은 "영원하시고 프타Ptah가 사랑하는 에피파네스 유카리스토스 신이신 프톨레마이오스 왕을 기리는 축제가 해마다 토트의 달(이집트의 달력으로 1월) 1일부터 5일간 전국의 신전에서 열릴 것이며, 축제 때에 사제들은 화관을 쓰며 희생 제물과 헌주를 바치는 등의 상례적인 예식을 치를 것이다"라고 선포했다. 나머지 두 텍스트에 동일한 내용의 포고령이 담겨 있다면 상형문자와 민중문자를 해독하는 일은 무척 간단할 것이다. 하지만 여전히 세 개의 장애물이 남아 있었다.

첫째, 〈그림 54〉에서 보는 바와 같이 로제타석은 심각하게 손상되어 있었다. 그리스어로 된 텍스트는 총 54행으로 이뤄져 있는데 그중 26행이 손상된 상태였다. 민중문자는 32행으로 이뤄져 있으며, 그중 첫 14행의 앞부분(민중문자와 상형문자는 오른쪽에서 왼쪽으로 쓴다)이 훼손되어 있었다. 상형문자 텍스트는 그 중에서도 가장 상태가 나빴다. 전체 행의 절반이 완전히 떨어져 나갔으며, 남은 14행(그리스어 텍스트의 마지막 28행과 대

그림 54 기원전 196년에 제작되고, 1799년에 다시 모습을 드러낸 로제타석에는 같은 내용의 글이 세 개의 다른 문자로 새겨져 있다. 가장 위에는 상형문자, 가운데는 민중문자, 맨 밑은 그리스어로 되어 있다.

응하는 부분)도 일부가 없었다. 둘째, 두 개의 이집트 문자가 고대 이집트 언어로 최소한 800년간 아무도 쓴 사람이 없는 언어라는 점이었다. 그리스어 단어에 대응하는 이집트 문자들을 찾아내어 고고학자들이 이집트 문자의 의미를 알아낸다 해도 이집트어 단어의 음가를 알아내는 게 불가능했다. 고고학자들이 이집트어 단어를 어떻게 발음하는지 모르면 이 기호들의 음가를 추론해낼 수 없다. 마지막으로 키르허가 남긴 지적 유산의 영향으로 여전히 고고학자들은 이집트의 상형문자를 표음문자라기보다는 표의문자로 생각하는 경향이 있었고, 그로 인해 이 상형문자들을 표음문자로 상정하고 해독하려는 사람들이 거의 없었다.

이집트 상형문자가 표의문자라고 보는 편견에 의문을 처음으로 제기한 학자는 영국의 천재 박학가 토머스 영Thomas Young이었다. 1773년 영국 서머싯 주 밀버튼에서 태어난 토머스 영은 두 살 때부터 유창하게 글을 읽었다. 14세가 되었을 때는 그리스어, 라틴어, 프랑스어, 이탈리아어, 히브리어, 칼데아어, 시리아어, 사마리아어, 아랍어, 페르시아어, 터키어, 에티오피아어를 공부했고 케임브리지 대학의 엠마뉴엘칼리지에 입학했을 때는 그의 천재성으로 인해 '경이로운 영'이라는 별명을 얻었다. 케임브리지대학에서는 의학을 공부했지만, 병에만 관심을 보였고 그 병에 걸린 환자에게는 관심이 없었다고 한다. 그래서인지 병든 사람들을 돌보기보다는 연구에 더 집중하기 시작했다. 영은 일련의 매우 특별한 의학 실험을 했으며 상당수가 인간의 눈이 어떻게 볼 수 있는지 알아보기 위한 실험이었다. 영은 사람이 색을 인지할 수 있는 것은 눈에 있는 세 가지 다른 종류의 수용체들이 삼원색에 각각 반응한 결과라는 것을 입증했다. 그런 다음 안구 주위에 금속링을 갖다 놓는 실험을 통해 눈이 초점을 맞출 때 안구 전체의 모양이 변하는 게 아님을 분명히 밝혀냈다. 그 결과 초점을 맞추는 일은 수정체가 담당한다고 추정했다.

광학에 대한 영의 관심은 물리학으로 이어졌으며, 이 분야에서도 일련의 또 다른 사실들을 발견했다. 영은 〈빛의 파동설The Undulatory Theory of Light〉이라는 빛의 성질에 대한 훌륭한 논문을 발표하기도 했으며, 조수潮水에 대한 새롭고 한층 발전된 이론을 내놓는가 하면, 에너지 개념을 새롭게 정의했고 탄성에 대한 혁신적인 논문을 발표했다. 그는 마치 문제가 어떤 주제와 관련되어 있든 모두 풀 수 있는 것처럼 보였다. 그러나 그게 영에게 좋은 것만은 아니었다. 너무나 쉽게 다른 주제에 이끌려 하나의 주제에서 다른 주제로 옮겨 다녔으며 한 가지 연구를 완성하기 전에 새로운 문제로 넘어갔다. 로제타석에 대한 이야기를 듣자, 영은 가만히 있을 수 없었다.

1814년 여름, 영은 해안가 휴양지인 워딩으로 연례 휴가를 떠나면서

그림 55 토머스 영

세 개의 로제타석 금석문 사본을 가지고 갔다. 영은 카르투슈cartouche라고 하는 타원형 모양에 둘러싸인 몇 개의 상형문자를 집중적으로 파고들어 새로운 돌파구를 찾아냈다. 영은 상형문자들이 고리로 둘러 싸여 있는 이유가 뭔가 중요한 것이기 때문일 거라고 직감했다. 어쩌면 이집트 왕 프톨레마이오스의 이름일 수도 있었다. 로제타석 그리스어 텍스트에 프톨레마이오스라는 이름이 언급되어 있었기 때문이었다. 영의 직감이 들어맞는다면 영은 상형문자에 대응하는 음가를 찾을 수 있을지도 몰랐다. 파라오의 이름은 어느 나라 말이든 대략 비슷하기 때문이다. 프톨레마이오스 카르투슈는 로제타석에 여섯 번 등장하는데 어떤 때는 소위 표준 버전으로, 어떤 때는 좀 더 길고 정교한 형태로 등장한다. 영은 긴 카르투슈는 프톨레마이오스의 이름과 함께 호칭일 거라고 가정했다. 그래서 표준 버전의 카르투슈에 나타나 있는 기호에 집중하여 각 상형

상형문자	영이 추측한 음가	실제 음가
□	P [프]	P [프]
⌓	t [트]	t [트]
	선택 가능	o [오]
	lo [로] 또는 ole [올]	l [르]
	ma [마] 또는 m [므]	m [므]
	i [이]	i [이] 또는 y [이]
	osh [오시] 또는 os [오스]	s [스]

표 13 토머스 영이 해독한 로제타석에 표기된 프톨레마이오스 카르투슈

문자의 음가를 추측했다(〈표 13〉).

당시 영은 몰랐지만, 영은 대부분의 상형문자와 음가를 정확하게 찾아냈다. 다행히도 하나 위에 다른 하나가 겹쳐진 최초 두 상형문자(□, ⌓)의 음가를 순서에 맞게 알아냈다. 이렇게 문자를 아래위로 함께 놓은 것은 미적인 이유로 음가의 명확성을 희생한 결과였다. 이런 식으로 문자를 쓴 것은 공백을 피하고 시각적으로 조화를 꾀하기 위한 것으로, 때로는 돌에 새겼을 때 단순히 더 아름답게 보이려고 철자 규칙에 어긋나더라도 글자의 순서를 뒤바꾸기도 했다. 이 상형문자를 해독한 후 영은 고대 이집트의 수도 테베에 있는 카르낙 신전에서 베껴온 상형문자에서도 카르투슈를 발견했다. 영은 그 카르투슈가 프톨레마이오스의 왕비인 베레니카(또는 베레니스)일 거라고 생각했다. 이번에도 영은 같은 방법으로 해독했다. 해독 결과는 〈표 14〉와 같다.

상형문자	영이 추측한 음가	실제 음가
	bir [비르]	b [브]
	e [에]	r [르]
	n [느]	n [느]
	i [이]	i [이]
	선택 가능	k [크]
	ke [케] 또는 ken [켄]	a [아]
	여성형 접미사	여성형 접미사

표 14 영이 해독한 카르낙 신전에 표기된 베레니카 카르투슈

영은 두 개의 카르투슈에 나온 열세 개의 상형문자 중 절반에 대한 음가는 완벽하게 찾아냈고 4분의 1은 부분적으로만 맞췄다. 그리고 왕비와 여신의 이름 뒤에 오는 여성형 음절 기호도 정확히 알아냈다. 영은 자신이 어느 수준으로 문자를 해독해냈는지 몰랐을 수 있다. 𓇌가 양쪽 카르투슈에 다 나오면서 두 쪽 다 음가가 i라는 사실을 알아냈다면, 자신이 제대로 된 길을 가고 있다는 것을 깨닫고 문자 해독을 완수하려는 확신을 품었을 것이다. 그러나 영은 돌연 해독 작업을 중단했다.

아무래도 상형문자가 표의문자라는 키르허의 주장을 너무나 높이 떠받들었던 영은 키르허의 인식 체계를 깰 준비가 되어 있지 않았던 것 같다. 영은 프톨레마이오스 왕조가 알렉산더 대왕의 장군 라구스의 후손이라는 점을 자신이 주목했기 때문에 음가를 찾아낼 수 있었던 것이라고 설명했다. 다시 말하면, 프톨레마이오스 왕조는 외국인이었고, 이에 따라 외국인 왕들의 이름이 음가로 표기되어야 했던 것은 기존의 상형문자들 중에는 그들의 이름을 나타낼 수 있는 상형문자가 없었기 때문이라는 것이 영의 가설이었다. 영은 상형문자를 유럽인들이 막 알아가기 시작한 중국 한자와 비교해 다음과 같이 얘기했다.

> 알파벳 글자가 상형문자에서 나온 것처럼 보이는 과정을 추적하는 것은 극도로 흥미롭다. 이 과정은 실제로 현대 중국어에서 외래어의 음가를 표현할 때, 원래의 의미를 유지하는 대신에 적절한 기호로 단순히 '음가'만을 나타내도록 한 것만으로도 어느 정도는 설명이 될 수 있다. 그리고 현대 인쇄본에 쓰이는 이 표시는 이집트 상형문자로 표기된 이름 주위를 싸고 있는 고리 모양의 표시에 거의 가깝다.

영은 자신의 성과를 '여유 시간을 활용한 오락'이라고 불렀다. 그는 상형문자에 대한 흥미를 잃었고, 1819년 《브리태니커 백과사전 증보판 Supplement to the Encyclopedia Britannica》에 요약 정리하는 것을 끝으로 상형문자에 대한 연구를 중단했다.

그러는 사이 프랑스의 젊고 전도유망한 언어학자 장 프랑수아 샹폴리옹Jean-François Champollion은 영의 아이디어를 매듭지을 준비가 되어 있었다. 샹폴리옹은 20대 후반에 불과했지만, 그는 거의 20년 가까이 이집트 상형문자에 매료되어 있었다. 이집트 상형문자에 대한 그의 집착은 1800년 푸리에를 만났던 10살부터 시작되었다. 나폴레옹의 '북경의 개' 팀의 일원이었던 프랑스 수학자 장바티스트 푸리에Jean-Baptiste Fourier는 당시 10살이었던 샹폴리옹에게 자신이 수집한 이집트 유물을 보여줬다. 상당수의 유물에는 이상하게 생긴 글자가 새겨져 있었다. 푸리에

그림 56 장 프랑수아 샹폴리옹

는 샹폴리옹에게 아무도 이 암호 같은 글을 해석한 사람이 없었다고 말했고, 어린 샹폴리옹은 언젠가 자기가 이 수수께끼를 풀겠다고 다짐했다. 그리고 7년 후 17세의 샹폴리옹은 〈파라오 치하의 이집트Egypt under the Pharaohs〉라는 제목의 논문을 발표했다. 너무나 혁신적이고 뛰어난 이 논문 때문에 샹폴리옹은 즉각 그르노블에 있는 학술원의 일원으로 선출되었다. 십대의 나이에 교수가 되었다는 소식을 들은 샹폴리옹은 너무나 감격해 그만 기절하고 말았다.

샹폴리옹은 계속해서 동료들을 놀라게 했다. 라틴어, 그리스어, 히브리어, 에티오피아어, 산스크리트어, 고대 페르시아어, 팔레비어, 아랍

상형문자	음가	상형문자	음가
	P [프]		c [크]
	t [트]		l [르]
	o [오]		e [에]
	l [르]		o [오]
	m [므]		P [프]
	e [에]		a [아]
	s [스]		t [트]
			r [르]
			a [아]

표 15 뱅크스가 가져온 오벨리스크에 새겨진 프톨레마이오스와 클레오파트라 카르투슈에 대한 샹폴리옹의 해독

어, 시리아어, 칼데아어, 페르시아어, 중국어를 독파하면서 상형문자를 정복하기 위한 만반의 준비를 갖췄다. 샹폴리옹의 집념을 가장 잘 보여주는 일화가 있다. 1808년 샹폴리옹은 거리에서 오랜 친구와 우연히 마주쳤다. 그 친구는 유명한 이집트 학자 알렉산드르 르누아르가 상형문자 해독을 완결하여 발표했다는 소식을 가볍게 전했다. 샹폴리옹은 너무나 낙담한 나머지 그 자리에서 쓰러졌다. (샹폴리옹은 기절하는 데에도 꽤 재주가 있었던 듯하다.) 그의 삶의 목적이 모두 고대 이집트 문자를 최초로 해독해내는 데 있었던 듯하다. 하지만 다행히도 르누아르의 해독판도 17세기 키르허의 시도와 마찬가지로 허황된 것이어서 샹폴리옹은 계속 도전해 볼 수 있었다.

1822년 샹폴리옹은 영의 접근법을 다른 카르투슈에 적용했다. 영국의 박물학자 W. J. 뱅크스는 그리스어와 상형문자가 새겨진 오벨리스크를 도싯으로 가져와, 그리스어와 상형문자로 된 텍스트를 석판으로 뜬 사본을 출판했다. 이 석판 사본에는 프톨레마이오스와 클레오파트라의 카르투슈가 포함되어 있었다. 샹폴리옹은 그 석판 사본을 입수한 다음 상형문자 각각의 음가를 가려냈다(〈표 15〉 참조). **p**, **t**, **o**, **l**, **e**는 두 이름에 공통적으로 들어 있었으며, **t**를 제외한 나머지 네 글자는 프톨레마이오스와 클레오파트라에서 모두 같은 상형문자로 표기되어 있었다. 샹폴리옹은 **t**의 음가가 마치 영어에서 **c**와 **k**가 '캣(cat)'과 '키드(kid)'의 음가를 표현하는 것처럼 두 개의 상형문자로 그렇게 표현될 수 있겠다고 추정했다.

샹폴리옹은 자신의 성공에 힘입어 그리스어 번역에 기대지 않고 카르투슈를 해독하기 시작했다. 필요할 때마다 자신이 프톨레마이오스와 클레오파트라의 카르투슈에서 추측한 상형문자의 음가로 대체했다. 샹폴리옹이 처음으로 부딪힌 카르투슈(〈표 16〉 참조)에는 수수께끼 같이 고대의 가장 위대한 인물의 이름이 있었다. 샹폴리옹에게는 a-l-?-s-e-?-t-r-?까지 풀이된 카르투슈가 alksentrs, 즉 그리스어로 알렉산드로스, 또는 영어로 알렉산더를 나타낸다는 것이 너무나 명백해 보였다. 또한 샹폴리옹은 이 이집트 상형문자를 작성한 사람이 모음을 즐겨 사용하지 않으며 때로는 생략하기도 한다는 사실과, 이 글을 쓴 사람들은 독자들이 읽을 때 모음이 없어도 알아서 채워 넣는 데 문제없다고 여기는 게 분명하다고 확신했다. 새로운 상형문자 세 개를 해석해낸 젊은 샹폴리옹은 다른 상형문자들을 연구하면서도 일련의 카르투슈를 해독했다. 그러나 이때까지의 모든 성과는 단순히 토머스 영의 작업을 확장한 것에 불과했다. 알렉산더와 클레오파트라 같은 이름은 여전히 외래어로서,

상형문자	음가
	a [아]
	l [르]
	?
	s [스]
	e [에]
	?
	t [트]
	r [르]
	?

표 16 알렉산더(Alexander) 카르투슈에 대한 샹폴리옹의 해독

전통적인 이집트어가 아닌 외래어에만 음가를 차용해서 표기했다는 이론을 지지할 뿐이었다.

1822년 9월 14일, 샹폴리옹은 아부심벨 신전에서 나온 양각 조각품을 받았다. 이 조각품에는 그리스-로마시대 이전의 카르투슈가 포함되어 있었다. 이 카르투슈는 전통적인 이집트인의 이름이 있을 만큼 아주 오래된 것이었지만, 표음문자로 표기되어 있다는 점에서 무척 중요한 자료였다. 즉 이것은 외래어 이름에만 상형문자를 표음문자 형태로 차용한다는 이론에 명백히 배치되는 증거였던 것이다.

샹폴리옹은 네 개의 상형문자가 들어 있는 카르투슈 (𓇳𓄟𓋴𓋴)에 집중했다. 여기서 처음 두 기호는 모르는 글자였다. 그러나 맨 뒤에 반복되는 기호, 𓋴는 알렉산더(alksentrs)의 카르투슈를 통해 이미 밝혀진 글자로, 모두 s를 나타냈다. 이 말은 곧 이 카르투슈가 (?-?-s-s)를 나타낸다는 뜻이었다. 이 시점에서 샹폴리옹은 자신이 그동안 갈고 닦은 언어학적 지식을 총동원했다. 고대 이집트어의 직계 후손이라고 할 수 있는 콥트어는 기원후 11세기 이후 사어가 되었지만, 여전히 기독교 콥트교회의 예배 의식에 화석화된 형태로라도 남아 있었다. 10대 시절에 콥트어를 배웠던 샹폴리옹은 콥트어를 유창하게 구사한 나머지 일기를 모두 콥트어로 기록한 적도 있었다. 그러나 그때까지만 해도 샹폴리옹은 콥트어도 상형문자로 기록된 언어였을 것이라고는 전혀 생각하지 않았다.

샹폴리옹은 카르투슈 안에서 제일 처음 나오는 기호 ⊙가 어쩌면 태양을 나타내는 표의문자일지도 모른다고 생각했다. 즉, 태양을 그린 그림이 '태양'이라는 단어를 기호로 나타냈다고 본 것이다. 그런 다음 천재적 직관에 따라 샹폴리옹은 이 표의문자의 음가가 콥트어 단어로 태양을 뜻하는 ra가 아닐까 추측했다. 그러면 (ra-?-s-s)라는 글자가 나왔다. 어떤 파라오의 이름이 여기에 들어맞는 것 같았다. 거슬리는 모음이 생략된 점을 감안하고, 누락된 글자가 m이라고 가정하면 이 카르투슈는 분명 라메세스Rameses(람세스)를 가리켰다. 가장 위대한 파라오 중 한 사람이자 가장 오래된 파라오였다. 마침내 비밀이 풀린 것이다. 고대의 전통적인 이름도 표음문자로 표기되어 있었던 것이다. 샹폴리옹은 형의 사무실로 달려가 승리감에 도취해 외쳤다. "Je tiens l'affaire!(내가 해냈어)!" 그러나 이번에도 상형문자에 대한 뜨거운 열정이 그를 또 다시 압도했다. 샹폴리옹은 그 자리에서 기절해 쓰러졌고 5일간 침대 신세를 져야 했다.

샹폴리옹은 고대 이집트 필경사들이 때로는 그림과 글자를 조합하는 수수께끼를 이용했다는 것도 밝혀냈다. 아직도 어린이 퍼즐에서 사용되는 이 리버스rebus라고 부르는 수수께끼 원칙은 길이가 긴 단어를 음절 단위로 분리한 다음 표의문자로 나타내는 것이나. 예를 들어 'belief'라는 단어를 두개의 음절로 be-lief(비-리프)로 자를 수 있다. 그러면 이것을 다시 bee-leaf(벌-잎)로 다시 표현할 수 있으며 이 단어를 알파벳으로 쓰는 대신에 벌의 이미지 뒤에 나뭇잎의 이미지를 붙여 표현할 수 있다. 샹폴리옹이 발견한 예에서, 첫 음절인 ra를 표기할 때만 태양 그림이 이런 리버스 방식으로 표현되었고, 나머지 음절은 기존의 방법으로 표기되었다.

람세스 카르투슈에서 태양을 나타내는 표의문자가 의미하는 바는 실로 엄청나게 중요하다. 필경사들이 구사한 언어의 종류를 확실히 제한하기 때문이다. 예를 들어, 필경사들은 그리스어는 하지 못했을 것이다. 그리스어를 할 수 있었다면 이 카르투슈는 '헬리오스-메세스'라고 발음했을 것이기 때문이다. 이 카르투슈를 이해할 수 있으려면 필경사들이 콥트어 형태로 말을 했을 때에만 가능하다. 그래야만 이 카르투슈를 '라-메세스'라고 발음할 수 있게 되기 때문이다.

그저 카르투슈를 하나 더 해독한 것에 불과했지만 분명히 이번 해독은 상형문자에 대해 네 가지 기본 원칙을 입증했다. 첫째, 문자는 적어도 콥트어와 관련이 있다. 실제로 다른 상형문자를 살펴봐도 그 문자들은 명백히 콥트어였다. 둘째, 표의문자도 일부 단어를 나타내는 데 사용한다. 예를 들어 '태양'이라는 단어를 단순히 태양 그림으로 표현했다. 셋째, 일부 긴 단어는 전적으로 또는 부분적으로 리버스 원칙을 활용했다. 마지막으로 고대 필경사들은 대부분의 글들을 표현하는 데 전통적인 표음문자를 주로 사용했다. 바로 이 마지막 원칙이 가장 중요하여, 샹폴리옹은 음성학을 '상형문자의 영혼'이라고 불렀다.

콥트어에 대한 자신의 깊은 지식을 활용하여 샹폴리옹은 카르투슈 이외의 다른 상형문자들도 거침없이 해독하기 시작했다. 2년 만에 샹폴리옹은 상형문자 음가를 대부분 알아냈으며 그중 일부가 두 개, 심지어 세 개의 자음을 결합하여 표기한 것임을 알아냈다. 이런 방식을 통해 필경사들은 한 단어를 표기할 때 여러 개의 단순한 상형문자를 사용하거나 아니면 복자음 상형문자를 사용하였던 것이다.

샹폴리옹은 초기의 연구 결과를 서한에 담아 프랑스 학사원 금석학 아카데미의 종신 간사인 다시에에게 보냈다. 그리고 34세가 되던 1824년, 샹폴리옹은 자신의 모든 연구 성과를 《상형문자 입문Précis du système hiéroglyphique》이라는 제목의 책으로 발표했다. 1,400년 만에 처음으로 파라오의 서기들이 작성한 파라오들의 역사를 읽을 수 있게 된 것이었다. 언어학자들에게 이것은 3천 년이 넘는 세월의 언어와 문자의 변천 과정을 연구할 수 있는 기회였다. 이집트 상형문자는 기원전 3천 년부터 기원후 4세기까지 통용되고 사용되었다. 게다가 상형문자의 변천 과정을 이제 해독이 가능해진 신관문자와 민중문자를 가지고 비교해볼 수 있게 되었다.

몇 년 동안 샹폴리옹의 탁월한 업적은 정치적인 이유와 질투심에 가로 막혀 널리 인정받지 못했다. 특히 토머스 영은 혹독한 비평가였다. 어떤 때는 상형문자가 대부분 표음문자라는 사실을 부정했다가, 다른 때는 샹폴리옹의 주장을 받아들이기도 했지만, 영은 이런 상형문자가 표음문자라는 사실을 발견한 것은 자기가 먼저라면서 샹폴리옹은 단지 빠진 부분을 채운 것에 불과하다고 불평하기도 했다. 영이 이토록 적대감을 보인 주된 이유는 맨 처음 상용문자 해독의 돌파구를 마련한 사람이 자신이었음에도 샹폴리옹이 자신의 공을 전혀 인정하지 않았던 데 있었다.

1828년 7월 샹폴리옹은 처음으로 이집트 원정을 떠났으며 그곳에서 18개월간 머물렀다. 이집트 방문은 그저 그림이나 석판화로만 보아왔던 상형문자를 직접 볼 수 있는 멋진 기회였다. 30년 전 나폴레옹의 원정대는 사원을 장식하는 상형문자의 의미를 얼토당토않게 추측했을 뿐이었지만, 샹폴리옹은 한 글자씩 읽어가며 정확히 해석할 수 있었다. 샹폴리옹으로서는 매우 적절한 시기에 이집트를 여행한 것이기도 했다. 3년 뒤 이집트 원정에 관한 기록, 그림, 번역물을 정리한 뒤 뇌졸중에 걸렸기 때문이다. 일생 동안 시도 때도 없이 기절했던 것은 어쩌면 중병의 징후였을지도 모른다. 그리고 이후 그의 집념과 치열한 연구 활동이 병을 더 악화시켰을 것이다. 샹폴리옹은 1832년 3월 4일, 41세를 일기로 세상을 떠났다.

선형문자 B의 수수께끼

샹폴리옹이 상형문자를 해독한 후 200년 동안 이집트학 연구자들은 계속해서 상형문자의 세밀한 부분까지 이해를 넓혀갔다. 학자들의 이해 수준이 높아지자 이제는 암호화된 상형문자까지도 풀 수 있게 되었다. 이 암호화된 상형문자야말로 세계에서 가장 오래된 암호문이라 할 수 있다. 파라오들의 무덤에서 발견되는 상형문자 일부는 다양한 기법을 동원해 암호화된 것으로 치환 암호문도 포함되어 있었다. 때로는 일부러 기호를 만들어 기존의 상형문자를 대신하기도 했으며, 어떤 경우에는 원래 올바른 문자 대신 음가는 다르지만 시각적으로 비슷한 상형문자로 대체하기도 했다. 예를 들어 뿔이 달린 작은 독사 모양의 상형문자는 보통 f 음가를 나타내는데, 이 문자를 z 음가를 지닌 뱀 대신에 사용하기도 했다. 일반적으로 묘비명을 암호화하는 이유는 의미를 숨긴다기보다는 일종의 암호 수수께끼로 지나가는 이의 호기심을 자극하여 자리를 뜨지 않고 무덤 주변을 배회하게 만드는 데 목적이 있었다.

상형문자를 해독하자 고고학자들은 바빌론의 설형문자, 터키의 돌궐문자, 인도의 브라흐미문자를 포함해 다른 고대 문자를 해독하기 시작했다. 여전히 해독해야 할 문자들이 여러 종류 남아 있다는 사실은 이런 신참 샹폴리옹들에게는 반가운 소식일 것이다. 예를 들면, 에트루리아 문자와 인더스문자가 여전히 수수께끼에 싸여 있다(부록 I 참조). 남아 있는 미해독 문자를 해독하기 어려운 이유는 크립, 즉 이 고대 문자를 해독할 수 있게 해 줄 단서가 하나도 없다는 데 있다. 이집트 상형문자는 카르투슈가 크립의 역할을 하여 영과 샹폴리옹이 상형문자의 밑바탕에 깔려 있는 음가적 기반을 처음 엿볼 수 있게 해줬다. 크립이 없었다면 고대 문자를 해독할 가망은 거의 없다고 할 수 있다.

그러나 크립 없이도 문자를 해독한 유명한 사례가 있다. 바로 선형문자 B다. 선형문자 B는 크레타 섬에서 발견된 문자로 그 기원은 청동기 시대까지 거슬러 올라가며, 고대 필경사들이 남긴 단서가 될 만한 크립이 없는 상태에서 해독되었다. 선형문자 B는 논리와 직관으로 해결된, 순수한 암호 해독의 강력한 사례다. 실제로 선형문자 B를 해독해낸 것은 가장 위대한 고고학적 해독으로 손꼽힌다.

선형문자 B의 이야기는 아서 에반스 경Sir Arthur Evans의 발굴 작업에서 시작된다. 19세기 말 가장 저명한 고고학자 중 한 사람이었던 에반스 경은 호메로스의 서사시 《일리아드Iliad》와 《오디세이아Odyssey》에서 묘사된 그리스 시대의 역사에 관심이 많았다. 호메로스의 이야기는 트로이 전쟁의 역사, 트로이에서 그리스가 거둔 승리, 그리고 뒤이어 난관을 극복한 영웅 오디세우스의 모험 등 기원전 12세기에 벌어졌을 것으로 추정된 사건에 대한 것이다. 일부 19세기 학자들은 호메로스의 서사시를 그저 전설 속의 이야기로 치부했었다. 그러나 1872년 독일 출신 고고학자 하인리히 슐리만Heinrich Schliemann이 터키 서부 해안 가까이에서 트로이 유적을 발견하면서 갑자기 호메로스의 신화가 하나의 역사적 사실이 되었다. 1872년과 1900년 사이 고고학자들은 그리스 선사시대의 풍부한 역사를 암시하는 증거를 추가로 발견했다. 이 시기는 피타고라스, 플라톤, 아리스토텔레스로 대표되는 그리스 고전기보다 600년가량 앞섰다. 그리스 선사시대는 기원전 2800년부터 1100년까지 지속되었으며, 이 기간 중 마지막 400년 동안 절정에 달했다. 그리스 본토에서는 미케네를 중심으로 그리스 문명이 꽃을 피웠는데, 고고학자들은 여기서 다양한 유물과 보물을 발굴했다. 그러나 아서 에반스 경은 고고학자들이 어떤 형태의 문자도 찾아내지 못했다는 사실에 당혹스러웠다. 에반스는 그토록 발달된 사회가 완전히 문맹이었다는 사실을 받아들일 수 없었다. 그래서 미케네 문명에도 어떤 형태로든 문자가 있었다는 것을 증명하기로 마음먹었다.

아테네인 골동품상을 두루 만난 끝에 아서 경은 그리스 선사시대의 것으로 보이는 문장文章이 새겨진 돌을 몇 개 얻었다. 그 문장에 새겨진 기호는 순수한 문자라기보다는 뭔가를 상징하는 것처럼 보였으며, 마치 문장학에서의 상징주의symbolism 같았다. 그럼에도 불구하고 그는 이 같

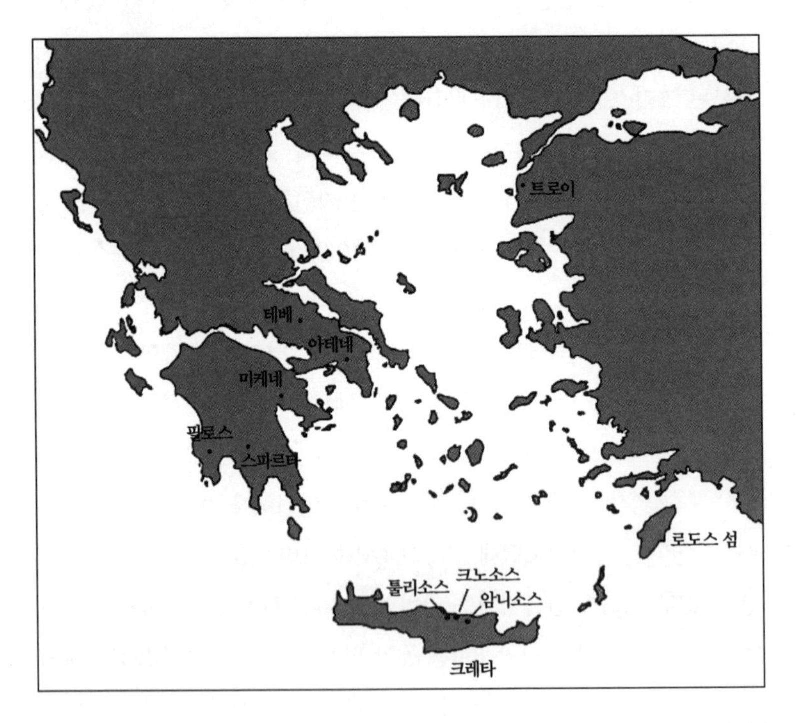

그림 57 에게해 주변의 고대 유적지. 그리스 본토의 미케네 문명의 보물을 찾은 아서 에반스 경은 문자가 새겨진 서판을 찾아 나섰다. 최초의 선형문자 B가 새겨진 서판을 미노스 제국의 중심부인 크레타 섬에서 발견했다.

은 발견에 더욱 탄력을 받아 문자를 계속 찾아 다녔다. 그 문장들은 크레타 섬, 특히 크노소스에서 나온 것이라고 했다. 전설에 따르면, 크노소스는 에게해를 주름잡던 제국의 중심이었던 미노스 왕의 궁전이 있던 곳이라고 했다. 아서 경은 크레타 섬으로 건너가 1900년 3월, 발굴 작업을 시작했다.

발굴 속도가 빨랐던 만큼이나 결과는 실로 놀라웠다. 아서 에반스는 화려한 궁궐의 유적을 발굴했다. 그 궁궐은 낮은 통로가 복잡하게 얽혀 있었고 젊은 남자들이 사나운 황소를 뛰어넘는 장면을 묘사한 프레스코화로 장식되어 있었다. 에반스는 이 황소를 뛰어넘는 경기가 황소 머리를 하고 젊은이를 잡아먹는 괴물인 미노타우로스 전설과 어느 정도 관련이 있을 것으로 추측했다. 그리고 복잡하게 얽힌 궁궐 통로는 미노타우로스의 미로 이야기에 영감을 주었을지도 모른다고 생각했다.

3월 31일 아서 경은 그가 그토록 원했던 보물을 땅에서 파내었다. 처음에 그가 발견한 것은 글자가 새겨진 진흙 서판 하나였다. 그러고 나서 며칠 후 그런 진흙 서판이 가득 들어있는 나무상자를 발견했고 이어서 무더기로 쌓여 있는 서판들을 발굴했다. 모두 그의 기대를 뛰어 넘는 것이었다. 진흙으로 만들어진 이 서판은 원래 불에 굽기보다는 햇빛에 말려서 단순히 물만 부으면 다시 활용할 수 있도록 만들어진 것이었다. 수백 년 동안 이 서판들은 빗물에 녹아버려 영원히 사라져 버릴 수도 있었다. 그러나 크노소스 궁전이 화재로 파괴되면서 서판들이 불에 구워져 3천년의 세월을 견딜 수 있었던 것이다. 서판들의 상태가 얼마나 좋은지 필경사들의 지문까지 보일 정도였다.

이 서판들은 세 가지 범주로 나눌 수 있었다. 첫 번째는 기원전 2000년에서 1650년 사이의 것으로 단순히 그림이나 표의문자로만 이뤄져 있는 것들, 이것은 분명 아서 에반스 경이 아테네 골동품상에게서 산 문장에 새겨진 상징들과 관련이 있어 보였다. 두 번째 종류는 기원전 1750년에서 1450년 사이에 제작된 것으로 단순히 선으로만 된 글자들이 새겨져 있었다. 따라서 이 문자에는 선형문자 A라는 이름이 붙여졌다. 세 번째 종류는 기원전 1450년부터 1375년 사이의 것으로 선형문자 A를 좀 더 다듬은 것처럼 보이는 문자들이 새겨져 있어, 선형문자 B라고 명명되었다. 대부분의 서판이 선형문자 B 그룹에 속한 데다, 선형문자 B가 가장 최근 문자였으므로 아서 경과 다른 고고학자들은 선형문자 B의 해독 가능성이 가장 높다고 생각했다.

다수의 서판은 물품의 목록을 적어놓은 것처럼 보였다. 수없이 많은 숫자들이 세로로 나열되어 있어 수의 체계를 파악하는 것은 비교적 쉬웠으나 글자의 음을 알아내기는 무척 어려웠다. 마치 아무렇게나 쓴 낙서를 무의미하게 모아놓은 것처럼 보였다. 역사가 데이비드 칸은 일부 글자들을 '수직선을 둘러싸고 있는 고딕 아치, 사다리, 어떤 줄기가 관통하고 있는 하트, 끝이 뾰족한 굽은 삼지창, 뒤를 돌아보고 있는 다리가 세 개인 공룡, 가로선이 하나 더 있는 A, 뒤집혀 있는 S, 테두리에 리본이 매어있고 반쯤 채워진 기다란 맥주잔, 그리고 무슨 모양인지 알 수 없는 수십 개의 문자들'이라고 묘사했다.

선형문자 B를 규명하는데 유용한 사실은 단 두 가지뿐이었다. 첫째, 글을 쓰는 방향은 확실히 왼쪽에서 오른쪽이었다. 줄 끝에 나오는 빈칸들이 보통 오른쪽에 나타나는 것으로 알 수 있었다. 둘째, 90개의 서로 다른 글자가 있었으며, 이는 대부분 하나의 문자가 하나의 음절을 나타낸다는 것을 의미했다. 순수하게 알파벳으로 된 문자들은 보통 20개에서 40개 사이의 글자를 쓴다(예를 들어 러시아어에는 36개, 아랍어에는 28개의 기호가 있다). 이와는 정반대의 경우가 표의문자로, 보통 수백 개 또는 수천 개의 글자를 사용한다(중국어에는 5천개 이상의 글자가 있다). 음절 문자는 그 중간 수준으로 50개에서 100개 사이의 음절 문자를 갖고 있다. 이 두 가지 사실을 제외하고는 선형문자 B에 대해서 알 수 있는 것은 하나도 없었다.

아무도 선형문자 B에 사용된 언어가 무엇인지 모른다는 사실이 가장 근본적인 문제였다. 처음에는 선형문자 B가 그리스어라고 사람들이 추측했다. 7개의 문자가 고대 키프로스 문자와 매우 비슷했기 때문이었다. 키프로스 문자는 기원전 600년에서 200년 사이에 사용된 그리스 문자의 한 형태로 알려져 있었다. 그러나 다시 반론이 나오기 시작했다. 그리스어의 어미에 가장 많이 오는 자음은 s였으며, 키프로스어의 어미에 가징 많이 오는 문자는 𐠩로, se라는 음절을 나타낸다. 이 글자들이 음절을 나타내기 때문에 자음은 항상 자음-모음 결합 형태로 표현해줘야 하며 여기서 모음은 묵음이다. 이와 똑같은 글자가 선형문자 B에도 보이지만 단어의 끝에 오는 경우는 매우 드물어서 선형문자 B가 그리스어가 아닐 수도 있음을 의미했다. 그리스어보다 오래된 선형문자 B는 우리가 알지 못하는 사어를 표기하는 데 사용된 문자라는 사실이 일반적인 견해였다. 이 언어가 자취를 감췄지만 문자는 남고 수백 년간 진화해서 키프로스 문자가 되었고, 키프로스 문자는 그리스어를 쓰는 데 사용되었다. 따라서 이 두 개의 문자는 생긴 건 비슷하지만, 전혀 다른 언어를 나타냈다는 것이 정설이다.

아서 에반스 경은 선형문자 B가 그리스어 표기 문자가 아니라는 이론을 열성적으로 지지했으며, 선형문자 B가 크레타 원주민 언어의 문자라고 믿었다. 아서 경은 자신의 주장을 뒷받침해줄 강력한 고고학적 증거

그림 58 선형문자 B의 서판, 기원전 1400년경

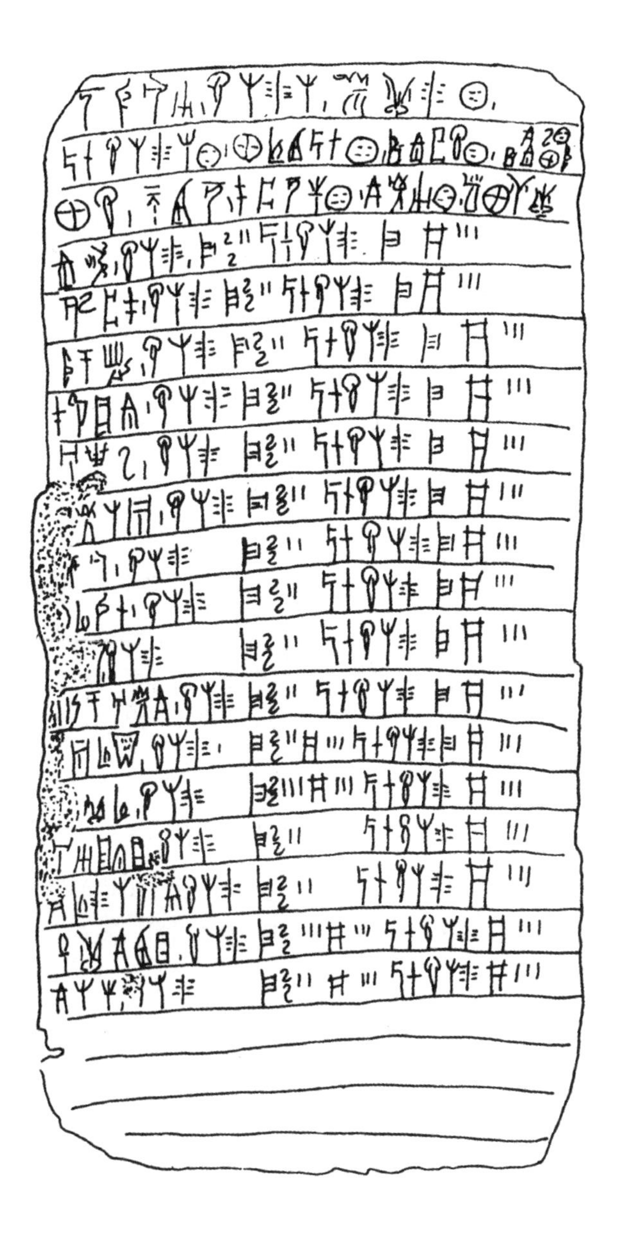

가 있다고 확신했다. 예를 들어, 아서 경이 크레타섬에서 발굴한 유물들은 미노아 문명으로 알려진 미노스 왕의 제국이 본토의 미케네 문명보다 훨씬 앞섰다는 것을 암시했다. 미노아 제국은 미케네 제국의 지배를 받았다기보다는 오히려 경쟁 관계에 있었으며, 어쩌면 지배세력이었을 가능성도 있었다.

미노타우로스 신화가 이런 그의 주장을 뒷받침했다. 이 신화에는 미노스 왕이 어떻게 아테네인들에게 젊은 남녀를 마노타우로스의 제물로 바치게 했는지 묘사되어 있다. 요약하면 에반스는 미노아 사람들이 너무나 융성했기에 경쟁 상대인 그리스의 언어를 받아들이기보다는 자기들만의 고유 언어를 유지했을 것이라는 결론을 내렸다.

비록 미노아 사람들이 그리스어가 아닌 자기들만의 언어를 사용했다는 사실(그리고 선형문자 B가 이 언어를 표기한 것이라는 사실)이 널리 받아들여지긴 했지만, 학계의 이단아 한두 명은 미노아 사람들이 그리스어로 말하고 글을 썼다고 주장했다. 아서 경은 이들의 반대 주장을 보고만 있지 않았다. 자신의 영향력을 활용하여 자신과 뜻을 같이 하지 않는 사람들을 응징했다. 케임브리지대학 고고학과 A. J. B. 웨이스 교수가 선형문자 B가 그리스어 표기문자라는 주장에 찬성하자, 아서 경은 웨이스 교수를 발굴 팀에서 제외시켰으며 아테네에 있는 브리티시스쿨을 강제로 그만두게 했다.

1939년 '그리스어냐, 그리스어가 아니냐'하는 논쟁은 신시내티대학의 칼 블레겐Carl Blegen이 필로스의 네스토르 궁전에서 새로운 선형문자 B 서판을 발굴하면서 더 격렬해졌다. 이 발굴이 특별했던 것은 필로스가 그리스의 본토인데다 미노아 제국이 아닌 미케네 제국의 일부였을 가능성 때문이었다. 선형문자 B가 그리스어라고 믿는 소수의 고고학자들은 블레겐의 발굴이 자기들의 가설을 뒷받침한다고 주장했다. 즉, 그들의 가설은 다음과 같다. '선형문자 B는 그리스어를 사용하는 그리스 본토에서 발견되었으므로 선형문자 B는 그리스어를 표기한 것이다. 선형문자 B는 크레타 섬에서도 발견되었으므로 미노아 사람들 또한 그리스어로 말했다.' 에반스 측은 이 주장을 거꾸로 뒤집었다. '크레타 섬의 미노아 사람들은 미노아어를 사용했다. 선형문자 B는 크레타 섬에서 발견되었으므로, 선형문자 B는 미노아어를 표기한다. 선형문자 B는 그리스 본토에서도 발견되었다. 따라서 미노아 사람들은 그리스 본토에서도 미노아어로 말했다.' 아서 경은 단호했다. "미케네에는 그리스어를 말하는 왕조가 들어설 자리가 없다... 언어와 마찬가지로 그 문화도 뼛속까지 미노아적인 것이었다."

사실, 블레겐이 선형문자 B로 된 서판을 그리스 본토에서 발굴했다고 해서 반드시 미케네와 미노아에서 같은 언어를 사용했으리라는 법은 없었다. 중세시대에 많은 유럽 국가들은 자기들의 모국어와 상관없이 기록은 라틴어로 했다. 어쩌면 선형문자 B의 언어는 에게해 일대 회계사들의 공통언어로서 서로 다른 언어를 사용하는 국가들 간에 상거래를 용이하게 만들었을 수도 있었다.

40년 동안 선형문자 B를 해독하려는 시도는 모두 실패로 돌아갔다. 그러다가 1941년 90세의 일기로 아서 경이 세상을 떠났다. 그는 선형문자 B가 해독되는 것을 보지 못하고 죽었다. 결국 자신이 발굴한 텍스트의 의미를 모르고 죽은 것이다. 실제로 이때만 하더라도 선형문자 B를 해독할 가능성은 거의 없어 보였다.

다리를 놓는 음절들

아서 에반스 경이 세상을 뜬 후 선형문자 B 서판과 아서 경이 소장했던 고고학 기록들은 선형문자 B가 미노아어라는 아서 경의 이론을 지지하는 고고학자들에게만 열람이 허용되었다. 그러나 1940년대 중반 뉴욕 시립대 브루클린칼리지의 고전학자 앨리스 코버Alice Kober가 가까스로 아서 경의 자료를 열람할 수 있었다. 코버는 치밀하고 공정한 분석 작업에 들어갔다.

오다가다 만난 사람들에게 코버는 지극히 평범하고, 단조로운 차림새의 여자 교수였다. 매력적이지도 않고, 카리스마도 없었으며, 매우 사무적인 태도로 사람들을 대했다. 그러나 연구에 대한 열정은 이루 말할 수 없이 컸다. 코버 교수의 제자였으며 나중에 예일대학 고고학 교수가 된 에바 브란은 "코버 교수님은 차분하지만 치열하게 연구했습니다. 한번

그림 59 앨리스 코버

은 제게 자기가 해낸 것이 진짜 위대한 것인지 알 수 있는 유일한 방법은 등골이 오싹해질 때를 기다리는 것뿐이다, 라고 말씀하신 적이 있습니다"라고 회상한다.

코버는 선형문자 B를 해독하기 위해서는 모든 선입견을 버려야 한다는 것을 알았다. 오로지 글자의 전체적인 구조와 개별 단어의 구조에만 집중했다. 특히 같은 단어가 세 개의 조금씩 다른 형태로 다시 나타나는 점을 고려했을 때 특정 단어끼리 세쌍둥이 형태를 띤다는 것에 주목했다. 세쌍둥이 단어 내에서 어근은 똑같았지만 어미는 세 가지의 형태로 표현됐다. 코버는 선형문자 B가 어형 변화가 상당히 심한 굴절어라고 결론지었다. 이 말은 단어의 어미가 성, 시제, 격 등에 따라 달라진다는 뜻이다. 영어는 약간의 어형 변화만 일어난다. 예를 들면, '나는 해독한다. 너는 해독한다. 그는 해독한다'고 말할 때 'I decipher, you decipher, he deciphers'라고 쓰며, 3인칭일 때에만 동사에 's'가 붙는다. 그러나 더 오래된 언어일수록 어미에서의 어형 변화가 더욱 엄격하고 극단적인 경향을 보인다. 코버는 자신의 논문에서 두 개의 특정 단어 그

	단어 A	단어 B
1격		
2격		
3격		

표 17 선형문자 B에 들어있는 두 개의 굴절 단어

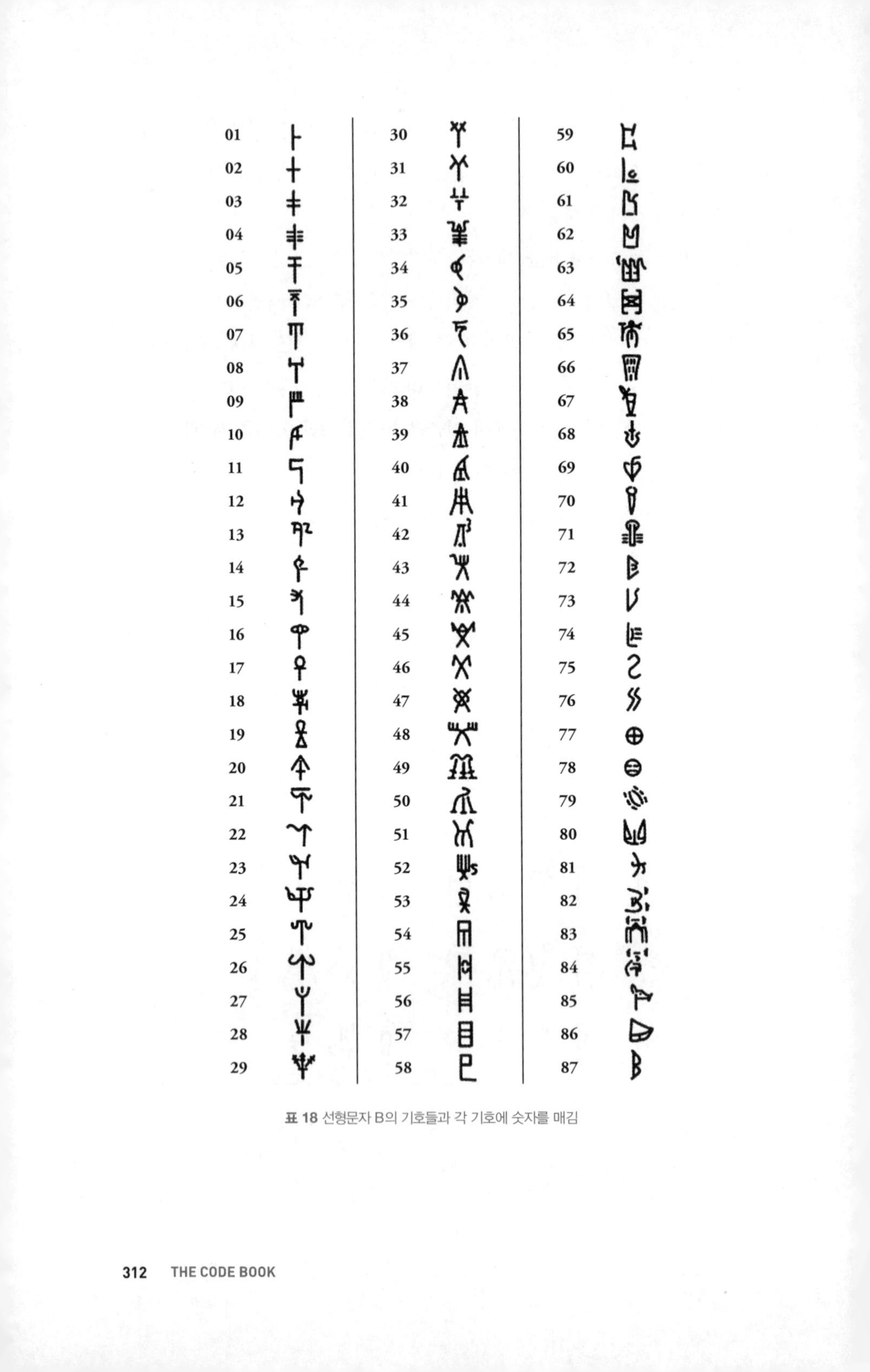

01	30	59
02	31	60
03	32	61
04	33	62
05	34	63
06	35	64
07	36	65
08	37	66
09	38	67
10	39	68
11	40	69
12	41	70
13	42	71
14	43	72
15	44	73
16	45	74
17	46	75
18	47	76
19	48	77
20	49	78
21	50	79
22	51	80
23	52	81
24	53	82
25	54	83
26	55	84
27	56	85
28	57	86
29	58	87

표 18 선형문자 B의 기호들과 각 기호에 숫자를 매김

룹에서 일어나는 굴절 특징을 논했다. 〈표 17〉에서 보듯이 각각의 단어 그룹에 어근이 있고, 세 가지 다른 격에 따라 어미가 변한다는 사실을 설명했다.

설명을 쉽게 하기 위해 〈표 18〉과 같이 선형문자 B의 기호에 두 자리 숫자를 매겼다. 이 번호를 사용해서 〈표17〉의 단어를 〈표19〉와 같이 다시 표기할 수 있다.

양쪽 그룹의 단어들 모두 격에 따라 어미가 달라지는 명사일 수 있다. 예를 들어, 1격은 주격, 2격은 목적격, 3격은 여격일 수 있다. 양쪽 그룹의 단어에서 처음 두 기호(25-67-과 70-52-)는 모두 어근이며 격과 관계없이 반복된다. 그러나 세 번째 기호는 다소 모호하다. 세 번째 기호가 어근의 일부라고 하면 주어진 단어에서 격과 관계없이 계속 일정해야 한다. 그러나 일정하지 않다. 단어 A에서 세 번째 기호는 1격과 2격에서 37이지만 3격에서는 05가 된다. 단어 B에서는 1격과 2격에서는 41이지만, 3격에서는 12다. 그렇다고 세 번째 기호를 어근의 일부로 보지 않으면 어미의 일부가 되겠지만, 그렇다고 해도 여전히 문제가 있다. 주어진 사례에서 어미는 단어에 상관없이 같아야 하지만, 1격과 2격에서 세 번째 기호는 단어 A에서는 37이고, 단어 B에서는 41이며, 3격에서 세

	단어 A	단어 B
1격	25-67-37-57	70-52-41-57
2격	25-67-37-36	70-52-41-36
3격	25-67-05	70-52-12

표 19 선형문자 B의 굴절 단어들을 숫자로 다시 나타낸 것

번째 기호가 단어 A에서는 05, 단어 B에서는 12다.

세 번째 기호는 어근의 일부도 어미의 일부도 아니었기에 어떤 예상도 할 수 없었다. 코버는 모든 기호가 하나의 음절, 즉 자음 다음에 모음이 온다는 음절 조합의 원리를 활용하여 이 역설을 해결했다. 코버는 이 세 번째 음절이 다리가 되는 음절이어서 어근 일부와 어미의 일부를 나타낸다고 제시했다. 자음은 어근, 모음은 어미의 일부라는 것이었다. 자신의 이론을 자세히 설명하기 위해 코버는 아카드어Akkadian를 예로 들었다. 아카드어에도 다리가 되는 음절이 있어서 상당히 굴절이 심하다. 'sadanu'는 아카드어의 1격 명사다. 2격에서는 'sadani'로 변하며, 3격에서는 'sadu'로 변한다(표20 참조). 이 세 단어 모두 어근인 sad-와 어미인 -anu(1격), -ani(2격), -u(3격), 그리고 다리가 되어주는 음절인 -da-, -da-, 또는 -du로 이뤄져 있다. 다리가 되는 음절은 1격과 2격에서는 모두 같지만, 3격에서는 다르다. 이것은 정확히 선형문자 B의 단어에서도 발견되는 패턴이다. 코버의 선형문자 B 단어에 각각 들어있는 세 번째 기호는 분명 다리가 되어주는 음절이었다.

선형문자 B가 굴절어라는 것과 이어주는 음절이 존재한다는 사실을 알아낸 것만으로도 코버는 미노아 문자를 해독하는 데 있어서 그 누구보다 앞서 있었지만, 그건 시작에 불과했다. 코버는 더욱 중대한 사실을 이

1격	sa-da-nu
2격	sa-da-ni
3격	sa-du

표 20 아카드어의 명사 sadanu에서 다리가 되어주는 음절들

제 막 추론해낼 참이었다. 아카드어 예제에서 다리가 되는 음절은 –da–에서 –du로 변화하지만, 양쪽 음절 모두 자음은 동일하다. 이와 마찬가지로 선형문자 B에서 단어 A의 음절 37과 05, 단어 B의 음절 41과 12도 같은 자음을 공유하는 게 틀림없었다. 에반스가 선형문자 B를 발견한 이래 처음으로 선형문자 B의 음가도 서서히 드러나기 시작했다.

코버는 글자 사이에 또 다른 관계들이 있음을 계속 밝혀냈다. 선형문자 B에서 단어 A와 단어 B의 1격 어미는 같아야 했다. 그러나 다리가 되는 음절은 37에서 41로 바뀐다. 이는 37과 41이 나타내는 음절이 자음은 다르지만 모음은 같다는 것을 의미한다. 이 사실은 이 두 단어의 어미가 모두 같으면서 왜 기호가 다른지를 말해준다. 마찬가지로 3격 명사의 경우, 음절 05와 12에는 같은 모음이 있지만 자음은 다르다.

코버는 정확히 어떤 모음이 05와 12 그리고 37과 41에 공통적으로 나타날지 집어낼 수 없었고, 37과 05 그리고 41과 12가 공유하는 자음이 무엇인지 알지 못했다. 그러나 이 음절들의 절대 음가와 상관없이 특정 글자들 사이에 엄격한 관계가 있음을 밝혀냈다. 코버는 자신의 연구 결과를 〈표 21〉과 같이 격자 형태로 요약했다. 이 표는 코버가 기호 37이 나타내는 음절은 모르지만, 이 음절의 자음은 05와, 모음은 41과 공유된다는 사실은 알았음을 보여준다.

	모음 1	모음 2
자음 1	37	05
자음 2	41	12

표 21 선형문자 B의 글자들 사이의 관계를 나타낸 코버의 격자표

마찬가지로 코버는 기호 12가 나타내는 음절은 몰랐지만 기호 41이 공유하는 자음과 05가 공유하는 모음은 알았다. 코버는 자신의 방법을 다른 단어에도 적용했고 마침내 가로로 모음 2개, 세로로 자음 5개에 걸친 10개의 음절 기호에 대한 격자표를 완성했다. 이렇게 해독의 중요한 단계를 거쳤으니, 어쩌면 문자 전체를 해독해냈을 수도 있었을 것이다. 그러나 코버는 자신의 연구 결과가 일으킬 반향을 최대한 활용할 수 있을 만큼 오래 살지 못하고, 1950년 43세에 폐암으로 사망했다.

사소한 규칙 위반

앨리스 코버는 세상을 뜨기 몇 달 전 마이클 벤트리스Michael Ventris라는 영국 건축가로부터 편지 한 통을 받았다. 마이클 벤트리스는 어린 시절부터 선형문자 B에 빠져 있었다. 벤트리스는 1922년 7월 12일, 영국 육군 장교인 아버지와 폴란드계 어머니 사이에서 태어났다. 벤트리스가 고고학에 관심을 갖게 된 데는 어머니의 역할이 컸다. 그의 어머니는 정기적으로 어린 벤트리스를 데리고 대영박물관에 가곤 했다. 그곳에서 벤트리스는 경이로운 고대 세계에 푹 빠져버렸다. 어린 마이클 벤트리스는 영리했으며 특히 언어에 천부적인 재능을 보였다. 학교를 다닐 나이가 되자 그는 스위스의 그슈타드에 있는 학교에 입학했고, 프랑스어와 독일어를 유창하게 구사하게 되었다. 그리고 여섯 살에 독학으로 폴란드어를 익혔다.

장 프랑수아 샹폴리옹처럼 벤트리스도 일찍부터 고대 문자와 사랑에 빠졌다. 7세 때 이미 이집트 상형문자에 대한 책을 읽었다. 상당히 어린 나이에 더군다나 독일어로 된 책으로 공부했다는 것은 매우 놀라운 일

그림 60 마이클 벤트리스

이다. 고대 문명이 남긴 문자에 대한 그의 관심은 어린 시절 내내 지속되었다. 1936년 14세가 되던 해, 선형문자 B를 발굴한 아서 에반스 경의 강의를 듣고 그의 관심은 한층 더 뜨거워졌다.

미노아 문명과 선형문자 B의 미스터리에 대해 알게 된 어린 벤트리스는 언젠가 자기가 이 문자를 해독하고야 말겠다고 스스로 다짐했다. 바로 그날 선형문자 B에 대한 집념이 시작되어, 짧았지만 훌륭했던 삶이 다할 때까지 사라지지 않았다.

불과 18세 때, 선형문자 B에 대한 생각을 정리한 글이 이후 저명한 《미국 고고학 저널American Journal of Archaeology》에 실리기까지 했다. 벤트리스는 논문을 보내면서 혹시나 나이 때문에 저널 편집인들이 자기를 가볍게 생각할까 두려워 나이를 알리지 않으려고 조심했다. 벤트리스의 논문은 선형문자 B가 그리스어라는 가설에 대한 아서 경의 비판을 옹호하는 내용으로 '미노아어가 그리스어일 수 있다는 이론은 역사적 타당성을 고의로 무시한 데 따른 것이다'라는 주장을 담고 있다. 벤트리스는 선형문자 B가 에트루리아어와 관계가 있을 거라고 생각했다. 이는 에트루리아인이 이탈리아에 정착하기 전에 에게해 지역에서 출발했다는 증거로 보아 논리적인 주장이었다. 벤트리스는 논문에서 해독을 정면으로 다루진 않았지만, 자신 있게 '해독은 가능하다'라는 결론을 내렸다.

벤트리스는 전문 고고학자가 아닌 건축가가 되었지만, 선형문자 B에 대한 열정은 그대로 간직하고 있었다. 그는 선형문자 B를 연구하는 데 모든 여가시간을 바쳤다. 벤트리스는 앨리스 코버의 연구에 대해 듣고 코버가 찾아낸 것에 대해 더 알고 싶어졌다. 그래서 코버에게 연구 내용을 좀 더 자세히 알고 싶다는 편지를 보냈다. 비록 코버는 답장을 하기 전에 죽었지만, 코버의 생각은 그녀의 저작물에 남아 있었다. 결국 벤트리스는 코버의 저작물들을 아주 꼼꼼하게 살펴봤다. 벤트리스는 코버의 격자표가 지닌 위력을 온전히 알아보고는 공통 어근과 다리가 되는 음절을 보유한 '새로운 단어'를 찾기 시작했다. 그래서 자음과 모음을 아우르는 새로운 기호를 포함시켜 코버의 격자표를 확장했다. 그렇게 1년을 보낸 뒤, 벤트리스는 뭔가 이상한 점을 발견했다. 모든 기호가 음절로 구성되어 있다는 선형문자 B의 규칙에 예외가 있을 수도 있다는 사실을 발견한 것이다.

일반적으로 각각의 선형문자 B는 자음과 모음의 조합(CV)을 나타낸다고 알려져 있었다. 따라서 하나의 단어를 CV 단위로 쪼갤 수 있었다. 예를 들어 영어 단어 minute의 음절은 세 가지 CV 조합, mi-nu-te으로 나눌 수 있다. 그러나 대다수의 단어들은 CV 형태로 편리하게 음절을 나눌 수 없다. 일례로, 단어 visible을 자음과 모음으로 짝지어 나누려고 하면 vi-si-bl-e가 되어 문제가 된다. 단순하게 CV 음절로 이뤄지지 않았기 때문이다. 즉, 이 단어에서는 자음이 두개인 복자음 음절과 여분의 -e가 맨 뒤에 온다. 벤트리스는 미노아인들이 묵음 i를 삽입시켜 -bi-를 만들어 이 문제를 해결했다고 가정했다. 그렇게 되면 vi-si-bi-le라고 쓸 수 있게 되며, 이는 CV 음절의 조합을 이루게 된다.

그러나 invisible 같은 단어가 나오면 또 다른 문제가 생긴다. 다시 한 번 묵음 모음을 넣어야 할 필요가 생긴다. 이번에는 n과 b 다음에 묵음 모음이 와서 각각을 CV 음절로 만들어야 한다. 또한 단어의 첫 글자인 모음 i도 해결해야 한다. 즉, i-ni-vi-si-bi-le가 된다. 맨 처음에 오는 i는 CV 음절로 쉽게 바꿀 수 없다. 왜냐면 묵음인 자음을 단어의 맨 앞에 놓으면 혼란을 초래할 수 있기 때문이다.

요약하면, 벤트리스는 선형문자 B에는 단일 모음을 나타내는 기호가 반드시 있고, 그 기호가 모음으로 시작하는 단어에 활용될 것이라고 봤다. 이 기호는 쉽게 눈에 띄어야 했다. 왜냐하면 이런 글자는 단어의 맨 앞에만 나오기 때문이다. 벤트리스는 특별히 두 개의 기호 08과 61이 단어의 맨 앞에 주로 많이 오는 것을 보고 이 두 기호가 음절이 아닌 하나의 모음이라고 결론을 지었다.

벤트리스는 이 모음 기호와 격자표 확장 결과를 일련의 작업노트 시리즈로 발표했다. 그리고 이 작업노트를 다른 선형문자 B 연구자들에게 보냈다. 1952년 6월 1일, 벤트리스는 가장 중요한 연구 결과를 20번 작업노트에 담아 발표했고, 이 작업노트는 선형문자 B 해독의 전환점이 되었다. 그리고 2년간 코버의 격자표를 〈표 22〉와 같은 버전으로 확장하는 데 주력했다. 그의 격자표는 가로로 5개의 모음열과 세로로 15개의 자음행으로 이뤄져 있고 총 75칸에 순수한 단일 모음 기호를 위해 5

칸이 추가되었다. 벤트리스는 격자표 칸의 절반을 기호로 채워 넣었고, 그 격자표는 정보의 보물 창고였다.

예를 들어, 6행에서 음절 기호 37, 05, 69는 동일한 자음 VI를 갖지만, 모음은 서로 다른 1, 2, 4를 갖는다는 것을 알 수 있다. 벤트리스는 자음 VI나 모음 1, 2, 4의 정확한 음가는 알지 못했다. 이때까지 벤트리스는 이 기호들의 음가를 알아내고 싶은 유혹을 눌러왔으나 이제는 몇 개의 음가들을 추측한 다음, 그 결과를 살펴봐야 할 때라는 생각을 하였다.

벤트리스는 선형문자 B의 서판에 세 개의 단어가 반복적으로 나타난

		모음				
		1	2	3	4	5
자음	I					57
	II	40		75		54
	III	39				03
	IV		36			
	V		14			01
	VI	37	05		69	
	VII	41	12			31
	VIII	30	52	24	55	06
	IX	73	15			80
	X		70	44		
	XI	53				76
	XII		02	27		
	XIII					
	XIV			13		
	XV		32	78		
	순수한 모음		61			08

표 22 선형문자 B 글자 사이의 관계를 보여주는 벤트리스의 격자표 확장판. 격자표만 갖고는 구체적으로 어떤 모음이다, 자음이다 알 수 없지만, 어떤 글자가 공통의 모음과 자음을 갖는지는 보여준다. 예를 들어 제1열에 있는 모든 글자는 1번이라고 표시된 모음을 모두 갖는다.

다는 것을 발견했다. 바로 08-73-30-12, 70-52-12, 69-53-12였다. 벤트리스는 순전히 직관에 따라 이 단어들이 어쩌면 중요한 도시 이름일지도 모른다고 추측했다. 벤트리스는 이미 기호 08이 모음이라고 추정한 적이 있었다. 따라서 첫 번째 도시의 이름은 모음으로 시작하는 게 분명했다. 이 같은 조건에 맞는 중요한 도시 이름으로는 암니소스Amnisos가 유일했다. 암니소스는 잘 알려진 항구도시였다. 벤트리스의 추측이 맞는다면 두 번째와 세 번째 기호 73, 30은 각각 -mi-[-미-]와 -ni-[-니-]를 나타낼 것이다. 이 두 음절은 모두 같은 모음인 i를 공유한다. 따라서 73과 30은 격자표에서 같은 모음열에 위치해야 한다. 정말 그랬다. 마지막 기호인 12는 -so-[-소-]를 나타내겠지만, 그러면 마지막 s를 나타낼 기호가 없다. 벤트리스는 당분간 이 문제는 무시하고 다음의 해독 작업을 진행했다.

도시 1 = 08-73-30-12 = a-mi-ni-so = Amnisos(암니소스)

이것은 단지 추측에 불과했다. 그러나 이 작업이 벤트리스의 격자표에 미친 파급효과는 상당했다. 예를 들어, -so-를 나타내는 것으로 보이는 기호 12는 두 번째 모음열과 일곱 번째 자음행에 속해 있다. 따라서 그의 추측이 맞는다면, 두 번째 모음열에 속한 다른 모든 음절 기호에 모음 o가 들어가고, 일곱 번째 자음행에 있는 모든 음절기호에는 자음 s가 들어가게 된다.

벤트리스가 두 번째 도시 이름을 검토했을 때, 두 번째 도시 이름에도 기호 12, 즉 -so-가 들어가 있었다. 다른 두 기호 70과 52도 -so-와 같은 모음열에 있었다. 이는 이 기호들도 모음 o를 갖고 있다는 것을 뜻했다. 두 번째 도시 이름에서 벤트리스는 -so-와 o를 적당한 곳에 집어넣고, 채우지 못한 자음의 자리를 다음과 같이 표시했다.

도시 2 = 70-52-12 = ?o-?o-so = ?

혹시 크노소스Knossos일까? 분명 이 기호들은 ko-no-so를 표현한 것일 수도 있었다. 한 번 더, 적어도 당장은 마지막에 표기되지 않은 s를 무시하기로 했다. 벤트리스는 어쩌면 -no-를 나타낸 것일 수도 있는 기호 52가 Amnisos에서 -ni-를 나타내는 것으로 추정되는 기호 30과 같은 자음행에 있다는 사실을 확인하고는 기뻐했다. 이 같은 발견은 매우 고무적이었다. 만일 이 기호들에 동일한 자음 n이 들어있다면 분명 이 기호는 같은 자음행에 있어야 했기 때문이었다. 크노소스와 암니소스에서 얻은 음절 정보를 이용하여 벤트리스는 다음 글자를 세 번째 도시 이름에 대입했다.

도시 3 = 69-53-12 = ??-?i-so

여기에 맞아떨어지는 유일한 도시명은 크레타 섬 중심부에 있는 중요한 도시인 툴리소스Tulissos 밖에 없었다. 이번에도 마지막 s는 빠졌지만, 벤트리스는 한 번만 더 그냥 지나가기로 했다. 이제 벤트리스는 도시 세 곳의 이름을 알아냈으며 기호 여덟 개의 음가를 찾아냈다.

도시 1 = 08-73-30-12 = a-mi-ni-so = Amnisos(암니소스)
도시 2 = 70-52-12 = ko-no-so = Knossos(크노소스)
도시 3 = 69-53-12 = tu-li-so = Tulissos(툴리소스)

작업노트 기호 여덟 개의 음가를 알아낸 여파는 대단했다. 격자표 안에 있는 다른 기호들의 자음이나 모음 음가들이 같은 행이나 열에 있기만

하면 추론할 수 있었다. 그 결과, 많은 기호의 음절가를 부분적이나마 밝힐 수 있었으며, 몇몇 기호에 대해서는 온전히 알아낼 수 있었다. 예를 들어 기호 05는 12(so), 52(no), 70(ko)와 같은 모음열에 있으므로 모음 o가 반드시 들어있다고 볼 수 있었다. 같은 논리에 따르며, 기호 05는 69(tu, 투)와 같은 자음행에 속해 있으므로, 자음으로 t를 포함하는 게 분명했다. 요약하면, 기호 05의 음가는 -to-〔-토-〕다. 기호 31을 보면, 기호 8과 같은 a 열에 있으면서 기호 12와 같은 s 행에 있다. 따라서 기호 31의 음가는 -sa-〔-사-〕다.

두 개의 기호 05와 31의 음절가를 추론해낸 것이 특별히 더 중요했던 이유는 이를 통해 두 개의 온전한 단어 05-12와 05-31을 읽을 수 있었기 때문이었다. 이 두 단어는 목록의 맨 마지막 줄에 자주 등장하는 단어였다. 벤트리스는 이미 기호 12가 -so-를 나타낸다는 것을 알고 있었다. 12가 Tulissos에 나왔기 때문이었다. 따라서 05-12는 to-so〔토-소〕라고 읽을 수 있었다. 그리고 다른 단어인 05-31은 to-sa〔토-사〕로 읽을 수 있었다. 놀라운 결과였다. 이 단어들은 목록의 제일 아래에 있었기 때문에 전문가들은 이 단어들의 의미가 '합계total'일거라고 생각했다. 이제 벤트리스는 이 단어들을 토소와 토사라고 읽었는데, 놀랍게도 고대 그리스어로 '이만큼'이라는 뜻을 가진 단어의 여성형과 남성형인 '토소스tossos'와 '토사tossa'의 발음과 똑같았다. 벤트리스는 14살 때 아서 에반스 경의 강연을 들은 이후로 줄곧 미노아인들이 사용하던 언어가 그리스어는 아닐 거라고 확신했다. 그러나 지금 그가 발견한 단어들은 선형문자 B의 언어가 그리스어라는 사실의 명백한 증거였다.

선형문자 B가 그리스어가 아닐 것이라는 설을 뒷받침했던 최초의 증거는 고대 키프로스문자에 기초한 것이었다. 선형문자 B의 단어들은 거의 s로 끝나지 않는 반면, 그리스어에서는 s로 끝나는 경우가 매우 흔했기 때문이다. 벤트리스는 선형문자 B의 단어들이 실제로 거의 s로 끝나지 않는다는 것을 발견했지만 어쩌면 이런 현상은 글을 쓰는 관습에 따라 생략된 것일 수도 있었다. 암니소스Amnisos, 크노소스Knossos, 툴리소스Tulissos, 그리고 토소tossos는 모두 마지막 s를 생략한 채 표기되어 있었다. 이것은 서기들이 글을 쓸 때 마지막에 s를 붙이는 것에 얽매이지 않았고, 독자는 이 명백한 생략을 감안해서 읽었음을 의미했다.

벤트리스는 곧 다른 단어들도 추가로 해독했다. 이 단어들도 그리스어와 유사한 점이 있었지만 선형문자 B가 정말 그리스 문자라고 확신할 수 없었다. 이론상 벤트리스가 해독한 몇 개의 단어들은 모두 미노아 언어에 들어온 외래어로 간주할 수도 있었다. 영국의 한 호텔에 도착한 외국인이 '랑데부rendezvous(만남의 장소)'나 '본아빼띠Bon appetit(맛있게 드세요)'라는 말을 지나가다 들었다고 하자. 그러나 그렇다고 영국인들이 프랑스어를 말한다고 그 외국인이 생각한다면 그건 오산이다. 게다가 벤트리스가 전혀 알 수 없는 단어도 몇 개 있었다. 이는 선형문자 B가 지금까지 아무에게도 알려지지 않은 완전히 다른 언어를 표기했을 수 있다는 주장을 뒷받침하는 증거였다. 작업노트 20번에서 벤트리스는 선형문자 B가 그리스어라는 가설을 무시하지 않았지만, 그는 이를 '사소한 규칙 위반'이라고 지칭했다. 벤트리스는 마지막에 이렇게 기록했다. "계속 이대로 가다가는 조만간 해독 작업은 교착 상태에 빠질 것이다. 결국 모순 속에서 스러져 갈 것이다."

이러한 불길한 예감에도 불구하고 벤트리스는 계속해서 그리스어 가설을 토대로 해독 작업을 진행했다. 작업노트 20번이 계속 배포되는 와중에 벤트리스는 더 많은 그리스어 단어를 찾아내기 시작했다.

찾아낸 단어로 'poimen'(포이멘, 양치기), 'kerameus'(케라메우스, 도예가), 'khrusoworgos'(크루소워르고스, 금 세공사), 'khalkeus'(칼키우스, 동 세공사)가 있었으며, 심지어 몇 개의 구문들도 번역해냈다. 지금까지 그의 작업을 위협하는 모순은 발견되지 않았다. 3,000년 동안 침묵을 지켜왔던 선형문자 B의 문자들이 다시 속삭이기 시작했다. 이 속삭임은 틀림없이 그리스어였다.

급속도로 작업이 진행되는 동안 벤트리스는 우연히 미노아 문자의 수수께끼를 다루는 BBC 라디오 프로그램에 출연해달라는 요청을 받았다. 그는 자신이 발견한 것을 공개할 수 있는 이상적인 기회라고 생각했다. 미노아 제국의 역사와 선형문자 B에 대해 평범한 이야기를 한참 한 뒤 벤트리스는 가히 혁명적인 발표를 했다. "지난 몇 주 간 저는 크노소스와 필로스에서 발견된 서판들이 결국 그리스어를 표기한 것이라는 결론에 도달했습니다. 그것도 매우 어렵고 아주 오래된 그리스어입니다. 호메로스보다 500년 앞선 데다 생략형이 많이 사용되었습니다만, 그럼에도 불구하고 그리스어입니다." 이 방송을 듣던 청취자 중에 존 채드윅John Chadwick이 있었다. 채드윅은 케임브리지대학 연구원이었으며 1930년대 이후 죽 선형문자 B의 해독에 관심을 가지고 있었다. 전쟁 중에 채드윅은 알렉산드리아에서 암호 분석가로 복무하면서 그곳에서 이탈리아 암호를 해독했다. 그리고 블레츨리 파크로 옮겨 일본 암호를 해독했다. 전쟁이 끝난 후 채드윅은 군사 암호를 해독하면서 익힌 기술을 적용해 다시 선형문자 B를 해독하려고 했다. 불행히도 그는 별다른 성과를 거두지 못했다.

벤트리스가 출현한 라디오 인터뷰를 들었을 때, 채드윅은 영 터무니없어 보이는 벤트리스의 주장에 깜짝 놀랐다. 채드윅은 그 방송을 들은

그림 61 존 채드윅

대다수의 학자들과 마찬가지로 벤트리스의 주장이 한낱 아마추어의 주장일 뿐이라고 일축했다. 실제로 벤트리스는 아마추어였다. 그러나 그리스어를 가르치는 교수였던 채드윅은 벤트리스의 주장에 대한 질문이 쇄도할 것을 예상하고 이에 대응하기 위해 벤트리스의 주장을 자세히 살펴보기로 했다. 채드윅은 벤트리스의 작업노트 사본을 구한 다음 조사에 들어갔다. 분명 허점투성이일 것이라고 예상했다. 그러나 며칠도 안 돼서 이 회의적이었던 학자는 벤트리스의 선형문자 B 그리스어 가설의 첫 지지자가 되었고, 얼마 가지 않아 이 젊은 건축가를 우러러 보게 되었다.

> 벤트리스의 두뇌는 놀라울 정도로 빠르게 회전했다. 그래서 자기의 말을 입 밖에 꺼내기도 전에 그것이 초래할 결과를 모두 생각해낼 수 있었다. 벤트리스는 당시의 상황을 매우 현실적으로 바라봤다. 벤트리스에게 미케네인들은

> 막연히 추상적인 대상이 아니라, 살아 숨쉬는 사람들이었고, 벤트리스는 그들의 생각을 꿰뚫어 볼 수 있었다. 벤트리스 자신도 이 문제를 주로 시각적으로 접근했다. 텍스트의 시각적 측면에 너무나 익숙한 나머지 문자를 해독하여 의미를 알아내기 한참 전부터 상당 부분의 문자들이 그의 머릿속에 하나의 시각적 패턴으로 새겨져 나타나 있었다. 그러나 정확한 기억력만 가지고는 부족했다. 바로 그 부족한 지점을 보완하는데 벤트리스는 자신이 건축 교육을 받으면서 다진 능력을 활용했다. 건축가는 건물 구석구석을 본다. 단순히 건물의 앞면이나, 장식과 구조적 요소가 뒤죽박죽 섞여 있는 것만 보는 것이 아니다. 건축가는 겉으로 드러난 모습의 바로 아래를 들여다보며 패턴과 구조적 요소, 건물의 뼈대에서 중요한 부분들을 구별해낸다. 벤트리스도 마찬가지로 수수께끼같은 기호와 패턴, 근본적인 구조에 위배되는 규칙성이 난무하는 상황 속에서 뭔가를 알아차리는 능력이 있었다. 바로 이런 능력, 혼돈 속에서 질서를 찾아내는 힘이야말로 위대한 업적을 일군 사람들의 특징이었다.

그러나 벤트리스에게 부족한 면이 하나 있었다. 바로 고대 그리스어에 대한 철저한 지식이었다. 벤트리스가 그리스어를 정식으로 배운 것은 어린 시절 스토스쿨에서 배운 게 전부였다. 그리스어에 대한 지식이 부족했던 그는 자신이 찾아낸 돌파구를 온전히 이용할 수 없었다. 예를 들어, 해독한 단어들 중 일부는 설명하지 못했다. 벤트리스가 모르는 단어였기 때문이었다. 반면, 채드윅의 전문 분야는 그리스어의 역사적 변천과정을 연구하는 그리스 문헌학이었다. 따라서 채드윅이야말로 문제가 되는 단어들이 오래된 형태의 그리스어라는 이론에 부합하는지 보여줄 수 있는 준비된 사람이었다. 채드윅과 벤트리스는 서로에게 완벽한 파트너가 되었다.

호메로스가 사용한 그리스어는 3,000년도 더 된 언어였지만 선형문자 B의 그리스어는 그보다 500년이나 더 오래된 언어였다. 선형문자 B를 해독하기 위해서 채드윅은 그때까지 알려진 고대 그리스어에서 시작해 선형문자 B의 단어로 역추적해가면서 언어가 발전하는 세 가지 방식을 고려해야 했다. 첫째, 발음은 시간이 흐르면서 같이 변한다. 예를 들어, 그리스어 단어로 '목욕물 붓는 사람'이라는 뜻의 단어는 선형문자 B의 시대에는 'lewotrokhowoi'〔레워트로코워〕였지만, 호메로스의 시대에는 'loutrokhooi'〔로우트로크후〕로 변한다. 둘째, 문법이 변한다. 일례로 선형문자 B에서 소유격 어미는 –oio이지만 호메로스 시대의 고전 그리스어에서는 –ou로 바뀐다. 마지막으로 어휘가 급격히 변한다. 단어들 중에 일부는 새로 태어나고, 일부는 죽고, 일부는 의미가 바뀐다. 선형문자 B에서 'harmo'는 '바퀴'라는 뜻이었지만, 나중에 '전투나 경주용 마차'로 바뀐다. 채드윅은 영어로 'wheels'(바퀴들)이 현대 영어에서는 자동차를 의미하는 것과 유사하다고 지적했다.

벤트리스의 해독 기술과 채드윅의 그리스어 실력으로 무장한 두 사람은 함께 선형문자 B가 실제로는 그리스어라는 사실을 모든 사람에게 납득시켰다. 날이 갈수록 해독 속도는 빨라졌다. 채드윅은 자신의 해독 작업을 담은 책《선형문자 B의 해독The Decipherment of Linear B》에서 다음과 같이 썼다.

> 암호학은 추론과 대조 실험의 학문이다. 가설을 세우고 실험하고, 가설을 폐기한다. 그러나 실험을 통과한 잔여물은 실험자 발밑으로 단단한 지면이 느껴질 때까지 계속 쌓인다. 바로 그 느낌이 오는 때란 가설이 논리 정연해지

고, 감각의 파편들이 감춘 모습을 드러낼 때다. 암호가 '깨진 것'이다. 이때부터 단서를 추적하는 속도보다 단서들이 나타나는 속도가 더 빨라진다. 마치 원자물리학의 연쇄반응이 시작되고 임계점을 넘어서면, 스스로 알아서 반응을 계속하는 것과 같다.

두 사람은 얼마 안 있어 선형문자 B로 서로에게 짧은 노트를 보냄으로써 자신들이 선형문자 B를 완전히 통달했음을 사람들에게 보여 줄 수 있었다.

문자를 정확히 해독했는지 간단히 알 수 있는 방법은 텍스트에 나오는 신들의 수를 세는 것이다. 과거에 잘못된 접근법으로 해독한 경우, 당연히 의미가 통하지 않는 단어들이 나오게 되고, 그렇게 되면 사람들은 지금까지 알려지지 않은 신들의 이름이라고 둘러대곤 했다. 그러나 채드윅과 벤트리스는 신의 이름을 네 가지나 밝혀냈고, 이 이름은 모두 잘 알려진 것들이었다.

1953년 분석 결과에 자신이 생긴 두 사람은 〈미케네 서판의 그리스 방언의 증거Evidence of Greek Dialect in the Mycenaean Archives〉라는 평범한 제목의 논문을 저널 오브 헬레니스틱 스터디스에 발표했다. 이후로, 전 세계 고고학자들은 자신들이 혁명을 목격하고 있다는 것을 깨닫기 시작했다. 벤트리스에게 보낸 편지에서 독일의 학자 에른스트 지티히Ernst Sittig는 학계 분위기를 다음과 같이 요약했다. "다시 한번 말합니다. 귀하의 연구 결과는 암호학적으로 제가 이제껏 들어본 것 가운데 가장 흥미롭고 훌륭합니다. 귀하의 이론이 맞다는 것은, 지난 50년 동안의 고고학, 민족학, 역사학, 문헌학 연구 방법에 오류가 있음을 말하는 것입니다."

선형문자 B 서판은 아서 에반스 경 그리고 그와 동시대의 학자들이 주장한 거의 모든 것과 어긋났다. 먼저 선형문자 B가 그리스어라는 사실이 그랬다. 둘째, 크레타 섬의 미노아인들이 그리스어로 쓰고 그리스어를 말했다면 고고학자들은 그동안 그들이 미노아의 역사에 대해서 견지한 관점을 재고해야만 했다. 이제는 미노아 지역의 주도 세력이 미케네 제국이고 미노아인들의 크레타는 자신들보다 더 강한 이웃 국가의 말을 사용하는 약소국인 것처럼 보였다.

그러나 기원전 1450년 이전의 미노아인은 자기들만의 언어를 가진 진정한 독립국가라는 증거가 있다. 선형문자 B가 선형문자 A를 대체한 것은 기원전 1450년경이었고, 이 두 개의 문자는 매우 비슷해 보이지만 아직도 선형문자 A는 해독하지 못했다. 따라서 선형문자 A는 선형문자 B와는 전혀 다른 언어를 표현했을지도 모른다. 대략 기원전 1450년 미케네 제국이 미노아를 정벌했고, 이때 자기들의 언어를 쓰도록 강요하면서 선형문자 A가 선형문자 B로 바뀌었고, 이에 따라 선형문자 B가 그리스어 표기문자로 기능했던 것 같다.

선형문자 B의 해독으로 역사의 윤곽이 분명해졌을 뿐만 아니라, 역사의 빈틈도 메울 수 있게 되었다. 이를테면 필로스 발굴 현장에서는 호화로운 궁전에 있을 법한 값진 물품이 발견되지 않았다. 그리고 이 궁전은 결국 화재로 파괴되었다. 이 같은 사실로 인해 침략자들이 귀중품을 먼저 탈취한 뒤 궁전에 불을 질렀을 거라고 사람들은 의심했었다. 필로스의 선형문자 B 서판에는 그 같은 공격을 받았다는 사실을 구체적으로 기록하고 있지 않았지만, 다가올 침략에 대비했다는 사실은 암시하고 있다. 한 서판에는 해안선 방어를 위해 특수부대를 조직했다는 기록이 있는가 하면, 다른 서판에는 청동 장신구를 창촉으로 만들라는 지시가 기록되어 있다. 두 번째 서판보다 좀 더 어수선한 세 번째 서판에는 인

신공양을 수반했을 법한 유난히 복잡한 신전 의식이 묘사되어 있다. 대부분의 선형문자 B 서판들은 깔끔하게 작성되어 있어 마치 필경사들이 먼저 초고를 만든 다음 나중에 초고를 없앴음을 짐작할 수 있다.

그러나 정돈이 덜 된 느낌의 서판에는 커다란 공백과 반밖에 채워지지 않은 줄들이 있는가하면, 다른 쪽 면까지 텍스트가 넘어가기도 한다. 이 서판이 제작된 것은 침략을 목전에 두고 신의 개입을 요청하기 위한 노력의 일환이었지만, 미처 서판의 초고를 고쳐 쓰기도 전에 궁전이 공격당했다고 볼 수도 있다.

선형문자 B의 서판 대부분은 물품목록이며, 매일매일 발생하는 물품 처리 과정이 기록되어 있다. 이들 서판에는 제조상품과 농산품 처리 과정이 매우 상세하게 기록되어 있는 것으로 보아, 역사상 그 누구에게도 뒤지지 않을 정도의 관료체계가 존재했음을 알 수 있다. 채드윅은 이 서판들을 둠즈데이북[1]에 버금간다고 했다. 한편, 데니스 페이지 교수는 이 기록들의 상세한 수준을 다음과 같이 묘사했다. "양의 수가 무려 총 2만 5천 마리임에도 불구하고 한 마리가 코마웬스로부터 온 것이라는 사실을 기록해야만 하는 데에는 이유가 있었다... 왕궁의 기록 없이는 씨앗 한 톨도 뿌리지 못하고, 청동 1그램도 세공하지 못하고, 염소 한 마리도 사육하지 못하거나, 돼지 한 마리도 키울 수 없었다는 것을 짐작할 수 있다."

이런 궁정 기록 자체는 매우 일상적으로 보일지 모르지만, 그 기록들에는 본질적으로 낭만적 요소가 있다. 이 기록들은 《일리아드》와 《오

1 잉글랜드 대다수의 촌락과 도시에 대한 최초의 기록이며, 잉글랜드 역사 연구에 빼놓을 수 없는 중요한 자료이다. 둠즈데이doomsday는 최후 심판의 날을 뜻하며 아주 자세한 것까지 다루고 있어 도저히 발뺌할 수가 없다는 데서 유래되었다 한다.

01	*da*	30	*ni*	59	*ta*
02	*ro*	31	*sa*	60	*ra*
03	*pa*	32	*qo*	61	*o*
04	*te*	33	ra_2	62	*pte*
05	*to*	34		63	
06	*na*	35		64	
07	*di*	36	*jo*	65	*ju*
08	*a*	37	*ti*	66	ta_2
09	*se*	38	*e*	67	*ki*
10	*u*	39	*pi*	68	ro_2
11	*po*	40	*wi*	69	*tu*
12	*so*	41	*si*	70	*ko*
13	*me*	42	*wo*	71	*dwe*
14	*do*	43	*ai*	72	*pe*
15	*mo*	44	*ke*	73	*mi*
16	pa_2	45	*de*	74	*ze*
17	*za*	46	*je*	75	*we*
18		47		76	ra_2
19		48	*nwa*	77	*ka*
20	*zo*	49		78	*qe*
21	*qi*	50	*pu*	79	*zu*
22		51	*du*	80	*ma*
23	*mu*	52	*no*	81	*ku*
24	*ne*	53	*ri*	82	
25	a_2	54	*wa*	83	
26	*ru*	55	*nu*	84	
27	*re*	56	pa_3	85	
28	*i*	57	*ja*	86	
29	pu_2	58	*su*	87	

표 23 선형문자 B의 기호에 붙여진 숫자와 음가

디세이아》와 아주 밀접한 관련이 있기 때문이다. 크노소스와 필로스의 필경사들이 매일같이 그날의 상거래를 기록할 때, 트로이의 전쟁이 벌어지고 있었다. 선형문자 B의 언어는 오디세우스가 사용한 언어였던 것이다.

1953년 6월 24일 벤트리스는 한 공개 강연에서 선형문자 B의 해독을 소개했다. 그 다음날 《더 타임스》가 벤트리스의 공개 강연을 보도했고, 그 기사는 당시 에베레스트 산 정복에 관한 논평 바로 옆에 실렸다. 이로써 벤트리스와 채드윅의 업적은 '그리스 고고학의 에베레스트 등정'으로 알려지게 되었다.

이듬해, 두 사람은 선형문자 B의 해독과 관련한 자신들의 작업을 담은 세 권짜리 책을 쓰기로 결정했다. 이 책에는 해독 과정, 300개의 서판에 대한 상세한 분석, 미케네어 단어 630개에 대한 사전, 〈표 23〉과 같은 거의 모든 선형문자 B의 기호에 대한 음가표를 담기로 했다. 1955년 여름 《미케네 시대의 그리스어에 관한 기록Documents in Mycenaean Greek》이 완성되었으며 1956년 가을, 출간 준비를 마쳤다. 그러나 책이 인쇄되기 몇 주 전인 1956년 9월 6일 마이클 벤트리스가 사망했다. 밤늦게 집으로 가던 중 햇필드 근처 그레이트 노스 로드에서 벤트리스의 자동차가 대형트럭과 충돌했던 것이다. 채드윅의 동료 벤트리스는 천재 샹폴리옹에 비견되며, 샹폴리옹처럼 젊은 나이에 비극적으로 생을 마쳤다. 그런 벤트리스에게 채드윅은 다음과 같이 경의를 표했다. "벤트리스가 했던 일은 계속될 것이며, 벤트리스의 이름은 고대 그리스어와 문명에 대한 연구가 계속되는 한 길이 기억될 것이다."

CODE 06

앨리스와
밥이 공개하다

제2차 세계대전 동안 영국의 암호 해독자들이 독일 암호 제작자들보다 우위를 점할 수 있었던 주된 이유는 폴란드의 선례를 따라가던 블레츨리 파크의 암호 해독자들이 개발한 초창기 암호 해독 기술 때문이었다. 에니그마 암호를 해독하는 데 튜링의 봄브를 사용했던 영국은 더 강력해진 독일의 로렌츠 암호문을 풀기 위해 콜로서스Colossus라는 암호 해독 장치까지 만들었다. 봄브와 콜로서스 중 20세기 후반 암호 제작 기법의 향상에 결정적인 역할을 했던 것은 콜로서스였다.

로렌츠 암호문은 히틀러와 장성들 사이의 통신 내용을 암호화하는 데 사용되었다. 암호화에 사용된 기계는 '로렌츠 SZ40'이라는 기계로 에니그마와 비슷한 방식으로 작동했지만 훨씬 더 복잡했다. 이 때문에 블레츨리 파크의 암호 전문가들은 암호 해독에 크나큰 어려움을 겪었다. 그러나 블레츨리 파크의 암호 해독 전문가들 가운데 존 틸트만John Tiltman과 빌 튜트Bill Tutte가 로렌츠 암호 사용 방법의 허점을 찾아냈다. 블레츨리 파크는 그 허점을 이용해 히틀러의 메시지를 읽을 수 있었다.

로렌츠 암호문을 해독하려면 탐색, 비교, 통계학적 분석, 신중한 판단력 등이 골고루 필요했다. 모두 봄브의 기술적 기능으로는 해결할 수 없는 요소들이었다. 봄브는 빠른 속도로 특정 임무를 수행할 수는 있었지만, 로렌츠의 미묘한 부분을 처리할 수 있을 정도로 유연하지는 않았다. 로렌츠로 암호화된 메시지들은 직접 손으로 해독해야만 했다. 그러려면 몇 주에 걸쳐 피나는 노력을 해야 했고, 막상 해독이 끝날 무렵엔 상당수가 정보로서의 가치를 잃어버렸다. 마침내 블레츨리 파크에서 일하던 수학자 맥스 뉴먼Max Newman이 로렌츠 암호 해독을 기계화할 수 있는 방법을 생각해냈다. 앨런 튜링의 보편만능 기계의 개념을 상당부분 차용해 뉴먼이 설계한 이 기계는 문제가 달라질 때마다 기계 스스로 그 문제에 맞춰 작동할 수 있었다. 마치 오늘날 프로그램이 작동하는 컴퓨터와 비슷했다.

뉴먼이 설계한 기계를 실제로 제작하는 것은 기술적으로 불가능하다고 여긴 블레츨리의 고위 당국자들은 이 프로젝트 계획을 전면 보류했다. 다행히도 뉴먼의 디자인 토론에 참석했던 엔지니어 토미 플라워스Tommy Flowers는 블레츨리 관리자들의 회의적인 태도를 무시하기로 하고 기계 제작을 추진했다. 북런던의 돌리스 힐에 있는 우체국 연구센터에서 플라워스는 뉴먼의 청사진을 가지고 열 달을 씨름한 끝에 콜로서스 기계를 완성하여 1943년 12월 8일 블레츨리 파크로 보냈다. 콜로서스는 1,500개의 진공관으로 구성되어 있었으며, 이 진공관들은 봄브에서 사용되는 느린 전자기계식 계전 스위치보다 월등히 빨랐다. 하지만 콜로서스의 빠른 작동 속도보다 더 중요한 사실은 프로그래밍이 가능했다는 점이었다. 바로 이 점 때문에 콜로서스를 현대 디지털 컴퓨터의 기원으로 본다.

콜로서스도 블레츨리 파크의 다른 모든 것들처럼 전쟁이 끝난 뒤 파괴되었고 이를 다뤘던 사람들이 콜로서스에 대해 말하는 것도 금지되었다. 콜로서스 청사진을 태우라는 명령에 토미 플라워스는 아무 말 없이 보일러실로 가서 청사진을 불태웠다. 세계 최초의 컴퓨터 설계도가 영원히 사라진 것이었다. 이러한 비밀 유지 정책으로 컴퓨터 발명 공로는 다른 과학자들에게 돌아갔다. 1945년 펜실베이니아대학의 J. 프레스퍼 에커트Presper Eckert와 존 W. 모클리John W. Mauchly가 1만8천 개의 진공관으로 이뤄진 에니악(ENIAC: Electronic Numerical Integrator And Calculator, 전자식 숫자 적분 및 계산기)을 완성했다. 에니악은 초당 5천 회의 연산 능력을 자랑했다. 수십 년간, 사람들은 콜로서스가 아니라 에니악이 모든 컴퓨터의 어머니라고 생각했다.

현대 컴퓨터 탄생에 이바지한 암호 해독자들은 종전 후에도 계속해서 온갖 종류의 암호 해독을 위해 컴퓨터 기술을 발전시키고 활용했다. 이제는 프로그램 작동이 가능한 컴퓨터의 속도와 유연성을 이용해 정확한 열쇠를 찾을 때까지 선택 가능한 모든 열쇠를 확인할 수 있게 되었다. 때가 되자, 암호 작성자들이 반격을 가하기 시작했다. 암호 작성자들도 컴퓨터의 능력을 활용하여 점점 더 복잡한 암호문을 만들어냈다. 한 마디로 컴퓨터가 전후 암호 작성자와 암호 해독자 사이의 경쟁에서 중요한 역할을 맡은 것이었다.

컴퓨터를 활용해서 메시지를 암호화하는 것은 많은 부분 기존의 암호화 방식과 매우 유사하다. 사실 컴퓨터 암호화 방식과 에니그마식 암호문 작성의 바탕이 되는 기계식 암호화 방식의 커다란 차이점은 세 가지뿐이다. 첫 번째 차이점은 기계식 암호화 장치는 실제 제작이 가능한지 아닌지에 따른 제약을 받는 반면, 컴퓨터는 엄청나게 복잡한 가상의 암호화 기계를 모방할 수 있다는 점이다. 예를 들어, 컴퓨터는 100개의 회전자 동작도 프로그램으로 구현할 수 있다. 이를테면 어떤 회전자는 시계 방향으로 돌게 하고 어떤 회전자는 시계반대 방향으로, 또 어떤 회전자는 열 번째 글자가 나올 때마다 사라지게 하고, 나머지 회전자들은 암호화가 진행될수록 회전자가 더 빨리 돌아가게끔 프로그래밍할 수 있다. 이렇게 돌아갈 수 있는 기계식 암호장치를 실제로 제작하는 건 불가능하지만, '가상'의 계산하는 기계는 똑같은 동작을 할 수 있어 보안성이 매우 높은 암호문을 제작할 수 있다.

두 번째 차이점은 말 그대로 속도 차이다. 전자식은 기계식 회전자보다 훨씬 빨리 동작할 수 있다. 에니그마 암호문을 제작하도록 컴퓨터로 프로그래밍하면 길이가 긴 메시지도 순식간에 암호화할 수 있다. 아예 에니그마보다 훨씬 더 복잡한 형태의 암호문을 제작하게 프로그래밍하더라도 훨씬 짧은 시간 안에 처리가 가능하다.

세 번째는 어쩌면 가장 중요한 차이점일 수도 있다. 즉, 컴퓨터는 알파벳 글자가 아닌 숫자를 암호화한다는 사실이다. 컴퓨터는 0과 1로만 이뤄진 2진수, 짧게 줄여서 비트만 다룬다. 암호화하기 전에 어떤 메시지든지 반드시 2진수로 변환해야 한다. 2진수 변환은 다양한 규칙에 따라 이뤄진다. 일례로 아스키ASCII로 더 잘 알려진 미국 정보교환용 표준부호가 있다. 아스키 체계에서는 알파벳의 각 글자마다 일곱 자리의 2진수가 정해져 있다. 여기서 잠깐 2진수를 단순히 글자 하나를 나타내기 위한 1과 0으로 이뤄진 하나의 패턴(표 24 참고)이라고 생각해보자. 마치 모스부호에서 일련의 점과 대시로 글자 하나를 나타내는 것과 비슷하다. 일곱 개의 이진수를 나열하는 방법은 128(2^7)가지가 있다. 따라서 아스키로는 최대 128개의 서로 다른 글자를 표시할 수 있다. 이 정도 숫자면 모든 소문자(예: a=1100001)와 필요한 모든 문장부호(예: !=0100001), 그리고 기타 특수기호들(예: &=0100110)을 충분히 정의할 수 있다. 한 번 메시지를 2진수로 변환하면 암호화를 시작할 수 있다.

설령 우리가 기계와 글자가 아닌 컴퓨터와 숫자를 다루고 있지만, 암호화는 여전히 치환법과 전치법에 따라 이뤄진다. 즉, 메시지의 요소를 다른 요소로 대체하거나 위치를 뒤바꾸거나, 아니면 둘 다 함께 한다. 얼마나 복잡한 암호가 되었든지, 모든 암호는 이렇게 두 가지 방법의 단순한 조합으로 나눌 수 있다. 다음 두 가지 예는 컴퓨터가 기본적인 치환 암호문과 기본적인 전치 암호문을 어떻게 생성하는지 보여줌으로써 컴퓨터 암호화가 근본적으로 얼마나 단순한지 보여준다.

먼저, 우리가 HELLO라는 메시지를 단순한 컴퓨터 버전의 전치법으로 암호화하려 한다고 가정해 보자. 암호화를 시작하기에 앞서 우리는 이 메시지를 〈표 24〉에 따라 아스키 코드로 변환해야 한다.

A	1 0 0 0 0 0 1	N	1 0 0 1 1 1 0
B	1 0 0 0 0 1 0	O	1 0 0 1 1 1 1
C	1 0 0 0 0 1 1	P	1 0 1 0 0 0 0
D	1 0 0 0 1 0 0	Q	1 0 1 0 0 0 1
E	1 0 0 0 1 0 1	R	1 0 1 0 0 1 0
F	1 0 0 0 1 1 0	S	1 0 1 0 0 1 1
G	1 0 0 0 1 1 1	T	1 0 1 0 1 0 0
H	1 0 0 1 0 0 0	U	1 0 1 0 1 0 1
I	1 0 0 1 0 0 1	V	1 0 1 0 1 1 0
J	1 0 0 1 0 1 0	W	1 0 1 0 1 1 1
K	1 0 0 1 0 1 1	X	1 0 1 1 0 0 0
L	1 0 0 1 1 0 0	Y	1 0 1 1 0 0 1
M	1 0 0 1 1 0 1	Z	1 0 1 1 0 1 0

표 24 알파벳 대문자를 아스키 코드로 변환한 표

평문 = HELLO = 1001000 1000101 1001100 1001100 1001111

가장 간단한 방법은 첫 번째 숫자와 두 번째 숫자를 바꾸고 세 번째 숫자와 네 번째 숫자를 바꾸는 것이다. 이런 방식으로 계속 바꾸다가 마지막 숫자는 홀수여서 바꾸지 않고 그대로 있다. 이 과정을 좀 더 분명하게 확인할 수 있도록, 위의 평문에는 있는 아스키 코드 숫자들 사이의 공백을 제거하여 하나의 문자열을 생성했으며, 그다음엔 암호문과 비교하기 위해 평문을 나란히 배치했다.

평문 = 1 0 0 1 0 0 0 1 0 0 0 1 0 1 1 0 0 1 1 0 0 1 0 0 1 1 0 0 1 0 0 1 1 1 1

암호문 = 0 1 1 0 0 0 1 0 0 0 1 0 1 0 0 1 1 0 0 1 1 0 0 0 1 1 0 0 0 1 1 0 1 1 1

2진수 차원에서 전치법으로 변환할 때 흥미로운 것은 글자 안에서 전치가 일어날 수 있다는 점이다. 게다가, 한 글자를 이루는 비트들이 옆 글자를 이루는 비트들과 자리를 바꿀 수도 있다.

예를 들어, 7번째 숫자와 8번째 숫자를 바꾸면 H의 마지막 0이 E의 첫 번째 1로 바뀐다. 암호화된 메시지는 35비트 길이의 단일 문자열이며, 이 문자열을 수신자에게 전송할 수 있다. 수신자는 이 과정을 역으로 수행하여 원래의 2진수 문자열로 되돌려 놓는다. 마지막으로 수신자는 이 2진수 문자열을 아스키 코드로 변환하여, 원래 메시지인 HELLO를 얻는다.

다음으로, 똑같은 메시지 HELLO를 암호화하되, 이번에는 컴퓨터 치환법으로 암호화한다고 해보자. 마찬가지로 먼저 메시지를 아스키 코드로 변환한다. 언제나 그랬듯이 치환 암호는 송신자와 수신자가 합의

한 열쇠에 따라 만들어진다. 여기서 열쇠는 아스키 코드로 변환한 단어 DAVID이며, 이 열쇠는 다음과 같이 사용된다. 2진수로 변환한 평문의 각 숫자를 2진수로 변환한 열쇠 단어의 각 숫자에 '더한다'. 2진수끼리 더하는 것을 두 가지 단순한 규칙으로 생각해볼 수 있다. 만일 평문의 2진수와 열쇠의 2진수가 같으면 평문의 2진수는 암호문에서 0으로 치환된다. 그러나 평문의 2진수와 열쇠의 2진수가 다르면 평문의 2진수는 암호문에서 1로 치환된다.

메시지	HELLO
아스키 코드로 변환한 메시지	10010001000101100110010011001001111
열쇠 = DAVID	10001001000001101011010010011000100
암호문	00011000000100001101000001010001011

최종 암호문은 35비트 길이의 단일 문자열로 수신자에게 전송되며, 수신자는 동일한 열쇠를 사용하여 원래 2진수로 된 문자열로 되돌린다. 마지막으로 수신자는 그 2진수를 아스키 코드로 변환하여 원래 메시지인 HELLO를 확인할 수 있다.

컴퓨터 암호화는 컴퓨터를 보유한 이들만 할 수 있었으므로, 컴퓨터 암호화 초창기에는 정부와 군에서만 컴퓨터 암호화를 할 수 있었다. 그러나 과학, 기술, 공학의 발전으로 컴퓨터와 컴퓨터를 활용한 암호화가 널리 확산되었다. 1947년 AT&T의 벨연구소에서 진공관을 값싸게 대체하는 제품으로 트랜지스터를 개발했다. 상업용 컴퓨터가 현실화된 것은 1951년 페란티Ferranti와 같은 회사가 컴퓨터를 주문 제작하면서부터였다. IBM은 1953년 최초의 컴퓨터를 출시하고, 그로부터 4년 뒤 프로그래밍 언어인 포트란Fortran을 발표하면서 '일반' 사람들도 컴퓨터 프로그래밍을 할 수 있게 되었다. 그리고 1959년 집적회로가 나오면서 새로운 컴퓨터의 시대가 열렸다.

1960년대에 컴퓨터는 더욱 강력해졌으며, 동시에 가격도 떨어졌다. 기업에서 컴퓨터 구입비용을 더 감당할 수 있게 되자 송금이나 거래 협상처럼 중요한 통신 내용을 암호화하는 데 컴퓨터를 이용할 수 있게 되었다. 그러나 점점 더 많은 기업들이 컴퓨터를 구매하고, 기업들끼리 암호문을 주고받는 경우가 늘어나면서 암호 작성자들은 새로운 문제에 직면하게 되었다. 이 새로운 문제는 암호 제작이 정부와 군 당국의 전유물이던 시대에는 존재하지 않았던 그런 문제였다. 그중 가장 큰 골칫거리가 '표준화'였다. 한 회사가 특정 암호화 체계를 사용하여 내부 통신을 보호할 수는 있겠지만, 수신자가 동일한 암호 체계를 사용하지 않는 한 회사 밖으로는 메시지를 안전하게 전송할 수 없었다. 마침내 1973년 5월 15일 미국 국립표준국은 이 문제를 해결하기 위해 '기업 간 통신 비밀에 대한 표준 시스템 제안 요구서'를 발표했다.

가장 널리 보급된 암호화 알고리즘이면서, 표준 시스템의 후보로 떠오른 것은 IBM 제품인 루시퍼Lucifer였다. 루시퍼를 개발한 사람은 독일계 이민자로 1934년 미국에 온 호스트 파이스텔Horst Feistel이었다. 파이스텔이 미국 시민권을 막 따기 직전에 미국이 제2차 세계대전에 참전하면서, 그는 1944년까지 가택 연금 상태로 지내야 했다. 그리고 몇 년 동안 당국의 의심을 사지 않기 위해 암호 제작에 대한 관심을 억눌렀다. 그러나 결국 파이스텔이 미공군의 케임브리지 연구소에서 암호 연구를 시작하면서 이내 NSA(미 국가안보국)와 마찰을 빚었다. NSA는 군과 정부의 통신보안 전반을 관할하는 조직이자 외국의 통신을 감청하고 해독하는 조직이었다. NSA는 전 세계 어떤 국가보다 더 많은 수학자를 고용하고, 더 많은 컴퓨터 하드웨어를 구입하며, 더 많은 메시지를 도청한다. 남을 엿보는 데 있어서 세계 최고가 NSA다.

NSA는 파이스텔의 과거를 문제 삼은 게 아니라 단지 암호 제작 연구를 자기들이 독점하고 싶어 했던 것이다. 따라서 파이스텔의 연구 프로젝트가 취소된 것은 NSA의 개입으로 보인다. 1960년대 파이스텔은 마이터 사로 자리를 옮겼지만, NSA가 이번에도 압력을 넣어 그가 하던 일을 관두게 했다. 결국 파이스텔은 뉴욕 근처에 있는 IBM 토머스 왓슨 연구소로 옮겨 그곳에서 몇 년간 방해받지 않고 연구에 전념할 수 있었다. 1970년대 초 바로 이곳에서 루시퍼 시스템을 개발했다.

루시퍼는 다음과 같은 암호화 절차에 따라 메시지를 암호화한다. 첫째, 메시지를 2진수의 긴 문자열로 변환한다. 둘째, 이 문자열을 64자리씩 블록으로 나누어 각 블록을 따로따로 암호화한다. 셋째, 단 하나의 블록에만 집중하여 64자리의 2진수를 뒤섞은 다음 이것을 다시 32자리씩 두 개의 블록으로 나누고 각각 $Left^0$과 $Right^0$이라고 이름을 붙인다. $Right^0$에 속한 숫자들을 '맹글러 함수'에 집어넣으면, 이 함수가 이 숫자들을 복잡한 치환 암호 규칙에 따라 다른 숫자로 변환한다. 이렇게 변환한 $Right^0$을 $Left^0$에 더해서 얻어진 새로운 32자리 숫자를 $Right^1$이라고 명명한다. 그리고 원래 $Right^0$에 $Left^1$이라는 새 이름을 붙인다. 여기까지의 과정 전체를 한 '라운드'라고 부른다. 두 번째 라운드에서는 위 과정을 다시 처음부터 반복하되 새로운 이름이 붙여진 반 토막 블록 숫자 즉, $Left^1$과 $Right^1$을 가지고 시작한다. 그리고 두 번째 라운드에서 얻은 반 토막 블록 숫자들은 $Left^2$과 $Right^2$가 된다. 이 과정을 총 16라운드가 될 때까지 계속 반복한다.

이 같은 암호화 과정은 밀가루를 반죽하는 것과 어느 정도 비슷하다. 아주 긴 밀가루 반죽에 메시지가 적혀 있다고 가정해 보자. 먼저 이 긴 반죽을 각각 64cm 길이로 나눈다. 그런 다음 절반을 떼어 으깨고 주물러 나머지 반쪽과 합친 다음 새로운 반죽으로 만든다. 이 과정을 메시지가 완전히 뒤섞일 때까지 계속 반복한다. 이렇게 16번의 반죽이 끝난 암호문을 전송하면, 받은 쪽도 역으로 이 과정을 밟아 복호화한다.

맹글러 함수의 세부 사항은 바뀔 수 있는데, 이때 함수는 송신자와 수신자가 합의한 열쇠에 의해 결정된다. 즉, 같은 메시지라도 어떤 열쇠를 선택했느냐에 따라 수없이 다양한 방법으로 암호화할 수 있다. 컴퓨터 암호화에 사용된 열쇠들은 단순히 숫자로만 되어 있다. 따라서 송신자와 수신자는 열쇠로 사용할 숫자만 같이 결정하면 된다. 복호화할 때는 수신자가 암호화에 사용된 열쇠와 암호문을 루시퍼 시스템에 입력하면 원래 메시지가 출력된다.

루시퍼는 통상 상용화된 암호화 제품들 중 가장 강력한 것으로 알려졌고, 그 결과 다양한 기관에서 루시퍼를 사용했다. 필연적으로 루시퍼 시스템이 미국의 표준 암호화 시스템으로 채택될 것 같아 보였지만, 이번에도 다시 NSA가 파이스텔의 발목을 잡았다. 루시퍼는 워낙 강력했기 때문에 NSA의 암호 해독 능력을 넘어서는 암호화 표준이 될 가능성이 있었다. 당연히 NSA는 자기들이 해독할 수 없는 암호화 시스템이 암호화 표준이 되는 것을 원치 않았다. 루시퍼가 암호화 표준으로 채택되기 전에 루시퍼에서 선택 가능한 열쇠의 수를 제한해서 루시퍼를 약화시키려고 NSA가 로비했다는 소문도 있다.

선택 가능한 열쇠의 개수는 어떤 암호문이든 그 강도를 결정하는 중대한 요소다. 암호문을 해독하기 위해 암호 해독자는 선택 가능한 모든 열쇠를 확인하려 할 것이고, 이때 선택 가능한 열쇠의 개수가 많으면 많을수록 암호 열쇠를 찾는 데 더 많은 시간이 걸린다. 만일 선택 가능한 열쇠의 개수가 1,000,000개뿐이라면, 암호 해독자는 성능 좋은 컴퓨터를 사용하여 단 몇 분 만에 열쇠를 찾아낼 것이고, 암호문은 풀릴 것이다. 그러나, 선택 가능한 열쇠의 수가 엄청 많으면 정확한 열쇠를 찾아내는 것이 사실상 불가능해진다. 루시퍼가 암호화 표준이 된다면, NSA는 루시퍼가 제한된 숫자의 열쇠만 가지고 운용되기를 원할 것이다.

NSA는 열쇠의 개수를 대략 100,000,000,000,000,000개(기술적으로 이를 56비트라고 말한다. 이 숫자를 2진수로 쓰면 56자리가 되기 때문이다)로 제한하자고 했다. NSA는 이 정도 열쇠면 민간 분야에서 보안을 유지할 수 있을 거라고 봤던 것 같다. 그 어떤 민간기관도 적절한 시간 안에 선택 가능한 모든 열쇠를 확인할 수 있을 만큼 강력한 컴퓨터를 보유하지 않았기 때문이었다. 그러나 NSA는 세계 최고 성능의 컴퓨터 자원을 활용하여 거의 모든 메시지를 해독할 수 있었다. 파이스텔의 56비트 버전인 루시퍼 암호는 1976년 11월 23일 공식 암호화 표준으로 채택되어 DES(Data Encryption Standard, 데이터 암호화 표준)라는 이름이 붙여졌다. 4반세기가 지난 지금까지도 DES는 미국의 공식 암호화 표준으로 남아 있다.

DES가 채택되면서 표준화 문제가 해결되자 기업들은 보안을 위해 암호를 사용하게 되었다. 나아가 DES는 경쟁사의 공격을 충분히 방어할 수 있을 만큼의 보안을 제공했다. 민간 컴퓨터를 가지고 한 회사가 DES 암호문을 해독하는 건 사실상 불가능했다. 선택 가능한 열쇠의 수가 충분히 많았기 때문이었다. 불행히도 암호의 표준화가 도입되고, DES가 충분히 강력했음에도 불구하고, 기업들이 해결해야 할 큰 문제가 또 하나 있었다. 바로 '열쇠 분배key distribution' 문제였다.

한 은행이 기밀 데이터를 전화선을 통해 고객에게 보내야 하는데, 누군가가 전화선을 도청할지도 모른다고 걱정한다고 상상해보자. 은행은 열쇠를 선택한 다음 DES로 데이터 메시지를 암호화한다. 메시지를 복호화하려면 고객은 자기 컴퓨터에 DES 사본뿐만 아니라 어떤 열쇠를 사용해서 메시지가 암호화되었는지도 알아야 한다. 은행은 열쇠를 고객에게 어떻게 알려줄 수 있을까? 열쇠는 전화선으로 전달할 수 없다. 분명 누군가가 전화선을 도청하고 있을지 모르기 때문이다. 열쇠를 전달하는 가장 안전한 유일한 방법은 직접 고객을 만나서 전달하는 것이겠지만 엄청난 시간 낭비가 아닐 수 없다. 안전성은 좀 떨어지지만 실질적인 해결책은 신뢰할 만한 직원이 열쇠를 전달하는 방법이다. 1970년대 은행들은 철저한 신원조사를 거친 회사 직원들 중 가장 신뢰할 만한 직원을 전담 배달원으로 뽑아 열쇠 전달을 시도하기도 했다. 이 전담 배달원들은 자물쇠가 달린 서류가방을 들고 전 세계를 다니며, 일주일 후 은행으로부터 메시지를 받게 될 모든 고객들에게 열쇠를 직접 전달했다. 비즈니스 망의 규모가 커지고 보내야 할 메시지 양도 늘어나면서 전달해야 할 열쇠의 수가 늘어나자, 이 열쇠 전달 프로세스는 은행에게 많은 인력과 장비를 동원해야 하는 끔찍한 악몽이 되었고, 이렇게 발생하는 간접비는 어마어마했다.

열쇠 전달 문제는 역사를 통틀어 암호 작성자들을 괴롭혀온 문제였다. 예를 들면, 제2차 세계대전 중 독일의 최고사령부는 매달 코드북을 전 에니그마 교환원들에게 배포해야 했다. 이는 상당한 인력과 물자가 투입되는 골칫거리였다. 더군다나 U보트처럼 기지에서 오랜 기간 떨어져 있는 곳에도 어떻게든 정기적으로 열쇠를 공급해야 했다. 이때보다 더 거슬러 올라가면 비즈네르 암호를 사용하던 사람들도 송신자가 수신자에게 '열쇠단어'를 보낼 방법을 찾아야만 했다. 이론상 암호가 제아무리 보안성이 높다 해도 현실에서는 '열쇠 전달' 문제 때문에 보안에 금이 갈 수 있었다.

정부와 군은 돈과 자원을 들이기만 하면 어느 정도까지 열쇠 전달 문제를 해결할 수 있었다. 이들에게는 메시지가 너무나 중요하였기에 안전한 열쇠 전달을 위해서라면 수단과 방법을 가리지 않았다. 미국 정부의 열쇠는 콤섹(COMSEC: Communications Security)에서 관리하고 배포한다. 1970년대 콤섹은 매일 엄청난 양의 열쇠 운반을 도맡았다. 콤섹의 자료를 실은 배가 부두에 정박하면 암호 경호원들이 배 위로 올라가서 카드, 종이서류, 플로피 디스크 등 각종 매체에 저장된 열쇠를 수령하고 정해진 수신인에게 전달했다.

열쇠 전달은 매우 일상적인 문제처럼 보일지 모르지만 전후 암호 해독가들에게는 중요한 선결과제였다. 두 당사자가 비밀리에 연락을 하고 싶으면 제3자에게 열쇠 전달을 맡겨야 했는데, 이는 보안상 허점이 되었다. 기업들이 직면한 딜레마는 너무나 뻔했다. 그 많은 돈을 쥔 정부조차 보안상의 안전 문제로 열쇠 전달을 고심하는데, 하물며 민간 기업이야 말할 것도 없었다. 파산하지 않고 안전한 열쇠 전달 문제를 해결할 수 있길 바랄 뿐이었다.

열쇠 전달 문제는 해결할 수 없다는 주장에도 불구하고, 투철한 개척자 정신으로 뭉친 한 팀이 모든 난관을 헤치고 1970년대 중반 훌륭한 해결책을 내놨다. 이 개척자들은 논리적으로 전혀 앞뒤가 맞지 않아 보이는 암호 시스템을 고안해냈다. 컴퓨터가 암호문 제작 방식에는 혁신을 가져왔지만 열쇠 전달 문제를 해결하는 기술을 개발한 것은 20세기 암호 역사상 최고의 혁명이었다. 사실 이들의 쾌거는 2천여 년 전 단순 치환 암호가 발명된 이래 암호 역사상 최고로 위대한 업적으로 꼽힌다.

신은 바보들에게 상을 준다

휫필드 디피Whitfield Diffie는 같은 세대 암호 전문가들 중 가장 패기로 가득한 사람이었다. 일단 그는 상당히 독특하면서도 뭔가 서로 다른 이미지를 함께 갖고 있다. 깔끔하게 정장을 차려 입은 것으로 봐서는 1990년대 대부분의 시간을 미국의 거대 컴퓨터 회사에 다녔다는 것을 짐작할 수 있다.(나중에 썬마이크로시스템즈 사의 선임 엔지니어를 지내기도 했다.) 그러나 어깨까지 내려오는 그의 긴 머리와 하얀 턱수염은 그의 마음이 아직 1960년대에 머물러 있다는 것을 말해준다. 디피는 대부분의 시간을 컴퓨터 앞에서 보내지만, 마치 봄베이 힌두교 수행자들이 모여 사는 집에 앉아 있는 것처럼 편안해 보인다. 디피 자신도 자신의 옷차림과 개성이

그림 62 휫필드 디피

다른 이들에게 상당한 영향을 줄 수 있음을 잘 알고 다음과 같이 말한 바 있다. "사람들은 항상 제 실제 키보다 저를 더 크게 봅니다. 이런 것을 티거Tigger효과라고 한다고 들었습니다. 〈곰돌이 푸〉에 나오는 티거는 항상 까불거리며 뛰어다니기 때문에 티거의 몸무게가 얼마 나가든지 상관없이 실제보다 더 크게 보인다고 하더군요."

디피는 1944년에 태어났으며, 유년 시절의 대부분을 뉴욕 퀸스에서 보냈다. 그는 어린 시절 수학에 매료되면서 《화학고무회사의 수표 핸드북The Chemical Rubber Company Handbook of Mathematical Tables》에서부터 G.H. 하디의 《순수 수학 강의Course of Pure Mathematics》까지 읽었다. 디피는 MIT에서 수학을 전공하고 1965년 졸업했다. 졸업 후 컴퓨터 보안과 관련한 직업들을 거친 후 1970년대 초에는 몇 안 되는, 진정으로 독립적이고 노련한, 보안 전문가 중 한 사람이 되었다. 디피는 자유주의 사상을 지닌 암호 전문가로 정부나 대기업에서 일하지 않았다. 돌이켜보면 그는 최초의 사이퍼펑크[1]였다. 디피는 특히 열쇠 분배 문제에 관심이 있었다. 디피는 이 문제의 해결책을 찾아내는 사람이야말로 최고의 암호 전문가로 역사에 길이 남을 것임을 깨달았다.

디피는 열쇠 분배 문제에 너무나 깊이 빠진 나머지 '암호학의 어마어마한 이론에 관한 문제'라는 제목의 그의 특별 노트에서 열쇠 분배 문제를 가장 중요한 항목으로 다뤘다. 디피가 이토록 열쇠 분배 문제에 매달린 것은 '컴퓨터로 연결된 세상'이라는 그의 비전 때문이었다. 1960년대부터 미 국방부는 ARPA(고등연구계획국)라는 최첨단 연구기관의 재정을 지원하기 시작했고, ARPA가 가장 크게 미는 프로젝트 중 하나가 광

1 cypherpunk, 사회적, 정치적 변화를 달성하기 위한 수단으로 암호 기술(cryptography)를 사용하는 이들을 뜻하는 단어다.

범위한 지역에 흩어져 있는 군사용 컴퓨터를 연결할 방법을 찾는 것이었다. 컴퓨터가 서로 연결되어 있으면 한 컴퓨터가 손상되더라도 하던 업무를 다른 컴퓨터로 옮겨 수행할 수 있다. 이 연구의 주 목적은 핵 공격에 대비해 국방부의 컴퓨터 인프라를 더욱 강화하는 데 있었다. 하지만 네트워크를 통하면 과학자들도 서로 메시지를 주고받고 원격 컴퓨터의 유휴 자원을 활용하여 연산을 수행할 수도 있었다. 그렇게 해서 알파넷ARPANet이 1969년 탄생했으며, 그해 말, 네 개의 사이트가 서로 연결되었다. 알파넷은 점점 커지면서 1982년 인터넷을 탄생시켰다. 1980년대 말 학계나 정부 관계자 이외 일반인들도 인터넷에 접속할 수 있게 되면서 인터넷 사용자는 폭발적으로 증가했다. 오늘날 1억 명 이상의 사용자가 인터넷을 통해 정보를 교환하며 이메일을 주고받는다.

알파넷이 아직 초기 단계에 있을 때, 디피는 초고속 정보통신망의 출현과 디지털 혁명을 예견할 정도로 선견지명이 있었다. 보통 사람들도 언젠가는 자기만의 컴퓨터를 갖게 되고 이 컴퓨터들이 전화망을 통해 상호 연결될 것이라고 내다봤다. 디피는 사람들이 개인 컴퓨터로 이메일을 주고받을 때, 메시지를 암호화하여 사생활을 보호할 권리가 마땅히 있다고 생각했다. 그러나 이를 위해서는 열쇠를 안전하게 교환할 수 있어야 했다. 정부와 거대 기업조차 열쇠 분배에 문제를 겪고 있다면, 일반인들이 열쇠 분배 문제를 해결하는 건 불가능할 것이었고, 사실상 사생활을 보장받을 권리를 빼앗기는 것이나 다름없었다.

디피는 초면인 두 사람이 인터넷을 통해 만나는 것을 상상했다. 그리고 어떻게 하면 이 두 사람이 서로에게 암호화된 메시지를 전달할 수 있을지 생각해 보았다. 또, 한 사람이 어떤 물건을 인터넷에서 구매하는 시나리오도 머릿속에 그려 보았다. 물건을 사려는 사람이 암호화된 신용카드 정보를 담은 이메일을 보냈을 때 어떻게 하면 인터넷 상점만이 그 이메일의 암호를 복호화할 수 있을까? 서로 초면인 사람끼리 만나 이메일을 주고받든, 아니면 물건을 사든 두 사람은 열쇠를 공유해야만 한다. 그러나 어떻게 하면 안전하게 열쇠를 공유할 수 있을까?

사람들 사이에 가볍게 연락하고 즉흥적으로 보내는 이메일의 양은 어마어마할 것이며, 이는 곧 열쇠 분배 자체가 비현실적인 일이 될 것임을 뜻한다. 디피는 열쇠 분배의 필요성 때문에 일반인들이 디지털 사생활을 보장받지 못하게 될 것을 염려한 나머지 이 문제의 해결책을 찾는 데 더욱 골몰했다.

1974년 이곳저곳에서 여전히 자유롭게 일하던 디피는 강연 요청을 받고 IBM 토머스 왓슨 연구소를 방문했다. 디피는 열쇠 분배 문제를 해결할 다양한 전략을 강연했지만, 그의 아이디어는 모두 가설에 불과했기 때문에 청중들은 해결책이 나올지에 대해 회의적인 태도를 보였다. 디피의 발표에 유일하게 긍정적으로 반응한 사람은 알렌 콘하임Alan Konheim이었다. 그는 IBM의 선임 암호 전문가였다. 알렌 콘하임은 디피에게 얼마 전에도 한 사람이 연구소에서 열쇠 분배 문제 해결에 대한 강의를 하고 갔다고 디피에게 말했다. 콘하임이 말한 강사는 마틴 헬만Martin Hellman으로 캘리포니아에 있는 스탠포드대학 교수였다. 그날 저녁 디피는 자신과 같은 분야에 열정을 갖고 있는 사람을 만나기 위해 차를 몰고 서쪽으로 5천 킬로미터를 달렸다. 디피와 헬만의 연합은 암호 역사상 가장 역동적인 파트너십을 자랑하게 되었다.

마틴 헬만은 1945년 뉴욕 브롱크스 유대인 밀집 지역에서 태어났지만 그가 네 살 되던 해에 가족이 아일랜드계 가톨릭교도 밀집 지역으로 이사했다. 헬만은 이 이사가 자신의 삶에 대한 태도를 완전히 바꿔 놓았다고 말했다. "다른 아이들은 교회에 가서 유대인들이 예수를 죽였다고 배웠고, 아이들은 나를 '예수 살인자'라고 불렀습니다. 또 얻어맞기도 했습니다. 처음에는 나도 다른 아이들처럼 되고 싶었습니다. 다른 아이들처럼 크리스마스트리도 장식하고 크리스마스 선물도 받고 싶었던 거죠. 그러나 곧 나는 다른 아이들과 똑같아질 수 없다는 것을 깨달았습니다. 그리고 저 자신을 방어하기 위해 '누가 남들과 똑같아지길 원하겠는가?'라는 태도를 취했습니다."

헬만은 암호에 대한 자신의 흥미가 이 같이 남들과 다르고자 하는 욕망에서 나왔다고 했다. 헬만의 동료들은 그에게 암호를 연구하는 일은 미친 짓이라고 말했다. 그것은 NSA와 NSA가 보유한 수십 억 달러의 예산과 경쟁하는 것이기 때문이었다. 이토록 어마어마한 돈을 퍼부어도

그림 63-1 마틴 헬만

알아내지 못한 것을 어떻게 그가 알아내겠다고 꿈꿀 수 있겠는가? 그리고 설령 헬만이 뭔가를 알아내더라도 NSA가 이를 기밀로 분류해버릴 수도 있었다.

헬만은 연구를 시작할 무렵 역사학자 데이비드 칸의 《암호 해독가들 The Codebreakers》라는 책을 접하게 되었다. 이 책은 최초로 암호의 발전에 대해 자세하게 다룬 책이었으며 이제 막 암호학에 발을 들여놓은 사람에게는 완벽한 입문서였다. 이 책을 유일한 동반자로 삼아 연구하던 헬만은 1974년 9월 예상치 못한 전화 한 통을 받았다. 휫필드 디피로부터 걸려온 전화였다. 디피가 헬만을 만나기 위해 자동차로 미국 대륙을 가로질러 온 것이었다. 디피에 대해 전혀 들어본 적이 없는 헬만은 마지못해 그날 오후 30분 정도 만날 약속을 잡았다. 그날 약속한 시간이 거의 끝나갈 무렵, 헬만은 디피야말로 그가 만나본 사람들 가운데 암호학에 대해 가장 잘 아는 사람임을 깨달았다. 그건 디피도 마찬가지였다.

헬만은 이렇게 회상한다. "그날 아내에게 집에 와서 아이들을 돌보겠다고 약속을 했었기 때문에 디피도 같이 집으로 갔습니다. 그리고 같이 저녁식사도 했죠. 디피가 떠난 시각은 거의 자정 무렵이었습니다. 우리 둘은 정말 달랐습니다. 디피는 나보다 훨씬 반문화counter-culture적인 사람이었지만 각자의 개성 차이 덕분에 우리는 공생관계로 발전할 수 있었습니다. 디피는 내게 신선한 공기와 같았습니다. 진공상태에서 일하는 건 정말 어려운 일이거든요."

연구비가 충분하지 않았던 헬만은 새로운 영혼의 동반자를 연구원으로 고용할 수 없었다. 대신에 디피가 그의 대학원생으로 들어왔다. 헬만과 디피는 함께 열쇠 분배 문제를 연구하기 시작했다. 물리적으로 먼 거리를 이동해서 열쇠를 전달하는 힘든 방법을 대체할 해결책을 찾아내

그림 63-2 머클, 헬만 그리고 디피

기 위해 두 사람은 고군분투했다. 그때 랄프 머클Ralph Merkle이 합류했다. 머클은 열쇠 분배 문제를 해결하겠다는 머클의 꿈이 실현 불가능한 꿈이라며 전혀 동조하지 않는 교수의 연구 팀에 있다가 헬만 팀으로 온 '지적 난민'이었다. 헬만은 다음과 같이 말한다.

> 랄프도 우리처럼 기꺼이 바보가 되기를 자청했던 겁니다. 누구도 하지 않는 연구를 한다는 면에서 최고가 되려면 바보가 되는 수밖에 없습니다. 바보만이 포기할 줄 모르기 때문이죠. 1번 아이디어를 생각해냈다고 합시다. 뛸 듯이 기쁘겠죠. 그러다 문제점을 발견합니다. 다시 2번 아이디어를 생각해냅니다. 또 흥분합니다. 이번에도 실패합니다. 그렇게 해서 99번째 아이디어까지 생각해내고는, 신나서 펄쩍펄쩍 뛰다가 다시 주저앉는 겁니다. 바보만이 100번째 아이디어가 생각났다고 또 마구 들뜰 거예요. 연구가 진정한 결실을 맺기까지 100개의 아이디어가 필요할지 모릅니다. 계속해서 흥분하는 바보가

되지 않으면 동기부여는 물론 연구를 지속할 에너지도 얻지 못할 겁니다. 신은 바보들에게만 상을 주거든요.

열쇠 분배 문제는 '딜레마'의 전형적인 사례다. 만일 두 사람이 비밀 메시지를 전화상으로 교환하려고 할 때 송신자는 메시지를 반드시 암호화해야 한다. 비밀 메시지를 암호화하려면 송신자는 반드시 열쇠를 사용해야 하는데, 열쇠 그 자체도 비밀이다. 따라서 수신자에게 비밀 메시지를 보내기 위해서는 비밀 열쇠를 보내야 하는 문제가 생긴다. 요약하면, 두 사람이 비밀(암호화된 메시지)을 교환할 수 있기 전에 두 사람은 이미 비밀(열쇠)을 공유하고 있어야 한다.

열쇠 분배 문제를 생각할 때는 앨리스, 밥, 이브라는 세 개의 가상 인물을 떠올려보는 게 도움이 된다. 이 셋은 암호에 대해 논할 때 항상 등장하는 전문용어다. 보통 앨리스는 밥에게 메시지를 보내고 싶어 하거나 아니면 밥이 앨리스에게 메시지를 보내고 싶어 하며, 이브는 이 둘의 메시지를 엿보려고 한다. 앨리스가 비밀 메시지를 밥에게 보낼 때 앨리스는 메시지를 보내기 전에 메시지마다 각각 다른 열쇠를 사용하여 암호화할 것이다. 앨리스는 계속해서 열쇠 분배 문제에 부딪힌다. 앨리스는 밥에게 안전하게 열쇠를 전달해야 하기 때문이다. 그렇지 않으면 밥은 앨리스가 보낸 암호 메시지를 복호화할 수 없을 것이다. 이 문제의 한 가지 해결책은 앨리스와 밥이 일주일에 한 번씩 직접 만나서 앞으로 일주일 동안 메시지를 암호화하는 데 사용할 열쇠를 충분히 교환하는 것이다.

직접 만나서 열쇠를 교환하는 것은 분명 안전한 방법이긴 하지만 불편하다. 만에 하나 앨리스나 밥이 아파서 못 만나게 되면 이런 시스템은 무너진다. 다른 해결책은 앨리스와 밥이 열쇠 배달부를 고용하는 것이다. 보안성은 떨어지고 비용이 더 들어가지만 적어도 자기들이 직접 해야 할 일을 대신해줄 누군가가 있다. 이 두 가지 방법 중 어떤 방법을 취하더라도 열쇠를 전달해야 하는 일 자체는 피할 수 없다. 2천 년 동안 이 문제는 암호학의 공리였다. 피할 수 없는 진실이었다. 그러나 이 공리를 거스르는 사고 실험thought-experiment[2]이 있다.

앨리스와 밥이 살고 있는 나라는 우편제도가 도덕적으로 완전히 해이해서 우체국 직원들이 암호화되지 않은 편지들을 읽는다고 가정해보자. 어느 날 앨리스는 매우 사적인 편지를 밥에게 보내고 싶다. 앨리스는 그 편지를 철제 상자에 넣고 자물쇠와 열쇠를 사용해서 잠근 뒤 자물쇠가 달린 상자는 우편으로 보내고 열쇠는 보관한다. 그러나 밥이 그 철제 상자를 받을 때 밥은 상자를 열 수 없다. 열쇠가 없기 때문이다. 앨리스는 열쇠를 다른 상자에 넣고 자물쇠로 잠근 다음 다시 밥에게 보내는 것을 고려했을지도 모른다. 그러나 두 번째 자물쇠의 열쇠가 없으면 밥은 두 번째 자물쇠도 열 수가 없다. 따라서 밥은 첫 번째 상자를 열 수 있는 열쇠도 손에 넣을 수 없다. 이 문제를 해결하는 유일한 방법은 앨리스가 자신의 열쇠를 복사한 다음, 상자를 보내기 전에 미리 밥과 커피를 한잔하며 복사한 열쇠를 건네주는 것이다. 여기까지는 오래된 암호 열쇠 분배 문제를 새로운 상황에 대입해 그대로 반복한 것과 다름없다.

열쇠 전달을 피하는 것은 논리적으로 불가능해 보인다. 분명 앨리스가 상자에 뭔가를 넣고 잠근 뒤 오직 밥만 열 수 있게 하려면 앨리스는 복사한 열쇠를 밥에게 줘야 한다. 이 문제를 암호학적으로 다시 풀면,

2 실행 가능성이나 입증 가능성에 구애되지 아니하고 사고(思考) 상으로만 성립되는 실험이다.

앨리스가 자기가 암호화한 메시지를 밥만이 복호화할 수 있도록 하려면 앨리스는 밥에게 열쇠를 복사해서 줘야 한다. 열쇠 교환은 암호화 과정에서 불가피한 과정이다. 그러나 항상 그럴까?

다음과 같은 시나리오를 상상해 보자. 앞에서 말한 바와 같이 앨리스는 매우 사적인 메시지를 밥에게 보내려고 한다. 이번에도 앨리스는 자기의 비밀 메시지를 철제 상자에 넣고 자물쇠로 잠가 밥에게 보낸다. 상자가 도착하면 밥은 자기 자물쇠를 그 상자에 채워 앨리스에게 돌려보낸다. 앨리스가 그 상자를 받아보면 그 상자에는 두 개의 자물쇠가 달려 있다. 마지막으로 앨리스는 자기 자물쇠를 풀고 그 상자를 다시 밥에게 돌려보낸다. 바로 여기에 중요한 차이점이 있다. 밥은 이제 그 상자를 열 수 있다. 왜냐하면 자기가 채운 자물쇠로만 상자가 잠겨 있기 때문이다. 당연히 밥은 자물쇠의 열쇠를 갖고 있다.

이 작은 이야기에 담긴 의미는 실로 엄청나다. 이 이야기는 두 사람이 열쇠를 서로 교환하지 않아도 안전하게 비밀 메시지를 주고받을 수 있음을 보여준다. 처음으로 우리는 열쇠 전달이 암호화의 필수적인 요소가 아님을 깨달았다. 우리는 이 이야기를 암호화의 관점에서 다시 해석할 수 있다. 앨리스는 자기만의 열쇠를 사용해서 메시지를 암호화해서 밥에게 보낸다. 그러면 밥은 그 메시지를 자기만의 열쇠로 다시 암호화해서 앨리스에게 보낸다. 앨리스는 이중으로 암호화된 메시지를 받은 다음, 자기가 암호화한 부분은 제거해서 밥에게 돌려준다. 그러면 밥은 자기 열쇠를 가지고 메시지를 복호화한 후 읽을 수 있다.

이제 열쇠 분배 문제는 해결될 것처럼 보인다. 이중 암호화 계획에는 열쇠 교환을 필요로 하지 않기 때문이다. 그러나 앨리스가 암호화하고 밥이 암호화하고, 또 앨리스가 복호화하고 밥이 복호화 하는 이 같은 시스템을 구현하는 데에는 근본적인 문제가 있다. 바로 암호화와 복호화 순서다. 일반적으로 암호화와 복호화 순서는 매우 중요하다. '나중에 들어온 것이 먼저 나간다'는 원칙을 따라야 한다. 다시 말해서, 마지막에 암호화된 것이 먼저 복호화되어야 한다는 뜻이다. 위의 시나리오에서 밥이 마지막으로 메시지를 암호화했다. 따라서 밥의 암호를 먼저 해독해야 한다. 그러나 밥이 암호화한 것을 풀기 전에, 앨리스 자신이 가장 먼저 암호화한 것을 복호화도 먼저 한다. 순서의 중요성을 가장 쉽게 이해할 수 있는 방법은 우리가 일상적으로 하는 일들을 잘 살펴보는 것이다. 아침에 우리는 양말을 신은 다음 신발을 신는다. 그리고 저녁때는 신발을 벗고 나서 양말을 벗는다. 신발을 벗기 전에 양말을 벗는 건 불가능하다. 우리는 반드시 '나중에 들어온 것이 먼저 나간다'는 원칙을 지켜야 한다.

아주 기본적인 암호문 이를테면 카이사르 암호문 같은 것은 너무나 단순해서 순서가 중요하지 않다. 그러나 1970년대에는 강력한 암호화 형태를 갖춘 것이라면 뭐든지 반드시 이 '나중에 들어온 것이 먼저 나간다'는 법칙을 항상 따라야 하는 걸로 보였다. 메시지가 앨리스의 열쇠로 먼저 암호화된 다음 밥의 열쇠로 암호화되었으면 반드시 밥의 열쇠로 암호를 복호화한 다음 앨리스의 열쇠로 복호화해야 한다. 순서는 단일 치환 암호에서도 중요하다.

앨리스와 밥이 다음의 예시와 같이 자기만의 열쇠를 갖고 있다고 상상해보자. 그리고 순서가 틀렸을 때 어떤 일이 일어나는지 살펴보자. 앨리스는 자기 열쇠를 사용해서 메시지를 암호화한 다음 밥에게 보낸다. 밥은 앨리스가 암호화한 메시지를 다시 자기만의 열쇠로 암호화한다. 앨리스는 자기의 열쇠를 이용해서 암호 일부를 복호화한다. 그리고 마침내 밥이 자기 열쇠를 가지고 나머지를 모두 복호화한다.

앨리스의 열쇠

a	b	c	d	e	f	g	h	i	j	k	l	m	n	o	p	q	r	s	t	u	v	w	x	y	z
H	F	S	U	G	T	A	K	V	D	E	O	Y	J	B	P	N	X	W	C	Q	R	I	M	Z	L

밥의 열쇠

a	b	c	d	e	f	g	h	i	j	k	l	m	n	o	p	q	r	s	t	u	v	w	x	y	z
C	P	M	G	A	T	N	O	J	E	F	W	I	Q	B	U	R	Y	H	X	S	D	Z	K	L	V

평문 메시지	m e e t	m e	a t	n o o n
앨리스의 열쇠로 암호화한 것	Y G G C	Y G	H C	J B B J
밥의 열쇠로 암호화한 것	L N N M	L N	O M	E P P E
앨리스의 열쇠로 해독한 것	Z Q Q X	Z Q	L X	K P P K
밥의 열쇠로 해독한 것	w n n t	w n	y t	x b b x

완전히 엉뚱한 결과가 나온다. 그러나 해독 순서를 거꾸로 뒤집고, 밥이 앨리스보다 먼저 복호화를 해서 '나중에 들어온 것이 먼저 나간다'는 원칙을 따랐다면 원래의 메시지가 나왔을 것임을 독자들이 직접 해보면서 확인할 수 있다. 그러나 순서가 그렇게 중요하다면서, 왜 잠근 상자에 대한 사고 실험에서 자물쇠 시스템이 마치 해결책처럼 보였을까? 그건 자물쇠에서는 순서가 중요하지 않았기 때문이다. 나는 상자에 자물쇠를 스무 개를 채우고도 순서에 상관없이 상자를 열 수 있다. 그리고 결국 상자는 열릴 것이다. 불행히도 암호 시스템은 순서 문제에 있어서는 자물쇠보다 훨씬 민감하다.

비록 두 개의 자물쇠를 사용한 상자식 접근법이 실제 암호 세계에서는 적용되지 않지만, 이 사고 실험은 디피와 헬만에게 열쇠 분배 문제를 우회할 실질적인 방법을 찾도록 하는 데 영감을 주었다. 디피와 헬만은 해결책을 찾기 위해 몇 달을 보냈다. 모든 아이디어가 실패로 끝났지만 두 사람은 완전히 바보처럼 끈질기게 문제를 붙들고 늘어졌다. 이들의 연구는 다양한 수학 함수를 검사하는 데 집중했다. 함수란 하나의 숫자를 다른 숫자로 바꿔주는 수학적 연산이다. 예를 들어 '두 배로 곱하기'도 함수의 종류다. 3을 6으로, 또는 9를 18로 바꾸기 때문이다. 나아가 우리는 모든 형태의 컴퓨터 암호화 작업도 함수로 볼 수 있다. 암호화도 하나의 숫자(평문)를 다른 숫자(암호문)로 바꾸기 때문이다.

대부분의 수학 함수는 양방향 함수로 분류된다. 한 숫자를 다른 숫자로 바꾸기도 쉽고, 이를 역으로 계산해서 원래 숫자로 바꾸기도 쉽기 때문이다. 예를 들어, '두 배로 곱하기'는 양방향 함수다. 한 숫자를 두 배로 곱해서 새로운 숫자를 만들기 쉽고, 똑같이 이 함수를 역으로 계산해 두 배가 된 수를 다시 원래의 숫자로 되돌리는 것도 쉽기 때문이다. 좀 더 구체적으로 예를 들어보면 우리가 어떤 값의 두 배가 26이라는 것을 안다고 하자. 그렇다면 이 함수를 역으로 계산하면 원래 숫자가 13이라는 것을 알아내는 것은 쉽다.

양방향 함수의 개념을 가장 쉽게 이해할 수 있는 방법은 일상적으로 우리가 매일 하는 행위를 찾아보는 것이다. 전등 스위치를 켜는 것도 함수다. 가만히 있는 전구를 불이 들어오는 전구로 바꾸기 때문이다. 이 함수는 양방향이다. 스위치가 켜지면 스위치를 켜는 것만큼이나 스위치를 끄는 것도 쉽고, 스위치를 끄면 전구가 원래 상태로 돌아가기 때문이다.

그러나 디피와 헬만은 양방향 함수에는 관심이 없었다. 두 사람은 일방향 함수에만 관심이 있었다. 이름이 암시하듯, 일방향 함수는 되돌리기가 매우 어렵다. 다르게 풀이하면 양방향 함수는 되돌릴 수 있지만, 일방향 함수는 되돌릴 수 없다. 이번에도 일방향 함수를 일상생활 속의 예를 들어 설명해보자. 노란색 물감과 파란색 물감을 섞어서 초록색으로 만드는 것은 일방향 함수다. 두 색깔을 섞는 건 쉽지만 초록색 물감을 다시 원래대로 분리하는 것은 불가능하기 때문이다. 또 다른 예로 계란 깨기가 있다. 계란을 깨는 것은 쉽지만 계란을 다시 원래대로 되돌리는 것은 불가능하다. 이 같은 이유로 일방향 함수를 때로는 험프티 덤프티[3] 함수라고도 부른다.

모듈러 연산Modular arithmetic은 가끔 학교에서는 시계 연산이라고도 부른다. 모듈러 연산은 일방향 함수들이 많이 들어 있는 수학의 한 분야다. 모듈러 연산에서 수학자들은 고리 안에 들어 있는 유한한 수의 숫자들을 생각한다. 마치 시계판에 있는 숫자와 같다. 예를 들어 보겠다. 〈그림 64〉에서 보듯이 모듈러 7(또는 mod 7)인 시계가 있다. 여기에는 숫자가 0부터 6까지 7개의 숫자가 있다. 2+3을 계산하려면 우리는 2에서 시작해 세 자리를 이동한다. 그러면 5에 닿는다. 여기까지는 일반 덧셈을 할 때와 답이 같다. 2+6을 계산해보자. 2에서 시작해 여섯 자리를 이동하면 이번에는 한 바퀴를 돌고 1에 도착한다. 1은 보통 우리가 하는 덧셈의 결과값이 아니다. 이 같은 계산을 다음과 같은 식으로 표현할 수 있다.

$$2 + 3 = 5 \pmod 7 \text{ 그리고 } 2 + 6 = 1 \pmod 7$$

3 Humpty Dumpty, 영국의 전래 동요에 나오는 주인공으로 담벼락에서 떨어져 깨져버린 달걀을 의인화한 것이다.

모듈러 연산은 비교적 단순하다. 그리고 실제로 우리는 매일 시간을 말할 때 모듈러 연산을 한다. 지금이 9시 정각이라고 하자. 회의가 지금부터 8시간 뒤에 열린다. 우리는 이때 회의가 17시 정각이 아니라 5시 정각에 있다고 말할 것이다. 우리는 마음속으로 모듈러 12(mod 12)로 9+8을 계산한 것이다. 시계판이 있다고 상상해 보자. 그리고 9자를 찾은 다음 9에서 여덟 자리를 이동해보자. 그러면 숫자 5에서 멈출 것이다.

$$9+8=5 \pmod{12}$$

시계판을 상상하는 대신에 수학자들은 다음과 같은 방법으로 모듈러 연산을 빨리 해낸다. 첫째, 일반 수학식을 먼저 계산한다. 둘째, (mod x)로 앞에서 계산해서 나온 값을 구하고 싶다면 그 값을 x로 나누고 나머지를 기록한다. 이 나머지가 (mod x)의 값이다. 11 x 9 (mod 13)의 답은 다음과 같이 구한다.

$$11\times9=99$$
$$99\div13=7, \text{ 나머지는 } 8$$
$$11\times9=8 \pmod{13}$$

모듈러 연산 환경에서 수행하는 함수는 변덕스러운 경향이 있다. 바로 이런 점 때문에 모듈러 연산이 일방향 함수가 된다. 단순한 함수를 일반 연산한 결과와 모듈러 연산으로 얻은 결과를 비교하면 그 차이는 더 극명해진다. 일반 연산 환경에서 함수의 연산은 양방향 함수이므로 뒤집기도 쉽다. 모듈러 연산 환경에서 함수는 일방향 함수가 되어 뒤집기가 어렵다. 일례로 3^x라는 함수가 있다고 하자. 이는 3에 x번만큼 3을 곱하는 것이다. 예를 들어 $x=2$라고 하자. 그러면 다음과 같이 계산할 수 있다.

$$3^x = 3^2 = 3 \times 3 = 9$$

다르게 말하면, 이 함수는 2를 9로 바꾼 것이다. 일반 연산에서는 x의 값이 증가할수록 함수의 결과값도 늘어난다. 따라서 이 함수의 결과값을 알면 역으로 계산해서 원래의 x값을 알아내기가 비교적 쉽다.

예를 들어 연산 결과가 81이라고 하자. 우리는 x가 4라는 것을 추론할 수 있다. $3^4 = 81$이기 때문이다. 우리가 실수로 x가 5라고 생각했다고 하자. $3^5 = 243$이므로 우리가 추측한 x가 너무 크다는 것을 알 수 있다. 그러면 x값을 낮춰 4를 선택하면서 맞는 답을 찾을 수 있게 된다. 한마디로 우리가 틀리게 추측하더라도 정확한 x값을 찾아낼 수 있으므로 함수를 역으로 계산할 수 있다는 말이다.

그러나 모듈러 연산에서는 같은 함수라도 이렇게 예측 가능한 방식으로 돌아가지 않는다. 누가 우리더러 $3^x = 1 \pmod 7$이라고 알려주고는 x값을 찾으라고 했다고 해보자. 적당한 답이 금방 떠오르지 않는다. 일반적으로 우리는 모듈러 연산에 익숙하지 않기 때문이다. 일단 $x = 5$라고 가정하고 (mod 7)에서 3^5를 구해볼 수 있다. 그러면 5가 나온다. 그러나 이 값은 1보다 너무 크다. 우리는 1이 나오는 값을 찾아야 하기 때

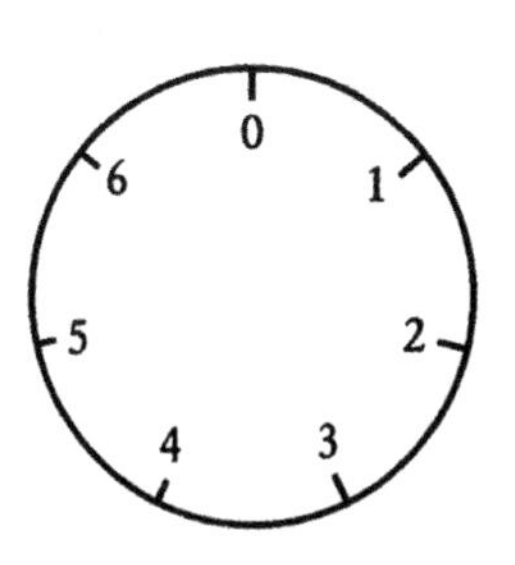

그림 64 모듈러 연산은 정해진 수의 숫자들을 가지고 계산하는데 이때 숫자들이 시계판 위에 있다고 가정한다. 이 그림의 경우 모듈러 7의 6+5는 6에서 시작해서 다섯 자리 이동하면 되므로 답은 4다.

문이다. 그럼 우리는 x값을 줄여서 다시 계산해보고 싶을 것이다. 그러나 우리는 엉뚱한 방향으로 가고 있는 것이다. 실제 답은 $x=6$이다.

일반 연산에서 우리는 숫자들을 대입해가면서 우리가 답에서 가까워지는지 멀어지는지 알 수 있다. 모듈러 연산은 우리에게 도움이 될 만한 단서를 주지 않는다. 따라서 함수를 역으로 계산하는 것이 훨씬 더 어렵다. 보통 모듈러 연산에서 함수를 역으로 계산하는 유일한 방법은 정확한 답을 찾을 때까지 다양한 x값을 대입하여 계산한 결과를 표로 만드는 것이다. 〈표 25〉는 이 함수에 다양한 값을 넣어서 일반 연산과 모듈러 연산으로 계산했을 때의 결과를 모두 나타낸 것이다. 표를 보면 확실히 모듈러 연산에서 계산했을 때 함수의 결과가 아주 제 마음대로인 것을 알 수 있다. 비교적 적은 수를 다룰 때 이런 표를 만드는 것은 좀 지루한 단순 작업에 불과할지 모르나, 453^x (mod 21,997)와 같은 함수를 가지고 표를 만드는 건 엄청난 고역일 것이다.

다음은 일방향 함수의 전형적인 예다. 내가 x값으로 아무거나 정한 다음 함수의 결과값을 계산한다. 그러나 내가 결과값으로 5,787을 얻었다고 하자 그리고 이 결과값을 알려줬다고 해보자. 이 함수를 역으로 계산해서 내가 고른 x값이 무엇인지 알아내는 건 엄청나게 어려울 것이다.

나는 계산해서 5,787을 얻기까지 몇 초도 걸리지 않았지만, 다른 사람이 표를 만들고 내가 선택한 x값을 알아내려면 몇 시간은 걸릴 것이다.

모듈러 연산과 일방향 함수에만 매달린 지 2년이 지나자 헬만의 바

x	1	2	3	4	5	6
3^x	3	9	27	81	243	729
3^x (mod7)	3	2	6	4	5	1

표 25 3^x을 일반 연산으로 계산한 결과값(2행)과 모듈러 연산으로 계산한 값(3행). 일반 연산에서 함수의 결과는 점점 증가하지만 모듈러 연산에서는 매우 불규칙하다.

보스러울 정도의 근성이 빛을 보기 시작했다. 1976년 봄, 헬만은 열쇠 교환 문제를 해결할 전략을 생각해냈다. 한 시간 반 동안 미친 듯이 뭔가를 휘갈기던 헬만은 앨리스와 밥이 직접 만나지 않고도 열쇠에 합의할 수 있다는 것을 증명했다. 이로써 수백 년간 지속된 공리가 깨졌다. 헬만의 아이디어는 Y^x (mod P) 형태의 일방향 함수에 기초한 것이었다. 먼저 앨리스와 밥은 Y와 P의 값에 대해 합의한다. 어떤 수라도 좋지만, 여기에 조건이 있다. 이를테면 Y는 P보다 작아야 한다는 조건이 붙는다. 이 값들은 비밀이 아니기 때문에 앨리스는 밥에게 전화로 Y＝7이고 P＝11이라고 알려줄 수 있다. 전화선의 보안이 좋지 않은데다 나쁜 이브가 두 사람의 대화를 도청하고 있다 하더라도 상관없다. 그 이유는 뒤에서 설명하겠다. 앨리스와 밥은 이제 7^x (mod 11)이라는 일방향 함수에 합의한 것이다. 이 지점에서 두 사람은 만나지 않고도 비밀 열쇠를 정하는 절차를 시작할 수 있다. 이 절차를 두 사람이 동시에 수행하므로 나는 〈표 26〉에서 두 사람이 각자 하는 일을 두 줄로 나란히 설명하겠다.

〈표 26〉의 단계들을 따라가다 보면, 앨리스와 밥이 만나지 않고도 같은 열쇠에 합의하여 메시지를 암호화할 수 있음을 보게 될 것이다. 예를 들어 두 사람은 숫자 9를 DES 암호 시스템의 열쇠로 사용할 수 있다. (실제로 DES는 이보다 훨씬 큰 숫자들을 열쇠로 사용하며, 〈표 26〉에 설명한 교환 절차는 훨씬 더 큰 숫자들을 가지고 진행될 것이다. 그 결과 충분히 큰 DES 열쇠를 얻을 수 있다.) 헬만의 아이디어를 활용함으로써, 앨리스와 밥은 열쇠에 대해 합의할 수 있었지만 두 사람이 직접 만나서 서로에게 열쇠를 귓속말로 알려줄 필요는 없었다. 이 아이디어가 매우 특별한 것은 바로 비밀 열쇠에 대한 합의가 일반 전화선을 통해 이뤄졌다는 점 때문이다. 그러나 이브가 전

	앨리스	밥
1단계	앨리스가 숫자를 선택하고 비밀에 부친다. 여기서는 3을 선택했다고 가정한다. 우리는 앨리스가 고른 숫자를 A라고 부른다.	밥이 숫자를 선택하고 비밀에 부친다. 여기서는 6을 선택했다고 가정한다. 우리는 밥이 고른 숫자를 B라고 부른다.
2단계	앨리스는 숫자 3을 일방향 함수에 대입하여 7^A (mod 11)의 값을 구한다. 7^3 (mod 11) = 343 (mod 11) = 2	밥은 숫자 6을 일방향 함수에 대입하여 7^B (mod 11)의 값을 구한다. 7^6 (mod 11) = 117,649 (mod 11) = 4
3단계	앨리스는 이 계산의 결과값을 α라고 부르고 구한 결과값 2를 밥에게 알려준다.	밥은 이 계산의 결과값을 β라고 부르고 구한 결과값 4를 앨리스에게 알려준다.
교환	보통은 이 단계가 매우 중요하다. 앨리스와 밥이 정보를 교환하는 중이므로 이브가 이를 도청해서 정보를 알아낼 수 있기 때문이다. 그러나 이브가 엿들은 정보는 궁극적으로 보안시스템에 아무런 영향을 주지 않는다. 앨리스와 밥은 Y와 P의 값을 합의하는 데 사용했던 것과 같은 전화선을 사용할 수 있다. 그리고 이브는 두 사람이 서로에게 알려준 2와 4라는 숫자를 엿들을 수 있다. 그러나 이 두 숫자는 열쇠가 아니므로 이브가 알게 되어도 상관없다.	
4단계	앨리스가 밥이 알려준 결과값을 받아서 β^A (mod 11)을 계산한다. 4^3 (mod 11) = 64 (mod 11) = 9	밥은 앨리스가 알려준 결과값을 받아서 α^B (mod 11)을 계산한다. 2^6 (mod 11) = 64 (mod 11) = 9
열쇠	놀랍게도 앨리스와 밥은 9라는 같은 숫자를 얻는다. 이 열쇠가 바로 그 열쇠다!	

표 26 평범한 일방향 함수 Y^x (mod P). 앨리스와 밥은 Y와 P에 해당하는 값을 선택했다. 따라서 두 사람은 일방향 함수 7^x (mod 11)에 합의했다.

화선을 도청했다면, 이브도 열쇠를 알 수 있을까?

이브의 관점에서 헬만의 아이디어를 살펴보자. 이브가 전화선을 도청했다면, 이브는 다음과 같은 사실들만 알게 된다. 함수는 7^x (mod 11)다. 앨리스는 $\alpha=2$를 보냈고, 밥은 $\beta=4$를 보냈다. 열쇠를 찾으려면 이브는 밥이 B라는 값을 가지고 α를 열쇠로 변환하거나, 앨리스가 하듯이 A라는 값을 가지고 β를 열쇠로 바꿔야 할 것이다. 그러나 이브는 A 또는 B의 값이 무엇인지 모른다. 앨리스와 밥은 이 숫자들을 서로 알려주지 않고 비밀에 부쳤기 때문이다.

이브는 벽에 부딪힌다. 이브에게 남은 희망은 단 하나뿐이다. 이론상 이브는 A를 가지고 α를 구할 수 있다. α가 함수에 A를 대입한 결과값이기 때문이다. 게다가 이브는 함수를 알고 있다. 아니면 이브는 β를 가지고 B를 구할 수 있다. β가 함수에 B를 대입해서 나온 결과값이기 때문이다. 게다가 이번에도 이브는 함수를 알고 있다. 그러나 이브에게는 안되었지만, 이 함수는 일방향 함수다. 따라서 앨리스와 밥이 각각 A를 α로, B를 β로 바꾸는 것은 쉽지만, 이브가 이 함수를 역으로 계산해내기는 매우 어렵다. 특히 숫자가 아주 클 경우에는 더욱 어려워진다. 밥과 앨리스는 열쇠를 설정하는 데 필요한 정보만 교환했다. 그러나 이 정보는 이브가 열쇠를 알아내는 데에는 충분하지 않았다.

헬만의 아이디어를 비유적으로 상상해보자. 어떤 암호가 색상을 열쇠로 사용한다고 해보자. 먼저 우리는 앨리스와 밥을 포함한 모든 사람들이 노란색 물감 1리터가 들어있는 3리터짜리 통을 갖고 있다. 앨리스와 밥이 비밀열쇠에 대해 합의하고 싶으면 두 사람은 각각 자기들만의 비밀 색상의 물감을 자기가 갖고 있던 통에 붓는다. 앨리스는 특이한 빛깔의 보라색 물감을 1리터 넣고, 밥은 진홍색 물감 1리터를 자기 통에 부었다. 그리고 물감이 섞인 자기 통을 상대편에게 보낸다. 마지막으로 앨리스는 밥이 보낸 물감통에 자기만의 비밀 물감을 1리터 붓고, 밥도 앨리스가 보낸 물감통에 자기가 고른 비밀 물감 1리터를 담는다. 두 사람의 물감통은 이제 같은 색깔의 물감이 담겨 있을 것이다. 둘 다 노란 물감 1리터가 담긴 통에 1리터의 보라색 물감과 1리터의 진홍색 물감을 담았기 때문이다. 이 물감통에는 두 종류의 물감이 섞이면서 만들어낸 색깔의 물감으로 채워져 있을 것이고, 바로 이 색깔이 열쇠다. 앨리스는 밥이 어떤 색의 물감을 넣었는지 모르며, 밥도 앨리스가 어떤 색을 넣었는지 모르지만, 두 사람 다 같은 목적을 이뤘다.

한편 이브는 화가 났다. 이브가 중간에 물감통을 보더라도 이브는 마지막 물감통 안의 물감 색, 즉 열쇠를 알아낼 수 없다. 이브는 노란색과 앨리스의 비밀 색깔이 섞인 통이 밥에게 전달되는 도중 엿봤을 수도 있고, 노란색과 밥의 비밀 색깔이 섞인 물감통이 앨리스에게 전달되는 도중에 훔쳐봤을 수도 있다. 그러나 열쇠를 알아내려면 이브는 실제로 앨리스와 밥이 가지고 있는 비밀 색깔을 알아야 한다. 그러나 이브가 물감이 섞인 통만 보고서는 앨리스와 밥의 비밀 색깔을 알아낼 수 없다. 설령 이브가 각 물감통에서 샘플을 훔쳤다고 해도 이브는 물감을 분리해서 비밀 색깔이 뭔지 알아낼 수 없다. 물감 색을 섞는 것은 일방향 함수이기 때문이다.

헬만은 어느 날 밤늦도록 집에서 연구하다가 이 아이디어를 얻게 되었다. 그러나 계산을 다 끝냈을 때는 디피와 머클에게 전화하기엔 너무나 늦은 밤이었다. 헬만은 다음날 아침이 되어 이 세상에서 열쇠 분배 문제를 해결하는 것이 가능하다고 믿은 유일한 두 사람에게 이 사실을 알릴 수 있을 때까지 기다렸다. 헬만이 말했다. "뮤즈가 제 귀에 속삭인

건 맞습니다. 그러나 아이디어의 토대는 우리 세 사람이 함께 다진 것입니다." 디피는 즉각 헬만이 찾아낸 돌파구의 위력을 인정하고 이렇게 말했다. "마틴은 자기가 생각해낸 열쇠 교환 체계를 무섭도록 간단하게 설명했습니다. 마틴의 설명을 들으면서 한때 제 의식의 가장자리에 그런 개념이 맴돌고 있었지만, 제 의식을 뚫고 들어오진 못했다는 것을 깨달았습니다."

디피-헬만-머클의 열쇠 교환 체계key change scheme으로 알려진 이 시스템은 앨리스와 밥이 공개적으로 비밀 열쇠를 정할 수 있도록 만들어 주었다. 이는 과학 역사상 가장 직관에 반하는 발견 중 하나였으며, 암호학계는 암호 규칙을 새로 쓸 수밖에 없게 되었다. 디피, 헬만, 머클은 자기들이 발견한 것을 1976년 6월 미국컴퓨터회의National Computer Conference에서 발표함으로써 그곳에 참석한 암호 전문가들을 깜짝 놀라게 했다. 이듬해 이들은 특허를 신청했다. 이후 앨리스와 밥은 열쇠를 교환하기 위해 더 이상 직접 만나지 않아도 되었다. 이제 앨리스는 밥에게 전화를 걸어 몇 개의 숫자만 서로 주고받고 공통의 비밀 열쇠를 정한 다음 메시지를 암호화할 수 있었다.

디피-헬만-머클 열쇠 교환 체계가 엄청난 도약이긴 했지만, 이 체계도 완벽하진 않았다. 본질적으로 불편했기 때문이었다. 하와이에 있는 앨리스가 이스탄불에 있는 밥에게 이메일을 보내고 싶어 한다고 상상해 보자. 밥은 아마도 자고 있을 것이다. 그러나 이메일의 즐거움은 아무 때라도 앨리스가 이메일을 보낼 수 있다는 점에 있다. 그리고 밥이 일어나자마자 읽을 수 있다는 데 있다. 그러나 앨리스가 이메일을 암호화하기를 원한다면 앨리스는 밥과 열쇠에 대해 합의해야 한다. 그리고 열쇠를 교환하려면 앨리스와 밥이 동시에 온라인상에 있는 게 좋다. 열쇠를 정하는 데 필요한 정보를 교환해야 하기 때문이다. 사실상 앨리스는 밥이 일어날 때까지 기다려야 한다. 아니면 자신이 보내야 하는 열쇠 관련 정보 일부를 먼저 보내놓고 밥의 답장이 올 때까지 12시간 동안 기다리는 수밖에 없다. 앨리스가 자고 있지 않다는 전제하에 12시간 뒤 열쇠가 정해지고나면, 앨리스는 이메일을 암호화해서 전송할 수 있다. 앨리스가 어떤 방법을 취하든, 헬만의 열쇠 교환 체계는 이메일의 즉시성을 제한한다.

헬만은 암호학의 오래된 교리 하나를 뒤집어, 밥과 앨리스가 비밀 열쇠를 교환하기 위해 만날 필요가 없다는 사실을 증명했다. 이제 누군가가 이보다는 더 효율적인 방법을 생각해내어 열쇠 분배 문제를 해결해야 했다.

공개 열쇠 암호의 탄생

메리 피셔Mary Fisher는 휫필드 디피가 자기에게 처음으로 데이트 신청한 날을 생생하게 기억하고 있다. "휫필드는 내가 우주광이라는 것을 알고 있었어요. 그래서 저에게 우주선 발사 장면을 같이 보러가자고 했어요. 휫필드는 스카이랩의 발사를 보려면 그날 저녁 출발해야 한다고 했지요. 그래서 밤새 차를 몰아서 그곳에 도착했더니 새벽 3시였어요. 우주선을 옮기고 있더군요. 휫필드는 기자증을 가지고 있었지만 저는 없었어요. 그래서 그쪽에서 저의 신분증을 보여 달라면서 누구냐고 묻자, 그가 대답했어요. '아내입니다.' 그날이 바로 1973년 11월 16일이었어요." 결국 두 사람은 결혼했고 신혼 초, 메리는 남편이 암호학에 빠져 있는 동안 그를 적극 밀어주었다. 디피는 당시 대학원생 조교였기에 수

입이 변변치 않았다. 그래서 고고학을 전공한 메리는 생계를 꾸리기 위해 브리티시 페트롤륨(BP)에 취직했다.

마틴 헬만이 열쇠 교환 방법을 연구하는 동안 휫필드 디피는 전혀 다른 접근법으로 열쇠 분배 문제를 해결하려 했다. 디피는 아무런 결실을 맺지 못한 아이디어에 오랜 기간 깊이 빠져 있곤 했다. 1975년, 어느 날 깊이 절망한 디피는 메리에게 자기는 아무것도 이룰 수 없는 실패한 과학자라고 토로했다. 심지어 메리에게 다른 남자를 찾아 떠나라고까지 했다. 메리는 디피만 전적으로 믿는다고 말해줬다. 그리고 2주 뒤 디피에게 정말 놀라운 생각이 떠올랐다.

디피는 여전히 어떻게 그 아이디어가 갑자기 떠올랐다가 거의 사라질 뻔했는지 생생히 기억한다. "콜라를 가지러 아래층에 내려가다가 그 아이디어를 거의 놓칠 뻔했습니다. 내가 뭔가 재미난 생각을 했다는 건 기억나는데, 그게 무엇이었는지 잘 떠오르지 않았습니다. 그러다 다시 생각이 떠오르면서 실제로 아드레날린이 솟구칠 때 같은 전율을 느꼈습니다. 암호를 연구하면서 처음으로 내가 진정 가치 있는 뭔가를 발견했다는 것을 깨달았습니다. 그때까지 제가 알아낸 모든 것들이 단순히 기술적인 세부 내용에 지나지 않는 것처럼 보였습니다." 그때가 오후 서너 시경이었으므로 메리가 집에 올 때까지 두세 시간을 기다려야 했다. 메리가 회상했다. "남편이 문 앞에서 기다리고 있었습니다. 저한테 할 말이 있다고 하면서 이상한 표정을 지었습니다. 제가 집으로 들어가자 남편이 말했어요. '일단 앉아봐. 할 말이 있어. 아무래도 내가 엄청난 발견을 한 것 같아. 아마 이걸 알아낸 사람은 내가 처음인 게 확실해' 순간 세상이 멈춘 것 같았어요. 마치 헐리우드 영화 속 주인공이라도 된 것 같았죠."

디피는 새로운 종류의 암호를 만들어냈던 것이다. 소위 '비대칭 열쇠를 사용하는 암호'를 만들어낸 것이다. 지금까지 이 책에서 기술한 모든 암호화 기술은 대칭형이다. 대칭형이라 함은 복호화 과정이 단순히 암호화 과정을 반대로 되돌리는 과정이라는 뜻이다. 예를 들어 에니그마는 특정 열쇠 설정을 활용하여 메시지를 암호화하면 수신자는 같은 종류의 기계에 같은 설정을 열쇠로 하여 메시지를 해독한다. 마찬가지로 DES도 암호화할 때는 열쇠를 사용해 16차례에 걸쳐 메시지를 뒤섞고, 복호화할 때는 같은 열쇠를 사용해 반대로 16번을 뒤집는다. 송신자와 수신자 모두 사실상 똑같은 정보를 가지고 있으며 둘 다 동일한 열쇠를 가지고 메시지를 암호화하고 복호화한다. 즉 암호화와 복호화가 대칭 관계를 이룬다는 뜻이다.

반면, 비대칭 열쇠 시스템에서는 비대칭이라는 말이 뜻하듯, 암호화 열쇠와 복호화 열쇠가 똑같지 않다. 비대칭 암호문에서는 앨리스가 암호화 열쇠를 가지고 메시지를 암호화할 수는 있지만 암호화된 메시지를 복호화할 수는 없다. 암호문을 해독하려면 앨리스는 반드시 복호화 열쇠를 손에 넣어야 한다. 암호화 열쇠와 복호화 열쇠 사이의 차이점 때문에 비대칭 암호가 특별해진다.

일단은 디피가 비록 일반적인 비대칭 암호에 대한 개념을 생각해내긴 했지만, 실제로 구체적인 예를 들지는 못했다는 점을 강조하고 싶다. 그러나 비대칭 암호 개념을 생각해냈다는 것만으로도 가히 혁명적이었다. 암호 제작자들이 디피가 내세운 요건을 충족하는 실제로 사용 가능한 비대칭 암호를 만들어낸다면, 암호 세계에서 앨리스와 밥에게 미치는 영향은 어마어마해질 것이다. 앨리스는 자기만의 암호화 열쇠와 복호화 열쇠를 만들 수 있을 것이다. 비대칭 암호가 컴퓨터 암호화의 한 형태라고 가정하면 앨리스의 암호화 열쇠는 숫자일 것이고 복호화 열쇠는 다른 숫자가 될 것이다. 앨리스는 복호화 열쇠를 비밀에 부칠 것이므로 보통 복호화 열쇠는 앨리스의 '개인 열쇠private-key'라고 부른다. 그러나 앨리스의 암호화 열쇠는 공개되어 모든 사람들이 사용할 수 있다. 그런 이유에서 암호화 열쇠를 보통 '공개 열쇠public-key'라고 부른다. 밥이 앨리스에게 메시지를 보내고 싶으면 밥은 전화번호부와 비슷하게 생긴 공개 열쇠 목록에서 앨리스의 공개 열쇠를 찾기만 하면 된다. 그런 다음 앨리스의 공개 열쇠를 사용해서 메시지를 암호화 한다. 그런 다음 앨리스에게 암호화된 메시지를 보낸다. 그리고 메시지가 도착하면 앨리스는 자기의 개인 암호 해독 열쇠를 가지고 메시지를 복호화할 수 있다. 비슷하게 찰리, 던, 또는 에드워드가 앨리스에게 메시지를 암호화해서 보내고 싶으면 마찬가지로 앨리스의 공개 열쇠를 찾기만 하면 된다. 그리고 앨리스만이 복호화에 필요한 개인 열쇠를 사용할 수 있다.

비대칭 암호 체계의 가장 큰 장점은 디피-헬만-머클 열쇠 교환 시스템에서처럼 열쇠를 주고받지 않아도 된다는 점에 있다. 밥은 메시지를 암호화해서 보내기 전에, 앨리스로부터 열쇠를 받으려고 기다릴 필요가 없다. 그냥 앨리스의 공개 암호화 열쇠만 찾으면 된다. 게다가 비대칭 암호문은 열쇠 분배 문제도 해결한다. 앨리스는 공개 열쇠를 밥에게 보낼 필요가 없다. 오히려 정반대로 앨리스는 자신의 공개 열쇠를 가능한 한 많은 이들에게 알려주고 싶을 것이다. 이와 동시에 전 세계가 앨리스의 공개 열쇠를 알고 있다 해도 이브를 포함해서 아무도 앨리스의 공개 열쇠로 암호화된 메시지를 해독할 수 없다. 공개 열쇠는 암호 해독에 아무런 도움이 되지 않기 때문이다. 사실 일단 밥이 앨리스의 공개 열쇠를 이용해서 메시지를 암호화하면 심지어 자기가 암호화한 메시지라도 복호화할 수 없다. 오직 앨리스, 즉 개인 열쇠를 가진 사람만이 암호를 해독할 수 있다.

바로 이 점이 전통적인 대칭 암호와 정확히 차별되는 점이다. 대칭 암호에서 앨리스는 어떻게 해서든 암호 열쇠를 밥에게 안전하게 전달하려고 애를 써야 한다. 또, 암호화 열쇠는 복호화 열쇠와 같아서 앨리스와 밥은 반드시 열쇠가 이브의 수중에 들어가지 않도록 만전을 기해야 한다. 바로 이 점이 열쇠 분배의 근본적 문제였다.

자물쇠 비유로 돌아가서 비대칭 암호는 다음과 같은 식으로 생각해볼 수 있다. 누구나 자물쇠는 간단히 눌러서 잠글 수 있지만 열쇠를 가진 사람만이 자물쇠를 열 수 있다. 자물쇠를 잠그는 것(암호화)은 쉽다. 누구라도 할 수 있다. 그러나 자물쇠를 여는 것(복호화)은 오직 열쇠를 갖고 있는 사람만이 할 수 있다. 간단히 누르기만 하면 자물쇠를 잠글 수 있다는 것을 아는 것은 자물쇠를 여는 데 전혀 도움이 되지 않는다.

자물쇠 비유를 좀 더 발전시켜 앨리스가 자물쇠와 열쇠를 고안했다고 해보자. 앨리스는 열쇠를 잘 보관해 두고 똑같은 자물쇠를 수천 개 만들어서 전 세계 우체국에 비치해 둔다. 밥이 메시지를 보내고 싶으면 밥은 메시지를 상자에 넣어 우체국에 가서 '앨리스 자물쇠'를 달라고 한 다음 그 자물쇠로 상자를 잠근다. 이제 밥도 상자를 열 수 없다. 그러나 앨리스는 상자를 받고 나서 자기만의 열쇠로 상자를 열 수 있다. 자물쇠와 자물쇠를 꾹 눌러서 잠그는 과정은 공개 열쇠에 해당한다. 누구나 자물쇠를 사용할 수 있고 누구나 그 자물쇠로 메시지를 봉할 수 있기 때문이다. 자물쇠의 열쇠는 개인 열쇠에 해당한다. 오직 앨리스만 갖고 있으며, 자물쇠를 열어 메시지를 볼 수 있는 사람은 앨리스뿐이다.

자물쇠를 비유로 설명하면 왠지 비대칭 암호 시스템이 단순해 보인다. 그러나 이런 일을 해낼 수 있는, 실행 가능한 암호 시스템에 집어넣을 수학 함수를 찾아내는 일은 전혀 단순하지 않다. 비대칭 암호라는 훌륭한 아이디어를 실질적인 시스템으로 구현하려면 누군가가 적절한 수학 함수를 찾아내야만 했다. 디피는 예외적인 상황에서만 되돌릴 수 있는 특별한 유형의 일방향 함수가 이 일에 적당할 거라고 생각했다. 디피의 비대칭 암호 체계에서 밥은 공개 열쇠를 사용하여 메시지를 암호화하지만, 자신이 암호화한 것을 복호화할 수는 없다. 이것이 바로 일방향 함수에 해당한다. 그러나 앨리스는 그 메시지를 복호화할 수 있다. 개인 열쇠를 갖고 있기 때문이다. 개인 열쇠는 함수를 역으로 되돌릴 수 있는 아주 특별한 정보다. 다시 말하지만, 자물쇠는 훌륭한 비유다. 자물쇠를 잠그는 것은 일방향 함수다. 보통 특별한 무언가(열쇠)를 갖고 있지 않는 한 자물쇠를 다시 열기 어렵기 때문이다. 그래도 일단 열쇠만 있으면 매우 쉽게 함수를 되돌릴 수 있다.

디피는 이 아이디어를 1975년 여름에 발표했고, 그 결과 다른 학자들도 비대칭 암호에 필요한 요건을 충족시키는 적절한 일방향 함수를 찾는 여정에 합류했다. 처음에는 모두들 낙관적이었다. 그러나 같은 해 말까지 아무도 적절한 후보 함수를 찾지 못했다. 여러 달이 지나자 이 특별한 일방향 함수가 존재하지 않을 가능성이 점점 더 커지는 듯 했다. 디피의 아이디어는 이론적으로는 가능하지만 실제로 구현할 수 없는 아이디어인 것만 같았다. 그럼에도 불구하고 1976년 말, 디피, 헬만, 머클 팀은 암호학계에 일대 혁명을 몰고 왔다. 세 사람은 열쇠 분배 문제의 해결책이 존재하며, 비록 완벽하진 않지만 사용 가능한 디피-헬만-머클 열쇠 교환 시스템을 만들었다고 전 세계를 설득하는 데 성공했다. 세 사람은 계속해서 스탠포드 대학에서 비대칭 암호를 실현시킬 특별한 일방향 함수를 찾는 데 몰두했다. 그러나 그들은 결국 함수를 찾아내지 못했다. 비대칭 암호를 위한 함수 찾기 경쟁의 승자는 또 다른 세 명의 학자들이었다. 이들은 스탠포드에서 5천 킬로미터 떨어져 있는 미국 동부에 자리 잡고 있었다.

유력한 용의자

레너드 에이들맨Leonard Adleman은 다음과 같이 회상했다. "론 리베스트Ron Rivest의 연구실로 들어가자, 론이 어떤 논문을 손에 들고는 '이 스탠포드 사람들이 정말 어쩌고저쩌고…' 말하기 시작했습니다. 그때 속으로 생각했습니다, '그래 좋아, 론. 그런데 지금 내가 할 말은 따로 있다고' 저는 암호의 역사에 대해서 아무것도 몰랐으며, 론이 하는 말에도 전혀 관심이 없었습니다." 론 리베스트를 그토록 흥분시킨 논문은 디피와 헬만이 발표한 것으로 거기에는 비대칭 암호 개념이 나와 있었다. 마침내 리베스트는 이 문제에 매우 흥미로운 수학적 요소가 있다는 사실을 에이들맨에게 설득했다. 그리고 두 사람은 비대칭 암호 요건에 들어맞는 일방향 함수를 찾아나서기로 뜻을 모았다. 이들의 여정에 합류한 또 다른 사람이 있었으니 아디 샤미르Adi Shamir였다. 이 세 사람은 메사추세츠공대(MIT) 컴퓨터과학연구소 건물 8층에 있던 학자들이었다.

리베스트, 샤미르, 에이들맨은 완벽한 팀이었다. 리베스트는 컴퓨터과학자로 새로운 아이디어를 흡수해서 예상치 못한 곳에 적용하는 데 비상한 능력을 갖고 있었다. 리베스트는 언제나 최신 과학 논문을 읽으면서, 거기에서 영감을 얻어 비대칭 암호의 심장부가 될 괴상하고도 훌륭한 일방향 함수들을 제안했다. 그러나 각각의 후보 함수들마다 문제점이 있었다. 또 다른 컴퓨터 과학자 샤미르는 번뜩이는 두뇌로 옥석을 가려 문제의 핵심에 집중하는 데 탁월했다. 샤미르 또한 비대칭 암호를 만들기 위해 정기적으로 아이디어를 내놓았지만, 그의 아이디어들에도 문제가 있기는 마련이었다. 수학자인 에이들맨은 엄청난 체력과 인내심, 과학적 철저함을 바탕으로 리베스트와 샤미르의 아이디어에 있는 허점을 찾아내는 역할을 주로 맡아, 세 사람이 엉뚱한 단서를 쫓느라 시간을 허비하지 않도록 했다. 리베스트와 샤미르가 1년 동안 새로운 아이디어를 내놓으면, 다시 에이들맨이 1년 동안 거기에 있는 문제점을 찾아냈다. 세 사람은 점점 낙담하기 시작했다. 그러나 이렇게 연이은 실패가 그들의 연구에 필요한 부분이라는 사실을 이들은 모르고 있었다. 세 사람이 모르는 사이에 이들은 천천히 척박한 수학의 영토에서 더 비옥한 토양으로 이동하고 있었다. 때가 되자, 이들도 보상을 받게 되었다.

1977년 4월 리베스트와 샤미르, 에이들맨은 한 학생의 집에서 유월절을 보내고 있었다. 이들은 상당한 양의 마니슈비츠 와인을 마시고 자정 무렵 각자의 집에 돌아갔다. 잠을 이룰 수 없었던 리베스트는 소파에서 수학 교과서를 읽었다. 리베스트는 지난 몇 주간 자신을 곤혹스럽게 했던 문제를 곱씹기 시작했다. 비대칭 암호를 만드는 것이 가능할까? 수신자가 특별한 정보를 가지고 있을 때만 역으로 연산할 수 있는 일방향 함수를 찾는 게 가능할까? 불현듯 안개가 걷히면서 리베스트에게 깨달음이 찾아왔다. 그날 밤 리베스트는 밤새도록 자신의 아이디어를 구체화시켰다. 사실상 동이 트기 전까지 한 편의 논문을 완성한 것이었다. 새로운 돌파구를 찾아낸 것은 리베스트였지만, 모두 1년간 샤미르와 에이들맨과 함께 연구하면서 만들어진 것이었고, 다른 두 사람이 없었다면 이런 결과를 얻지 못했을 것이다. 리베스트는 저자명을 알파벳순인

에이들맨, 리베스트, 샤미르로 적는 것으로 논문을 마무리했다.

다음 날 아침 리베스트는 논문을 에이들맨에게 건넸다. 에이들맨은 언제나 그랬듯이 논문을 면밀히 분석했지만, 이번에는 어떤 오류도 찾아낼 수 없었다. 에이들맨이 유일하게 문제를 제기한 부분은 저자의 이름 순서였다. "론에게 내 이름을 빼달라고 했습니다." 에이들맨이 말했다. "이걸 생각해낸 사람은 론 자네지 내가 아니라고 했지만, 론은 듣지 않더군요. 우리는 그 문제를 놓고 토론하기 시작했습니다. 결국 각자 집에 가서 하룻밤 동안 생각해보기로 했습니다. 그리고 어떻게 하면 좋을지 생각해보기로 했습니다. 다음 날 저는 론에게 저를 세 번째 저자로 올리면 어떻겠냐고 했습니다. 그때 내 이름이 올라갈 논문 중 가장 재미없는 논문이 될 거라고 생각했던 게 기억나네요." 에이들맨의 생각은 완전히 틀렸다. ARS가 아니라 이제 RSA(Rivest, Shamir, Adleman)라고 불리는 이 시스템은 현대 암호학에 가장 큰 영향을 끼쳤다.

리베스트의 아이디어를 설명하기 전 과학자들이 비대칭 암호를 구현

그림 65 로날드 리베스트, 아디 샤미르, 레널드 에이들맨

하기 위해 무엇을 찾았었는지 간단히 짚어보겠다.

(1) 앨리스는 공개 열쇠를 만들어 반드시 공개하여야 한다. 이 앨리스의 공개 열쇠로 밥(또는 다른 사람들)이 앨리스에게 보낼 메시지를 암호화하는 데 사용할 수 있어야 한다. 공개 열쇠는 일방향 함수이므로 사실상 누구도 공개 열쇠를 역으로 사용해서 앨리스의 메시지를 해독할 수 없다.

(2) 그러나 앨리스는 자기 앞으로 온 메시지를 복호화해야 하므로 개인 열쇠를 갖고 있어야 한다. 개인 열쇠는 공개 열쇠의 효과를 되돌리는 역할을 하는 특별한 정보다. 따라서 개인 열쇠를 갖고 있는 앨리스(오직 앨리스 혼자)만이 메시지를 복호화할 수 있다.

리베스트의 비대칭 암호의 핵심에는 이번 장 앞부분에서 설명했던 모듈러 함수의 한 종류에 기초한 일방향 함수가 있다. 리베스트의 일방향 함수는 메시지를 암호화하는 데 사용할 수 있다. 이 메시지는 사실상 하나의 수로 이 수를 함수에 대입하면 그 결과값이 암호문, 즉 다른 수가 된다. 나는 여기서 리베스트의 일방향 함수를 자세하게 다루진 않겠지만(자세히 알고 싶은 독자는 부록 J를 참고하길 바란다) *N*이라고 칭한 이 함수의 한 단면을 설명하려고 한다. 바로 이 *N* 덕분에 일방향 함수를 특정한 상황에서 되돌릴 수 있으며, 바로 이런 점 때문에 이 일방향 함수가 비대칭 암호에 이상적으로 적용될 수 있었다.

*N*이 중요한 이유는 *N*이 일방향 함수에 융통성을 주는 요소이기 때문이다. 즉, 각 사람마다 다른 *N*값을 고를 수 있기에 이 일방향 함수를 자

기만의 것으로 만들 수 있다. 앨리스가 자기 고유의 N값을 선택하기 위해 앨리스는 두 개의 소수 p와 q를 고른 다음 이 두 값을 곱한다. 소수는 자기 자신과 1을 제외한 다른 값으로는 나누어떨어지지 않는 수를 일컫는다. 예를 들어 7은 소수다. 1과 7로만 나누어떨어지기 때문이다. 마찬가지로 13도 소수다. 1과 13을 제외한 다른 수로는 나누어서 떨어지지 않기 때문이다. 그러나 8은 소수가 아니다. 8은 2와 4로 나누어떨어지기 때문이다.

따라서 앨리스는 자기의 소수를 $p = 17{,}159$, $q = 10{,}247$로 골랐다. 이 두 값을 곱하면 $N = 17{,}159 \times 10{,}247 = 175{,}828{,}273$이 된다. 앨리스가 선택한 N값은 사실상 앨리스의 공개 열쇠가 된다. 이것을 자기 명함에 인쇄하거나, 인터넷에 공개하거나 다른 사람의 N값과 함께 공개 열쇠 목록에 올려도 된다. 만일 밥이 메시지를 암호화해서 앨리스에게 보내고 싶다면 밥은 앨리스의 N값(175,828,273)을 일방향 함수에 대입하면 된다. 여기서 일방향 함수도 공개된 정보다. 밥은 이제 앨리스의 공개 열쇠에 맞게 일방향 함수를 만들었다. 이제부터는 이를 앨리스의 일방향 함수라 부를 수 있겠다. 앨리스에게 보낼 메시지를 암호화하기 위해서 밥은 앨리스의 일방향 함수에 메시지를 넣은 다음 그 결과값을 다시 앨리스에게 보낸다.

이 시점에서 암호화된 메시지는 안전하다 아무도 해독할 수 없기 때문이다. 이 메시지는 일방향 함수로 암호화되었으므로 일방향 함수를 거꾸로 되돌려서 메시지를 해독하는 것은 일방향 함수의 특성상 매우 어렵다. 그러나 여전히 해결해야 할 문제가 있다. 앨리스는 어떻게 메시지를 복호화할까? 자기에게 온 메시지를 읽으려면 앨리스는 일방향 함수를 되돌릴 수 있어야 한다. 메시지를 복호화할 수 있게 해줄 특별한 정보를 이용해야 하는 것이다. 다행히도 리베스트가 고안한 거꾸로 되돌릴 수 있는 일방향 함수는 p와 q의 값, 즉 N값을 만들기 위해 곱해야 하는 두 개의 소수를 아는 사람은 앨리스였다. 앨리스는 방방곡곡에 자기의 N값은 175,828,273이라고 알렸지만, 자기가 고른 p와 q의 값이 무엇인지는 알리지 않았다. 따라서 메시지를 복호화하는 데 필요한 정보는 앨리스만이 갖고 있는 셈이다.

우리는 N을 공개 열쇠, 즉 모두가 알고 있는 정보이자 앨리스에게 보낼 메시지를 암호화하는 데 필요한 정보라고 생각할 수 있다. 반면 p와 q는 개인 열쇠로 오직 앨리스만 갖고 있는 정보이자 메시지를 복호화할 때 필요한 정보다.

구체적으로 어떻게 p와 q를 사용해서 일방향 함수를 거꾸로 되돌리는가하는 설명은 〈부록 J〉에 개략적으로 해놓았다. 그러나 즉시 해결해야 할 질문 한 가지가 있다. 만일 누구나 N, 즉 공개 열쇠를 안다면 사람들이 분명 개인 열쇠인 p와 q를 유추해서 앨리스의 메시지를 읽을 수 있지 않을까? 결국 N도 p와 q를 가지고 만든 숫자 아닌가. 그러나 실제로 N이 충분히 크다면 N을 통해서 p와 q를 유추하는 것은 사실상 불가능하다. 그리고 바로 이 점이 RSA 비대칭 암호문에 있어서 가장 아름답고 우아한 점이다.

앨리스는 p와 q를 고른 다음 두 개를 곱하여 N을 만들었다. 여기서 핵심은 이 과정 자체가 일방향 함수라는 점이다. 소수를 곱하는 연산의 일방향 함수로서의 특징을 설명하기 위해 우리는 두 개의 소수, 이를테면 9,419와 1,933을 곱할 수 있다. 계산기로 단 몇 초 만에 18,206,927이라는 값이 나온다. 그러나 반대로 누군가가 우리에게 18,206,927이라는 숫자를 주고 소인수(곱해서 18,206,927을 만들 수 있는 수)를 구하라고 하면 이보다 시간이 훨씬 많이 걸릴 것이다. 혹시 소인수를 찾는 게 어렵다는 사실을 믿지 못하는 독자들은 다음의 경우를 생각해 보길 바란다. 1,709,023이라는 숫자를 계산기에 치는 데는 10초밖에 걸리지 않았지만, 계산기를 사용해서 소인수를 알아내려고 해도 한나절은 족히 걸릴 것이다.

RSA라고 알려진 이 비대칭 암호 시스템은 공개 열쇠 암호의 한 형태다. RSA가 얼마나 보안이 튼튼한지 확인하려면, 이브의 관점에서 시험해보고 앨리스가 밥에게 보내는 메시지를 해독해보면 된다. 밥에게 보내는 메시지를 암호화하기 위해서 앨리스는 밥의 공개 열쇠를 찾아볼 것이다. 자신의 공개 열쇠를 만들기 위해 밥은 자신만의 소수 p_B와 q_B를 고른 후 이 둘을 곱해서 N_B를 구한다. 밥은 p_B와 q_B를 비밀로 한다. 이 두 개의 숫자가 밥의 개인 열쇠이기 때문이다. 그러나 N_B은 공개한다. 값은 408,508,091이다. 따라서 앨리스는 밥의 공개 열쇠 N_B를 공개된 일방향 암호화 함수에 대입한다. 그러면 앨리스의 메시지가 밥만 읽을 수 있는 암호문으로 바뀐다. 암호문이 도착하면 밥은 자신의 개인 열쇠인 p_B와 q_B를 사용해 함수를 되돌려 메시지를 복호화한다.

한편 이브가 중간에 앨리스가 보낸 메시지를 가로챘다. 이브가 메시지를 해독할 수 있는 유일한 방법은 일방향 함수를 거꾸로 되돌리는 것이다. 그리고 이 함수를 되돌리려면 p_B와 q_B를 알아야만 한다. 밥은 p_B와 q_B를 비밀로 했지만, 이브는 다른 사람들과 마찬가지로 N_B 값, 즉 408,508,091을 알고 있다. 이제 이브는 p_B와 q_B를 알아내려고 408,508,091을 얻으려면 어떤 수를 곱했는지 밝혀내려 한다. 즉 인수분해를 한다.

인수분해는 시간이 많이 들어가는 작업이다. 그러나 408,508,091의 인수를 이브가 알아내는 데 정확히 얼마나 걸릴까? N_B를 인수분해하는 방법은 여러 가지가 있다. 방법마다 걸리는 시간이 다 다르겠지만, 소수로 N_B를 나눠보고 나눠떨어지는지 확인해야 한다는 점은 어떤 방법이든 똑같다. 예를 들어 3은 소수지만, 408,508,091의 인수는 아니다. 408,508,091은 3으로 나눠떨어지지 않기 때문이다. 이제 이브는 다음 소수인 5로 간다. 마찬가지로 5도 인수가 아니다. 그럼 다음 소수로 해보고, 또 다음 소수로 나눠보는 과정을 계속한다. 결국 이브는 2,000번째 소수인 18,313까지 왔다. 그리고 이 소수가 바로 408,508,091의 인수다. 이제 하나의 소수를 찾아냈으니 다른 소수 22,307을 알아내는 것은 쉽다. 이브가 계산기로 분당 네 개의 소수를 확인할 수 있다고 했을 때, 이브는 500분 만에 이 소수를 찾아낸 것이다. 즉, p_B와 q_B를 알아내는 데 8시간 넘게 걸렸을 것이다. 달리 말하면 이브는 밥의 개인 열쇠를 알아내는 데 하루가 안 걸렸다는 말이고, 결국 가로챈 메시지도 해독하는 데 채 하루가 안 걸린다는 말이 된다.

보안 수준이 그리 높지 않다. 그러나 밥은 이보다 훨씬 큰 소수를 골라서 자신의 개인 열쇠의 보안성을 높일 수 있다. 예를 들어 밥이 10^{65}(1에 0이 65개가 붙은 숫자로 10만×100만×100만×100만×100만×100만×100만×100만×100만×100만×100만×100만의 값과 같다)를 선택했을 수도 있다. 그러면 이 두 수를 곱한 N값은 대략 $10^{65} \times 10^{65}$ 이므로 10^{130}이 될 것이다. 컴퓨터로 두 개의 소수를 곱해서 N을 얻는 것은 1초면 되지만 만일 이브가 이 과정을 역으로 추적해서 p와 q를 알아내려면 어마어마한 시간이 필요하다. 전적으로 이브가 보유한 컴퓨터의 속도에 달려 있다. 보안 전문가 심슨 가핀켈Simson Garfinkel은 8메가 램의 100MHz 인텔 펜티엄 컴퓨터로 10^{130} 정도의 수를 인수분해하는 데는 약 50년이 걸릴 거라고 추산했다. 암호 제작자들은 걱정을 많이 하는 경향이 있어서 언제나 최악의 상황을 생각한다. 이를테면 전 세계인들이 자기 암호를 깨려 한다고 생각한다. 그래서 가핀켈은 만일 1억 대(1995년에 연간 총 컴퓨터 판매량임)의 퍼스널 컴퓨터를 모아서 이를 수행하면 어떻게 될지 생각해보았다. 결과는 10^{130} 정도의 크기면 15초면 된다고 한다. 따라서 이제는 진정한 보안을 위해서 이보다 훨씬 큰 숫자의 소수가 필요하다고 보고 있다.

중요한 은행 거래의 경우 N은 적어도 10^{308}, 즉 10^{130}보다 1천만×10억×10억×10억×10억×10억×10억×10억×10억×10억×10억×10억×10억×10억×10억×10억×10억×10억×10억 배 크다. 1억대의 퍼스널 컴퓨터가 힘을 합쳐도 이 암호문을 풀려면 1천년 이상이 걸린다는 것이다. p와 q가 충분히 큰 값이면 RSA는 깨지지 않는다.

RSA 공개 열쇠 암호의 보안에 위협이 생긴다면 아마 언제일지 모를 누군가가 N을 빨리 인수분해하는 방법을 찾아낼 때일 것이다. 지금부터 10년 후, 아니면 내일 당장 누군가가 인수분해를 빨리 하는 법을 찾아내어, 이후로 RSA가 쓸모없어지게 되는 현실도 상상해 볼 수는 있다. 그러나 2천 년 이상 수학자들은 인수분해를 빨리하는 방법을 찾아내려 했지만 실패했고, 지금도 인수분해는 엄청나게 시간을 많이 잡아먹는 연산이다. 대부분의 수학자들은 인수분해가 본질적으로 어려운 작업이라고 생각한다. 인수분해를 단시간에 해내는 요령을 허용하지 않는 모종의 수학적 법칙이 있다고 볼 정도다. 따라서 수학자들의 생각이 옳다고 가정하면 RSA는 가까운 미래에 깨질 일은 없어 보인다.

RSA 공개 열쇠 암호의 가장 큰 장점은 전통적인 암호와 열쇠 교환(전달)과 관련된 모든 문제를 단칼에 해결한다는 점이다. 앨리스는 더 이상 안전하게 열쇠를 밥에게 전달하는 문제, 즉 이브가 열쇠를 가로챌지도 모른다는 걱정을 하지 않아도 된다. 실제로 앨리스는 누가 자기 공개 열쇠를 보든지 신경 쓰지 않는다. 오히려 사람들이 더 많이 알수록 더 좋다. 공개 열쇠는 복호화가 아니라 암호화할 때만 사용되기 때문이다. 유일하게 비밀로 부쳐야 하는 게 있다면 복호화에 사용하는 개인 열쇠뿐이며, 앨리스는 개인 열쇠를 항상 가지고 다닐 수 있다.

RSA가 처음으로 공개된 것은 1977년 8월이었다. 이때 마틴 가드너Martin Gardner가 '새로운 종의 암호, 해독하려면 수백만 년은 걸려...'라는 제목의 기사를 썼다. 이 기사는 사이언티픽 아메리칸Scientific American의 '수학 게임'이라는 칼럼에 실렸다. 공개 열쇠 암호의 원리를 설명한 다음 가드너는 독자에게 다음과 같은 문제를 냈다. 가드너는 암호문을 기사에 싣고 암호화에 사용할 공개 열쇠를 다음과 같이 제시했다.

N = 114,381,625,757,888,867,669,235,779,976,146,612,010,218,296,721,242,362,562,561,842,935,706,935,245,733,897,830,597,123,563,958,705,058,989,075,147,599,290,026,879,543,541

문제는 N을 p와 q로 인수분해한 다음 이 수를 사용해서 메시지를 해독하는 것이었다. 상금은 100달러였다. RSA의 핵심 사항에 대해서는 설명하지 않고 단지, MIT 컴퓨터과학연구소에 요청하면 그쪽에서 필요한 기술적인 정보를 줄 것이라는 기사만 올렸다. 리베스트와 샤미르, 에이들맨은 자료를 요청하는 편지가 3천 통에 달한다는 사실에 깜짝 놀랐다. 그러나 세 사람은 즉각 답장을 보내지 않았다. 자기들의 아이디어를 일반에게 공개할 경우 특허를 얻는 데 문제가 될지도 모른다고 생각했던 것이다. 특허 문제가 마침내 해결되자 세 사람은 동료 교수와 학생들을 불러 피자와 맥주를 마시며 축하 파티를 열고 그 자리에서 사이언티픽 아메리칸의 독자들을 위한 기술 보고서를 봉투에 넣는 작업을 했다.

가드너가 낸 암호가 해독되기까지 17년이 걸렸다. 1994년 4월 26일 600명의 자원봉사자로 이뤄진 한 팀이 *N*의 인수를 발표했다.

q = 3,490,529,510,847,650,949,147,849,619,903,898,133,417,764,638,493,387,843,990,820,577

p = 32,769,132,993,266,709,549,961,988,190,834,461,413,177,642,967,992,942,539,798,288,533

이 두 개의 개인 열쇠를 가지고 이 팀은 메시지를 해독할 수 있었다. 메시지는 일련의 숫자였지만 이 숫자를 글로 변환하자 이런 메시지가 나왔다. '마법의 단어는 비위가 약한 수염수리다(the magic words are squeamish ossifrage).' 이 인수분해 문제는 호주, 영국, 미국, 베네수엘라 등지에서 참여한 자원봉사자들에게 분배되었다. 자원봉사자들은 여유 시간에 자기들의 컴퓨터, 메인프레임, 슈퍼컴퓨터를 사용하여 각자 맡은 문제에 매달렸다. 사실상 가드너의 문제를 풀기 위해 전 세계 컴퓨터가 연대하여 동시에 문제를 공략한 것이었다. 동시 다발적으로 많은 노력을 투입했다는 사실을 감안하더라도 일부 독자들은 RSA가 17년이라는 짧은 시간 안에 깨졌다는 것에 놀랐을 수도 있다. 그러나 여기서 가드너의 문제에 사용된 *N*값은 10^{129}로 상대적으로 작은 수였다는 사실에 주목해야 한다. 오늘날 RSA 이용자들은 중요한 정보를 보호하기 위해 더 큰 숫자를 선택할 것이다. 이제는 충분히 큰 *N*값을 사용해 메시지를 암호화하는 것이 규칙이므로 지구상의 모든 컴퓨터를 사용한다하더라도 암호를 해독하는 데 우주 나이보다 더 긴 시간이 걸릴 것이다.

공개 열쇠 암호의 숨겨진 역사

지난 20년간 디피, 헬만, 머클은 공개 열쇠 암호 개념을 창안해낸 암호 전문가로, 그리고 리베스트, 샤미르, 에이들맨은 공개 열쇠 암호를 가장 멋지게 구현한 사람들로 세계적인 명성을 얻었다. 그러나 최근 영국 정부의 발표로 인해 역사를 다시 쓰게 생겼다. 영국 정부에 따르면 공개 열쇠 암호는 원래 제2차 세계대전 이후 블레츨리 파크의 일부 기능을 이어 받아 설립된 최고 비밀기관인 첼트넘에 있는 영국 정보통신본부(GCHQ)에서 나왔다고 했다. 이 이야기에는 위대한 천재성, 익명의 영웅들, 수십 년간 지속된 정부의 은폐 노력이 얽혀 있었다.

이야기는 1960년대 말, 영국군이 열쇠 분배 문제를 고민하기 시작하면서 시작된다. 고위 군 관계자들은 1970년대에는 무선통신 기기가 소형화되고 비용이 줄면서 모든 군인이 자기들의 상관과 지속적인 무선통신이 가능해질 것이라 내다봤다. 통신이 확대되는 데 따른 장점은 엄청날 테지만 통신 내용은 모두 암호화되어야 했다. 그럴 때 암호 열쇠 배포에 따른 문제가 난제로 남았다. 이때만 해도 대칭형 암호가 유일한 암호 형태였던 시대라 개별 열쇠는 통신망 안에 포함되어 있는 사람들에게 안전하게 전달되어야 했다. 따라서 통신망이 조금이라도 확대됐다가는 열쇠 분배에 과부하가 걸려 마비될 수도 있었다. 1969년 초 영국군 당국은 영국 정부 소속 최고의 암호 전문가였던 제임스 엘리스James Ellis에게 열쇠 분배 문제를 해결할 방법을 찾아보라고 했다.

엘리스는 호기심 많고 약간 독특한 성격을 가진 인물이었다. 엘리스는 자신이 태어나기도 전에 세계의 절반을 여행했다고 자랑했다. 그의 어머니가 호주에서 자신을 임신했지만, 영국에서 낳았기 때문이라는 것이었다. 엘리스의 어머니는 아버지와 헤어져 1920년대에 런던의 이스트 엔드에서 아들을 키웠다. 학교에서 엘리스는 과학에 관심이 많은 학생이었다. 이후 엘리스는 임페리얼칼리지에서 물리학을 전공했고, 이후 돌리스 힐에 있는 우체국 연구센터에서 근무했다. 바로 이곳은 토미 플라워스가 최초의 암호 해독 컴퓨터인 콜로서스를 개발했던 곳이었다. 돌리스 힐에 있던 암호 제작국은 결국 영국 정보통신본부GCHQ로 흡수되었다. 따라서 1965년 4월 1일 엘리스도 첼트넘으로 옮겨 새롭게 신설된 통신전자보안그룹CESG에 합류했다. CESG는 영국 정보통신의 보안만을 특별히 담당하는 GCHQ 산하 부서였다. 국가 안보와 관련된 사안에 개입되어 있었기 때문에 엘리스는 평생 비밀을 유지하겠다고 서약했다. 엘리스의 아내와 가족은 그가 GCHQ에서 근무한다는 것은 알았지만 그가 무엇을 하는지 알지 못했으며, 그가 영국 최고의 암호 제작 전문가라는 사실도 몰랐다.

엘리스는 암호 제작 전문가로서 매우 탁월했지만 중요한 GCHQ 연구 그룹의 책임자가 된 적은 한 번도 없었다. 엘리스는 똑똑하긴 했지만, 종잡을 수 없는 데다가 내성적이어서, 여러 사람이 협업해야 하는 일에는 적합하지 않았다. 그의 동료 리처드 월튼은 다음과 같이 회상했다.

> 엘리스는 좀 변덕스러운 데가 있는 사람이었습니다. 그래서 일상적인 GCHQ 업무에는 정말 잘 맞지 않았습니다. 그러나 새로운 아이디어를 내는 데 있어서는 정말 뛰어났습니다. 우리는 형편없는 아이디어들을 가려내야 했지만, 엘리스는 매우 창의적이었고 언제나 적극적으로 통설에 도전했습니다. GCHQ에 있는 모든 사람들이 엘리스 같다면 정말 큰 문제겠지만, 우리 기관

은 다른 기관과 달리 엘리스 같은 사람이 많아도 잘 포용할 수 있었습니다. 우리는 엘리스 같은 사람들을 잘 받아주었습니다.

엘리스는 방대한 지식을 보유하고 있었고, 바로 그 점이 그의 가장 큰 장점이었다. 엘리스는 과학저널이라면 손에 잡히는 대로 읽었고 읽고 나서도 절대 버리는 일이 없었다. 보안상의 이유로 GCHQ 직원들은 매일 저녁 책상을 모두 치워야 했고 책상 위에 있는 것들은 전부 자물쇠가 달린 캐비닛에 넣어야 했다. 엘리스의 캐비닛은 언제나 온갖 인쇄물로 가득했다. 엘리스는 암호계의 권위자로 명성을 얻었다. 여타의 연구원들도 도저히 풀리지 않는 문제가 있으면 엘리스의 방대한 지식과 창의성에서 답을 구할 수 있지 않을까 하는 희망으로 엘리스의 사무실 문을 두드리곤 했다. 아마도 이 같은 그의 명성 때문에 엘리스에게 열쇠 분배 문제를 조사하라는 지시가 떨어졌는지도 모른다.

그림 66 제임스 엘리스

이미 열쇠 분배 비용이 어마어마해져서, 더 이상 암호화를 확대할 수 없게 될 상황에 이르렀다. 열쇠 분배 비용의 10퍼센트만 줄여도 군의 보안 예산을 상당 부분 절감할 수 있을 정도였다. 그러나 엘리스는 문제를 야금야금 줄여나가기보다는, 곧장 과감하면서도 완벽한 해결책을 찾기 시작했다. 월튼이 말했다. "엘리스는 언제나 이렇게 질문하는 식으로 문제에 접근했습니다. '진정 우리가 반드시 해야 하는 일인가?' 역시 제임스답게 그는 일단 정말 비밀 데이터, 그러니까 열쇠를 반드시 공유해야만 하는가라는 질문을 던졌습니다. 그 어디에도 반드시 그 비밀정보를 공유해야 한다는 공리는 없었습니다. 따라서 이건 뭔가 도전해볼 만한 문제였던 것이죠."

엘리스는 그의 보물 창고인 연구 논문 캐비닛을 뒤지면서 해결책을 찾아 나섰다. 수년 뒤 엘리스는 열쇠 전달 문제가 암호에서 필수불가결한 문제가 아니라는 사실을 발견한 순간을 다음과 같이 기록했다.

> 열쇠 전달에 대한 기존의 관점을 바꾼 것은 알려지지 않은 어떤 저자가 쓴 벨 전화회사의 전시戰時 보고서였다. 저자는 보고서에서 전화 통화의 보안성 확보를 위한 기발한 아이디어를 설명하고 있다. 수신자가 전화선에 잡음noise을 곁들여서 송신자가 하는 말을 감춰야 한다고 보고서에서 제안했다. 그 수신자는 자기가 잡음을 유발했기 때문에 나중에 잡음을 제거할 수 있다고 했다. 이 시스템의 실질적 단점은 실제로 전화 통화를 할 때 문제가 된다는 점이었다. 그러나 제법 흥미로운 생각이었다. 이 아이디어와 기존의 암호화 방법의 차이는 이 경우 수신자가 암호화 과정에 개입한다는 점이다. 그렇게 해서 아이디어가 탄생했다.

잡음은 통신을 방해하는 모든 신호를 말한다. 보통 잡음은 자연현상에 의해 생기며, 가장 거슬리는 점은 잡음이 전적으로 무작위라는 데 있다. 이는 메시지에서 잡음을 소거하는 것이 매우 어렵다는 뜻이다. 무선통신 체계가 잘 설계되어 있으면 잡음의 수준이 낮아 메시지가 깨끗하게 들린다. 그러나 잡음 수준이 높아서 메시지를 덮어버리면 메시지를 복구할 방법이 없다. 엘리스는 수신자 즉, 앨리스가 고의로 잡음을 만들어야 한다고 제안했다. 앨리스는 밥과의 통신 채널에 집어넣을 잡음을 만드는 사람이므로 잡음의 수준을 측정할 수 있다. 그러고 나면 밥은 앨리스에게 메시지를 보낼 수 있다. 그러면 이브가 통신을 도청해도 메시지를 읽을 수 없다. 메시지가 잡음으로 뒤덮일 것이기 때문이다. 이 잡음을 소거해서 메시지를 읽을 수 있는 사람은 앨리스뿐이다. 앨리스는 잡음의 정확한 특징을 알고 있는 특별한 위치에 있는 사람이자, 애초에 메시지에 잡음을 삽입한 사람이기 때문이다. 엘리스는 열쇠를 교환하지 않고도 보안성을 확보할 수 있다는 것을 알아냈다. 열쇠는 잡음이었고, 오직 앨리스만 잡음의 세세한 부분을 알고 있었다.

보고서에서 엘리스는 자신이 어떻게 생각을 발전시켰는지 다음과 같이 기록했다. "당연히 다음에 해결할 문제는 하나밖에 없었다. 일반 암호에도 이 원리를 적용할 수 있을까? 비밀 열쇠를 미리 교환하지 않고도 승인을 얻은 수신자가 읽을 수 있는 안전한 암호문을 만들어낼 수 있을까? 어느 날 밤 침대에 누워 있는데 이 문제가 떠올랐다. 그리고 이론적으로 가능하다는 증거를 몇 분 만에 생각해냈다. 우리에게 존재 정리가 있었다. 상상할 수도 없는 것이 실제로는 존재할 수 있었다."(존재 정리란 특정 개념이 존재 가능하되, 그 존재가 개념의 세부 사항에 영향을 받지는 않는다는 것을 보여준다.) 다시 말해서, 지금까지 열쇠 분배 문제의 해결책을 찾아 헤

맨 것은 바늘이 아예 없을 수도 있는 상황에서 마치 건초더미에서 바늘을 찾은 것이나 마찬가지였다. 그러나 존재 정리 덕분에 이제 엘리스는 바늘이 어딘가에 있다는 것을 알았다.

엘리스의 아이디어는 디피와 헬만, 머클보다 몇 년 앞섰다는 것만 빼고는 이들 세 사람의 아이디어와 매우 유사했다. 그러나 그 누구도 엘리스가 생각해낸 것을 알지 못했다. 엘리스는 영국 정부 소속이었기에 비밀 유지 서약을 했기 때문이었다. 1969년 말, 엘리스는 스탠포드에 있던 디피, 헬만, 머클 팀이 1975년 겪었던 것과 비슷한 교착상태에 빠졌다. 엘리스는 공개 열쇠 암호(또는 엘리스가 명명한 비밀이 없는 암호화)가 가능하다는 것까지는 혼자 증명했으며 공개 열쇠와 개인 열쇠로 분리하는 개념까지도 만들었다. 또, 특수한 일방향 함수, 수신자가 특별한 정보를 이용해서 되돌릴 수 있는 그런 함수를 찾아내야 한다는 것도 알고 있었다. 안타깝게도 엘리스는 수학자가 아니었다. 몇 개의 수학 함수를 가지고 실험을 해보았지만 얼마 안 되어 더 이상 혼자서는 해결할 수 없다는 사실을 깨달았다.

그때 엘리스는 자신의 상관들에게 그때까지의 연구 결과를 보고했다. 엘리스의 보고를 받은 상관들이 어떤 반응을 보였는지는 여전히 기밀로 분류되어 있지만 리처드 월튼은 나와의 인터뷰에서 오고갔던 여러 메모의 내용을 다른 말로 바꾸어 알려줬다. 서류가방을 무릎 위에 올려놓은 월튼은 내가 서류들을 볼 수 없게 가방의 뚜껑을 세워 놓은 채 문서들을 뒤적였다.

이 가방 안에 있는 서류들은 보여 드릴 수 없습니다. 여전히 1급 비밀이라는 도장이 여기저기 찍혀 있거든요. 기본적으로 제임스의 아이디어는 원래 그에게 조사를 지시했던 최고위직에까지 보고되었습니다. 보통 윗사람들이 그러듯이 그분도 전문가에게 제임스의 보고서를 검토하도록 지시했습니다. 그 전문가들은 제임스의 보고 내용이 완벽하다고 다시 보고했습니다. 다시 말해서 이 전문가들은 제임스를 그냥 괴짜로 치부할 수 없었던 거죠. 그들도 제임스의 아이디어를 실제로 구현할 방법을 생각했지만 할 수 없었으니까요. 이 사람들은 제임스의 천재성에 감동은 했지만, 여전히 그 아이디어를 어떻게 이용해야 할지 몰랐던 겁니다.

그 후 3년간 GCHQ에서 가장 똑똑한 사람들이 엘리스의 조건에 맞는 일방향 함수를 찾기 위해 노력했지만, 아무도 찾아내지 못했다. 그러는 와중에 1973년 9월 한 수학자가 팀에 새로 들어왔다. 그 수학자는 케임브리지대학을 갓 졸업한 클리포드 콕스Clifford Cocks였다. 그는 수학에서도 가장 순수한 수학으로 꼽히는 정수론 전공자였다. 클리포드 콕스는 GCHQ에 들어왔을 때, 암호와 은밀한 군사외교 통신에 대해서는 아는 게 거의 없었기 때문에 처음 몇 주간 닉 패터슨이 그의 멘토로 배정되었다.

6주 후 패터슨은 콕스에게 '아주 웃긴 생각'에 대해 알려주었다. 패터슨은 엘리스의 공개 열쇠 암호 이론에 대해 설명하면서 아무도 엘리스의 이론에 맞는 수학 함수를 찾지 못하고 있다고 말했다. 패터슨이 콕스에게 이 이야기를 해준 것은 그것이 당시 가장 흥미로운 암호 이론이었기 때문이지 콕스가 이 문제를 해결할 거라고 기대했기 때문은 아니었다. 그러나 콕스는 그날 오후부터 작업에 들어갔다. 콕스가 당시 상황을 이렇게 설명했다. "특별히 할 일도 없어서 그 이론을 놓고 한번 생각해보기로 마음먹었습니다. 저는 정수론을 연구해왔기 때문에 연산은 쉬운

데 역을 구하지 못하는 일방향 함수에 대해 생각하는 것은 저에게 딱 맞는 일이었습니다. 소수와 인수분해가 당연히 떠올랐고 저는 거기서부터 시작했습니다."

콕스는 나중에 RSA 비대칭 암호로 알려진 개념을 만들기 시작했다. 리베스트, 샤미르, 에이들맨이 공개 열쇠 암호 공식을 발견한 것은 1977년이었으나, 이미 4년 전에 젊은 케임브리지대학 졸업생이 이들과 아주 똑같은 생각을 했던 것이다. 콕스는 이렇게 회상한다. "처음부터 끝날 때까지 30분도 걸리지 않았습니다. 스스로 무척 대견했죠. 속으로 이렇게 생각했습니다. '야, 끝내주는데, 내가 해냈어!'"

콕스는 실제로 자기가 발견한 것이 얼마나 중요한 것인지 잘 알지 못했다. 콕스는 그 문제가 GCHQ에서 가장 우수한 인재들이 3년 동안 고심했던 문제라는 사실도, 또 자기가 20세기 암호학계에서 가장 중요한 업적을 세웠다는 사실도 알지 못했다. 콕스가 암호에 대해 잘 알지 못했

그림 67 클리포드 콕스

던 것이 어쩌면 그의 성공요인이었을 수도 있다. 아무것도 몰랐기에 그는 소심하게 문제의 주변을 맴돌지 않고 자신만만하게 정면 돌파할 수 있었던 것이다. 콕스는 자신의 멘토인 패터슨에게 알아낸 것을 보고했고, 패터슨은 이를 상부에 알렸다. 콕스는 조심스러운데다 여전히 신참이었던데 반해, 패터슨은 문제의 상황을 모두 알고 있었기에 만에 하나 생길 수 있는 기술적 문제를 해결할 능력이 있었다.

곧이어 낯선 사람들이 이 천재적인 콕스에게 다가와 축하인사를 하기 시작했다. 그 중 한 사람이 제임스 엘리스였다. 엘리스는 자신의 꿈을 현실화시킨 사람이 누군지 직접 만나보고 싶어 했다. 콕스는 여전히 자신이 얼마나 위대한 일을 해냈는지 잘 모르고 있었기 때문에 당시 엘리스와의 만남에서 깊은 인상을 받지 못했고, 20년이 지나서도 엘리스가 어떤 반응을 보였는지 기억해내지 못했다.

마침내 콕스가 자신이 무엇을 해냈는지 깨달았을 때 그는 자기가 20세기 초 영국의 위대한 수학자인 고드프리 해럴드 하디G. H. Hardy를 실망시켰을 수도 있다는 데 생각이 미쳤다. 하디는 1940년에 자신의 저서 《수학자의 사과문The Mathematician's Apology》에서 자랑스럽게 진술했다. "진정한 수학자는 전쟁에 아무런 영향도 주지 않는다. 아직까지 전쟁에 도움이 되는 정수론을 발견한 사람은 없다." 진정한 수학이란 곧 순수한 수학으로, 이를테면 콕스가 해낸 업적의 핵심을 차지하는 정수론을 의미한다. 콕스는 하디가 틀렸음을 증명한 셈이었다. 이제 복잡한 정수론 덕분에 장군들이 비밀리에 전투 계획을 세울 수 있게 되었다. 콕스가 이룬 업적도 군의 정보통신과 관련되었으므로 엘리스처럼 콕스도 GCHQ 외부에 자기가 한 일을 발설할 수 없었다. 정부 최고 비밀기관에 근무한다는 것은 부모나 케임브리지대학 동료들에게 아무것도 말할 수 없음을 의미했다. 콕스가 유일하게 터놓고 말할 수 있는 상대는 아내인 질이었다. 질 또한 GCHQ의 직원이었기 때문이었다.

콕스의 아이디어는 GCHQ에서 가장 중요한 기밀에 속하긴 했지만, 너무나 시대를 앞서갔다는 문제가 있었다. 콕스는 공개 열쇠 암호를 가능하게 해주는 수학 함수를 발견했지만, 여전히 시스템으로 구현하는 데에는 어려움이 있었다. 공개 열쇠 암호를 통해 암호화하려면 DES 같은 대칭형 암호로 암호화하는 것보다 컴퓨터의 성능이 더 좋아야 한다. 1970년대 초, 컴퓨터는 상대적으로 원시적인 상태여서 적정한 시간 안에 공개 열쇠 암호를 처리할 능력을 갖추지 못했다. 따라서 GCHQ는 공개 열쇠 암호를 실제로 활용할 수 없었다. 콕스와 엘리스는 불가능해 보이는 것이 가능하다는 것을 증명했지만, 이 가능한 일을 실제로 이용 가능하게 만드는 방법은 아무도 찾아내지 못했다.

이듬해인 1974년 초, 콕스는 공개 열쇠 암호에 대해 최근 GCHQ에 들어온 말콤 윌리엄슨Malcolm Williamson에게 설명했다. 말콤 윌리엄슨과 콕스는 오랜 친구였다. 두 사람 모두 학교의 교훈이 'Sapere aude(용감하게 현명한 사람이 되라)'인 맨체스터그래머스쿨에 다녔다. 1968년에 당시 소련에서 열린 수학 올림피아드에 영국 대표로 함께 참가했었다. 또한 케임브리지대학도 함께 다니다가, 몇 년간 각자의 길을 걷긴 했지만 GCHQ에서 다시 만났던 것이다. 두 사람은 11살 때부터 수학에 대한 생각을 서로 나누었다. 그러나 공개 열쇠 암호에 대한 콕스의 이야기는 윌리엄슨이 들어본 것 중에서 가장 충격적이었다. 윌리엄슨은 이렇게 말했다. "클리프가 저에게 자신의 생각을 이야기해주었습니다. 사실 믿기지 않았습니다. 믿을 수가 없었습니다. 할 수 있는 일이라고 하기엔 너무나 이상했기 때문이죠."

그림 68 말콤 윌리엄슨

윌리엄슨은 자리에서 일어나 콕스가 실수했다는 것과, 공개 열쇠 암호가 실제로는 존재하지 않는다는 것을 증명하기 위한 작업에 들어갔다. 윌리엄슨은 수학적으로 문제가 없는지, 숨겨진 오류가 있진 않은지 알아내려고 했다. 공개 열쇠 암호는 그냥 덮어놓고 믿기에도 너무나 훌륭했지만, 결국 윌리엄슨은 이 문제를 집에까지 가져가 문제점을 찾아보기로 마음먹었다.

GCHQ 직원들은 일을 집으로 가져가면 안 된다. 모든 게 기밀인데다가 집은 첩보활동에 노출될 가능성이 높았다. 그러나 이 문제는 윌리엄슨의 뇌리에서 떠나지 않았고 그는 한시도 이 문제를 생각지 않을 수가 없었다. 그래서 규칙을 어기고 일을 집으로 가져갔다. 오류를 찾기 위해 5시간을 보냈다. 윌리엄슨은 말했다. "한 마디로 저는 실패했습니다. 대신에 열쇠 분배 문제에 대한 다른 해결책을 생각해냈습니다." 윌리엄슨은 디피-헬만-머클의 열쇠 교환 해결책을 발견했던 것이다. 마틴 헬만이 찾아낸 시기와 거의 비슷한 시기였다. 자기가 발견한 사실에 대해 윌리엄슨이 처음에 보인 반응은 그의 냉소적인 기질을 보여준다. "그럴듯해 보인다고 속으로 생각했습니다. 그러면서도 또 문제가 있을 것만 같았죠. 아무래도 그날 기분이 유난히 가라앉아 있었던 것 같습니다."

1975년 무렵 제임스 엘리스, 클리포드 콕스, 말콤 윌리엄슨은 공개 열쇠 암호의 모든 개념을 발견했다. 그러나 세 사람 모두 침묵해야 했다. 이 세 명의 영국인은 그 후 3년간 자신들이 알아낸 것을 디피, 헬만, 머클, 리베스트, 샤미르, 에이들맨이 다시 발견하는 것을 앉아서 지켜봐야 했다. GCHQ에서 RSA를 먼저 알아냈음에도 디피-헬만-머클 열쇠 교환 시스템이 바깥세상에 먼저 나왔다. 과학 매체들이 스탠포드와 MIT 학자들의 발견을 보도했다. 학자들은 자신들이 발견한 것을 과학 저널에 실으면서 암호학계에서 명성을 얻었다. 인터넷에서 검색엔진으로 간단히 찾아봐도 클리포드 콕스를 언급하는 웹페이지는 15개인 반면 휫필드 디피를 언급한 페이지는 1,382개나 된다. 콕스의 태도는 놀

그림 69 말콤 윌리엄슨(왼쪽에서 두 번째)과 클리포드 콕스(맨 오른쪽)가 1968년 수학 올림피아드에 참가하기 위해 개최지에 도착했다.

라울 정도로 차분하다. "사람들로부터 인정받기 위해 제가 이 일을 하는 것이 아닙니다." 윌리엄슨도 똑같이 차분한 태도를 보인다. "그때 저는 '그래, 원래 인생이 그런 거지!'라고 반응했습니다. 한마디로 저는 제 갈 길을 계속 갔습니다."

윌리엄슨이 유일하게 아쉬워했던 것은 GCHQ가 공개 열쇠 암호에 대한 특허를 얻지 못했다는 점이다. 콕스와 윌리엄슨이 처음으로 공개 열쇠 암호에 대해서 발견했을 때 GCHQ 상부에서는 두 가지 이유로 특허 출원이 불가능하다고 했다. 첫째, 특허는 곧 그들이 한 일을 상세히 밝혀야 한다는 것을 의미하므로 이는 GCHQ의 목표에 부합하지 않다. 둘째, 1970년대 초 수학적 알고리즘을 특허로 등록할 수 있는지에 대해 매우 불확실했다. 그러나 디피와 헬만이 1976년 특허를 신청했을 때, 특허 출원이 가능하다는 게 분명해졌다. 그 당시 윌리엄슨은 모든 것을 공개하고 디피와 헬만의 특허 출원을 막고 싶어 했다. 그러나 그의 상관들이 반대했다. 이들은 디지털 혁명과 공개 열쇠 암호의 잠재력을 예견할 만큼 멀리 내다보지 못했던 것이다. 1980년대 초, 컴퓨터와 인터넷의 탄생으로 RSA와 디피-헬만-머클 열쇠 교환 시스템이 상업적으로 엄청난 성공을 거두는 것을 보면서 윌리엄슨의 상관들은 자기들이 그런 결정을 내렸던 것을 후회하기 시작했다. 1996년 RSA 제품을 전문으로 하는 RSA 데이터 시큐리티 주식회사는 2억 달러에 팔렸다.

GCHQ에서 발견한 내용은 여전히 기밀이었지만, 이들이 해낸 것을 알고 있는 유일한 기관이 있었다. 1980년대 미국의 NSA는 엘리스와 콕스, 윌리엄슨이 발견했다는 것을 알고 있었다. 아마도 휫필드 디피는 NSA를 통해서 영국에서 자기들보다 먼저 공개 열쇠 암호를 발견했다는 소문을 들었을 것이다. 1982년 9월 디피는 이 소문이 사실인지 확인해보기로 결심했다. 디피는 아내를 데리고 첼트넘으로 날아갔다. 제임스 엘리스와 직접 만나 얘기를 하기 위해서였다. 세 사람은 동네 주점에서 만났다. 디피의 아내 메리는 엘리스가 가진 놀라운 성품에 감동했다.

> 우리는 둘러 앉아 이야기를 했습니다. 순간 이 사람이야말로 내가 상상할 수 있는 가장 훌륭한 사람이라는 느낌이 왔습니다. 그의 폭넓은 수학적 지식은 제가 자신감을 갖고 대화할 수 있는 분야가 아니었어요. 그런데도 엘리스는 진정한 신사였습니다. 무척 겸손하면서도 관대하고, 예스런 사람이었어요. 제가 말하는 예스럽다는 말은 구닥다리에 진부하다는 뜻으로 하는 말이 아니에요. 엘리스는 한마디로 진정한 기사도 정신의 소유자였습니다. 좋은 사람이었어요, 정말 선한 사람이었어요. 온화한 성품을 갖추고 있었지요.

디피와 엘리스는 다양한 주제를 이야기했다. 고고학에서부터 어떻게 통 속의 쥐들이 사과주스의 맛을 더 좋게 만들 수 있는가에 대해서까지 다양한 이야기를 나눴지만 주제가 암호 쪽으로 흘러가기만 하면, 엘리스는 부드럽게 화제를 돌렸다. 헤어질 때가 되어, 차에 타려고 할 때쯤 더 이상 디피는 참을 수가 없었다. "어떻게 공개 열쇠 암호를 만들었는지 알려주십시오!"라고 물었던 것이다. 그 순간 긴 침묵이 이어졌다. 마침내 엘리스가 작은 소리로 말했다. "글쎄요. 제가 어디까지 말씀드릴 수 있는지 모르겠군요. 그러니까 저희들이 노력한 것보다는 댁들이 더 많이 애를 썼다는 것은 말씀드릴 수 있겠네요."

GCHQ가 처음으로 공개 열쇠 암호를 발견했다고 해서 이를 재발견한 학계의 성과를 축소해서는 안 된다. 공개 열쇠 암호가 지닌 잠재력을 맨 처음 알아 본 것은 학계였으며, 개념을 실제로 구현하는 것을 주도한 것도 학계였다. 게다가 어쩌면 GCHQ는 자기들의 성과를 끝까지 공개하지 않음으로써 디지털 혁명의 잠재력을 실현할 암호화 형식의 발전을 가로막았을 수도 있었다. 결국 학계의 발견은 GCHQ의 발견과 전적으로 관계가 없었으므로 지적으로 동등한 위치를 점한다. 학계는 기밀 연구라는 일급비밀의 영역으로부터 완전히 떨어져 있었기 때문에 기밀 세계에만 숨어 있는 도구와 지식을 활용할 수 없었다. 반면, 정부 소속 학자들은 언제나 학계의 문헌을 이용할 수 있었다. 이러한 정보의 흐름을 일방향 함수에 빗대어 생각해볼 수 있다. 정보는 자유롭게 한 방향으로 흐르지만 정보를 반대 방향으로는 보낼 수 없었던 것이다.

디피가 헬만에게 엘리스, 콕스, 윌리엄슨에 대해 이야기하면서, 디피의 태도는 자기들이 발견한 것은 군사용 기밀 연구 역사의 주석으로 들어가야 하며, GCHQ가 발견한 것은 학술 연구사의 주석으로 들어가야 한다는 식이었다. 그러나 그 당시 GCHQ와 NSA, 디피와 헬만을 제외하고는 아무도 기밀 연구에 대해 알지 못했기 때문에, 주석을 다는 것은 엄두도 내지 못할 일이었다.

1980년대 중반 무렵, GCHQ의 분위기도 변하고 있었다. 상부에서도 엘리스, 콕스, 윌리엄슨의 업적을 공개적으로 발표하는 것을 고려했다. 공개 열쇠 암호에 사용되는 수학 이론은 이미 대중적인 지식이었기에 더 이상 비밀을 유지할 필요가 없어 보였다. 실제로 영국이 공개 열쇠 암호에 대한 자기들의 업적을 공개함으로써 얻는 이점도 분명히 있었다. 리처드 월튼은 다음과 같이 회상한다.

1984년 이 사실을 공개하는 문제를 놓고 고민하고 있었습니다. GCHQ가 대

> 중에게 널리 인정받을 때 얻게 될 장점을 보기 시작했던 겁니다. 그리고 기존의 군사 및 외교 분야 고객을 대상으로 하던 정부의 보안 시장이 확대되면서, 우리는 전통적으로 우리와 거래를 하지 않았던 이들에게 신뢰를 심어줄 필요가 있었습니다. 당시는 대처주의가 한창이어서, '정부는 나쁘고, 민간은 좋다'는 식의 인식과 싸워야 했습니다. 그래서 우리는 공개 열쇠 암호에 관한 논문을 발표하려고 했지만 《스파이캐처Spycatcher》를 쓴 피터 라이트라는 작자 때문에 이 계획은 엎어졌습니다. 우리는 이 발표를 승인받기 위해 윗분들을 한창 설득하던 중이었는데, 《스파이캐처》가 나오면서 난리가 났던 겁니다. 결국 그날 우리는 '고개 숙이고, 모자 눌러 쓰고 자중하라'는 지시를 받았습니다.

피터 라이트Peter Wright는 은퇴한 영국정보국 직원이었다. 그래서 그의 회고록 《스파이캐처》는 영국 정부를 매우 난처한 상황에 빠뜨렸다. 결국 그로부터 13년이 지나서야 GCHQ는 모든 사실을 공개했다. 엘리스가 맨 처음 공개 열쇠 암호를 생각해낸 지 28년 후였다. 1997년 클리포드 콕스는 RSA에 대해서 중요하지만 기밀로 분류되지 않은 연구를 마쳤다. 연구 결과는 학계에 널리 도움이 될 만한 내용이면서도 공개적으로 발표해도 무리가 없는 내용이었다. 결국 콕스는 시런세스터에서 열리는 미국 응용수학연구소 학회에 와서 논문을 발표해 달라는 요청을 받았다. 학회장에는 많은 암호학 전문가들이 참석했을 것이 분명했다. 그 중에 몇 명은 RSA의 단 한 가지 측면만 발표하러 온 콕스가 실제로 RSA를 만든 얼굴 없는 발명가라는 사실을 알고 있을 것이다. 이때 누군가가 콕스에게 난감한 질문을 할 위험이 있었다. 이를테면 '선생님이 RSA를 발명했습니까?'라는 질문을 할 수도 있었다. 만일 그런 질문을 받았을 때 콕스는 어떻게 답변해야 했을까? GCHQ의 정책에 따르면 콕스는 RSA 개발에서 자기가 한 역할을 부인함으로써 알려져도 전혀 문제가 안 될 사안이지만 이에 대해 거짓말을 해야만 했다. 명백히 우스운 상황이었다. 그래서 GCHQ는 정책을 바꾸기로 했다. 콕스는 발표하기 전에 GCHQ가 공개 열쇠 암호 개발에 어떤 공헌을 했는지 그 내력을 간략히 소개해도 좋다는 허락을 받았다.

1997년 12월 18일 콕스는 발표를 했다. 거의 30년 뒤에야 엘리스와 콕스, 윌리엄슨은 공을 인정을 받았다. 안타깝게도 제임스 엘리스는 콕스가 발표하기 한 달 전인 1997년 11월 25일, 73세를 일기로 세상을 떠났다. 엘리스 역시 생전에 업적을 인정받지 못한 영국의 암호 전문가 대열에 들어갔다. 찰스 배비지가 비즈네르 암호를 해독한 것도 그가 살아있는 동안에는 공개되지 않았다. 그의 업적은 크림전쟁 중이던 영국군에게 너무나도 소중한 정보였기 때문이었다. 대신에 그의 업적에 대한 공은 프리드리히 카시스키에게 돌아갔다. 마찬가지로 앨런 튜링도 2차 세계대전에 혁혁한 공을 세웠지만, 정부기밀로 분류되어 있어서 에니그마에 대한 그의 업적은 공개될 수 없었다.

1987년 엘리스는 공개 열쇠 암호에 자신이 기여한 바를 기밀문서에 기록했다. 여기에서 엘리스는 너무나 자주 암호 연구를 에워싸는 비밀 유지에 대한 생각도 담았다.

> 암호학은 가장 독특한 학문이다. 대부분의 학자들은 자신의 연구 결과를 누구보다 먼저 발표하려고 한다. 연구 결과는 널리 알려질 때 그 가치가 실현되기 때문이다. 이와 반대로 암호에 대한 연구가 진가를 발휘하려면, 그 연구 결과가 잠재적인 적들에게 최소한만 노출되어야 한다. 따라서 암호 전문가들

은 대개 동료 전문가들과 충분히 상호작용하면서 연구의 질을 높일 수 있는데도 외부인들로부터 기밀을 보호할 수 있는 폐쇄적인 환경에서 연구한다. 이런 비밀은 더 이상 비밀유지 정책으로 얻을 것이 없다는 것이 입증된 후에, 역사적 정확성을 기해야 하는 경우에만 공개된다.

CODE 07

암호화 소프트웨어, 프리티 굿 프라이버시

휫필드 디피가 1970년대 초에 예견했듯이 우리는 이제 정보화 시대에 있다. 정보화 시대는 탈산업화 시대로 정보가 가장 귀중한 자산인 시대다. 디지털 정보 교환이 우리 사회에서 필수불가결한 부분이 되었다. 이미 수천만 통의 이메일이 매일 전송되며 이메일을 사용하는 사람들이 일반 우편을 사용하는 사람들보다 더 많아질 것이다. 여전히 걸음마 수준이지만, 인터넷은 디지털 시장의 인프라를 제공해왔으며, 전자상거래가 꽃을 피우고 있다. 사이버 공간에 돈이 흘러 다니며, 매일 세계 GDP의 절반이 국제은행간전기통신협회(SWIFT, Society for Worldwide Interbank Financial Telecommunications)를 통해 이동하게 될 거라 추산된다. 앞으로 투표를 시행하는 자유민주주의 국가들이 온라인으로 투표를 하게 되고 각국 정부가 행정 업무에 인터넷을 활용하여 온라인 세금신고 같은 서비스를 제공하게 될 것이다.[1]

1 원서가 처음으로 영국에서 출간된 해가 1999년이므로, 저자가 집필할 당시의 기술 현황을 감안할 필요가 있다.

그림 70 필 짐머만

그러나 성공적인 정보화 시대를 만들어가는 데에는 정보 보호 능력이 중요하다. 정보는 전 세계를 누비기 때문이다. 정보 보호는 강력한 암호를 필요로 한다. 암호화는 정보화 시대의 자물쇠와 열쇠를 제공하는 것이기도 하다. 2천 년 동안 암호가 가장 중요한 분야는 정부와 군대였지만, 오늘날엔 암호가 비즈니스를 활성화시키는 데에도 기여한다. 그리고 앞으로는 보통 사람들이 스스로의 사생활을 보호하기 위해서도 암호에 의존하게 될 것이다. 다행히도 정보화 시대가 시작되면서 우리는 매우 강력한 암호를 사용할 수 있게 되었다. 공개 열쇠 암호, 특히 RSA 암호가 발전하면서 오늘날의 암호 작성자들은 암호 해독자들과의 계속된 힘겨루기에서 확실한 우위를 선점했다. *N*값이 충분히 크기만 하다면,

이브가 p와 q값을 찾는 데 드는 시간이 어마어마할 것이므로 RSA 암호는 사실상 해독이 불가능하다. 무엇보다도 제일 중요한 것은 공개 열쇠 암호는 열쇠 분배 문제로 취약해지지 않는다. 줄여서 말하면, RSA는 우리들의 소중한 정보를 보호해 주는 거의 깨지지 않는 자물쇠와 같다.

그러나 모든 기술이 그렇듯이 암호화에도 어두운 면이 있다. 암호화는 준법 시민들의 통신도 보호하지만, 범죄자들과 테러리스트들의 통신도 보호한다. 현재, 경찰은 조직범죄나 테러 같이 중대한 사건의 경우 증거를 수집하는 방식의 하나로 도청을 사용한다. 그러나 범죄자들이 깨지지 않는 암호를 사용한다면 이런 식으로 증거를 수집하는 건 불가능해질 것이다. 21세기에 들어서면서 사람들은 범죄자들이 암호를 이용해서 검거망을 빠져나가지 못하도록 하면서도, 암호화 기술을 활용하여 일반인과 기업이 정보화 시대의 혜택을 누릴 수 있는 방법을 찾아야 한다는 딜레마에 빠졌다. 무엇이 최선이냐에 대해서 지금도 논의가 왕성하게 이뤄지고 있다. 그리고 이 같은 논의의 대부분이 필 짐머만Phil Zimmermann으로부터 영향을 받았다. 필 짐머만은 강력한 암호의 사용을 확대하려는 시도를 함으로써 미국의 안보 전문가들을 충격에 빠뜨렸으며, 수십억 달러에 달하는 NSA의 보안 효과를 위태롭게 했고, FBI와 대배심의 조사 대상이 되기도 했다.

필 짐머만은 1970년대 중반에 플로리다 아틀란틱대학교에서 물리학을 전공한 다음 컴퓨터 과학을 전공했고, 졸업 후 급속도로 성장하는 컴퓨터 산업 분야에서 안정적으로 경력을 쌓을 준비가 되어 있는 듯 보였다. 그러나 1980년대 초에 있었던 정치적 사건들로 인해 그의 인생은 완전히 달라졌다. 결국 짐머만은 반도체 칩 기술에 대한 관심을 접고 핵전쟁의 위협을 더욱 크게 걱정하게 되었다. 짐머만은 소련의 아프가니스탄 침공과 로널드 레이건의 대통령 당선, 늙은 브레즈네프로 인한 소련의 불안정, 점점 더 심화되는 냉전이 두려웠다. 심지어 가족과 함께 뉴질랜드 이민까지 생각했다. 뉴질랜드가 핵전쟁 이후 지구상에서 유일하게 사람이 살 수 있는 얼마 안 되는 곳이라고 여겼기 때문이었다.

그러나 여권과 필요한 이민 서류를 취득했을 때쯤 짐머만과 그의 아내는 핵무기동결모임에서 주최한 회의에 참석한 후로 도망가는 대신 미국에 남아서 반핵운동의 최전선에서 싸우기로 결심했다. 최전선에서 활동하는 반핵운동가들은 정치 입후보자들에게 군사정책과 관련한 사안들을 가르치기도 하고, 네바다 핵무기 시험장에서 칼 세이건과 400명의 다른 시위자들과 함께 체포되기도 했다.

몇 년 후인 1988년, 미하일 고르바초프가 소련 공산당 서기장이 되면서 개혁·개방 정책과 동서 긴장의 완화 국면을 예고했다. 그러면서 짐머만의 두려움은 잠잠해지기 시작했지만 그렇다고 그가 정치적 운동에 대한 열정까지 잃은 건 아니었다. 단지 그 열정의 방향을 조금 틀었을 뿐이었다. 짐머만은 디지털 혁명과 암호화의 필요성에 관심을 갖기 시작했다.

> 암호학은 일상생활과는 거의 관련이 없는 알려지지 않은 학문이었다. 역사적으로 암호는 늘 군사와 외교 통신에서 특수한 역할을 맡아 왔다. 그러나 정보화 시대에서 암호의 사용은 정치권력이며, 특히 정부와 민간의 권력 관계에 깊은 관련이 있다. 암호의 사용은 사생활를 보호받을 권리이자, 표현의 자유, 결사의 자유, 언론의 자유이며, 불합리한 가택수색 및 압류로부터의 자유이자, 누구의 간섭도 받지 않을 자유와 관련 있다.

지나치게 편집증적인 견해처럼 보이지만 짐머만은 보안이 매우 중요하다는 점에서 디지털 통신과 전통적인 통신에는 근본적인 차이가 있다고 말한다.

> 과거에는 정부가 일반 시민의 사생활을 침해하고 싶으면 종이 우편을 가로챈 다음 증기로 봉투를 열어 읽거나, 전화 통화를 엿들으면서 어떻게든지 받아적어야 했다. 마치 낚시 바늘과 낚시 줄로 물고기를 한 번에 한 마리씩 잡는 것에 비유할 수 있다. 다행히도 자유민주주의 사회에서 이런 종류의 노동집약적 감시가 대규모로 이뤄지기는 힘들다. 하지만 오늘날 전자 우편은 점점 전통적인 종이 우편을 대체하고 있으며, 조만간 전자 우편을 사용하는 게 전혀 새로운 일이 아니라 일반적인 현상이 될 날이 올 것이다. 종이 우편과 달리 전자 우편 메시지는 중간에 가로채서 특정 키워드를 찾는 게 너무나 쉽다. 이런 일들은 쉽게, 일상적으로, 자동화된 방법으로, 아무도 모르게, 대규모로 수행할 수 있다. 낚시 비유를 다시 들면 이는 유망流網 낚시에 해당된다. 즉, 민주주의의 건전성에 양적 질적으로 다른 전체주의적 변화를 가져올 것이다.

일반 우편과 디지털 우편의 차이를 생일 파티 초대장을 보내려는 앨리스와 초대 받지 않았지만 파티 시간과 장소를 알고 싶어 하는 이브의 이야기로 설명할 수 있다. 앨리스가 옛날 방식으로 초대장을 보내게 되면 이브는 초대장 중 하나를 가로채기가 매우 어렵다. 먼저 이브는 앨리스의 초대장이 어떤 우체국으로 들어올지 모른다. 앨리스가 시내에 있는 아무 우체통이나 사용할 수 있기 때문이다. 이브가 앨리스의 초대장을 손에 넣을 수 있는 유일한 방법은 앨리스의 친구 중 한 명의 주소를 어떻게든 알아내어 지역 우편물 분류 사무소에 잠입하는 것이다. 이브는 앨리스가 보낸 초대장을 간신히 찾아내더라도 원하는 정보를 얻으려면 증기를 쐬어 봉투를 열어야 한다. 편지를 열었다는 의심을 사지 않으려면 원래 상태대로 돌려놓아야 하기 때문이다.

반대로 앨리스가 초대장을 이메일로 보낸다면 이브로서는 일이 훨씬 쉬워진다. 앨리스의 컴퓨터에서 출발한 이메일 메시지는 로컬 서버로 갈 것이다. 로컬 서버는 인터넷으로 가는 주요 관문이다. 이브가 충분히 영리하다면 이브는 자기 집에서 로컬 서버를 해킹할 수 있다. 초대장에는 앨리스의 이메일 주소가 적혀 있을 것이며, 앨리스의 이메일 주소가 찍힌 이메일을 걸러내는 장치를 설치하는 것은 식은 죽 먹기다. 초대장 메일을 일단 찾기만 하면 봉투를 열 필요도 없고 읽는 데도 아무 문제가 없다. 게다가 초대 메일은 중간에 누가 열어봤다는 흔적도 남기지 않고 원래 수신자에게 전송될 것이다. 앨리스는 중간에 무슨 일이 일어났는지 아무것도 모를 것이다. 그러나 앨리스가 보낸 이메일을 이브가 읽지 못하게 막는 방법이 있다. 암호화를 하는 것이다.

매일 1억 통 이상의 전자 우편이 전 세계로 발송된다. 게다가 이 전자 우편은 중간에 누군가가 가로챌 위험이 있다. 디지털 기술은 통신 발전에 기여했지만, 통신이 감청당할 가능성까지 불러일으켰다. 짐머만에 따르면 암호 작성자들에게는 암호를 적극 이용해야할 임무가 있으며, 그럼으로써 개인의 사생활을 보호할 책임이 있다고 한다.

미래의 정부는 감시 활동에 최적화된 기술 인프라를 넘겨받을 것이며, 이런 기술 인프라를 가지고 정적政敵의 동태와 모든 금융 거래, 모든 통신, 모든 이메일, 모든 전화 통화 내용을 감시하게 될 것이다. 모든 것을 걸러내고 스캔하고 음성 인식 기술을 이용해 자동으로 목소리를 인식하고, 그 내용을 기록할 것이다. 이제 암호는 첩보와 군사 활동이라는 음지에서 양지로 나와야 하며, 우리 모두 암호를 적극 수용해야 할 때가 되었다.

이론상 1977년 RSA가 만들어졌을 때, RSA는 개인정보를 감시하는 빅브라더 시나리오의 해결책으로 제시되었다. 개인이 스스로 공개 열쇠와 개인 열쇠를 만들 수 있고, 그럼으로써 메시지를 완벽히 안전하게 주고받을 수 있었기 때문이었다. 그러나 현실적으로 커다란 문제가 있었다. 실제 RSA 암호화 과정에는 DES와 같은 대칭형 암호화 방식에 비해 엄청난 성능의 컴퓨터가 필요했기 때문이다. 결국 1980년대에는 RSA를 돌리기에 충분한 성능의 컴퓨터를 보유한 정부와 군대, 대형 기업만이 RSA를 사용할 수 있었다. 이에 따라, RSA를 상용화하기 위해 설립된 RSA 데이터 시큐리티 주식회사는 이 같은 종류의 시장을 염두에 두고 암호화 제품을 개발했다.

반대로 짐머만은 RSA 암호가 제공하는 프라이버시를 누구나 누릴 수 있어야 한다고 생각했다. 그래서 짐머만은 자신의 정치적 열정을 대중을 위한 RSA 암호화 제품 개발에 바치기로 했다. 짐머만은 컴퓨터과학을 전공한 자신의 배경을 살려 경제적이면서도 효율적인 제품을 설계하여 일반 개인 컴퓨터 성능에 과부하를 유발하지 않는 제품을 만들려고 했다. 또한 자신이 만든 RSA 제품은 특별히 사용자 친화적인 인터페이스를 갖추어 사용자가 암호에 대한 전문가가 아니어도 쉽게 이용할 수 있게 만들고 싶었다. 짐머만은 자신의 프로젝트를 '프리티 굿 프라이버시Pretty Good Privacy' 또는 줄여서 PGP라고 불렀다. PGP는 짐머만이 좋아했던 라디오 프로그램인 개리슨 케일러의 〈프레리 홈 컴패니언〉을 후원한 '랄프의 꽤 괜찮은 식료품점Ralph's Pretty Good Grocery'에서 영감을 얻은 것이었다.

1980년대 후반 콜로라도 볼더에 있는 자기 집에서 일하던 짐머만은 조금씩 자신의 암호화 소프트웨어 패키지를 완성해 나갔다. 짐머만의 주된 목표는 RSA 암호화 속도를 높이는 것이었다. 보통 앨리스가 밥에게 보낼 메시지를 암호화하는 데 RSA를 사용하고 싶으면 앨리스는 밥의 공개 열쇠를 찾은 다음 RSA의 일방향 함수에 보낼 메시지를 적용한다. 거꾸로 밥은 개인 열쇠를 이용하여 RSA의 일방향 함수를 역으로 연산하여 암호문을 복호화한다. 양쪽 프로세스 모두 상당한 수학적 연산이 필요하기 때문에 메시지가 길면 개인 컴퓨터로 암·복호화를 하는 데 몇 분이 걸린다. 앨리스가 하루 백 통의 메시지를 보낸다고 할 때, 앨리스는 메시지 하나를 암호화할 때마다 몇 분씩 기다릴 여유가 없다. 암·복호화의 속도를 높이기 위해 짐머만은 구식의 대칭형 암호와 비대칭형 RSA 암호를 같이 이용하여 깔끔하게 처리했다. 전통적인 대칭형 암호도 비대칭형 암호만큼이나 안전하면서 실행 속도는 훨씬 빠르지만 송신자와 수신자가 열쇠를 안전하게 분배해야 한다는 문제가 있었다. 바로 이 문제 해결에 RSA 암호가 활용된 것이다. RSA를 사용해 대칭 열쇠를 암호화할 수 있기 때문이었다.

짐머만은 다음과 같은 시나리오를 머릿속에 그렸다. 만일 앨리스가 암호화된 메시지를 밥에게 보내고 싶으면 앨리스는 먼저 대칭형 암호문을 암호화 한다. 짐머만은 DES와 유사한 IDEA를 사용할 것을 제안했다. IDEA로 암호화하려면 앨리스는 열쇠를 선택해야 한다. 그러나 밥이 메시지를 해독할 수 있으려면 앨리스는 그 열쇠를 밥에게 건네야 한다. 앨리스는 열쇠 전달 문제를 밥의 RSA 공개 열쇠를 찾아 해결한다. 앨리스는 밥의 공개 열쇠를 찾아내어 그 열쇠로 IDEA 열쇠를 암호화하는 데 사용한다. 그러니까 결국 앨리스는 밥에게 대칭형 IDEA 암호로 암호화한 메시지와 비대칭형 RSA 암호로 암호화한 IDEA 열쇠, 이렇게 두 가지를 보내는 게 된다. 거꾸로 밥 쪽에서는 RSA 개인 열쇠를 사용해서 IDEA 열쇠를 해독한 다음, IDEA 열쇠를 사용해서 메시지를 해독한다. 과정이 상당히 복잡해 보이지만, 많은 정보가 담긴 메시지의 경우 빠른 대칭형 암호로 암호화하고, 상대적으로 작은 양의 정보인 대칭형 IDEA 열쇠는 느린 비대칭형 암호로 암호화한다는 장점이 있다. 짐머만은 이 RSA와 IDEA 암호 조합을 PGP 제품 안에 넣을 계획이었다.

사용자 친화적인 인터페이스란 사용자가 프로그램이 어떻게 돌아가는지 신경 쓰지 않아도 되는 인터페이스이다. 속도 문제를 상당 부분 해결한 짐머만은 PGP에 유용한 기능을 몇 가지 추가했다. 예를 들면, PGP에서 RSA 요소를 사용하기 전에 앨리스는 자기의 개인 열쇠와 공개 열쇠를 생성해야 한다. 그러나 열쇠를 생성하는 문제는 단순하지가 않다. 매우 큰 소수 두 개를 찾아야 하기 때문이다. 그러나 PGP 프로그램에서 앨리스는 단순히 마우스를 이리저리 움직이기만 하면 된다. 그러면 PGP 프로그램이 알아서 앨리스의 개인 열쇠와 공개 열쇠를 만들어 준다. 마우스의 움직임이 임의의 인자를 생성하면 이 임의의 인자를 이용하여 PGP는 모든 사용자에게 자신의 고유한 소수 한 쌍을 생성해 준다. 그러면 사용자는 자신만의 개인 열쇠와 공개 열쇠를 갖는다. 이제부터 앨리스는 자신의 공개 열쇠를 공개하기만 하면 된다.

PGP의 또 다른 장점은 이메일 디지털 서명이 편리하다는 점이었다. 보통 이메일에는 서명이 없다. 따라서, 이메일을 실제로 누가 작성했는지 검증할 방법이 없다. 예를 들어, 앨리스가 이메일로 밥에게 연애편지를 보낼 때, 앨리스는 밥의 공개 열쇠를 가지고 이메일을 암호화한다. 그리고 앨리스의 메일을 받은 밥은 자신의 개인 열쇠를 이용해서 이메일을 복호화한다. 처음에 밥은 기분이 좋을 것이다. 그런데 정말 이 연애편지가 진짜 앨리스로부터 온 것인지 어떻게 확신할 수 있을까? 어쩌면 사악한 이브가 이메일을 쓰고 밑에 앨리스의 이름을 썼을 수도 있다. 잉크를 사용한 자필 서명이 아닌 한 실제로 누가 작성했는지 확인할 길이 없다.

다른 예로 한 은행이 고객으로부터 이메일을 받았다고 가정해 보자. 이 이메일에서 고객은 자신의 모든 예금을 케이맨제도에 있는 개인전용 은행계좌로 이체해달라고 요청했다고 하자. 여기서 다시 한번, 자필 서명이 없는 상태에서 은행은 어떻게 그 이메일이 진짜 고객이 보낸 건지 알 수 있을까? 그 이메일은 케이맨제도의 은행계좌로 그 고객의 돈을 빼돌리려는 어떤 범죄자가 보낸 것일 수도 있다. 인터넷상에서 신뢰를 구축하기 위해서는 일정한 형태의 신뢰할 만한 디지털 서명이 필요하다.

PGP 디지털 서명은 휫필드 디피와 마틴 헬만이 처음으로 개발한 원칙에 입각하고 있다. 디피와 헬만이 공개 열쇠와 개인 열쇠를 분리하는 아이디어를 제안했을 때, 두 사람은 자기들의 아이디어가 열쇠 분배 문제를 해결할 뿐만 아니라 전자 우편 서명을 만들어낼 수도 있다는 것을 깨달았다. 6장에서 우리는 공개 열쇠는 암호화를 위한 것이고 개인 열쇠는 복호화를 위한 것이라는 사실을 알았다. 사실 이 과정은 서로 맞바꿀 수 있다. 그러니까 암호화할 때는 개인 열쇠를, 복호화할 때는 공개 열쇠를 사용할 수 있다. 이런 식의 암호화가 흔히 무시되는 이유는 그 어떤 보안성도 제공하지 않기 때문이다. 앨리스가 자신의 개인 열쇠를 가지고 밥에게 보낼 메시지를 암호화 한다면 누구나 그 메시지를 해독할 수 있을 것이다. 누구나 앨리스의 공개 열쇠를 알아낼 수 있기 때문이다. 그러나 이런 방식을 이용하면 메시지를 실제로 작성한 사람이 누군지 검증할 수 있다. 밥이 앨리스의 공개 열쇠를 가지고 메시지를 해독할 수 있다면, 그 메시지가 앨리스의 개인 열쇠를 가지고 암호화되었다는 뜻이다. 앨리스만이 자신의 개인 열쇠를 이용할 수 있으니 메시지는 앨리스가 보낸 게 틀림없다.

사실상 앨리스가 밥에게 몰래 연애편지를 보내고 싶다면 앨리스에게는 두 가지 선택안이 있다. 남들이 메시지를 보지 못하게 밥의 공개 열쇠로 메시지를 암호화하거나 자기가 진짜로 작성했다는 것을 알리기 위해 자기의 개인 열쇠로 메시지를 암호화하는 것이다. 그러나 앨리스가 이 두 가지 방법을 조합하면 앨리스는 사생활을 보호하면서, 동시에 자신이 실제로 메시지를 작성한 본인임을 확인시켜줄 수 있다. 이 두 가지를 모두 만족시키는 더 빠른 방법이 있지만, 일단 앨리스가 연애편지를 보내는 한 가지 방법을 설명하겠다. 먼저 앨리스는 자신의 개인 열쇠를 가지고 메시지를 암호화한 다음, 이것을 밥의 공개 열쇠를 사용해서 암호화한다. 우리는 안껍질에 싸인 메시지, 그러니까 앨리스의 개인 열쇠로 암호화한 메시지와 두꺼운 겉껍질, 즉 밥의 공개 열쇠로 암호화한 메시지를 머릿속에 그려볼 수 있다. 이같이 암호화된 메시지는 오직 밥만이 복호화할 수 있다. 두꺼운 겉껍질을 깰 수 있는 건 밥의 개인 열쇠뿐이기 때문이다. 두꺼운 겉껍질을 깬 밥은 연한 안쪽 껍질로 둘러싸인 메시지, 즉 앨리스의 공개 열쇠로 암호화한 메시지를 복호화할 수 있다. 여기서 안껍질은 메시지를 보호하는 게 목적이 아니라, 앨리스를 사칭하는 사람이 아닌, 앨리스 본인이 보낸 메시지라는 것을 입증하기 위한 용도로 사용된다.

이쯤 되면 PGP로 암호화한 메시지가 사뭇 복잡해진다. IDEA 암호로 메시지를 암호화하고, RSA로 IDEA 열쇠를 암호화하고 있는 데다가 디지털 서명이 필요한 경우에는 또 다른 암호화 단계가 추가될 것이기 때문이다. 그러나 짐머만은 이런 모든 방식을 모두 자동화할 수 있는 제품을 개발하여 앨리스와 밥이 수학적인 부분은 걱정하지 않아도 되게끔 만들었다. 밥에게 메시지를 보내려면 앨리스는 이메일을 작성한 다음 자신의 컴퓨터 화면의 메뉴에서 PGP 옵션을 선택한다. 그런 다음 밥의 이름을 입력하면, PGP가 알아서 밥의 공개 열쇠를 검색한 후 자동적으로 메시지를 암호화할 것이다. 이와 동시에 PGP는 메시지의 디지털 서명에 필요한 일련의 과정을 알아서 처리한다. 암호화된 메시지를 받자마자 밥이 PGP 옵션을 선택하면 PGP는 메시지를 복호화하고 작성자 본인 여부를 확인할 것이다. PGP 안에 새로운 기술은 없었다. 디피와 헬만이 이미 생각했던 디지털 서명과 다른 암호 작성자들이 사용했던 대칭형 암호와 비대칭형 암호를 조합하여 암호화 속도를 높인 것뿐이다. 그러나 중간 크기의 개인용 컴퓨터에서 잘 돌아가는, 사용하기 쉬운 암호화 제품에 이 모든 것을 담은 사람은 짐머만이 처음이었다.

1991년 여름 무렵, 짐머만은 PGP를 거의 완성 단계에까지 올려놓았다. 하지만 여기에는 두 가지 문제가 남아 있었다. 그 어느 것도 기술적인 문제는 아니었다. 장기적인 문제는 PGP의 심장부라 할 수 있는 RSA가 특허등록제품이므로 특허법에 따르면 짐머만은 PGP를 출시하기 전에 RSA 데이터 시큐리티 주식회사로부터 라이선스를 얻어야 했다. 그러나 짐머만은 이 문제를 당분간 생각지 않기로 했다. PGP는 기업용이 아니라 개인용으로 만든 제품이었다. 짐머만은 RSA 데이터 시큐리티 주식회사와 본격적으로 경쟁할 생각이 없었다. 언젠가 때가 되면 그 회사가 자기에게 무료 라이선스를 허락해주기를 바랄 뿐이었다.

더 중요하고 긴급한 문제는 미상원의 1991년도 '반범죄일괄법안'이었다. 이 법안에는 다음과 같은 조항이 있었다. '전자통신 서비스 제공업체와 전자통신 서비스 기기 제조업체는 법에 따라 적절한 승인을 얻은 경우, 정부가 통신 시스템의 음성, 데이터 및 기타 통신 내용에 대한 평문 콘텐츠를 확보할 수 있도록 허용해야 한다.' 미 상원은 휴대전화 등 디지털 기술이 발전하면 법 집행자들이 효과적으로 도청을 할 수 없게 될 것을 우려했다. 상원은 어떻게라도 도청이 가능하게끔 기업들을 밀어붙였을 뿐만 아니라 모든 형태의 암호화 자체가 위험에 처할 것으로 보이는 법안을 만들었다.

RSA 데이터 시큐리티 주식회사와 다른 정보통신 산업계 및 시민단체들이 힘을 합쳐 이 조항을 강제로 폐기시켰다. 그러나 사람들은 이것이 일시적인 유예 조치에 불과하다고 보았다. 짐머만은 조만간 정부가 PGP 같은 암호화 제품을 사실상 불법화할 법안을 다시 도입할 것이라고 우려했다. 그는 언제나 PGP를 판매하고 싶었지만, 이제 그러한 생각을 재고해야 했다. 하지만 가만히 앉아서 기다리다가 정부로부터 PGP 사용을 금지 당하느니, 더 늦기 전에 모두가 PGP를 사용하도록 하는 게 더 낫겠다고 판단했다. 1991년 6월 짐머만은 과감한 조치를 취했다. 친구에게 유스넷 게시판에 PGP를 올려달라고 부탁했다. 누구나 무료로 PGP를 유스넷 게시판에서 내려 받을 수 있었다. 인터넷에 PGP를 풀어놓은 것이다.

처음에 PGP는 암호광들 사이에서만 화제가 되었다가 나중에는 다양한 분야의 인터넷광들이 주로 PGP를 내려 받았다. 그 다음엔 컴퓨터 잡지에 간략히 소개가 되더니, 얼마 후엔 PGP 신드롬에 대한 기사가 전면으로 실리기까지 했다. 점차 PGP는 디지털 세계에서 가장 외딴 곳까지 스며들었다. 예를 들어, 전 세계 인권단체들이 자기들의 문서를 암호화하는 데 PGP를 사용하기 시작했다. 이는 인권 탄압을 행하는 정권의 손아귀에 정보가 흘러들어가지 않도록 하기 위함이었다. 짐머만은 PGP 개발을 칭송하는 이메일을 받기 시작했다. 짐머만은 말한다. "미얀마에서 활동하는 저항단체들은 밀림에 있는 훈련 캠프장에서 PGP를 사용합니다. 이 단체에 따르면 PGP가 그곳의 사기 진작에 도움이 되었다더군요. PGP를 도입하기 전에는 탈취된 문서가 단서가 되어 체포되거나 고문을 당하기도 하고 가족 전체가 처형당하는 경우도 있었다고 합니다." 1991년 보리스 옐친이 모스크바에 있는 국회의사당 건물을 폭격한 날, 짐머만은 라트비아에 있는 누군가로부터 다음과 같은 이메일을 받았다. "짐머만 선생님께, 이것만은 알아주셨으면 좋겠습니다. 그럴 리는 없지만 만일 독재정권이 러시아에 들어선다면 선생님의 PGP는 발트해 연안부터 극동지역에 이르기까지 널리 퍼질 것이고 필요할 경우 민주주의를 염원하는 국민들에게 도움이 될 것입니다. 감사합니다."

전 세계적으로 짐머만의 팬이 늘어나는 동안, 짐머만은 자기가 살고 있는 미국에서는 비난의 표적이 되었다. RSA 데이터 시큐리티 주식회사는 짐머만에게 무료 라이선스를 제공하지 않기로 결정했다. RSA 데이터 시큐리티는 자기들의 특허가 침해당했다는 사실에 격분해 있었다. 짐머만이 PGP를 무료 소프트웨어인 프리웨어로 발표하긴 했지만, PGP에는 RSA 시스템의 공개 열쇠 암호가 포함되어 있으며, 이를 가지고 RSA 데이터 시큐리티 사는 PGP를 '해적 소프트웨어'로 규정했다. 짐머만이 남의 소유물을 가져다가 다른 이들에게 나눠줬다는 것이었다. 특허 분쟁은 몇 년간 계속되었다. 그동안 짐머만은 더 큰 문제에 부딪혔다.

1993년 2월 두 명의 정부 조사관이 짐머만을 찾아왔다. 처음에는 특허 침해에 대해 조사하더니 그 다음에는 불법 무기 유출이라는 더 중대한 혐의로 심문하기 시작했다. 미국 정부는 암호화 소프트웨어를 미사일, 박격포, 기관총과 더불어 군수품으로 분류했기 때문에 PGP도 국무부의 허가 없이는 다른 나라로 내보낼 수 없었다. 그러니까 짐머만이 무기 거래 혐의를 받은 것은 그가 인터넷을 통해 PGP를 국외로 유출했기 때문이었다. 이후 3년간 짐머만은 대배심의 조사 대상이 되었으며 FBI의 감시를 받는 신세가 되었다.

일반 대중을 위한 암호화일까, 아닐까?

필 짐머만과 PGP에 대한 조사는 정보화 시대에 암호화의 긍정적 혹은 부정적 효과에 대한 논쟁에 불을 지폈다. PGP의 확산은 암호 제작 전문가들과 정치가, 시민 자유주의자 그리고 사법 관련자들을 자극해 암호화 확산이 의미하는 바에 대해 고민하도록 했다. 짐머만처럼 그들은 안전한 암호화 기술의 확산이 사회에 도움이 된다고 봤다. 디지털 통신을 할 때 사생활을 보호할 수 있게 해준다고 본 것이다. 이와 반대 입장에 있는 사람들은 암호화 기술이 사회에 위협이 된다고 봤다. 범죄자와 테러리스트들이 암호화 기술을 이용해 경찰의 감청을 피해 몰래 연락을 취할 수 있게 해준다고 봤기 때문이었다.

이 논쟁은 1990년대 내내 계속 되었으며, 지금은 그 어느 때보다도 더욱 논란이 되고 있다.[2] 가장 근본적인 문제는 정부가 암호화를 반대하는 법안을 만들어야 하느냐의 여부였다. 자유롭게 암호화할 수 있게 되

2 이 역시 책 첫 출간 시점을 고려하기 바란다.

면 범죄자를 포함한 모든 이들이 이메일은 안전하다고 여길 수 있게 된다. 반면 암호 사용을 제한하면 경찰이 범죄자를 감시할 수 있게 될 뿐만 아니라, 일반 시민들까지 감시할 수 있게 된다. 궁극적으로 우리가, 우리 손으로 뽑은 정부를 통해서 암호의 앞날을 결정하게 될 것이다. 이번 절에서는 이 같은 논의와 관련한 양측 입장에 대해 설명하려고 한다. 대부분의 논의에서 미국의 정책과 정책 결정자들에 대해 언급할 것이다. 미국이 PGP의 본산이자, 미국을 중심으로 대부분의 논의가 이뤄지고 있기 때문이며, 어떤 정책이든 간에 궁극적으로 미국이 채택한 정책이 전 세계 정책에 영향을 줄 것이기 때문이다.

주로 법 집행기관들이 취하고 있는 암호 사용의 확산을 반대하는 입장은 현상을 유지하고픈 열망에서 비롯된다. 수십 년간 전 세계 경찰은 합법적인 감청을 통해 범죄자들을 잡아들였다. 예를 들어 1918년 미국에서는 전시 스파이 활동에 대응하기 위해 감청했으며, 1920년대에는 주류 밀수업자들의 유죄를 입증하는데 감청이 큰 효과를 거두었다. 사법 집행기관에게 감청이 필수 도구라는 생각이 확고하게 뿌리 내린 때는 1960년대 말이었다. 이 무렵 FBI는 조직범죄가 나라에 큰 위협이 된다는 것을 깨달았다. 법 집행자들은 용의자들의 유죄 판결을 받아내는데 엄청난 어려움을 겪고 있었다. 조직범죄 용의자가 자기들에게 불리한 증언을 할 것 같은 사람들을 협박했기 때문이었다. 게다가 범죄조직에는 침묵의 계율인 오메르타omerta가 있었다. 경찰의 유일한 희망은 감청으로 증거를 수집하는 것이었다. 그리고 대법원은 경찰의 이런 주장에 공감했다. 1967년 대법원은 경찰이 먼저 법원의 허가를 받는 한 감청할 수 있도록 결정했다.

그 후 20년이 지났는데도 FBI는 여전히 '법원의 허가를 받은 감청이 불법 약물, 테러, 폭력 범죄, 스파이 활동, 조직범죄 소탕을 위해 법 집행기관이 사용할 수 있는 조사 기술 중 가장 효과적'이라는 입장을 고수하고 있다. 그러나 범죄자들이 암호화 기술을 이용하게 되면 경찰의 감청 시도는 무용지물이 된다. 디지털 전화선을 통한 전화 통화는 일련의 숫자들에 지나지 않으며, 이메일 암호화 기술과 똑같은 기술로 전화 통화 내용도 암호화할 수 있다. 예를 들어 PGP 전화는 인터넷상의 음성 통화 내용을 암호화할 수 있는 여러 제품 가운데 하나다.

법 집행기관들은 법과 질서 유지를 위해 효과적인 감청이 필요하다고 주장한다. 따라서 암호화 기술 사용을 제한함으로써 계속해서 자기네들이 감청할 수 있도록 해야 한다고 주장한다. 이미 경찰은 스스로를 보호하기 위해 강력한 암호화 기술로 무장한 범죄자들과 싸우고 있었다. 독일의 한 법률 전문가는 "불법 무기 거래와 마약 밀매 같은 요즘 뜨고 있는 범죄에는 더 이상 전화가 아닌 전 세계 데이터망을 통한 암호화된 형태의 통신이 이용된다"고 말했다. 한 백악관 관계자는 미국에서도 이같이 우려할 만한 일들이 벌어지고 있다면서 "범죄 조직의 일원이 첨단 컴퓨터 시스템과 강력한 암호 사용자들 중 하나"라고 주장했다. 예를 들면, 콜롬비아 마약 조직인 '칼리 카르텔'은 암호화된 통신을 통해 마약을 거래한다. 법 집행기관은 범죄자들이 서로 연락하고 범죄를 도모하는 데 암호화 기술을 결합한 인터넷의 도움을 받게 될 것을 두려워한다. 특히 이들은 마약밀매, 조직범죄, 테러리스트, 소아성애자들의 암호화 기술 사용을 이른바 '4대 정보 재앙'이라 부르며 가장 크게 우려한다.

범죄자들과 테러리스트들은 통신 내용뿐만 아니라 자신들의 계획, 기록을 암호화하여 증거 수집을 방해할 것이다. 1995년 도쿄 지하철 사린 사건을 일으킨 옴 진리교가 서류의 일부를 RSA로 암호화한 것이 밝혀졌다. 세계무역센터 폭파 사건과 연루된 테러리스트 중 한 사람인 램지 유세프는 자신의 노트북 컴퓨터에 향후 테러 활동 계획을 암호화해서 보관하고 있었다. 국제적인 테러리스트 단체들 말고도 지극히 평범한 범죄자들 또한 암호화 기술의 혜택을 보고 있다. 일례로 미국의 한 불법 도박 조직은 4년 동안 거래 장부를 암호화했다. 1997년 국가전략정보센터의 미국 조직범죄 실무그룹이 의뢰한 조사에서 도로시 데닝과 윌리엄 보는 전 세계적으로 500건의 범죄가 암호화와 관련이 있었던 것으로 추산했으며 이 수치가 매년 약 두 배씩 증가할 거라고 예측했다.

국내 치안 유지 활동뿐만 아니라 국가 안보에도 문제가 있다. 미국의 NSA는 적의 통신을 해독하여 적에 대한 정보를 수집한다. NSA는 영국, 호주, 캐나다, 뉴질랜드와 공조하여 전 세계에 감청기지를 운영하면서 함께 정보를 수집하고 공유한다. 이들의 감청 네트워크에는 세계 최대의 첩보기지인 요크셔의 '멘위드힐 통신감청기지' 같은 곳도 포함되어 있다. 멘위드힐의 일부 업무는 에셜론 시스템과 관련이 있었다. 에셜론 시스템은 이메일, 팩스, 텔렉스, 전화 통화를 스캔하면서 특정 단어들을 검색할 수 있다.

에셜론은 '헤즈볼라' '암살' '클린턴'과 같이 수상쩍은 단어들로 구성된 어휘 목록에 따라 작동하며, 이런 단어들을 실시간으로 인식할 수 있을 정도로 똑똑하다. 에셜론은 의심스러운 메시지는 추후 조사를 위해 따로 지정할 수 있어서 특정 정치 집단이나 테러리스트 조직의 메시지를 감시할 수 있다. 그러나 강력하게 암호화된 메시지에 대해서 에셜론은 사실상 무용지물이었다. 이것으로 에셜론 프로그램에 참여하는 각 국가들은 정치적 음모나 테러리스트의 공격을 막는 귀중한 정보를 잃게 되는 형국이 될 수도 있었다.

논쟁의 반대편에는 민주주의와 기술센터(CDT)와 전자프런티어재단(EFF)과 같은 단체를 포함한 시민자유주의단체가 있다. 암호화를 찬성하는 입장은 사생활 보호가 가장 기본적인 인권이라는 믿음에 바탕을 둔다. 세계인권선언 12조에 다음과 같이 명시되어 있다. '누구도 자신의 개인적인 일, 가족, 주거 또는 통신에 대하여 함부로 간섭받거나 명예 및 신용에 대하여 공격을 받지 않는다. 모든 사람은 이러한 간섭이나 공격에 대하여 법의 보호를 받을 권리를 가진다.'

시민자유론자들은 프라이버시를 보호하기 위해서는 암호화 기술을 이용하고 확산하는 것이 매우 중요하다고 주장한다. 그렇지 않으면 감시의 용이성을 더욱 높이는 디지털 기술 발전으로 새로운 감청의 시대가 도래하여 이로 인한 인권 침해가 불가피해질 것이라고 우려한다. 과거부터 정부는 권력을 이용해 무고한 시민을 늘 도청해왔다. 린든 존슨 전 대통령과 리처드 닉슨 전 대통령은 불법 도청에 대해 유죄 판결을 받았으며 존 F. 케네디 전 대통령도 임기 첫 달에 미심쩍은 도청을 감행하기도 했다. 도미니카 설탕 수입 관련 법안 표결을 앞두고 케네디 대통령은 몇몇 의원들을 도청하라고 지시했다. 도청 대상 의원들이 뇌물을 받고 있다고 확신했으며, 이는 명백히 국가 안보와 관련된 일이라는 것이 케네디가 도청을 정당화한 이유였다. 그러나 도청 결과, 뇌물을 받았다는 증거는 어디에도 없었다. 그럼에도 케네디는 여러 정치적 정보를 손에 넣어 행정부가 법안을 통과시키는 데 써먹었다.

지속적인 불법 도청 사례로 가장 잘 알려진 것이 바로 마틴 루터 킹 목사의 전화 통화를 여러 해에 걸쳐 도청한 사건이다. 일례로 1963년 FBI는 도청이란 방법으로 킹 목사에 대한 정보를 입수했으며 이스트랜드 상원의원이 시민권 법안을 놓고 토론하는 데 도움을 주기 위해 그 정보를 제공했다. 또한 FBI는 늘상 킹 목사의 사생활 정보를 캐냈고, 이 정보를 킹 목사의 명성에 흠집을 내는 데 사용하였다. 킹 목사가 외설적인 이야기를 하는 것을 녹음해서 킹 목사의 아내에게 보내기도 했고, 존슨 대통령 앞에서 재생하기도 했다. 킹 목사의 노벨 평화상 수상이 결정되자, 킹 목사에게 명예 학위 수여를 고려 중이었던 대학 앞으로 수치스런 사생활 정보들을 전달하기도 했다.

다른 국가의 정부도 똑같이 도청을 남용한 죄가 있다. 프랑스의 국가안전감청통제위원회(CNCIS)는 프랑스에서 매년 약 십만 건의 불법 도청이 이뤄지는 것으로 추산했다. 모든 사람들의 사생활을 가장 많이 침해하는 것은 아마도 국제 에셜론 프로그램일 것이다. 에셜론은 왜 감청을 해야 하는지 해명하지 않아도 되며 특정한 개인에게만 초점을 두고 있는 것도 아니다. 오히려 에셜론은 인공위성 통신 감지 수신기를 이용하여, 무차별적으로 정보를 수집한다. 앨리스가 무해한 내용의 메시지를 대서양 건너편에 있는 밥에게 보내도, 분명히 에셜론은 그 메시지를 감청할 것이며, 만일 에셜론의 의심스런 어휘 목록에 등록된 단어들이 그 메시지에 몇 개 포함되어 있으면 향후 심층 수사 대상으로 급진적 정치단체나 테러조직들이 보낸 메시지들과 나란히 분류될 것이다. 법 집행자들은 암호화를 금지해야 하는 이유로 에셜론이 무력화되기 때문이라고 주장하지만 시민자유론자들은 바로 그 이유, 즉 에셜론을 무력화시키기 위해서 암호화가 필요하다고 주장한다.

법 집행자들이 강력한 암호가 범죄자들에 대한 유죄 판결을 줄어들게 할 것이라고 주장하면, 시민자유론자들은 사생활 보호가 더 중요하다고 응수한다. 어떤 경우든, 시민자유론자들은 암호가 사법 집행에 엄청난 장벽이 되지는 않을 것이라고 주장한다. 대부분의 소송 사건에서 도청 정보가 결정적인 요소가 아니라는 것이다. 예를 들면 1994년 미국에서 25만 건의 연방법원 관할 소송 중에서 법정 허가를 받은 도청은 대략 1,000건에 불과했다.

암호의 자유로운 사용을 옹호하는 사람들 중에 공개 열쇠 암호를 만든 사람도 일부 있다는 것은 놀라운 사실이 아니다. 휫필드 디피는 모든 개인은 오래전부터 사생활을 완벽히 누려왔다면서 다음과 같이 진술했다.

> 1790년대 권리장전이 비준되었을 때만 해도 두 사람은 길에서 몇 미터 옆으로 벗어나 덤불 속에 숨어있는 사람이 없는지만 확인하면 사적인 대화를 나눌 수 있었다. 오늘날 세계 어느 누구도 그때처럼 확실하게 사생활을 보장 받지 못한다. 그때는 녹음기도 소리만 채집하는 파라볼라 마이크도 없었으며, 광학간섭계가 장착된 안경도 없었다. 오히려 그때가 진정한 문명사회였음을 알 수 있다. 우리들 가운데 대다수가 그때를 미국 정치 문화의 황금기라고 간주한다.

RSA를 발명한 사람 중 하나인 론 리베스트는 암호 사용을 제한하는 것이 무모한 짓이라고 생각했다.

> 어떤 기술을 일부 범죄자들이 자기들에게 유리하게 이용할 수 있다는 이유로 그 기술을 무차별적으로 단속하는 정책은 잘못된 정책이다. 예를 들어 미국 시민은 누구나 자유롭게 장갑을 살 수 있다. 설령 도둑이 지문을 남기지 않고 남의 집을 뒤지는 데 장갑을 사용한다 해도 문제가 되지 않는다. 암호는 데이터 보호 기술이다. 마치 장갑이 손을 보호하는 기술인 것과 같다. 암호는 해커로부터, 기업 스파이로부터, 사기꾼으로부터 데이터를 보호하는 반면, 장

갑은 상처나 찰과상, 열과 추위, 감염으로부터 손을 보호한다. 암호 기술은 FBI의 도청을 막을 수 있으며, 장갑은 FBI가 지문 분석하는 걸 막을 수 있다. 암호와 장갑은 모두 터무니없이 저렴한 데다 널리 이용할 수 있다. 사실 인터넷에서 좋은 장갑 한 켤레 값보다 싼 값에 암호화 소프트웨어를 내려 받을 수 있다.

아마도 시민자유론자들과 뜻을 같이 하는 가장 든든한 동지는 대형 기업일 것이다. 인터넷 상거래가 여전히 걸음마 수준이긴 하지만 빠른 속도로 매출이 증가하고 있다. 서적, 음악 CD, 컴퓨터 소프트웨어가 선두에 서고 있으며, 슈퍼마켓, 여행사, 기타 비즈니스가 그 뒤를 따르고 있다. 1998년 영국인 백만 명이 인터넷을 통해 4억 파운드, 약 6,800억 원어치의 상품을 구입했으며, 1999년 이 수치는 네 배로 증가했다. 이제 몇 년만 지나면 인터넷 상거래가 시장을 지배하게 될 것이다. 단, 조건이 있다. 기업들이 인터넷 상거래의 보안과 신뢰를 보장할 수 있어야 한다. 기업은 금전거래에 따른 사생활과 보안을 약속할 수 있어야 한다. 그리고 그렇게 할 수 있는 유일한 방법은 강력한 암호를 도입하는 것이다.

지금 이 순간에도 인터넷에서 물건을 구매할 때, 공개 열쇠 암호의 보호를 받을 수 있다. 앨리스가 한 회사의 웹사이트를 방문해서 물건을 고른다. 그런 다음 이름, 주소, 신용카드 정보가 들어가는 주문서 양식을 작성한다. 그러고 나서, 앨리스는 그 회사의 공개 열쇠를 사용해 주문서 양식을 암호화한다. 암호화된 주문서 양식은 회사로 전송되고, 회사만이 그 주문서를 복호화할 수 있다. 암호를 푸는 데 필요한 개인 열쇠는 그 회사만 갖고 있기 때문이다. 이 모든 과정이 앨리스의 웹 브라우저와 회사의 컴퓨터와 결합하여 자동으로 이뤄진다.

언제나 그렇듯이 암호의 보안성은 열쇠의 크기에 달려 있다. 미국에서 열쇠 크기에 대한 제한은 없지만 미국 소프트웨어 회사들은 강력한 암호를 제공하는 웹 제품을 수출하지 못하게 되어 있다. 따라서 다른 나라들로 수출되는 브라우저들은 오직 짧은 열쇠들만 처리할 수 있기에 낮은 수준의 보안을 제공한다. 사실 런던에 있는 앨리스가 시카고에 있는 회사에서 책을 사려고 할 때 앨리스의 인터넷 거래 보안성은 뉴욕에 있는 밥이 시카고에 있는 같은 회사에서 책을 사는 거래보다 10억×10억×10억 배 떨어진다. 밥이 하는 인터넷 상거래는 절대적으로 안전하다. 밥의 브라우저가 길이가 긴 열쇠를 지원하기 때문이다. 반면에 앨리스의 인터넷 거래는 나쁜 사람이 마음만 먹으면 해독할 수 있는 수준이다. 다행히도 앨리스의 신용카드 정보를 해독하는 데 필요한 장비를 사는 데 들어가는 비용이 통상적인 신용카드 한도보다 훨씬 크기 때문에 비용 대비 효율적이지 않을 뿐이다. 그러나 인터넷에서 흘러 다니는 돈이 늘어나면서 언젠가는 범죄자들이 신용카드 정보를 해독하는 게 수지타산이 맞게 될 것이다. 요약하면, 인터넷 상거래를 활성화하려면 전 세계 소비자들은 반드시 적절한 안전장치를 갖춰야 하며, 기업들은 문제가 있는 암호를 허용해서는 안 된다는 것이다.

또한 기업들은 또 다른 이유로 강력한 암호를 원한다. 기업들은 엄청난 양의 정보를 저장하는 컴퓨터 데이터베이스를 보유하고 있다. 여기에는 제품 정보, 고객 정보, 재무 정보 등이 들어 있다. 자연스럽게 기업들은 이 정보를 회사 컴퓨터에 침투해 정보를 훔치려는 크래커들로부터 보호하기를 원한다. 방법은 저장된 정보를 암호화하는 것이다. 그러면 오직 복호화 열쇠를 가진 직원들만 이 정보에 접근할 수 있다.

이런 상황을 요약하면 양쪽 진영의 논점은 분명하다. 시민자유론자들과 기업은 강력한 암호에 찬성하지만 법 집행자는 암호 사용의 엄격한 규제에 찬성한다. 전반적으로 다수 의견은 암호화 찬성파 쪽으로 기우는 것 같다. 여기에는 동정적인 언론과 몇몇 할리우드 영화가 도움이 되었다. 1998년 초 영화 〈머큐리Mercury Rising〉는 절대 깨지지 않을 새로운 NSA 암호를 9살의 자폐증세가 있는 천재 소년이 우연히 해독하게 되면서 벌어지는 이야기다. 알렉 볼드윈이 분한 NSA 요원이 소년을 암살하라고 지시한다. 소년이 국가 안보에 위협이 된다고 봤던 것이다. 다행히도 소년에게는 자기를 보호해줄 브루스 윌리스가 있다. 같은 해인 1998년에 개봉한 할리우드 영화 〈에너미 오브 스테이트Enemy of the State〉는 강력한 암호화를 찬성하는 법안을 지지하는 한 정치인을 살해하려는 NSA 음모를 다뤘다. 그 정치인은 살해당하지만, 윌 스미스가 분한 변호사와 진 해크만이 연기한 전직 NSA 요원은 마침내 그 NSA 암살범을 정의의 심판대에 세운다. 두 영화 모두 NSA를 CIA보다 더 사악한 존재로 그린다. 그리 보면 많은 면에서 NSA는 사악하고 위협적인 기득권층 역할을 넘겨받았다.

암호화 찬성파 압력단체는 암호화의 자유를 주장하고, 암호화 반대파 압력단체는 암호 사용을 제한해야 한다고 목소리를 내고 있으나 양측의 타협안이 될 수도 있는 제3의 길이 있다. 십수 년간 암호 제작 전문가들과 정책 결정자들은 키 에스크로key escrow라 하는 보안 체계의 장단점을 조사해왔다. '에스크로'라는 용어는 보통 한 사람이 일정액의 돈을 제3자에게 주면, 이 제3자가 특정한 상황에 원래 돈을 받기로 한 사람에게 전달한다. 가령 세입자가 사무 변호사에게 보증금을 맡기면, 사무 변호사는 세든 건물에 피해가 있을 경우 그 돈을 건물주에게 줄 수 있다. 암호 작성의 관점에서 에스크로는 앨리스가 자신의 개인 열쇠 사본을 에스크로 대리인, 즉 독립적이고 신뢰할 만한 중개인에게 맡기면, 이 중개인은 앨리스가 범죄에 개입되었다는 증거가 충분히 제시되면 앨리스의 개인 열쇠를 경찰에게 줄 수 있는 권한을 갖는 것이다.

암호열쇠 에스크로를 시도했던 사례 중 가장 잘 알려진 것이 1994년에 미국이 채택한 에스크로 암호화 표준(EES)이다. EES를 채택한 목적은 두 개의 암호화 시스템, 클리퍼clipper와 캡스톤capstone을 도입하여 전화와 컴퓨터 통신에 각각 사용하는 데 있었다. 클리퍼 암호화를 사용하려면 앨리스는 앨리스의 비밀 개인 열쇠 정보가 담겨 있는 칩이 삽입된 전화기를 사야 한다. 앨리스가 클리퍼 전화기를 사는 순간 칩에 들어있는 개인 열쇠의 사본이 2개 나뉘어, 각각 두 개의 연방 기관에 보관된다. 미국 정부는 앨리스의 암호가 안전하며, 법 집행기관이 앨리스가 위탁한 개인 열쇠가 필요하다고 연방기관 두 곳을 설득하지 않는 한 앨리스의 사생활은 보호된다고 주장했다.

미국 정부도 클리퍼와 캡스톤을 정부기관 통신망에 적용했으며, 공공사업과 관련된 기업들은 의무적으로 EES를 도입하도록 했다. 그외 다른 기업과 개인은 다른 형태의 암호화 시스템을 자유롭게 사용했지만 정부는 클리퍼와 캡스톤이 조금씩 미국에서 가장 선호되는 암호화 시스템으로 자리하기를 바랐다. 그러나 이 정책은 실패로 돌아갔다. 정부 이외에 키 에스크로를 지지하는 사람들이 거의 없었던 것이다. 시민자유론자들은 연방기관이 모든 사람들의 열쇠를 갖고 있다는 개념을 좋아하지 않았다. 그리고 그런 개념을 현실에서의 집 열쇠에 비유했다. 만일 정부가 모든 사람들의 집 열쇠를 갖고 있다고 하면 어떤 느낌일지 생각해보라고 했다. 암호 전문가들은 부정직한 직원 하나가 에스크로 열쇠들을 최고 금액을 제시한 사람에게 팔아넘기면 시스템 전체가 흔들릴 수 있음을 지적했다. 기업들은 기밀 유지에 대해 걱정했다. 가령 미국에 있는 유럽 기업은 미국 기업이 경쟁 우위를 점할 수 있는 기밀을 손에 넣기 위해 미국 무역 담당 관리들이 자기네들 메시지를 도청할 수도 있음을 우려했다.

클리퍼와 캡스톤은 실패했지만, 여전히 많은 국가가 범죄자들로부터 에스크로 열쇠를 충분히 보호하는 한, 그리고 정부가 남용할 수 없는 시스템임을 알려 국민들을 안심시키면, 키 에스크로가 성공을 거둘 수 있다고 믿는다. 루이스 J. 프리 FBI 국장은 1996년 이렇게 말했다. "법 집행기관은 균형 잡힌 암호화 정책을 온전히 지지한다... 키 에스크로는 유일한 해결방안일 뿐만 아니라, 매우 훌륭한 해결책이다. 사생활 보호, 정보 보안, 전자상거래, 국민 안전, 국가 안보와 관련된 근본적인 사회적 관심사들 간에 균형을 효과적으로 맞추기 때문이다."

미국 정부는 정부의 에스크로 도입을 철회했지만 많은 이들이 미국 정부가 다른 형태의 키 에스크로를 언젠가 다시 도입하려 할 거라고 본다. 선택적인 에스크로 도입의 실패를 지켜본 다른 국가의 정부들은 에스크로 도입 의무화를 고려할지도 모른다. 한편, 암호화 찬성파 압력단체는 계속해서 키 에스크로를 반대하고 있다. 기술 전문 기자 케네스 닐 쿠키어는 다음과 같이 썼다. "암호 논쟁에 참여하는 사람들은 모두 똑똑하거나 존경받을 만하며, 에스크로 시스템을 찬성하지만, 이 세 가지 중 두 개 이상의 자질을 동시에 갖고 있는 사람은 없다."

시민자유론자와 기업, 법 집행기관의 입장을 균형 있게 반영하기 위해 정부가 선택할 수 있는 방안은 다양하다. 그러나 뭐가 더 좋은 방안일지는 확실하지 않다. 현재 암호 관련 정책이 매우 유동적이기 때문이다. 세계 각지에서 벌어지는 사건들이 끊임없이 암호 관련 논쟁에 영향을 주고 있다. 1998년 11월, 엘리자베스 여왕은 디지털 시장과 관련한 영국 법안을 발표했으며, 1998년 12월 33개 국가가 강력한 암호화 기술을 포함한 무기 수출을 제한하는 바세나르 협약을 맺었다. 1999년 1월 프랑스는 암호화 금지법을 폐지했다. 서유럽에서 가장 엄격하게 암호화를 반대했던 프랑스는 결국 관련 기업계의 압력에 굴복해 암호화 금지법을 폐지하게 된 것이다. 1999년 3월 영국 정부는 전자상거래 법안에 대한 협의 문서를 공개했다.

암호화 정책과 관련한 논의는 계속적으로 또 다른 변화가 생길 것이다. 그러나 앞으로의 암호화 정책에서 한 가지는 확실해 보인다. 소위 인증기관certification authorities이 필요해질 것이다. 앨리스가 새로 사귄 친구 잭에게 보안 이메일을 보내려고 할 때 앨리스는 잭의 공개 열쇠가 필요하다. 앨리스는 잭에게 잭의 공개 열쇠를 우편으로 보내달라고 요청할 것이다. 불행히도 잭이 앨리스에게 보낸 편지를 이브가 가로챈 다음 없애버린 후 잭의 편지를 위조해서 거기에 잭의 공개 열쇠가 아닌 이브의 공개 열쇠를 담아 앨리스에게 보낼 위험이 있다. 앨리스는 민감한 내용이 담긴 이메일을 잭에게 보내겠지만, 자기도 모르는 사이에 이브의 공개 열쇠로 편지를 암호화하게 될 것이다. 이브가 이 이메일도 가로챌 수 있다면 이브는 쉽게 앨리스의 편지를 해독한 다음 읽을 수 있게 된다. 다시 말하면, 공개 열쇠 암호의 문제점 중 하나는 자기와 통신하려는 상대방의 공개 열쇠가 진짜 그 사람의 공개 열쇠인지 확신할 수 없다는 점이다. 인증기관들은 공개 열쇠가 특정 사람의 것인지 검증한다. 인증기관은 자기들이 잭의 공개 열쇠를 제대로 보유하고 있는지 확인하기 위해 잭에게 직접 만나자고 할 수도 있다. 앨리스가 그 인증기관을 신뢰하면 앨리스는 잭의 공개 열쇠를 그 인증기관으로부터 받음으로써 그 열쇠가 진짜 잭의 열쇠임을 확신할 수 있다.

나는 앨리스가 회사의 공개 열쇠로 주문서 양식을 암호화하여 안전하게 인터넷에서 물건을 살 수 있다고 앞에서 설명했다. 1998년 이 인증 시장의 선두 주자는 베리사인Verisign이었다. 베리사인은 단 4년 동안 3천만 달러 규모의 회사로 성장했다. 인증기관들은 공개 열쇠를 인증함으로써 안전한 암호화를 보장할 뿐만 아니라, 디지털 서명의 신뢰성도 보장해준다. 1998년 아일랜드의 볼티모어 테크놀로지 사가 빌 클린턴 대통령과 버티 어헌 총리의 디지털 서명을 인증했다. 이로써 두 지도자가 더블린에서 공식 성명서에 디지털로 서명을 할 수 있었다.

인증기관들은 보안에 위험을 끼치지 않는다. 인증기관들은 단순히 잭에게 공개 열쇠를 보여 달라고 함으로써 잭에게 암호문을 보내려는 사람들을 위해 잭의 공개 열쇠를 인증만 하기 때문이다. 그러나 '제3신뢰기관(TTPs)'이라고 하는 단체도 있다. 이 기관은 좀 더 논쟁이 되는 서비스인 암호열쇠 복구 서비스를 제공한다. 한 법률회사가 있는데, 이 회사는 모든 중요한 문서를 회사의 공개 열쇠로 암호화하며, 암호화된 문서는 그 회사의 개인 열쇠로 복호화할 수 있다고 가정해보자. 이런 시스템은 크래커와 정보를 도둑질해가려는 사람들로부터 안전하다. 그러나 만일 개인 열쇠를 보관하던 직원이 열쇠를 분실했거나, 일부러 가지고 도주했거나 아니면 버스에 치였다고 하면 어떻게 될까? 그래서 각국 정부는 TTPs를 세우게 해서 모든 열쇠의 사본을 보관할 것을 권장하고 있다. 개인 열쇠를 분실한 회사는 TTPs를 통해 개인 열쇠를 다시 복구할 수 있게 된다.

TTPs는 논쟁의 여지가 있다. 이 기관도 사람들의 개인 열쇠에 접근할 수 있어서 고객의 암호문을 들여다볼 수 있기 때문이다. TTPs는 반드시 신뢰할 수 있어야 한다. 그렇지 않으면 쉽게 악용될 수 있다. 일각에서는 TTPs가 사실상 키 에스크로를 재현한 것이며, 법 집행기관이 경찰 조사 중인 고객의 열쇠를 제공하라고 TTPs를 협박할 수 있다고 주장한다. 또 다른 쪽에서는 TTPs가 합리적인 공개 열쇠 인프라에 필요한 부분이라고 주장한다.

아무도 TTPs가 앞으로 어떤 역할을 할지 예측할 수 없으며, 아무도 앞으로 10년 후의 암호 정책을 확실하게 내다볼 수 없다. 그러나 나는 가까운 시일 내에 암호화 찬성파들이 처음으로 논쟁에서의 승자가 될 것이라고 본다. 어떤 나라도 전자상거래를 가로막는 암호화 관련법을 원하진 않을 것이기 때문이다. 그러나 이 같은 정책이 잘못되었다고 판명되면, 언제든지 되돌릴 수 있다. 테러리스트들이 만행을 저지르려고 하는데, 법 집행기관이 도청으로 테러를 막았다는 것을 증명하면, 정부는 신속하게 키 에스크로 정책에 대한 지지 여론을 얻을 수 있을 것이다.

강력한 암호화 기술을 사용하는 사람들은 열쇠를 키 에스크로 대리인에게 강제로 맡겨야 할 것이며, 이후 에스크로 열쇠가 아닌 다른 암호화 열쇠를 사용하는 사람들은 누구나 법을 어긴 게 될 것이다. 에스크로 암호를 사용하지 않은 데 따른 처벌이 엄중하면, 법 집행기관은 다시금 통제력을 확보하게 될 것이다. 그런 후 정부가 키 에스크로 시스템에 대한 신뢰를 남용하면 시민들은 다시 암호화 자유를 촉구할 것이고 그러면 다시 대세는 역전될 것이다. 요약하면, 정치적, 경제적, 사회적 분위기에 맞춰 그때그때 정책을 바꾸지 못할 이유가 없다는 말이다. 결국 결정은 사람들이 범죄자와 정부 중 누구를 더 무서워하느냐에 달려 있다.

짐머만의 명예 회복

1993년 필 짐머만은 대배심의 조사 대상이 되었다. FBI에 따르면, 짐머만은 미국의 적국과 테러리스트들이 미국 정부의 눈을 피하는 데 유용한 무기를 수출했다고 했다. 조사가 장기화될 수록 더 많은 암호 전문가들과 시민자유론자들이 짐머만을 전폭 지원했으며 짐머만의 변호인단 구성을 지원하기 위해 국제 기금까지 설립했다. 이와 동시에 FBI의 수사 대상이 되는 영예를 얻자 PGP의 명성은 높아졌고, 짐머만이 개발한 프로그램들이 인터넷을 통해 전보다 더 빠르게 퍼져나갔다. 한마디로 도대체 얼마나 보안이 튼튼한 암호화 소프트웨어이길래 FBI까지 벌벌 떨게 했느냐는 것이다.

처음에 PGP는 서둘러서 공개가 되는 바람에 원래 계획대로 깔끔하게 다듬어진 상태는 아니었다. 곧이어 PGP의 새로운 버전을 개발해 달라는 요구가 쏟아졌지만, 짐머만은 계속해서 제품 개발에 매달릴 처지가 아니었다. 대신에 유럽의 소프트웨어 엔지니어들이 PGP를 계속 개발하기 시작했다. 일반적으로 암호화를 대하는 태도는 유럽인들이 옛날이나 지금이나 더 자유롭다. 그래서 전 세계에 유럽 버전의 PGP를 수출하는 데 아무런 제약이 없었다. 게다가 RSA 특허분쟁이 유럽에서는 문제가 되지 않았다. 미국 바깥에서는 RSA 특허가 적용되지 않았기 때문이다.

3년이 지났는데도 대배심 조사는 끝나지 않았고, 짐머만은 재판에 회부되지도 않았다. PGP의 성격과 PGP가 배포된 방식 때문에 소송은 매우 복잡했다. 짐머만이 PGP를 컴퓨터에 올린 다음 적대적인 정부에 넘겼다면 간단히 짐머만을 기소할 수 있었을 것이다. 분명 짐머만이 온전히 작동하는 암호화 시스템을 수출한 것이기 때문이다. 마찬가지로 짐머만이 PGP 프로그램을 담은 디스크를 수출했다면 디스크라는 물리적 실체를 암호화 기기로 해석할 여지가 있어 짐머만을 상대로 한 소송 근거가 확고해진다. 하지만 짐머만이 컴퓨터 프로그래밍 소스를 인쇄하여 책으로 만들어 수출했다고 하면 딱히 짐머만을 기소할 근거가 없어진다. 짐머만이 암호화 기기를 수출한 게 아니라, 암호화 지식을 수출한 것으로 볼 수 있기 때문이다. 그러나 인쇄물은 쉽게 스캔해서 컴퓨터에 저장할 수 있다. 즉 책도 디스크만큼이나 위험하다는 뜻이다. 그러나 실제로 벌어진 일은 이렇다. 짐머만은 PGP의 사본을 '친구'에게 주었고, 그 친구는 PGP 사본을 미국에 있는 컴퓨터에 설치했으며, 친구의 컴퓨터는 어쩌다 인터넷에 연결되어 있었다. 이후로 어떤 적대적인 정권이 그 프로그램을 내려 받았을 수도 있고 아닐 수도 있었다. 짐머만이 PGP를 내보낸 게 유죄일까? 오늘날조차도 인터넷을 둘러싼 법적 문제들은 논쟁과 해석의 대상이다. 1990년대 초, 당시의 상황은 극도로 모호했다.

조사한 지 3년이 지난 1996년, 미국 법무부는 짐머만을 상대로 한 소송을 포기했다. FBI는 때를 놓쳤다는 것을 깨달았다. PGP는 이미 인터넷에 퍼진 지 오래고 짐머만을 기소한다고 해서 얻을 수 있는 것은 아무것도 없을 터였다. 게다가 짐머만은 주요 기관들, 이를테면 PGP에 대해 600쪽짜리 책을 출판한 MIT대학출판사의 지지를 받고 있었다. 이 책은 전 세계로 판매되고 있어서 짐머만을 기소한다는 것은 MIT대학출판사를 기소하는 것이나 마찬가지였다. FBI가 기소를 꺼린 또 다른 이유는 짐머만이 유죄판결을 받지 않을 가능성이 높았던 데 있었다. 짐머만이 유죄판결을 받지 않으면 FBI 기소는 결국 사생활을 보호받을 권리에 대한 헌법 논쟁으로 이어질 것이고, 그렇게 되면 암호화에 찬성하는 동정 여론이 더욱 확산될 것이 불 보듯 뻔했다.

짐머만의 다른 중요한 문제도 해결되었다. 짐머만은 RSA와 라이선스를 합의하여 특허 문제를 해결했다. 마침내 PGP는 합법적인 제품이 되었고 짐머만은 자유인이 되었다. 대배심 조사는 짐머만을 암호화의 투사로 만들어주었고, 전 세계 마케팅 관리자라면 부러워할 명성과 홍보 효과를 공짜로 주었다.

1997년 말, 짐머만은 PGP를 네트워크 어소시에이츠에 매각하고 네트워크 어소시에이츠의 기술고문이 되었다. 비록 PGP는 기업에 매각됐지만 상업적인 목적으로 프로그램을 활용할 의도가 없는 개인이라면 누구나 무료로 사용할 수 있다. 그러니까 단순히 사생활을 보호하고 싶은 개인이라면 누구나 인터넷에서 무료로 PGP를 내려 받을 수 있다.

PGP 복사본을 얻고 싶은 사람은 인터넷의 여러 사이트에서 구할 수 있다. 그리고 쉽게 찾을 수 있을 것이다. 가장 믿을 수 있는 곳은 국제 PGP 홈페이지인 http://www.pgpi.com/이다. 이곳에서 미국 버전과 국제 버전이 모두 제공된다. 다만 나는 이에 따른 어떤 책임도 지지 않는다는 사실을 밝혀둔다. 독자가 PGP를 설치하기로 했을 때, 컴퓨터에 PGP를 설치할 수 있는 여부나 소프트웨어가 바이러스에 감염되지 않았다는 등의 사실을 확인하는 것은 전적으로 독자들의 몫이다.

또한 독자들은 자기가 살고 있는 국가가 강력한 암호화 프로그램의 사용을 허용하는지 확인해야 한다. 마지막으로 제대로 된 버전의 PGP를 내려 받고 있는지도 확인해야 한다. 미국 이외의 지역에 사는 개인은 미국 버전의 PGP를 내려 받으면 안 된다. 미국의 수출법을 위반하는 게 되기 때문이다. PGP 인터내셔널 버전은 수출 규제를 받지 않는다.

나는 지금도 인터넷에서 처음으로 PGP를 내려 받았던 일요일 오후를 기억한다. 이후로 나는 내 이메일을 누가 가로채거나 읽지 못할 것이라는 사실을 확신할 수 있게 되었다. 이제는 민감한 자료들은 암호화해서 앨리스와 밥, 그리고 PGP 소프트웨어를 갖고 있는 사람이면 누구에게나 보낼 수 있기 때문이다. PGP 소프트웨어가 설치된 내 노트북은 전 세계 암호 해독기관들이 힘을 합쳐도 깨뜨릴 수 없는 수준의 보안을 갖추고 있다.

CODE 08

미래로의 대도약

2천 년 동안 암호 제작자는 비밀을 지키려고 고군분투해 온 반면, 암호 해독자는 어떻게든 비밀을 밝혀내려고 있는 힘을 다했다. 언제나 이 둘은 막상막하였다. 암호 제작자들이 앞선 것 같으면 암호 해독자들이 반격을 가했으며, 기존 방법이 약해졌다 싶으면 암호 제작자들은 더 강력한 새로운 암호화 기술을 만들어냈다. 공개 열쇠 암호의 발명으로 강력한 암호 사용을 둘러싼 정치적 논쟁이 오늘날까지 이어지고 있는 가운데 분명한 것은 암호 제작자들이 정보 전쟁에서 유리한 상황에 있다는 사실이다.

필 짐머만에 따르면 우리는 암호의 황금기에 살고 있다. "지금까지 알려져 있는 모든 형태의 암호 분석 기법을 동원해도 풀 수 없는 암호문 작성이 현대 암호학에서는 가능하다. 그리고 이런 추세는 한동안 계속될 것이라 생각한다." 윌리엄 크로웰 NSA 부국장도 이 같은 짐머만의 견해를 뒷받침한다. "전 세계의 개인용 컴퓨터 약 2억 6천만 대가 다 같이 매달려 PGP로 암호화된 하나의 메시지를 해독하는데, 우주 나이보다 평균 1천 2백만 배나 더 걸릴 것이다."

그러나 앞선 경험에 의해 우리는 소위 깨지지 않는다고 하는 모든 암호가 얼마 안 있어 깨진다는 것을 알았다. 비즈네르 암호도 '깨지지 않는 암호'라고 불렸지만 배비지가 깼으며, 에니그마도 난공불락으로 간주되었지만 폴란드인들이 허점을 밝혀냈다. 그렇다면 지금 암호 해독자들은 또 다른 전기를 앞두고 있는 걸까? 아니면 짐머만이 옳은 걸까? 어떤 기술이 앞으로 어떻게 발전할지를 예측한다는 것은 언제나 틀릴 위험이 있다. 더군다나 암호에 있어서는 더욱 불확실하다. 우리는 앞으로 무엇을 발견하게 될지 헤아려야 할 뿐만 아니라, 지금 알고 있는 것이 무엇인지도 추측해야 한다. 제임스 엘리스와 GCHQ의 이야기가 일깨워주듯 어쩌면 이미 놀라운 사실들이 발견되었음에도 불구하고 정부의 비밀 장막에 가려 보지 못하는 것일 수도 있다.

이번 마지막 장에서는 21세기의 사생활을 보호해주거나 파괴할 수도 있는 미래 아이디어 몇 가지를 살펴보겠다. 그리고 암호 분석의 미래와 특별히 오늘날의 어떤 암호든 모두 해독할 수 있게 만들어 줄 만한 한 가지 아이디어를 특별히 살펴보려고 한다. 한편, 마지막 절에서는 가장 흥미로운 암호 제작의 미래, 즉 사생활을 완벽하게 보호할 수 있는 잠재력을 지닌 시스템에 대해서 알아보겠다.

암호 해독의 미래

RSA와 기타 현대 암호가 매우 강력하긴 하지만 정보를 수집하는 데 있어서 암호 해독자들이 여전히 중요한 역할을 맡을 수 있다. 그 어느 때보다 암호 해독에 대한 수요가 많다는 사실이 이들의 중요성을 보여준다. 여전히 NSA는 세계에서 가장 많은 수학자를 고용하고 있다.

전 세계를 돌아다니는 정보들 가운데 지극히 일부 정보들만이 안전하게 암호화되어 있으며, 나머지는 부실하게 되어 있거나 아예 암호화가 안 되어 있다. 인터넷 사용자가 급속도로 늘어나긴 하나 사생활 보호에 대해 큰 주의를 기울이는 이는 아직 소수이기 때문이다. 결국 이 말은 사람들이 보호할 수 있는 정보보다 국가 안보 조직이나 법 집행기관, 또는 호기심이 너무나 강한 사람들의 손에 들어가는 정보가 훨씬 많다는 뜻이다.

설령 이용자들이 RSA 암호를 적절히 사용한다 해도 암호 해독자들은 입수한 메시지로부터 조금씩이라도 상당한 정보를 모으고 있다. 암호 해독자들은 트래픽 분석과 같은 옛날 방식의 기술을 지속적으로 활용한다. 따라서 메시지에 담긴 내용은 몰라도, 적어도 누가 메시지를 보내는지, 또 누가 메시지를 받게 되는지 알아낼 수 있으며, 이 같은 정보 자체가 암호 해독자들에게 매우 중요한 정보일 수 있다. 최근에 나온 이른바 템페스트tempest 공격은 컴퓨터의 디스플레이 장치에 있는 전자기기에서 방출되는 전자기 신호를 노린다. 앨리스의 집 바깥에 승합차를 세워놓고, 이브는 민감한 템페스트 장비를 이용해서 앨리스가 컴퓨터에 입력하는 키 하나하나를 알아낼 수 있다. 이런 방법으로 이브는 메시지가 암호화되기 전에, 컴퓨터에 입력되는 메시지를 고스란히 알아낼 수 있다. 템페스트 공격을 막기 위해, 이미 어떤 회사들에서는 전자기 신호가 새어나가지 않게 회의실 벽에 댈 수 있는 차폐재를 공급하고 있다. 미국에서는 이 같은 차폐재를 구입하려면 사전에 정부의 승인을 얻어야 한다. 이는 곧 FBI 같은 기관들이 자주 이 같은 템페스트 공격 방식으로 감찰한다는 사실을 암시한다.

또 다른 공격 방법에는 바이러스와 트로이 목마가 있다. 이브는 PGP 소프트웨어를 감염시키는 바이러스를 만들어 아무도 모르게 앨리스의 컴퓨터에 심을 수 있다. 그러다 앨리스가 메시지를 복호화하기 위해 자신의 개인 열쇠를 사용할 때, 바이러스가 활성화되어 복호화된 메시지를 기록할 것이다. 앨리스가 인터넷에 접속하면 바이러스에 감염된 앨리스의 개인 열쇠는 이브에게 몰래 전송됨으로써, 앨리스에게 전송되는 메시지를 이브가 모두 읽을 수 있게 된다.

트로이 목마는 또 다른 소프트웨어 속임수로 진짜 암호화 프로그램처럼 작동하지만, 사실은 사용자의 뒤통수를 치는 프로그램이다. 예를 들어, 앨리스는 자기가 진짜 PGP 프로그램의 복사본을 내려 받고 있다고 생각할 수 있지만, 실상은 트로이 목마인 것이다. 이 변형된 버전은 진짜 PGP 프로그램과 아주 똑같아 보이지만 그 안에는 앨리스가 주고받는 메시지의 모든 평문을 이브에게 보내라는 명령이 담겨 있다.

필 짐머만은 트로이 목마를 다음과 같이 표현했다. "누구나 소스 코드를 수정해서 진짜 PGP 프로그램과 똑같아 보이지만 핵심 기능이 빠진 반쯤 죽은 가짜 PGP 프로그램을 만들 수 있다. 이 가짜 PGP 프로그램은 사악한 주인의 뜻에 따라 움직인다. 이런 트로이 목마 버전의 PGP 프로그램은 널리 유포되면서 내가 만든 프로그램이라고 주장한다. 얼마나 음흉한지 모른다! 그래서 언제나 신뢰할 수 있는 곳에서 PGP 복사본을 구하려고 최선을 다해야 한다."

트로이 목마의 변형으로 안전해 보이지만, 사실은 백도어[1]가 숨어 있

1 컴퓨터 시스템 또는 암호화 시스템의 백도어backdoor는 일반적인 인증을 통과하고 원격 접속을 보장하고 평문plaintext에 접근하는 등의 행동을 들키지 않고 하는 방법을 말한다. 백도어는 설치된 프로그램의 형태를 취하기도 하고, 기존 프로그램 또는 하드웨어의 변형일 수도 있다.

는 새로운 암호화 프로그램이 있다. 이 백도어를 통해 가짜 PGP 프로그램의 설계자가 모든 사람의 메시지를 해독할 수 있다. 1998년 웨인 매드슨이 작성한 보고서에서 밝힌 바에 따르면, 스위스 암호화 소프트웨어 회사인 크립토 AG가 자사의 암호화 제품 일부에 백도어를 설치하고 이 백도어를 이용하는 방법을 미국 정부에게 상세히 제공했다고 한다. 그로 인해 미국은 여러 나라의 통신 내용을 읽을 수 있었다. 1991년 망명한 샤푸르 바크티아 전 이란 총리를 살해한 암살범을 잡을 수 있었던 것도 확보한 암살범의 메시지가 크립토 AG의 장비로 암호화되어 있어 제품의 백도어로 해독할 수 있었기 때문이었다.

트래픽 분석, 템페스트 공격, 바이러스와 트로이 목마 모두 정보 수집에 유용한 기술이긴 하지만, 암호 해독자들은 자기들의 진짜 목표가 현대 암호화의 초석인 RSA 암호를 깨는 것임을 알고 있다. RSA 암호는 가장 중요한 군사, 외교, 상업 및 비밀통신을 보호하는 데 사용되며, 정보 수집 기관들은 바로 이런 분야의 정보를 해독하고 싶어 한다. 이들 기관이 강력한 RSA 암호 해독에 도전하려면 암호 해독자들은 중요한 이론적 혹은 기술적 전기를 마련해야 할 것이다.

이론적인 전기라 함은 앨리스의 개인 열쇠를 알아내는 완전히 새로운 방법이 될 것이다. 앨리스의 개인 열쇠는 p와 q로 이뤄져 있으며 이 두 숫자는 공개 열쇠인 N을 인수분해해서 찾아낸다. 일반적인 접근법은 각각의 소수로 N을 나눴을 때 나누어떨어지는지 한 번에 하나씩 확인해보는 것이지만, 이렇게 하려면 말도 못하게 엄청난 시간이 걸린다. 암호 해독자들은 빨리 인수분해하는 방법, p와 q를 찾는 단계를 현격히 단축할 수 있는 방법을 찾으려고 노력해왔다. 그러나 지금까지 빠르게 인수분해하는 비법을 찾아내려는 모든 시도가 실패로 끝났다. 수학자들은 인수분해를 몇 백 년 동안 연구해왔고, 현대 인수분해 방법이 고대에 행했던 방식보다 크게 나은 것도 아니다. 인수분해 지름길의 존재를 금하는 수학의 법칙이 정말로 있는지도 모른다.

이론적인 전기를 마련할 것이란 희망을 버리고 암호 해독자들은 어쩔 수 없이 기술적인 혁신을 찾아나서야 했다. 인수분해 과정을 단축시킬 수 있는 확실한 방법이 없다면 인수분해를 더 빨리 할 수 있는 기술을 찾아야 했다. 해마다 실리콘 칩의 처리 속도가 빨라져서 약 18개월마다 두 배의 속도 증가를 보이고 있지만, 이 정도로는 인수분해 속도에 현격한 변화를 주기엔 충분치 않다. 암호 해독자들이 요구하는 기술은 현재 컴퓨터보다 수십억 배는 빨라지는 것이기 때문이다. 결국 암호 해독자들은 전혀 새로운 형태의 컴퓨터, 바로 양자 컴퓨터로 눈을 돌렸다. 과학자들이 양자 컴퓨터를 만들 수 있다면, 양자 컴퓨터는 어마어마한 연산처리 속도로 현대 슈퍼컴퓨터를 망가진 주판처럼 보이게 만들 것이다.

이번 절의 나머지는 양자 컴퓨터의 개념을 다룸으로써 간혹 양자 역학이라고도 불리는 몇 가지 양자 물리학 원리에 대해 알아보고자 한다. 이에 앞서, 양자 역학의 아버지 닐스 보어Niels Bohr가 맨 처음 한 경고에 귀 기울이길 바란다. "양자 역학에 대해 깊게 생각하면서 머리가 어지럽지 않은 사람은 제대로 양자 역학을 모르는 사람이다." 그러니까 독자 여러분은 앞으로 나올 상당히 이상한 개념을 맞이할 준비를 하시라.

양자 컴퓨터의 원리에 대해 설명하려면 19세기 후반으로 돌아가서 맨 처음 이집트 상형문자 해독의 전기를 마련했던 영국의 박물학자, 토마스 영의 연구를 살펴보는 게 도움이 된다. 케임브리지대학 엠마뉴엘 칼리지의 연구원으로 있으면서 영은 오후에 오리들이 노는 연못가 근처에서 휴식을 취하곤 했다. 들리는 얘기에 의하면, 어느 날 영은 나란히 연못에서 헤엄치는 오리 두 마리를 보았다고 한다. 두 마리의 오리들 뒤로 두 줄의 잔물결이 이는 것이 보였다. 이 잔물결은 서로 상호작용하면서 거칠거나 잔잔하게 특이한 패턴을 만들어냈다. 두 마리의 오리 뒤쪽으로 두 개의 물결이 퍼져 나갔고 한 오리 뒤에서 솟은 물결의 마루(peak)가 다른 오리 뒤에서 출렁이는 물결의 골을 만나면, 물결이 잔잔해졌다. 물결의 마루와 골이 만나 서로를 상쇄한 것이었다. 그렇지 않고 두 오리가 만들어내는 두 물결의 마루가 동시에 같은 지점에 이르면 그 마루는 더욱 높아졌고 두 물결의 골이 동시에 같은 지점에 이르면 물결의 골은 더욱 깊어졌다. 영이 이 현상에 특별히 매료되었던 것은 1799년에 했던 빛의 성질에 관한 실험이 떠올랐기 때문이었다.

초기 실험에서 영은 〈그림 71(a)〉와 같이 칸막이에 수직으로 가늘게 구멍 두 개를 내고 거기에 불을 비추었다. 영은 구멍을 통과한 두 개의 밝은 줄무늬가 구멍에서 조금 떨어진 곳에 설치한 막에 나타날 거라고 예상했다. 그러나 영이 본 것은 두 구멍에서 나온 빛이 퍼지면서 만들어낸 몇 개의 밝은 줄과 어두운 줄이었다. 막에 나타난 빛줄기 모양이 한동안 수수께끼로 남아 있었지만, 이제는 연못에서 보았던 것을 가지고 그 실험 결과를 확실히 설명할 수 있겠다고 영은 생각했다.

영은 먼저 빛이 파동의 형태를 띤다고 가정했다. 두 구멍을 통과한 빛이 파동처럼 움직인다면 두 마리의 오리 뒤에 나타나는 물결과 같다고 볼 수 있을 것이다. 뿐만 아니라 막에 나타난 밝은 줄무늬와 어두운 줄무늬를 만들어낸 상호작용은 물결의 마루와 골이 만나서 마루가 더욱 높이 솟거나 골이 더 낮아지거나, 혹은 잔잔하게 만든 물결의 상호작용과 똑같은 것이었다. 영은 〈그림 71(b)〉처럼 파동의 골이 마루와 만났을 때는 상쇄되어 어두운 줄무늬로 막에 나타나고, 두 개의 마루(또는 두

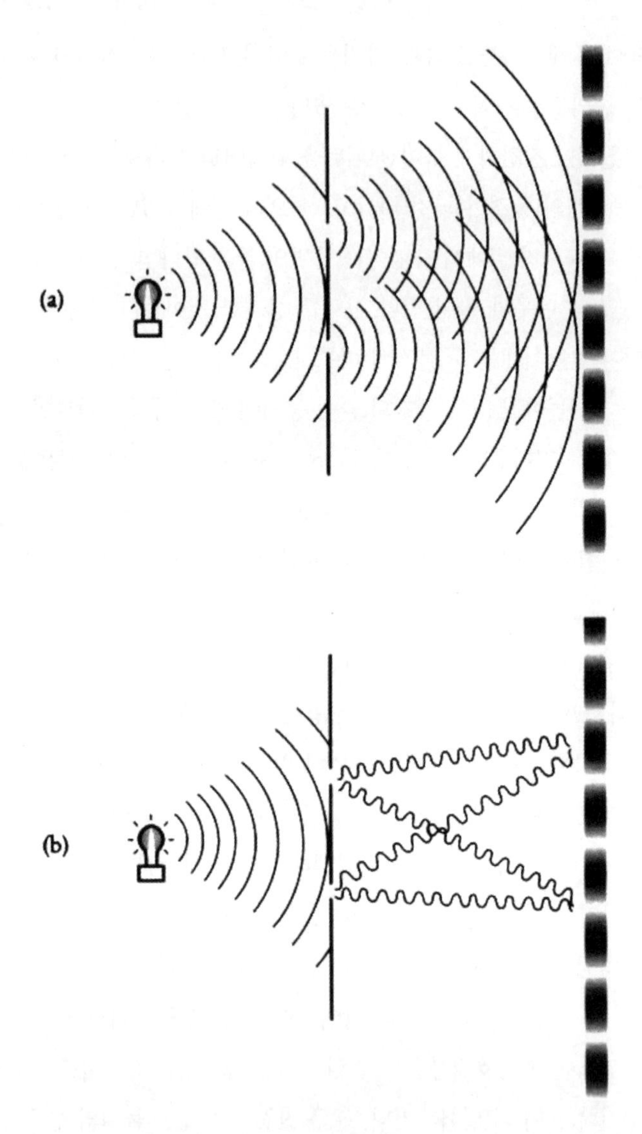

그림 71 영의 이중 슬릿 실험을 위에서 본 모습. 실험도(a)는 칸막이의 두 개의 구멍에서 나오는 빛이 퍼지는 것을 보여준다. 빛은 서로 상호작용하며 막에 줄무늬 패턴을 만들어낸다. 실험도(b)는 어떻게 각각의 파동이 상호작용하는지 보여준다. 막에서 골이 산과 만나면 어두운 줄무늬로 나타난다. 두 개의 골(또는 두개의 산)이 막에서 만나면 밝은 줄무늬가 나타난다.

개의 골)가 만났을 때는 밝은 줄무늬로 나타나는 지점을 머릿속에 그릴 수 있었다. 연못의 오리들이 영에게 빛의 진짜 성질에 대해 깊은 통찰을 제공했고, 마침내 영은 물리학 논문의 고전이라 할 수 있는 〈빛의 파동설〉을 발표했다.

오늘날 우리는 빛이 실제로 물결처럼 퍼질 뿐만 아니라 입자처럼 움직인다는 것도 알고 있다. 우리는 상황에 따라 빛을 파동처럼 인식하거나 입자로 인식한다. 이 모호한 빛의 성질을 '파동 입자의 이중성'이라고 한다.

빛의 이중성에 대해 더 깊이 다룰 필요는 없지만, 한 가지 짚고 넘어가고 싶은 것이 있다. 현대 물리학에서는 한 줄기의 빛이 셀 수 없이 많은 입자, 즉 광자로 구성되어 있으며, 이 광자가 파동의 속성을 드러낸다고 여긴다는 사실이다. 이런 식으로 보면, 영의 실험을 광자의 측면에서 해석하는 게 가능해진다. 구멍을 통과한 광자들이 칸막이 반대편에서 서로 상호작용한다고 볼 수 있는 것이다.

지금까지, 영의 실험에서 특별히 이상한 점은 없다. 그러나 현대 기술 덕분에 물리학자들은 광자 하나만 방출할 수 있는 매우 어두운 필라멘트로 영의 실험을 재현할 수 있었다. 각각의 광자는 약 1분에 하나씩 방출되었고, 각각의 광자가 하나씩 칸막이로 향한다. 때로는 광자 한 개가 두 개의 구멍 중 하나를 통과한 다음 막에 부딪히기도 할 것이다. 우리 눈은 각각의 광자를 인식할 만큼 민감하진 않지만 특수 검출기를 이용해서 관찰할 수 있다. 몇 시간 동안 우리는 광자가 막의 어느 부분에 부딪히는지 전체적인 그림을 그려볼 수 있다. 한 번에 광자 하나씩 구멍을 통과할 때 우리는 영이 보았던 줄무늬 패턴을 보지 못할 것이다. 줄무늬 현상은 두 개의 광자가 동시에 다른 구멍을 통과한 다음 칸막이 건너편에서 상호작용할 때 가능하기 때문이다. 대신에 우리는 칸막이에 난 구멍을 말해주는 두 개의 밝은 줄무늬를 보게 될지도 모른다. 그러나 때로는 아주 특별한 이유로 광자를 하나씩 내보냈는데도 마치 광자가 상호작용한 것처럼 보이는 밝은 줄무늬와 어두운 줄무늬 패턴이 막에 나타나기도 한다.

이는 상식에 어긋나는 이상한 결과다. 고전적인 물리학의 법칙, 우리가 일상 만물의 움직임을 설명하기 위해 발전시킨 전통적인 법칙으로는 도무지 설명할 도리가 없는 현상인 것이다. 고전 물리학으로는 행성의 궤도나 포탄의 탄도를 설명할 수는 있어도 광자의 궤적과 같은 아주 미세한 세계에 대해서는 충분히 설명하지 못한다. 이 같은 광자 현상을 설명하기 위해서 물리학자들은 미시적인 수준에서 물체가 어떻게 움직이는지를 설명하는 양자이론에 의지한다. 그러나 양자이론가들조차 어떻게 이 실험을 해석해야 할지를 두고 의견 일치를 보지 못하고 있다. 양자이론가들은 이 실험의 해석을 두고 두 개의 진영으로 나뉘는 경향이 있다.

첫 번째 진영은 '중첩superposition'이라는 개념을 상정한다. 중첩론자들은 우리가 광자에 대해 확실히 아는 것은 단 두 가지, 하나, 광자는 필라멘트를 떠나서, 둘, 막에 부딪힌다는 사실뿐이라는 데서부터 출발한다. 광자가 왼쪽 구멍을 통과하는지, 오른쪽 구멍을 통과하는지를 포함해 나머지는 완전히 수수께끼라는 것이다. 광자가 움직이는 정확한 경로를 모르기 때문에 중첩론자들은 광자가 어떤 이유에서인지 양쪽 구멍을 동시에 통과하여, 서로 간섭함으로써 막에 줄무늬 패턴을 만들어낸다는 특이한 관점을 견지한다. 그러나 어떻게 하나의 광자가 두 개의 구멍을 통과할 수 있는 걸까?

중첩론자들은 다음과 같이 주장한다. 입자가 무엇을 하고 있는지 모른다는 이야기는 입자가 할 수 있는 모든 것이 동시에 허용된다는 말이다. 광자의 경우 우리는 광자가 왼쪽 구멍으로 통과했는지 아니면 오른쪽 구멍으로 통과했는지 모른다. 따라서 우리는 광자가 양쪽 구멍을 동시에 통과했다고 가정한다. 각각의 가능성을 상태state라고 부르며, 광자는 두 가지 가능성을 충족하기 때문에 '중첩 상태superposition of states'에 있다고 말한다. 우리는 하나의 광자가 필라멘트를 떠났다는 것을 알며, 하나의 광자가 칸막이 건너편에 있는 막에 부딪혔다는 것을 알지만, 그 사이에 어떤 이유에서인지 광자는 두 개의 '유령 광자'로 쪼개져 양쪽 구멍을 동시에 통과했다. 중첩이라는 말이 바보 같은 소리로 들릴 수 있지만, 적어도 중첩론은 각각의 광자를 가지고 영의 실험을 할 때 나타나는 줄무늬를 설명해준다.

이와 반대로 오래된 고전적 관점에 따르면 광자는 둘 중 한쪽 구멍으로만 통과했음이 분명하며, 우리는 단지 이 광자가 어떤 구멍으로 통과했는지 모를 뿐이다. 이 같은 관점이 양자론적 해석보다 훨씬 합리적으로 들릴지 모르지만, 불행히도 이런 관점으론 관찰된 결과를 설명할 수 없다.

1933년 노벨물리학상 수상자 에르빈 슈뢰딩거Erwin Schrödinger는 '슈뢰딩거의 고양이'라는 우화를 지어냈다. 이 우화는 중첩이라는 개념을 설명할 때 자주 사용된다. 어떤 상자 안에 고양이 한 마리가 있다고 상상해보자. 이 고양이의 상태는 죽었거나 살아있거나 둘 중 하나일 것이다. 맨 처음에 우리는 고양이가 반드시 둘 중의 한 가지 상태라는 것을 안다. 고양이가 살아있는 것을 볼 수 있기 때문이다. 이때, 고양이는 중첩 상태에 있지 않다. 그 다음에 고양이가 있는 상자에 청산가리 병을 넣고 뚜껑을 닫는다. 이제 우리는 아무것도 모르는 상태에 놓인다. 고양이의 상태를 볼 수도 없고 측정할 수도 없기 때문이다. 고양이는 아직 살아있을까, 아니면 청산가리 병을 밟아서 뭉갠 다음에 죽었을까? 일반적으로 우리는 이 고양이는 죽었을 수도 있고 살아있을 수도 있지만 어떤 상태인지 모를 뿐이라고 말할 것이다. 그러나 양자이론에서는 이 고양이가 두 가지 중첩 상태에 있다고 말한다. 즉, 고양이는 죽었거나 살아있으므로, 모든 가능성을 만족시킨다. 중첩은 물체가 더 이상 보이지 않을 때만 발생하며, 애매한 시점에 있는 물체를 설명할 때 사용된다. 우리는 상자를 열어야 비로소 고양이의 생사를 확인할 수 있다. 고양이를 보는 행위가 고양이의 상태를 결정하며, 바로 그 순간 중첩 상태가 사라진다.

중첩이라는 개념이 마음에 들지 않는 독자들을 위해서 영의 실험을 다르게 해석하는 두 번째 양자 진영이 있다. 불행히도 두 번째 진영의 관점도 이상하긴 마찬가지다. 이 두 번째 진영이 내놓은 '다중세계 해석many-worlds interpretation'에 따르면 필라멘트를 떠난 광자는 왼쪽 구멍으로 통과하든, 아니면 오른쪽 구멍으로 통과하든 둘 중 하나를 선택할 수 있는데, 바로 이때, 세계가 두 개로 나뉘어 한쪽 세계에서는 광자가 왼쪽 구멍을, 다른 쪽 세계에서는 광자가 오른쪽 구멍을 통과한다. 이 두 세계는 어떤 이유에서인지 서로 간섭interfere하며, 이 간섭으로 줄무늬 패턴을 설명한다. 다중세계 해석의 추종자들은 하나의 물체가 여러 상태 중 하나에 놓일 가능성이 있을 때마다 그 물체의 세계가 여러 세계로 나뉨으로써 각각의 가능성이 저마다 다른 세계에서 실현된다고 본다. 이같이 여러 개의 세계로 증식하는 것을 일컬어 '다중세계multiverse'라고 한다.

우리가 중첩이론을 받아들이든 다중세계 해석을 받아들이든 양자이론은 매우 복잡한 철학이다. 그럼에도 불구하고 양자이론은 지금껏 과학자들이 생각해낸 과학이론 중 가장 성공적이면서도 실질적인 과학이론이다. 영의 실험 결과를 훌륭하게 설명할 수 있다는 점 외에도 다른 현상도 많이 설명해 준다. 오직 양자이론을 이용해 물리학자들이 발전소에서 일어나는 핵반응 결과를 계산할 수 있으며, 오직 양자이론만이 DNA의 비밀을 설명할 수 있고, 태양이 어떻게 빛을 발하는지도 양자이론 때문에 설명이 가능하다. 그리고 오디오에서 CD를 재생하는 레이저를 설계할 때도 양자이론이 사용된다. 그러므로 싫든 좋든 우리는 양자의 세계에서 살아가고 있다.

양자이론의 산물 중 아마도 양자 컴퓨터가 기술적으로 가장 중요할 것이다. 양자 컴퓨터는 모든 현대 암호의 보안을 무너뜨릴 뿐만 아니라, 새로운 연산처리 능력의 시대를 열어줄 것이다.

손꼽히는 양자 컴퓨터 선구자이자, 영국의 물리학자인 데이비드 도이치David Deutsch가 이 개념을 연구하기 시작한 것은 1984년으로 '계산 이론에 관한 학회'에 참석했을 때였다. 학회에서 강의를 듣던 중 도이치는 이전엔 간과되어 온 뭔가를 발견했다. 모든 컴퓨터는 기본적으로 고전 물리학의 법칙에 따라 동작한다는 암묵적인 가정이었다. 그러나 도이치는 컴퓨터가 양자 법칙을 따라야 한다고 확신했다. 양자 법칙이 더 근원적인 이론이기 때문이었다.

일반 컴퓨터는 비교적 거시적인 수준에서 동작하며, 이 거시적인 수준에서는 양자 법칙과 고전 물리학 법칙은 거의 구분할 수 없다. 따라서 과학자들이 일반 컴퓨터를 고전 물리학의 관점에서 생각했어도 하등 문제가 되지 않았다. 그러나 미시적인 수준에서는 이 두 가지 법칙은 나뉘며 오직 양자 물리학 법칙만이 들어맞게 된다. 미시적 수준에서는 양자 법칙만이 물질의 특이한 성질을 드러낼 수 있으며, 이 같은 양자 법칙을 따르는 컴퓨터는 완전히 새로운 방식으로 동작하게 될 것이다. 학회가 끝난 후 도이치는 집으로 돌아와 양자 물리학의 관점에서 컴퓨터 이론을 다시 정립하기 시작했다. 1985년 발표한 논문에서 도이치는 양자 물리학 법칙에 따라 운용되는 양자 컴퓨터에 대한 자신의 구상을 기술했다. 특히 도이치는 자신이 생각한 양자 컴퓨터가 일반 컴퓨터와 어떻게 다른지를 설명했다.

우리에게 한 가지 질문이 있는데 두 가지 버전으로 주어졌다고 가정해 보자. 일반 컴퓨터를 가지고 두 가지 버전의 질문에 모두 답하려면 컴퓨터에 첫 번째 버전의 질문을 입력하고 답을 기다려야 할 것이다. 그런 다음 두 번째 버전의 질문을 넣고 기다려야 한다. 다르게 표현하면,

그림 72 데이비드 도이치

일반 컴퓨터는 한 번에 한 가지 질문만 처리할 수 있으며 여러 질문이 있으면 순차적으로 처리해야 한다는 말이다. 그러나 양자 컴퓨터에서는 두 가지 질문이 두 가지 중첩을 이루며, 컴퓨터에 동시에 입력될 것이다. 즉, 양자 컴퓨터 자체가 두 가지 중첩 상태로 들어가는 것으로, 각각의 질문이 하나의 '상태'가 된다. 아니면, 다중세계 해석에 따라 양자 컴퓨터가 서로 다른 두 개의 세계로 들어가서, 각각 다른 버전의 질문을 각각 다른 세계에서 답할 것이다. 어떤 해석을 따르든지 양자 컴퓨터는 양자 물리학의 법칙을 이용해 동시에 두 가지 질문을 처리할 수 있다.

양자 컴퓨터의 위력을 알아보기 위해 우리는 양자 컴퓨터와 전통적인 컴퓨터가 특정 문제를 처리할 때, 무슨 일이 벌어지는지 지켜봄으로써 두 컴퓨터의 성능을 비교해 볼 수 있다. 가령 두 종류의 컴퓨터가 어떤 숫자를 제곱해서 얻은 값과 세제곱하여 얻은 값에 0부터 9까지의 수가 모두 들어가되, 한 번씩만 들어가는 숫자를 찾아야 한다고 해보자. 19를 가지고 테스트해 보면, $19^2 = 361$이고 $19^3 = 6{,}589$이므로 19는 문제의 답이 될 수 없다. 19의 제곱과 세제곱한 값에 들어있는 숫자가 1, 3, 5, 6, 6, 8, 9 뿐이기 때문이다. 게다가 0, 2, 4, 7은 없으며, 6은 두 번씩이나 들어가 있다.

전통적인 컴퓨터로 이 문제를 풀려면, 다음과 같은 접근법을 취해야 할 것이다. 먼저 1을 입력한 후, 컴퓨터가 테스트하도록 한다. 필요한 계산을 마치면, 컴퓨터는 주어진 수가 조건에 맞는지 선언한다. 숫자 1은 조건을 만족시키지 않으므로 테스트하는 사람은 2를 입력한 다음 다시 컴퓨터로 테스트를 수행하며, 조건에 맞는 수를 찾을 때까지 이 같은 과정을 계속한다. 결국 답은 69다. $69^2 = 4{,}761$이고 $69^3 = 328{,}509$이기 때문이다. 이 두 수에는 0부터 9까지의 숫자가 모두, 딱 한 번씩만 들어 있다. 실제로 69는 이 조건을 만족하는 유일한 숫자다. 분명히 이런 과정에는 많은 시간이 소요된다. 전통적인 컴퓨터는 한 번에 숫자 하나만 테스트할 수 있기 때문이다. 컴퓨터가 숫자 하나를 테스트하는데 1초가 걸린다면 이 문제의 답을 찾는데 69초가 걸렸을 것이다. 반면 양자 컴퓨터는 단 1초면 이 문제의 답을 찾아낼 것이다.

양자컴퓨터의 위력을 이용하려면 먼저 숫자들을 특별한 방식으로 표현한다. 숫자를 나타내는 한 가지 방법으로 숫자를 회전하는 입자들로 보는 것이 있다. 상당수의 기본 입자들에는 본래 회전 속성이 있으며, 회전 방향은 동쪽, 아니면 서쪽으로, 농구공을 손끝으로 돌리는 것을 떠올리면 된다. 만일 한 입자의 회전 방향이 동쪽이면 이 입자는 1을 나타내고, 한 입자의 회전 방향이 서쪽이면 0을 나타낸다. 따라서 회전하는 입자들의 배열은 1과 0의 배열, 즉 2진수를 나타낸다. 예를 들어 일곱 개의 입자가 각각 동쪽, 동쪽, 서쪽, 동쪽, 서쪽, 서쪽, 서쪽으로 돈다고 할 때, 이 입자의 배열을 2진수로 나타내면 1101000, 10진수로는 104다. 입자의 회전 방향에 따라 일곱 개 입자들을 조합하면 0에서 127 사이의 숫자 중 하나를 나타낼 수 있다.

전통적인 컴퓨터에서 테스트하는 사람은 특정한 회전 방향의 배열, 이를테면, 서쪽, 서쪽, 서쪽, 서쪽, 서쪽, 서쪽, 동쪽을 입력하여 0000001을 나타낼 텐데, 십진수로는 1이다. 그러고 나서 그 숫자가 앞에서 말한 조건에 맞는지 컴퓨터가 확인하기를 기다릴 것이다. 그런 다음에는 0000010 즉, 2를 나타내는 회전 입자 배열을 테스트하는 등 같은 과정을 반복한다. 앞에서와 마찬가지로 숫자들은 한 번에 하나씩만 입력되기 때문에, 상당한 시간이 소요될 것이다.

그러나 우리에게 양자 컴퓨터가 있으면 훨씬 빨리 숫자를 입력할 수 있다. 각각의 입자는 매우 작으므로 양자 물리학의 법칙을 따른다. 따라서 입자를 관찰할 수 없게 되면 입자는 중첩 상태에 들어갈 수 있다고 본다. 입자가 동시에 동쪽과 서쪽으로 회전하면서 동시에 0과 1을 나타낸다는 뜻이다. 아니면, 입자가 서로 다른 두 개의 세계로 들어간다고도 생각할 수 있다. 즉, 하나의 세계에서는 입자가 동쪽으로 돌면서 1을 나타내는 동안, 다른 하나의 세계에서는 서쪽으로 회전하면서 0을 나타낸다고 보는 것이다.

중첩은 다음과 같이 이뤄진다. 우리가 여러 입자 중 서쪽으로 도는 입자 하나를 관찰할 수 있다고 가정해보자. 입자의 회전 방향을 바꾸려면 우리는 입자가 동쪽으로 방향을 바꿀 정도로 강력한 충격 에너지를 가해야 한다. 우리가 충격을 약하게 줬을 경우, 운이 좋으면 회전 방향이 바뀔 수도 있겠지만, 운이 나쁘면 입자는 계속해서 서쪽으로 회전할 것이다. 지금까지 우리는 눈으로 관찰하면서 모든 과정을 따라갈 수 있었다. 그러나 서쪽으로 회전하고 있는 입자를 상자 안에 넣어 볼 수 없는 상태에서 충격을 약하게 가하면, 우리는 입자의 회전 방향이 바뀌었는지 알지 못한다. 이 입자는 동쪽과 서쪽이라는 회전 방향의 중첩 상태에 들어간다. 슈뢰딩거의 고양이가 생사의 중첩 상태에 들어갔던 것과 같다. 서쪽으로 회전하는 입자 일곱 개를, 상자에 넣고 일곱 개의 약한 에너지 충격을 가하면 일곱 개의 입자는 모두 중첩 상태가 된다.

일곱 개의 입자가 모두 중첩 상태에 있을 때, 입자들은 사실상 동쪽과 서쪽 회전의 가능한 모든 조합을 나타낼 수 있다. 이 일곱 개의 입자들은 동시에 서로 다른 128개의 상태를 나타내거나 128개의 서로 다른 숫자들을 나타낸다. 일곱 개의 입자가 모두 중첩 상태에 있는 동안, 연산자가 일곱 개의 입자를 양자 컴퓨터에 입력하면 양자 컴퓨터는 마치

128개의 숫자를 동시에 테스트하듯이 연산을 수행할 것이다. 1초 후, 양자 컴퓨터는 조건에 맞는 수 69를 찾아낼 것이다. 128개의 연산을 한 번에 처리한 것이다.

양자 컴퓨터는 상식을 거스른다. 잠시 세세한 내용을 무시하면 양자 컴퓨터는 선호하는 양자 해석에 따라, 크게 두 가지 방식으로 생각해볼 수 있다. 어떤 물리학자들은 양자 컴퓨터를 128개의 숫자를 동시에 연산할 수 있는 단일 개체라고 보는가 하면, 또 어떤 물리학자들은 128개의 개체가 각각 다른 세계에서 하나의 연산을 수행한다고 본다. 양자 컴퓨터는 참으로 '경계가 모호한Twilight Zone' 기술이다.

전통적인 컴퓨터가 1과 0을 가지고 연산할 때, 1과 0을 비트라고 부르며, 이때 비트는 2진수를 줄여서 부르는 말이다. 양자 컴퓨터는 양자 중첩의 상태에 있는 1과 0을 다루기 때문에 이들 숫자를 '양자 비트' 또는 '큐비트qubit'라고 부른다. 큐비트의 장점은 더 많은 입자들을 고려할 때 더 분명해진다. 회전 입자가 250개, 또는 250큐비트일 때 대략 10^{75}개 조합을 나타내는 것이 가능하다. 이 수는 우주에 있는 원자의 수보다 큰 수다. 250개의 입자가 적절한 중첩 상태에 이르는 게 가능하다면 양자 컴퓨터는 10^{75}개의 연산을 동시에 처리할 수 있다. 그것도 단 1초에.

양자 효과를 이용하면 양자 컴퓨터는 가공할 위력을 지니게 된다. 불행히도 도이치가 양자 컴퓨터를 구상했던 1980년대 중반에는 어떻게 탄탄하고 실용적인 컴퓨터를 만들어야 할지 그 누구도 상상할 수 없었다. 이를테면, 과학자들은 실제로 중첩 상태에 있는 회전 입자들을 가지고 연산을 수행하는 기계를 만들어낼 수 없었던 것이다. 그 중 가장 큰 장애물은 연산을 수행하는 내내 중첩 상태를 유지하는 문제였다. 중첩은 관찰할 수 없는 상태일 때만 존재한다. 그러나 상식적으로 관찰은 중첩 상태 바깥에 있는 무언가와의 상호작용을 포함한다. 제 위치를 벗어난 원자가 단 한 개라도 회전 입자 중 하나와 상호작용을 일으키면 중첩 상태는 단일 상태로 붕괴될 것이고, 그렇게 되면 양자 연산은 실패로 돌아갈 것이다.

또 다른 문제는 과학자들이 양자 컴퓨터를 어떻게 프로그래밍할지 몰랐으므로 양자 컴퓨터가 어떤 유형의 계산을 할 수 있을지 잘 알 수 없었다. 그러나 1994년 뉴저지에 있는 AT&T 벨연구소에 근무하던 피터 쇼어Peter Shor가 양자 컴퓨터에 유용한 프로그램을 만들어냈다. 쇼어의 프로그램이 큰 숫자를 인수분해하는데 양자 컴퓨터를 사용하는 일련의 단계를 규정했다는 사실은 암호 해독자들에게 놀라운 소식이었다. 바로 RSA 암호를 해독하는 데 필요했던 기술이었던 것이다. 마틴 가드너가 〈사이언티픽 아메리칸〉에 RSA 암호 문제를 냈을 때 129자리 수 하나를 알아내기 위해 600여 대의 컴퓨터가 몇 달 동안 작업해야 했다. 그에 비해 쇼어의 프로그램은 그 숫자보다 백만 배가 더 큰 숫자를, 그때 걸린 시간의 백만분의 1의 시간 안에 인수분해할 수 있었다. 그러나 안타깝게도 쇼어는 자신의 인수분해 프로그램을 시연할 수 없었다. 아직 양자 컴퓨터라는 게 존재하지 않았기 때문이었다.

그러고 나서 1996년 역시 같은 연구소에서 근무하던 로브 그로버Lov Grover가 또 다른 강력한 프로그램을 만들어냈다. 그로버의 프로그램은 엄청난 속도로 목록을 검색하는 방법에 관한 것이었다. 목록 검색이 뭐 그리 대수냐 싶겠지만, DES 암호를 해독하는 데 필요한 바로 그런 프로그램이라는 사실을 알게 되면 생각이 달라질 것이다. DES 암호를 풀려면 정확한 암호열쇠를 찾기 위해 가능한 모든 열쇠를 검색해야 한다. 전통적인 컴퓨터가 1초에 백만 개의 열쇠를 검색할 수 있다고 할 때, DES

암호 해독에 1,000년이 걸리는 반면, 그로버의 프로그램을 사용하는 양자 컴퓨터는 4분이면 찾을 수 있었다.

맨 처음 나온 양자 컴퓨터 프로그램 두 개가 바로 암호 해독자들이 가장 원하던 것이라는 사실은 순전히 우연의 일치다. 쇼어와 그로버의 프로그램이 암호 해독자들 사이에서 낙관적 기대를 엄청나게 모으긴 했지만, 한편으로는 큰 좌절을 안겨주기도 했다. 그런 프로그램을 돌릴 수 있는 실질적인 양자 컴퓨터가 여전히 없기 때문이었다. 당연히 암호 해독 기술에 관한 한 궁극의 무기라 할 수 있는 양자 컴퓨터의 잠재력은 미국 방위고등연구계획국(DARPA)과 로스알라모스 국립연구소와 같은 기관들의 관심을 끌었다. 이 두 기관은 어떻게 해서든 실리콘칩이 비트를 처리하는 방식과 똑같은 방식으로 큐비트를 처리할 수 있는 기기를 개발하는데 필사적이었다. 최근에 일군 몇몇 돌파구가 학자들의 사기를 높이기는 했지만, 여전히 기술은 상당히 원시적인 상태에 있다. 1998년 파리 6대학 세르주 아로슈Serge Haroche가 양자 컴퓨터가 몇 년 이내로 개발될 것이라는 주장을 일축하며, 일부 돌파구를 둘러싼 과장된 시각을 바로잡았다. 아로슈는 "사람들이 몇몇 돌파구에 대해 흥분하는 것은 카드로 집을 지으면서 공들여 1층을 만든 후 나머지 1만 5천 개의 층을 쌓는 일은 형식적인 절차라며 의기양양해 하는 것과 같다"고 말했다.

양자 컴퓨터 개발이 과연 가능한지, 또 가능하다면 언제 가능할지는 시간이 지나야만 알 수 있을 것이다. 그 사이에 우리가 할 수 있는 일은 양자 컴퓨터가 암호의 세계에 어떤 영향을 끼칠지 고찰해보는 것뿐이다. 1970년대 이후로 DES와 RSA 덕분에 암호 작성이 암호 해독과의 경쟁에서 확실한 우위를 차지했다. 이런 종류의 암호는 매우 귀중한 자원이다. 이메일을 암호화하고, 사생활을 보호하는데 이 암호들을 우리가 신뢰할 수 있게 되었기 때문이다. 마찬가지로 21세기에 들어서면서 인터넷에서 점점 더 많은 상거래가 이뤄질 것이며, 전자상거래 시장은 금전 거래를 보호하고 검증하기 위해 강력한 암호에 의존하게 될 것이다. 정보가 세계에서 가장 중요한 자산이 되어감에 따라 국가의 경제, 정치, 군사적 운명이 암호의 보안성에 의해 좌우될 것이다.

따라서 완전한 양자 컴퓨터가 만들어지면 우리의 사생활은 위태로워지고, 전자상거래는 붕괴되며, 국가 안보라는 개념은 무너지게 될 것이다. 양자 컴퓨터는 세계 안정을 위협할 수도 있다. 어떤 나라든, 양자 컴퓨터를 먼저 개발하는 나라는 시민들의 통신을 감시하고 비즈니스 경쟁자의 생각을 읽고, 적국의 계획을 도청할 능력을 갖추게 될 것이다. 아직 걸음마 단계에 있지만 양자 컴퓨터는 잠재적으로 개인과 국제 비즈니스, 그리고 세계 안보를 위협하고 있다.

양자 암호

암호 해독가들이 양자 컴퓨터가 도래하길 기다리는 동안 암호 작성자들은 나름대로 그들만의 기술 기적을 이루기 위해 노력하고 있다. 양자 컴퓨터의 위력에 맞서 프라이버시를 재건할 수 있는 암호 체계를 연구 중인 것이다. 이 새로운 형태의 암호는 사생활을 완벽하게 보호한다는 점에서 이전에 우리가 봐 온 암호 체계와 근본적으로 다르다. 양자 암호 체계는 완전무결하여 영원히 비밀을 지킬 수 있다. 게다가 양자이론, 즉, 양자 컴퓨터의 근간이 되는 이론과 동일한 이론에 기반한다. 따라서 양자이론은 현존하는 모든 암호를 깨는 컴퓨터에 대한 영감을 주는 한편, 양자 암호라 불리는 절대 깨지지 않는 새로운 암호의 핵심적 이론이 된다.

양자 암호는 1960년대 말, 당시 컬럼비아대학교 대학원생이었던 스티븐 위스너Stephen Wiesner가 생각해낸 신기한 아이디어에서 시작된다. 안타깝게도 위스너의 생각은 시대를 너무나 앞선 나머지 아무도 그의 아이디어를 진지하게 받아들이지 않았다. 위스너는 지금도 당시 선배들의 반응을 기억하고 있다. "지도교수님은 제 생각을 지지해주지 않았습니다. 아무 관심도 없었습니다. 다른 사람들에게도 보여줬지만 모두 알 수 없는 표정만 짓고는 각자 하던 일만 계속하더군요." 위스너가 제안했던 것은 특이한 양자 화폐에 대한 개념으로, 양자 화폐는 위조가 불가능하다는 훌륭한 장점이 있었다.

위스너의 양자 화폐는 상당 부분 광자 물리학에 의존했다. 광자는 공간을 지나갈 때 〈그림 73(a)〉처럼 진동한다. 네 개의 광자는 모두 같은 방향으로 움직이지만 진동 각도는 각각 다르다. 여기서 일어나는 진동 각도를 광자의 편광polarisation이라 하고, 전구에서 나오는 불빛은 모든 편광의 광자들을 만들어낸다. 즉, 일부 광자들은 수직으로 진동하고, 일부는 수평으로 진동하며, 또 다른 일부는 수직과 수평 이외의 각도로 진동함을 의미한다. 설명을 단순화하기 위해, 광자들은 네 가지 형태의 편광을 갖는다고 가정하고, 각각을 다음과 같이 표시하겠다. ↕ ↔ ↘ ↗.

광자가 지나가는 경로에 편광 필터를 놓으면, 특정 방향으로 진동하는 광자로만 구성된 빛을 만드는 게 가능하다. 즉, 동일한 편광을 띠게 할 수 있다. 어느 정도까지 우리는 편광 필터를 격자로, 광자들을 격자 위로 아무렇게나 흩어져 있는 성냥개비로 생각해 볼 수 있다. 성냥개비들이 격자 사이로 빠져나가려면 격자와 같은 각도로 있어야만 가능하다. 편광 필터와 같은 방향의 편광을 띤 광자는 자연히 있는 그대로 필터를 통과할 것이며, 편광 필터에 대해서 수직으로 편광된 광자들은 필터를 빠져나가지 못할 것이다.

안타깝게도 성냥개비 비유는 대각선으로 편광된 광자가 수직 편광 필터에 접근하는 경우에는 맞지 않는다. 대각선으로 기울어진 성냥개비는 격자를 통과하지 못하겠지만, 대각선으로 편광된 광자까지 수직 편광 필터를 통과하지 못하는 것은 아니다. 사실 대각선으로 편광된 광자들은 수직 편광 필터 앞에서는 양자 유령이 된다. 이때 다음과 같은 일이 벌어진다. 무작위로 절반은 편광 필터를 통과하지 못하고, 나머지 절반은 편광 필터를 통과하며, 편광 필터를 통과한 절반은 수직으로 다시 편광된다. 〈그림 73(b)〉은 수직 편광 필터에 접근하는 여덟 개의 광자를 나타낸 것이며, 〈그림 73(c)〉는 그중 네 개만이 편광 필터를 통과한

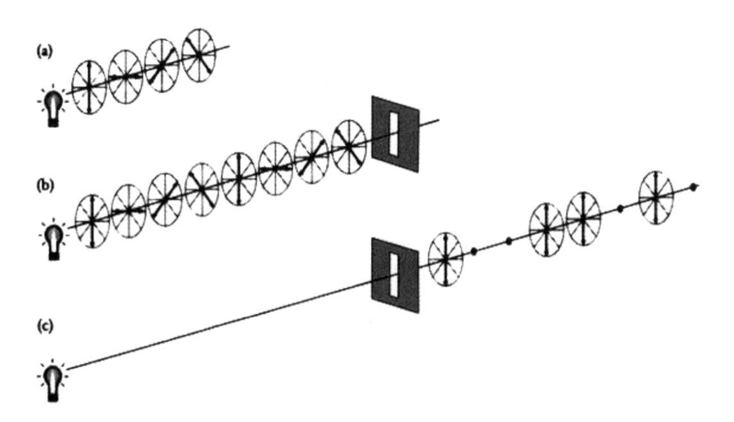

그림 73 (a) 빛의 광자가 모든 방향으로 진동하지만 우리는 그림과 같이 간단하게 네 가지 방향으로 진동한다고 가정한다. (b) 전구에서 여덟 개의 광자가 방출되었으며, 광자들은 여러 방향으로 진동한다. 각 광자는 편광을 띤다. 광자들이 수직 편광 필터로 향하고 있다. (c) 광자의 절반만이 편광 필터를 통과했다. 수직으로 편광된 광자들 편광 필터를 통과했으며, 수평으로 편광된 광자들은 편광 필터를 통과하지 못했다. 대각선으로 편광된 광자들은 절반만 편광 필터를 통과한 다음 수직으로 편광되었다.

것을 보여준다. 수직으로 편광된 모든 광자들은 모두 필터를 통과했으며 수평으로 편광된 모든 광자들은 모두 필터를 통과하지 못했고, 대각선으로 편광된 광자들은 절반만 필터를 통과했다.

특정 광자를 막는 이 같은 성질 덕분에 편광 선글라스의 원리를 설명할 수 있다. 실제로 편광 선글라스를 가지고 실험해보면 편광 필터의 효과를 알 수 있다. 먼저 한쪽 렌즈를 뺀 다음 렌즈가 없는 쪽의 눈은 감는다. 그러면 남은 한쪽 렌즈를 통해 보게 된다. 당연히 사물이 어둡게 보인다. 눈에 닿았을 많은 광자를 렌즈가 막았기 때문이다. 이 시점에서 눈에 도달한 모든 광자들은 동일한 편광을 가진다. 그 다음, 눈으로 보고 있는 렌즈 앞에 또 다른 렌즈들을 갖다 대고 천천히 돌린다. 돌리다가 어느 시점이 되면 앞에 갖다 댄 렌즈가 눈에 도달하는 빛의 양에 아무런 영향을 주지 않게 될 것이다. 렌즈의 방향이 고정된 렌즈 방향과 같아지기 때문이다. 즉, 갖다 댄 렌즈를 통과하던 모든 광자가 고정된 렌즈도 모두 통과하게 된 것이다. 이제 갖다 댄 렌즈를 90도 회전하면 사방이 캄캄해질 것이다. 이 상태에서는 갖다 댄 렌즈의 편광이 고정된 렌즈의 편광과 직각을 이루기 때문에 갖다 댄 렌즈를 통과하는 모든 광자를 고정된 렌즈가 막게 된다. 이제 45도 각도로 렌즈를 돌리면 두 렌즈가 부분적으로 어긋나는 중간 단계에 이르게 되어, 갖다 댄 렌즈를 통과한 광자의 절반이 고정된 렌즈를 간신히 통과하게 된다.

위스너는 광자의 편광을 이용하여 절대 위조할 수 없는 달러 지폐 제작을 구상했다. 위스너의 아이디어는 달러 지폐 각각에 광자를 잡아 가둘 수 있는 아주 작은 차광장치 20개를 집어넣는 것이었다. 은행들이 네 방향(↕, ↔, ↘, ↗)으로 되어 있는 편광 필터를 이용하여 20개의 차광장치에 20개의 편광 배열을 담아 사용할 수 있다고 제안했다. 예를 들면, 〈그림 74〉처럼 한 장의 지폐에 다음과 같은 순서로 편광을 배열하는 것이다. (⤡ ↕ ⤢ ⤢ ↔ ↕ ↕ ⤡ ↕ ⤡ ↔ ↔ ⤢ ↔ ⤡ ⤢ ↔ ⤢ ↕ ↕)

비록 〈그림 74〉에서는 편광의 방향을 명확히 보여줬지만, 실제로는 눈에 보이지 않는다. 각각의 지폐에는 보통 지폐에 있는 일련번호 B2801695E가 〈그림 74〉처럼 찍혀 있다. 발권 은행은 각각의 달러 지폐를 편광 배열과 일련번호에 따라 식별할 수 있으며 일련번호와 일련번호에 해당하는 편광 배열에 대한 마스터 목록을 보유한다.

이제 지폐 위조범에게 문제가 생겼다. 단순히 임의로 일련번호를 매기고, 차광장치 안에다 편광을 무작위로 배열하는 식으로 해서는 절대 지폐를 위조할 수 없게 된 것이다. 임의로 넣은 일련번호와 무작위로 배열한 편광 조합은 은행의 마스터 목록에는 없을 것이므로, 은행은 곧바

그림 74 스티븐 위스너의 양자 화폐. 각각의 지폐는 육안으로 쉽게 확인 가능한 일련번호와 알 수 없는 20개의 편광 배열로 인해 유일무이한 특성을 지닌다. 20개의 장치에는 각기 다양한 편광을 띤 광자가 담겨 있다. 은행은 각각의 일련번호에 해당하는 편광 배열을 알지만 위조범은 모른다.

로 그 지폐가 가짜임을 알아차릴 것이다. 제대로 위조하려면 위조범은 진짜 달러 지폐를 견본으로 활용해서 어떻게든 20개의 편광 배열을 알아내야 한다. 그 다음 똑같이 생긴 위조지폐를 만들고, 일련 번호 전체를 베낀 후, 편광 배열이 담긴 차광장치를 적절하게 삽입한다. 그러나 광자의 편광을 측정하는 게 어마어마하게 어려운 작업이기에, 진짜 화폐 견본에 있는 편광 배열을 정확히 알아낼 수 없다면 위조지폐 만드는 건 꿈도 꾸면 안 된다.

광자의 편광을 측정하는 게 얼마나 어려운지 알기 위해서는 편광을 측정할 때 우리가 해야 할 일이 무엇인지 생각해 볼 필요가 있다. 광자의 편광에 대해서 알 수 있는 유일한 방법은 편광 필터를 사용하는 것이다. 특정 차광장치에 담겨 있는 광자의 편광을 측정하려면 위조범은 편광 필터를 고른 다음 특정 방향, 이를테면 수직 ↕으로 편광 필터의 위치를 고정시켜야 한다. 차광장치에서 나오는 광자가 수직으로 편광되면 그 광자는 수직 편광 필터를 통과할 것이고 위조범은 그 장치에서 나온 광자가 수직으로 편광되었다고 정확하게 추측할 것이다.

만일 광자가 수평으로 편광되면 수직 편광 필터를 통과하지 못할 것이고 위조범은 광자가 수평으로 편광된 것으로 정확히 추정할 것이다. 그러나 나오는 광자가 대각선으로 편광(⤡, ⤢)된다면, 편광 필터를 통과할 수도, 또는 통과하지 못할 수도 있으며, 어떤 경우가 되었든 위조범은 광자의 진짜 편광을 알아내지 못할 것이다. ⤡ 방향의 편광이 수직 편광 필터를 통과할 수도 있으며, 이 같은 경우 위조범은 이 광자가 수직으로 편광된 것으로 잘못 추측하게 되거나, 아니면 편광 필터를 통과하지 못하게 될 경우, 위조범은 이 광자가 수평으로 편광된 것으로 잘못 추측할 수도 있다. 대신에 위조범이 다른 장치에 있는 광자의 편광을 측정하기 위해 대각선 편광 필터, 이를테면 ↘방향의 편광 필터를 사용했다면 대각선으로 편광된 광자를 정확하게 측정해낼 것이다. 그러나 수직이나 수평으로 편광된 광자는 정확히 가려내지 못하게 될 것이다.

위조범의 문제는 광자의 편광을 알려면 정확한 방향의 편광 필터를 사용해야 하지만, 광자의 편광을 모르기 때문에 어떤 방향의 편광 필터를 사용해야 할지 모른다는 데 있다. 이 같은 딜레마는 광자 물리학의 내재된 속성에서 비롯된다. 위조범이 ↘편광 필터를 선택해서 두 번째 장치에서 나오는 편광을 측정하기로 했는데 그 광자가 필터를 통과하지 못했다고 가정해보자. 위조범은 그 광자가 ↘편광을 띠지 않았다고 확신할 수 있다. 그런 편광을 띤 광자였다면 필터를 통과했을 것이기 때문이다. 그렇다고 위조범은 그 광자가 ↗방향의 편광을 띠고 있었을 거라고 확신할 수도 없다. ↗방향의 편광을 띠고 있어도 필터를 통과하지 못하지만, 그 광자가 ↕나 ↔방향의 편광을 띠고 있을 수도 있기 때문이다. 둘 다 필터에서 막힐 확률이 50대 50이다.

광자 측정의 어려움은 1920년대 독일의 물리학자 베르너 하이젠베르크Werner Heisenberg가 발견한 불확정성 원리의 한 단면이다. 하이젠베르크는 고도로 기술적인 자신의 명제를 간단하게 다음과 같이 기술했다. "원칙적으로 우리는 현재에 벌어지는 모든 현상을 자세히 알 수 없다." 이 말은 곧 우리에게 측정 도구가 충분하지 않아서 또는 우리가 가진 도구가 잘못 설계된 것이어서 모든 것을 알 수 없다는 뜻이 아니다. 하이젠베르크는 특정 현상의 모든 면을 완벽하고 정확하게 측정하는 것이 논리적으로 불가능하다고 말한 것이다. 우리가 지금 다루는 예의 경우 우리는 편광 배열을 담아둔 차광장치 안에 있는 광자의 모든 단면을 정확하고 완벽하게 측정할 수 없다. 불확정성 원리는 양자이론의 또 다른 이상한 면이다.

위스너의 양자 화폐는 화폐 위조 과정이 두 단계로 되어 있다는 사실에 기반한다. 먼저 위조범은 진짜 지폐를 매우 정확하게 측정해야 한다. 그리고 그 다음에 지폐를 복제해야 한다. 위스너는 광자를 달러 지폐 디자인과 결합시킴으로써 정확하게 본뜨는 것을 불가능하게 만들었고, 이에 따라 위조를 막는 장벽을 세운 것이다.

순진한 위조범은 자기가 차광장치에 있는 광자의 편광을 측정할 수 없다면, 은행도 측정할 수 없을 것이라고 생각할 수도 있다. 그리고는 차광장치에 임의의 편광 배열을 담아 달러 지폐를 위조하려고 할지도 모른다. 그러나 은행은 어떤 지폐가 진짜인지 확인할 수 있다. 은행은 지폐의 일련번호를 보고 마스터 목록에서, 어떤 광자가 어떤 장치에 들어가야 할지 확인한다. 은행은 어떤 편광을 띤 광자가 각 장치에 어떤 순서로 들어가 있는지 알기 때문에, 편광 필터의 방향을 각각의 편광에 정확히 맞춘 다음 편광을 정확히 측정할 수 있다. 만일 지폐가 위조지폐라면, 위조범이 임의로 편광을 배열했을 테고, 결국 편광이 맞지 않게 되어 위조지폐임이 탄로 날 것이다.

예를 들어, 은행이 ↕방향 편광 필터를 사용하여 ↕방향 편광으로 예상되는 광자를 측정했는데, 필터에서 그 광자가 걸린다면, 위조범이 잘못된 광자를 장치에 채워 넣었다는 것을 알 수 있다. 그러나 지폐가 진짜로 밝혀진다면 은행은 차광장치에 적절한 광자를 다시 채운 후 유통시킬 것이다.

요컨대, 위조범은 진짜 지폐의 편광을 측정할 수 없다. 그 이유는 각각의 차광장치에 어떤 방향으로 편광된 광자가 들어있는지 모르기 때문이며, 어떤 방향의 편광인지 모르므로 정확한 측정을 위한 편광 필터의 방향을 알 수 없기 때문이다. 반면에 은행이 진짜 화폐의 편광을 확인할 수 있는 것은 은행이 맨 처음 편광을 선택했으므로 각각의 편광을 측정하기 위해 편광 필터를 어떤 방향으로 움직여야 할지 알기 때문이다.

양자 화폐는 매우 기발한 아이디어다. 그러면서 전적으로 비현실적인 아이디어이기도 하다. 우선 엔지니어들이 특정 편광 상태의 광자를 충분히 긴 시간 동안 잡아둘 수 있는 기술을 개발하지 못했다. 설령 기술이 존재한다고 해도 실제로 구현하려면 엄청난 비용이 들 것이다. 한 장의 달러 지폐를 보호하는데 약 100만 달러 정도 들 수 있다. 비록 현실적인 아이디어는 아니었지만, 양자 화폐는 양자이론을 매우 흥미롭고 창의적인 방식으로 적용했다. 그런 점 때문에 위스너는 지도교수의 격려는 받지 못했지만 한 과학 학회지에 논문을 투고했고, 거절당했다. 다시 다른 세 군데의 학회지에 투고했지만, 세 번 다 거절당했다. 위스너는 단지 사람들이 물리학을 이해하지 못했다고 주장했다.

하지만 단 한 사람만이 위스너의 양자 화폐 개념에 적극 공감하는 것 같았다. 위스너의 오랜 친구인 찰스 베넷Charles Bennett이었다. 그는 몇 해 전까지 위스너와 함께 브랜다이스대학교를 다녔었다. 베넷의 성격 중 가장 놀라운 특징은 과학의 모든 면에 대한 호기심이었다. 베넷은 세 살 때부터 과학자가 되고 싶어 했다고 한다. 그리고 베넷이 어린 시절 품었던 사물에 대한 열정을 그의 어머니도 이해했다. 어느 날 베넷의 어머니가 집에 돌아와 보니, 화덕 위의 팬에 이상한 스튜가 부글부글 끓고 있었다. 다행히도 베넷의 어머니는 스튜의 맛을 보지 않았으나, 거북이를 끓이다 남은 것임이 밝혀졌다. 어린 베넷은 거북이의 뼈에서 살을 발라내기 위해 알칼리 용액에 끓였던 것이다. 결국 베넷은 완벽한 거북이 해골 표본을 얻을 수 있었다.

그림 75 찰스 베넷

십대 시절, 베넷의 호기심은 생물에서 생화학으로 옮겨졌으며, 브랜다이스대학에 들어갈 무렵 베넷은 화학을 전공하기로 결심했다. 대학원에서는 물리화학에 집중하더니 그다음에는 물리학, 수학, 논리학, 마침내 컴퓨터과학까지 연구했다.

베넷이 다방면에 관심이 많다는 것을 알았던 위스너는 베넷이 양자 화폐에 대해 알아주기를 바라며 학회지에 투고했다가 거절당한 자신의 논문 사본을 베넷에게 건넸다. 베넷은 즉각 양자 화폐에 대한 개념에 매료되었으며 자신이 그동안 본 것 중 가장 훌륭한 개념이라고 생각했다. 그 후 10년간 베넷은 가끔씩 위스너의 논문을 다시 읽으며, 이 기발한 아이디어를 유용하게 만들 방법이 없을까 생각했다. 심지어 1980년대 초 IBM 토머스 왓슨 연구소의 연구원이 되고 난 뒤에도 베넷은 계속해서 위스너의 아이디어를 머릿속에 붙들고 있었다. 학회지들은 이 논문을 게재하길 원치 않았을지 모르지만 베넷은 그 논문에 사로잡혀 있었던 것이다.

어느 날 베넷은 몬트리올대학의 컴퓨터 과학자 질레 브라사르Gilles Brassard에게 양자 화폐 개념을 설명해주었다. 다양한 연구 프로젝트를 함께 해온 베넷과 브라사르는 위스너 논문의 복잡한 내용들을 토론하고 또 토론했다. 조금씩 두 사람은 위스너의 아이디어를 암호에 적용할 수도 있음을 깨닫기 시작했다.

이브가 앨리스와 밥이 주고받은 암호문을 해독하려면 먼저 메시지를 가로채야만 한다. 이 말은 곧 두 사람이 전송하는 메시지의 내용을 이브가 어떻게 해서든 정확하게 인지해야 함을 의미한다. 위스너의 양자 화폐가 안전한 것은 달러 지폐 안에 담긴 광자의 편광을 정확하게 인지하는 것이 불가능하기 때문이었다. 베넷과 브라사르는 만일 암호화된 메시지를 일련의 편광된 광자들로 나타내어 전송하게 되면 어떻게 될까 생각했다. 이론상 이브는 암호문을 정확하게 읽을 수 없으므로 해독할 수 없다.

베넷과 브라사르는 다음과 같은 원리에 입각한 시스템을 만들었다. 앨리스가 밥에게 일련의 1과 0으로 이뤄져 있는 암호문을 보내고 싶어한다고 가정하자. 앨리스는 특정 편광을 띠는 광자의 형태로 1과 0을 나타낸다. 앨리스는 두 가지 방식으로 광자의 편광을 1 또는 0과 연관지을 수 있다. '직선' 또는 '+ 계획'이라 부르는 첫 번째 방식에서 앨리스는 ↕를 보내어 1로 표현하고 ↔로 0을 나타낸다. '대각선' 또는 '×계획'이라고 하는 두 번째 방식에서 앨리스는 ↗로 1을, ↘로 0을 나타낸다. 이진수 메시지를 보내려면 앨리스는 이 두 가지 계획을 예측 불가능한 방식으로 바꿔야 한다. 따라서 이진수 메시지 1101101001은 다음과 같이 전송될 수 있다.

메시지	1	1	0	1	1	0	1	0	0	1
계획	+	×	+	×	×	×	+	+	×	×
전송	↕	⤢	↔	⤢	⤢	⤡	↕	↔	⤡	⤢

앨리스는 +계획을 사용해 맨 처음 1을 전송하고 ×계획을 사용하여 두 번째 1을 전송한다. 즉, 1을 변환할 때는 각각 다른 편광을 사용하였지만 두 가지 방법 모두 1을 나타냈다.

이브가 메시지를 가로채고 싶으면 이브는 각 광자의 편광을 알아내야 한다. 이것은 위조범이 달러 지폐의 차광장치에 담긴 각 광자의 편광을 알아내야 했던 것과 같다. 각 광자의 편광을 알아내려면 이브는 반드시 각 광자가 편광 필터로 향할 때 편광 필터의 방향이 어떻게 되어 있는지 알아야 한다. 하지만 이브는 앨리스가 각 광자에 대해 어떤 계획을 적용했을지 확실히 알 수 없다. 따라서 이브가 선택한 편광 필터는 무작위가 될 것이며 대개 틀릴 것이다. 따라서 이브는 전송되는 메시지를 온전히 확보할 수 없다.

이브의 딜레마를 더 쉽게 생각해보는 방법은 이브가 마음대로 사용할 수 있는 두 종류의 편광 감지기가 있다고 가정하는 것이다. +감지기는 수평과 수직 편광을 정확하게 측정할 수 있지만 대각선 편광은 확실하게 측정할 수 없으므로 통과한 대각선 편광을 단지 수직 또는 수평 편광으로 잘못 해석한다. 반면에 ×감지기는 대각선 편광을 매우 정확하게 측정할 수 있지만, 수평과 수직 편광은 정확히 측정할 수 없으므로, 통과한 수평과 수직 편광을 대각선 편광으로 잘못 측정한다. 예를 들어 이브가 ×감지기를 사용해서 첫 번째 ↕광자를 측정할 수 있다면, 이브는 ↕광자를 ↗또는 ↘광자로 잘못 해석하게 될 것이다. 하지만 이브가 ↕광자를 ↗로 해석하면 아무런 문제가 없다. ↗도 1로 표현되기 때문이다. 그러나 이브가 같은 것을 ↘로 해석하면 문제가 생긴다. ↘는 0을 나타내기 때문이다. 게다가 설상가상 이브에게는 광자를 정확히 측정할 수 있는 기회가 단 한 번뿐이다. 광자는 나누어지지 않으므로 이브는 광자를 둘로 쪼갠 뒤 양쪽 편광 계획을 적용해 측정할 수 없다.

이런 시스템에는 몇 가지 만족스러운 특징이 있다. 이브는 자기가 암호문을 정확히 입수한 것인지 확신할 수 없으므로 해독할 수 없다. 그러나 이 시스템에는 절대 해결할 수 없는 심각한 문제가 있다. 밥도 이브와 똑같이 앨리스가 각 광자에 대해서 어떤 편광 계획을 적용했는지 알 길이 없다. 앨리스와 밥이 이 문제를 해결하려면 각 광자에 대해서 어떤 편광 계획을 사용할 것인지 합의해야 한다. 위에서 다룬 예시에서 앨리스와 밥은 목록, 달리 말하면 + × + × × × + + × ×라는 열쇠를 공유해야 할 것이다. 그러나 그렇게 되면 우리는 오래전부터 겪어온 열쇠 분배 문제에 다시 봉착하게 된다. 어떻게 해서든 앨리스가 편광 계획 목록을 밥에게 안전하게 전달해야 한다.

물론 앨리스는 RSA 같은 공개 열쇠 암호를 사용해서 이 편광 계획 목록을 암호화한 다음 밥에게 보낼 수도 있다. 그러나 우리가 지금 RSA 암호도 깨지는 시대에 살고 있다고 가정해 보자. 어쩌면 강력한 양자 컴퓨터가 개발된 이후라고 가정해 볼 수도 있겠다. 베넷과 브라사르의 시스템은 RSA에 의존하지 않고 독립적이어야 한다. 여러 달 동안 베넷과 브라사르는 열쇠 분배 문제를 우회할 방법을 생각했다. 그러던 1984년 어느 날 두 사람은 IBM 토머스 왓슨 연구소 근처 크로톤하몬 역 승강

장에 서있었다. 두 사람은 브라사르의 몬트리올 행 기차를 기다리며 앨리스와 밥, 이브의 시련과 고난을 이야기했다. 몇 분만 기차가 일찍 도착했어도 두 사람은 열쇠 분배 문제에서 진전을 보지 못하고 작별 인사만 나눠야 했을 것이다. 그러나 두 사람에게 깨달음의 순간이 찾아왔고, 지금까지 나온 암호 제작 기법 중 가장 강력한 암호인 양자 암호를 만들어냈다.

양자 암호를 만들려면 세 개의 준비 단계가 필요하다. 이 단계는 암호문을 보내는 것과 관계는 없지만, 준비 단계를 통해 나중에 메시지를 암호화하는 데 쓸 열쇠를 안전하게 교환할 수 있다.

1단계 : 앨리스는 먼저 무작위로 나열한 1과 0비트를 전송한다. 이때 직선(수평과 수직) 편광과 대각선 편광 계획을 무작위로 선택한다. 〈그림 76〉은 밥에게 전송되는 일련의 광자를 보여준다.

2단계 : 밥은 이 광자들의 편광을 측정해야 한다. 앨리스가 각각의 광자에 어떤 편광 계획을 썼는지 모르기 때문에 밥은 무작위로 자신의 +감지기와 ×감지기를 바꿔 가며 돌린다. 어쩔 때는 밥이 선택한 감지기가 정확할 수도 있고, 어떤 때는 틀릴 수도 있다. 만일 밥이 잘못된 감지기를 선택했다면 당연히 밥은 앨리스의 광자를 잘못 해석하게 될 것이다. 〈표 27〉은 모든 가능성을 표시해 놓은 것이다. 예를 들어 맨 윗줄을 보면, 앨리스는 1을 보내기 위해 직선 계획을 사용하고 있으므로 ↕를 전송한다. 밥이 정확한 감지기를 사용해서 ↕을 감지한 다음 연속된 비트 가운데 가장 첫 번째인 1을 정확하게 받아 적는다. 그 다음 줄에서 앨리스는 맨 윗줄과 동일하게 메시지를 전송하지만 밥이 잘못된 감지기를 사용하는 바람에, ↗또는 ↘를 감지하게 될 것이다. 이는 곧 밥이 정확하게 1을 받아 적거나 엉뚱한 0을 받아 적게 됨을 뜻한다.

3단계 : 이 시점에서 앨리스는 일련의 1과 0을 보냈으며 밥은 그중 일부는 정확하게, 일부는 틀리게 감지했다. 상황을 좀 더 분명하게 전달하기 위해 앨리스는 보안이 되지 않는 일반 전화선으로 밥에게 전화를 걸어 각 광자에 적용한 편광 계획을 밥에게 알려 주지만 각 광자에 대한 편광은 알려주지 않는다. 그러니까 앨리스는 밥에게 첫 번째 광자는 직선 + 계획을 사용하여 전송했다고 알려주지만 보낸 게 정확히 ↕인지, 아니면 ↔인지 알려주진 않는다. 밥은 앨리스에게 자신이 어떤 광자의 편광 계획을 정확히 맞추었는지 말한다. 밥이 정확하게 맞춘 편광에 대해서는 정확하게 1또는 0을 받아 적었다. 마지막으로 앨리스와 밥은 밥이 틀리게 (선택한 편광 감지 계획에 따라) 측정한 모든 광자는 무시하고 오직 정확하게 추측한 것들에만 집중한다. 사실상 두 사람은 더 짧고 새로운 비트, 즉 밥이 정확히 알아낸 비트로만 구성된 새로운 편광 배열을 만들어낸 셈이다. 이 모든 단계들을 아래의 〈그림 76〉 아래쪽에 있는 표에서 볼 수 있다.

이 같은 3단계 과정을 통해서 앨리스와 밥은 〈그림 76〉에서 합의된 수인 11001001와 같이 일련의 공통된 숫자의 배열을 설정할 수 있다. 이 배열에서 가장 중요한 속성은 무작위성이다. 앨리스가 맨 처음 보낸 배열도, 그 자체로 무작위였기 때문이다.

게다가 밥이 올바른 감지기를 사용하는 경우도 마찬가지로 임의의 상황이다. 따라서 서로 합의한 배열은 메시지가 아니라 임의의 열쇠로 작용한다. 마침내 실질적인 암호화 과정을 시작할 수 있게 되었다.

이렇게 서로 합의한 임의의 배열은 1회용 난수표 암호의 열쇠로 사용될 수 있다. 3장에서 우리는 임의의 글자 또는 숫자의 연속, 즉 1회용 난수표 암호가 단순히 깨지지 않는 정도가 아니라 절대 깨질 수 없다는 사실에 대해서 다뤘다. 앞에서 1회용 난수표 암호의 유일한 문제는 임의의 배열을 안전하게 분배하는 데 따르는 어려움이었다. 그러나 베

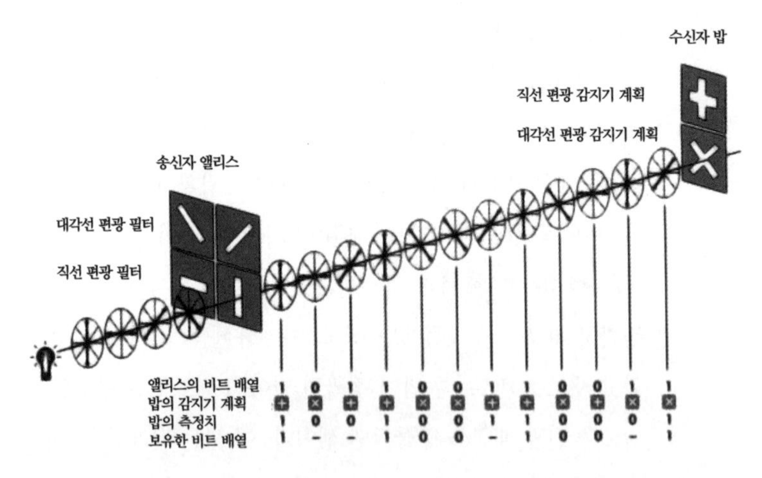

그림 76 앨리스는 일련의 1과 0을 밥에게 전송한다. 각각의 1과 각각의 0은 편광으로 표현되며, 편광은 직선(수평/수직) 또는 대각선 편광 계획에 따라 결정된다. 밥은 각각의 광자를 자신이 갖고 있는 직선 또는 대각선 감지기를 이용해 측정한다. 밥은 가장 왼쪽에 있는 광자에 대해서는 정확한 감지기를 사용했으며 정확하게 1로 해석했다. 그 다음 광자에 대해서는 잘못된 감지기를 선택하긴 했지만, 그래도 0으로 맞게 해석했다. 그러나 밥은 나중에 이 값을 버린다. 밥 스스로 자신이 정확히 광자의 편광을 감지했는지 확신할 수 없기 때문이다.

넷과 브라사르의 연구가 이 문제를 해결한 것이다. 앨리스와 밥은 1회용 난수표 암호에 합의했고, 양자 물리학의 법칙은 이브가 암호를 가로채지 못하게 막았다. 이제 이브의 입장에서 생각해볼 차례다. 그러면 왜 이브가 열쇠를 가로챌 수 없는지 알게 될 것이다.

앨리스가 편광을 전송하는 동안 이브는 앨리스가 보내는 광자의 편광을 측정하려 할 것이다. 그러나 이브는 + 감지기를 써야 할지 아니면 × 감지기를 써야 할지 모른다. 틀린 감지기를 택할 확률은 50퍼센트다. 이는 밥이 처한 상황과 마찬가지가 된다. 밥도 잘못된 감지기를 택할 확률이 절반이기 때문이다. 그러나 광자를 전송한 후 앨리스는 밥에게 각각의 광자를 측정할 때 어떤 감지기를 사용해야 할지 알려주고 밥이 정

앨리스의 계획	앨리스의 비트	앨리스가 보낸 것	밥의 감지기	올바른 감지기를 사용했는가?	밥이 감지한 것	밥의 비트	밥이 감지한 비트가 정확한가?
직선	1	↕	+	예	↕	1	예
			×	아니오	⤢	1	예
					⤡	0	아니오
	0	↔	+	예	↔	0	예
			×	아니오	⤢	1	아니오
					⤡	0	예
대각선	1	⤢	+	아니오	↕	1	예
					↔	0	아니오
			×	예	⤢	1	예
	0	⤡	+	아니오	↕	1	아니오
					↔	0	예
			×	예	⤡	0	예

표 27 앨리스와 밥이 광자를 교환하는 두 번째 과정에서 생각할 수 있는 다양한 가능성

확한 감지기를 사용했을 때 측정한 광자들만 사용하기로 합의한다. 반면 이브는 곤경에 처하게 된다. 전송한 광자의 절반에 대해서는 이브가 잘못된 감지기를 사용하게 되므로 최종 열쇠가 될 광자의 일부를 잘못 해석하게 될 것이기 때문이다.

편광 말고 플레잉 카드를 가지고 양자 암호를 생각할 수도 있다. 모든 플레잉 카드는 하트 잭이나 클럽 6처럼 끗수와 수트[2]로 이뤄져 있으며, 보통 우리가 카드를 볼 때, 끗수와 수트를 동시에 볼 수 있다. 그러나 끗수만 보거나 아니면 수트만 볼 수 있고, 동시에 두 가지를 볼 수 없다고 가정해보자.

앨리스는 카드 한 장을 뽑고는 카드의 끗수를 볼지 아니면 수트를 볼지를 반드시 결정해야 한다. 앨리스가 수트를 보기로 했다고 가정하자. 앨리스는 카드가 '스페이드'라는 것을 보고 받아 적는다. 실제 이 카드는 스페이드 4지만 앨리스는 스페이드라는 것밖에 모른다. 그런 다음 앨리스는 그 카드를 전화선을 통해 밥에게 전달한다. 그러는 사이 이브는 앨리스의 카드를 알아내려고 하는데 불행히도 이브는 카드의 끗수를 선택하게 된다. 즉 '4'다. 밥에게 카드가 도착했을 때, 밥은 카드의 수트를 보기로 결정하였으며, 카드의 수트는 '스페이드'다. 밥은 카드의 수트가 '스페이드'라고 받아 적는다. 나중에 앨리스가 밥에게 전화를 걸어 밥이 수트를 확인했냐고 묻는다. 밥은 이미 수트를 확인했다. 따라서 앨리스와 밥은 이제 서로 공통된 사실을 공유한다. 두 사람 모두 '스페이드'라고 노트에 받아 적었던 것이다. 그러나 이브의 노트에는 '4'라고 적혀있다. 아무 짝에도 쓸모가 없는 정보다.

---

2 suit, 플레잉 카드 앞면에 그려져 있는 스페이드(♠), 하트(♡), 다이아몬드(◇), 클럽(♣)을 수트라고 부른다. 한 벌의 플레잉 카드는 4개의 수트별로 13개의 카드와 함께 한두 장의 조커로 이뤄져 있다.

그 다음 앨리스가 다른 카드, 이를테면 다이아몬드 킹을 골랐다고 하자. 그러나 이번에도 앨리스는 카드의 한 가지 속성만 알 수 있다. 이번에는 끗수만 알아내기로 한다. 여기서는 '킹'이다. 앨리스는 전화선을 통해 이 카드를 밥에게 전송한다. 이번에도 이브는 앨리스의 카드를 알아내려고 한다. 이번에 이브는 카드의 끗수 즉 '킹'을 알아내기로 한다. 앨리스가 보낸 카드가 밥에게 도착하면 밥은 카드의 수트, 즉 '다이아몬드'를 확인하기로 한다. 이후 앨리스가 밥에게 전화를 걸어 카드의 끗수를 확인했냐고 묻는다. 밥은 자신이 수트를 확인했다고 말하면서 자신이 잘못 선택했음을 인정해야 한다. 그러나 이것은 앨리스와 밥에게는 전혀 문제가 되지 않는다. 두 사람은 이 특정 카드를 완전히 무시하고 다른 카드를 무작위로 뽑아서 다시 새로 시작할 수 있기 때문이다. 이번에 이브는 정확하게 추측해서 앨리스와 같이 '킹'을 확인했다. 그러나 이 카드는 이미 폐기되었다. 밥이 잘못 확인했기 때문이다. 밥은 자신이 실수를 저지르는 것에 대해서 걱정할 필요가 없다. 앨리스와 밥은 서로 맞지 않으면 무시하기로 합의할 수 있기 때문이다. 그러나 이브는 잘못 선택하는 실수를 해도 더 이상 진전을 볼 수가 없다. 여러 장의 카드를 보냄으로써 앨리스와 밥은 일련의 수트와 끗수에 대해 합의할 수 있으며, 이렇게 보낸 일련의 수트와 끗수가 일종의 암호열쇠의 바탕이 된다.

양자 암호는 앨리스와 밥이 서로 열쇠에 대해 합의할 수 있도록 해주며, 이브가 아무런 실수 없이 열쇠를 가로 챌 수 없게 한다. 게다가 양자 암호는 또 다른 장점이 있다. 이브가 메시지를 엿보고 있는지를 앨리스와 밥에게 알려줄 수 있다. 이브가 전화를 엿듣고 있는지 뻔히 알 수 있는 것은 이브가 광자를 측정할 때마다 광자의 편광이 바뀔 위험이 있기 때문이다. 그리고 편광이 바뀌면 앨리스와 밥은 보나마나 이브가 엿들고 있다는 사실을 알게 된다.

앨리스가 ↘를 보내고 이브가 잘못된 감지기인 +감지기로 앨리스가 보낸 ↘를 확인했다고 가정해보자. 사실상 +감지기는 들어오는 ↘광자를 ↕또는 ↔광자로 바꿔 버린다. 광자가 편광을 그런 식으로 바꿔야만 이브의 감지기를 통과할 수 있기 때문이다. 한편 밥이 바뀐 광자를 자신의 ×감지기로 확인한다면 앨리스가 보낸 ↘편광을 띤 광자를 감지하거나, 아니면 잘못된 ↗를 감지할 수 있다. 이게 앨리스와 밥의 문제다. 앨리스가 대각선 편광을 보냈고 밥이 정확한 감지기를 사용하긴 했지만, 측정값이 틀릴 수 있기 때문이다. 요약하면 이브가 잘못된 감지기를 선택할 때, 이브는 광자의 일부를 '변형'시켜 버리게 된다. 그리고 이런 식으로 광자에 변형이 생기면, 밥이 정확한 감지기를 사용하더라도 오류를 일으킬 확률을 높이게 된다. 이 같은 문제도 역시 앨리스와 밥은 간단히 오류 확인 과정을 거쳐서 알아낼 수 있는 것들이다.

오류 확인은 세 단계의 준비 과정 이후에 이뤄지며, 이때쯤 앨리스와 밥은 동일한 1과 0의 배열을 공유하게 된다. 앨리스와 밥이 길이가 1,075자리인 이진수를 각자 정했다고 가정해보자. 앨리스와 밥이 각자 정한 이진수가 일치하는지 확인하는 한 가지 방법은 앨리스가 밥에게 자기가 정한 이진수를 전부 불러주는 것이다. 그러나 이브가 이때 두 사람을 도청하고 있다면, 이브는 전체 암호열쇠를 알아낼 수 있게 된다. 따라서 이진수 전체를 모두 불러주는 것은 좋은 생각이 아닌데다, 굳이 그럴 필요도 없다. 그렇게 하는 대신에 앨리스가 무작위로 75개의 숫자만 골라서 불러주면 된다. 밥과 75개의 숫자를 일치시켰다면 맨 처음 광자를 전송하는 동안 이브가 훔쳐봤을 확률은 거의 없다. 이브가 도청 중이라면 사실상 밥이 75개의 숫자를 측정하는 데 아무런 영향을 받지 않을 가능성은 10억분의 1보다 적다. 앨리스와 밥은 75개의 숫자를 공개적으로 이야기했기 때문에 두 사람은 이 숫자를 모두 폐기할 것이고, 두 사람의 1회용 난수표는 1,075개에서 1,000개로 줄어들게 된다. 한편 다른 경우는, 앨리스와 밥이 75개의 숫자 가운데 일치하지 않는 것을 발견했다면, 두 사람은 이브가 엿보고 있다는 것을 알아차리고 전체 1회용 암호표를 폐기하고 새로운 망으로 옮겨 처음부터 다시 시작할 것이다.

간단히 말해서, 양자 암호는 이브가 정확히 앨리스와 밥 사이의 통신 내용을 정확히 읽어내는 것을 어렵게 만들어 메시지의 보안을 지켜준다. 나아가 이브가 도청하려고 하면 앨리스와 밥이 이브가 도청하고 있다는 것을 알아차리게 해준다. 따라서 양자 암호는 앨리스와 밥이 비밀리에 1회용 난수표에 대해서 합의하고 교환할 수 있게 해주고, 이후에 그 열쇠를 사용해 메시지를 암호화할 수 있게 해준다. 모든 과정은 다섯 가지 기본 단계로 이뤄진다.

(1) 앨리스가 밥에게 일련의 광자를 보내면, 밥이 그 광자를 측정한다.

(2) 앨리스가 밥이 정확히 광자를 측정했는지 확인해준다. (앨리스는 밥이 정확히 측정했는지 확인은 해주지만, 어떤 것이 정확한 결과인지는 알려주지 않는다. 따라서 두 사람의 대화는 보안상 아무런 문제가 되지 않는다.)

(3) 밥이 잘못 측정한 것에 대해서는 두 사람 모두 무시하고, 밥이 제대로 측정한 것만 가지고 두 사람 모두 동일한 1회용 난수표

를 만든다.

(4) 앨리스와 밥은 몇 개의 숫자를 확인함으로써 두 사람의 1회용 난수표가 일치하는지 확인한다.

(5) 검증 과정이 만족스러우면 두 사람은 1회용 난수표를 사용해 메시지를 암호화할 수 있다. 검증 결과, 문제가 발견되면 두 사람은 이브가 광자를 중간에 엿보고 있다는 것을 알아채고 모든 과정을 처음부터 다시 시작한다.

위스너의 양자 화폐에 대한 논문이 과학 학회지들로부터 퇴짜를 당한 지 14년 후, 이 논문은 절대적으로 안전한 통신 시스템에 대한 영감을 주었다. 현재 이스라엘에 살고 있는 위스너는 마침내 자신의 연구가 인정받았다는 사실에 안도했다. "돌이켜보면, 나 자신이 왜 좀 더 연구를 진전시키지 않았는지 의구심이 들긴 합니다. 사람들은 제가 학회지에 논문을 싣기 위해 했을 뿐 끝까지 노력하지 않고 중도에 포기했다고 비난했습니다. 어떤 면에서는 그렇게 볼 수도 있겠지만, 저는 그때 젊은 대학원생이었고 그만한 자신감이 없었습니다. 어쨌든, 아무도 양자 화폐에 관심이 없어 보였습니다."

암호 제작자들은 베넷과 브라사르의 양자 암호를 열정적으로 환영했다. 그러나 많은 실험주의자들은 이 시스템이 이론적으로는 문제가 없지만, 실제적으로는 문제가 있다고 주장했다. 각각의 광자를 다루는 데 따르는 어려움 때문에 실험주의자들은 이 보안 시스템을 구현하는 게 불가능할 거라고 봤다. 이 같은 비판에도 불구하고 베넷과 브라사르는 양자 암호를 구현할 수 있을 거라고 너무나 확신했기 때문에 구태여 이론을 구현할 장치 개발에 크게 신경 쓰지 않았다. 베넷은 이렇게 말하기도 했다. "북극이 있다는 것을 알고 있는데, 구태여 북극에 가는 건 의미가 없다."

그러나 점점 커져가는 회의적인 목소리에 결국 베넷은 그 시스템이 실제로 구현 가능하다는 것을 증명하기로 했다. 1988년 베넷은 양자 암호 시스템에 필요한 부품을 모으기 시작했다. 연구생 존 스몰린이 부품 조립을 도왔다. 1년간의 노력 끝에 두 사람은 양자 암호의 보호를 받는 최초의 메시지를 전송할 준비를 했다. 어느 날 늦은 저녁, 스몰린과 베넷은 실험에 방해가 될 수 있는 광자가 없는, 빛이 들지 않는 캄캄한 실험실로 들어갔다. 든든한 저녁식사를 마친 후 두 사람은 실험장치와 긴긴밤을 지새울 준비를 마쳤다.

두 사람은 실험실에서 편광을 띤 광자를 전송할 준비를 한 다음 +감지기와 ×감지기로 광자를 측정할 준비를 했다. 앨리스라는 명칭의 컴퓨터가 궁극적으로 광자 전송을 통제했으며 밥이라는 명칭의 컴퓨터는 어떤 감지기를 사용해 각각의 광자를 측정할지 결정했다.

몇 시간 동안 실험장치를 손보고 새벽 3시쯤, 베넷은 최초로 양자 암호가 교환되는 것을 목격했다. 앨리스와 밥이 간신히 광자를 주고받았고, 앨리스가 사용한 '편광 계획'에 대해 이야기했으며, 밥이 틀린 감지기로 측정한 광자는 폐기했으며, 두 사람은 다시 나머지 광자로 구성된 1회용 난수표에 대해 합의했다.

베넷은 다음과 같이 회상한다. "장치를 만들기에 우리들 손이 서툴다는 것만 빼고는, 시스템이 작동하지 않을 거라는 사실에 대해서는 한 번도 의심하지 않았습니다." 베넷은 실험을 통해서 두 대의 컴퓨터, 즉 앨리스와 밥이 완벽한 보안 상태에서 통신할 수 있음을 증명했다. 두 대의 컴퓨터는 단 30센티미터밖에 떨어지지 않았지만, 그럼에도 불구하고 이 실험은 가히 역사적이었다.

베넷의 실험 이후, 다음 과제는 충분히 떨어진 거리에서도 작동하는 양자 암호 시스템을 구축하는 것이었다. 광자는 잘 이동하지 않기 때문에 이는 분명 쉬운 작업이 아니다. 앨리스가 특정 편광을 띤 광자를 공기 중에서 전송하려 할 때 공기 분자가 광자와 상호작용을 일으키면 편광에 변화가 생기게 된다. 광자를 전송하는 데 더 효율적인 매개체는 광섬유이며, 최근 광섬유를 활용해서 과학자들이 상당한 거리를 두고 작동하는 양자 암호 시스템을 개발하는 데 성공했다. 1995년, 제네바대학 연구원들이 제네바에서 니용까지 23킬로미터 떨어진 거리를 광섬유를 통해서 양자 암호로 통신하는 데 성공했다.

더 최근에는 뉴멕시코에 있는 로스알라모스 국립연구소 소속 과학자들이 양자 암호 통신을 위한 공중 실험을 다시 시작했다. 이들의 궁극적인 목표는 인공위성을 통해서 작동하는 양자 암호 시스템을 만드는 것이다. 만일 이 실험이 성공한다면 절대적으로 안전한 국제 통신이 가능해질 것이다. 지금까지 로스알라모스 연구소 팀이 양자 암호열쇠를 공중에서 1km까지 전송하는 데 성공했다.

보안 전문가들은 현재 양자 암호 기술이 실용화되기까지 얼마나 걸릴지 궁금해 한다. 지금 당장 양자 암호 기술이 주는 이득은 없다. 사실상 깨지지 않는 수준의 RSA 암호를 이용할 수 있기 때문이다. 그러나 양자 컴퓨터가 현실화된다면 RSA와 다른 모든 현대 암호는 무용지물이 되므로, 양자 암호가 필요하게 될 것이다. 지금도 경주는 계속되고 있다. 진짜 중요한 문제는 양자 암호가 제때 실용화 되어 우리를 양자 컴퓨터의 위협으로부터 구해줄 수 있느냐 여부다. 양자 컴퓨터가 개발되는 시간과 양자 암호가 도래할 시기에 차이가 생겨 사생활 보호에 빈틈이 생길지도 문제다. 지금까지 양자 암호가 좀 더 앞서 있다. 스위스에서 광섬유를 가지고 한 실험을 통해 한 도시 안에 있는 금융기관들 간에 비밀통신시스템 구축이 가능하다는 것이 밝혀졌다. 실제로 현재 미국 백악관과 국방부 간의 양자 암호망 구축은 가능한 상태다. 아마 이미 구축되어 있을 수도 있다.

양자 암호가 암호 작성과 암호 해독의 전쟁에 종지부를 찍을지도 모른다. 그러면 암호 작성자가 승자로 부상할 것이다. 양자 암호는 절대 깨지지 않는 암호 시스템이다. 이전에도 이와 비슷한 주장이 있었다는 점에 비춰보면 이는 어느 정도 과장된 주장일 수도 있다. 지난 2천년 동안 여러 시대를 거치면서 암호 작성자들은 단일 치환 암호, 다중 치환 암호, 에니그마와 같은 기계 암호들이 절대 깨지지 않을 거라고 믿었다. 그러나 매번 암호 작성자들이 틀린 것으로 드러났다. 해당 암호의 복잡성이 단순히 역사의 어느 시점에 있는 암호 해독자들이 보유한 재능과 기술을 능가했다는 사실에만 기반을 둔 주장이었기 때문이다. 이런 경험을 토대로 우리는 언젠가 암호 해독자들이 각각의 암호를 깰 방법이나 암호를 깰 기술을 개발할 것임을 내다볼 수 있다.

그러나 양자 암호가 안전하다는 주장은 이전의 주장과 질적으로 다르다. 양자 암호는 실제로 깰 수 없을 뿐만 아니라, 깨는 게 절대적으로 불가능하다. 물리학 역사상 가장 훌륭한 이론인 양자이론에 따르면 이브가 앨리스와 밥이 정한 1회용 난수표를 정확하게 알아내는 것은 아예 불가능하다. 심지어 이브가 1회용 난수표 열쇠를 가로채려고 시도할 때마다 앨리스와 밥은 이브가 훔쳐보고 있다는 사실을 알아차리게 된다.

사실 양자 암호로 보호한 메시지가 해독된다면, 이는 곧 양자이론에 문제가 있다는 뜻이므로 물리학자들에게 커다란 타격을 줄 것이고, 물리학자들은 어쩔 수 없이 가장 근본적인 수준에서 우주 만물이 어떻게 작용하는지 다시 생각하지 않으면 안 될 것이다.

양자 암호 시스템을 장거리에도 적용할 수 있다면 암호의 진화는 멈출 것이다. 사생활 보호를 위한 싸움의 여정도 막을 내릴 것이다. 양자 암호 기술은 정부, 군대, 기업, 그리고 일반인들 사이의 비밀통신을 보장해줄 것이다. 유일하게 남아있는 문제는 과연 정부가 그와 같은 기술을 우리도 사용할 수 있게 해줄 것인가이다. 국가는 범죄자들이 양자 암호의 보호를 받지 못하게 하면서 동시에 정보화 시대를 더욱 풍요롭게 만들기 위해 양자 암호를 어떻게 규제할 수 있을까?

THE CODE BOOK

암호 문제

암호 문제는 10개의 암호문으로 이뤄져 있다. 이 책을 처음 출간한 1999년에는 책의 각 장의 말미에 실었던 문제들이다. 이때는 단순히 10개의 암호문을 다 풀었다는 지적 성취감뿐만 아니라 이 문제를 제일 처음 푼 사람에게 주는 1만 파운드의 상금이 걸려 있기도 했다. 결국 여기 암호들은 1년하고도 1개월 동안 전 세계 프로와 아마추어 암호 해독가들의 열성적인 노력에 힘입어 2000년 10월 7일에 모두 해독되었다.

암호 문제는 이 책의 일부로 수록하기로 했다. 더 이상 상금은 없지만 독자들이 암호문 일부를 해독해봤으면 좋겠다. 10단계에 걸친 암호 문제는 단계가 높아질수록 난이도가 높아지지만, 상당수의 사람들이 3단계가 4단계보다 어렵다고 느꼈다. 단계별로 사용된 암호문은 모두 다르며 수백 년에 걸친 암호 발전 단계와 궤를 같이 한다.

따라서 앞 단계에 나오는 암호는 고대의 암호 기법을 사용하여 해독하기 쉬운 반면, 뒤 단계의 문제는 현대 암호 기법을 사용하여 풀어야 해서 더 많은 노력이 필요하다. 한 마디로 1단계부터 4단계까지는 아마추어, 5단계에서 8단계는 암호에 상당한 열정을 품은 사람들, 9단계와 10단계는 암호 해독 전문가용이다.

이 책의 암호 문제에 대해서 더 많은 정보를 원하는 독자들은 내 웹사이트(www.simonsingh.com)를 방문하면 된다. 다양한 정보와, 이 암호 문제를 푼, 수상자들인 프레드릭Fredrik Almgren, 구나Gunnar Andersson, 토르비욘Torbjorn Granlund, 라스Lars Ivansson, 스태판Staffan Ulfberg이 작성한 암호 해독 답안이 링크되어 있다. 이들이 작성한 암호 해독 보고서 또한 훌륭한 읽을거리다. 그러나 단서를 당장 알고 싶지 않은 독자들은 웹사이트에 있는 다른 자료에도 이 책에 수록된 암호 문제에 대한 스포일러가 일부 포함되어 있을 수도 있다는 점을 유의하기 바란다.

암호 문제를 낸 주 목적은 사람들에게 암호 제작과 암호 해독에 대한 관심을 불러일으키는 데 있었다. 따라서 수천 명의 독자들이 이 문제를 풀려고 시도했다는 사실은 내게 무척 기쁜 일이었다. 공식적으로 암호 문제 풀이 시합은 끝났지만, 암호 해독 기술을 테스트하고 싶은 새로운 독자들이 이 문제에 계속해서 관심을 가졌으면 좋겠다.

행운을 빈다

사이먼 싱

1단계 : 단순한 단일 치환 암호

BT JPX RMLX PCUV AMLX ICVJP IBTWXVR CI M LMT'R PMTN, MTN YVCJX CDXV MWMBTRJ JPX AMTNGXRJBAH UQCT JPX QGMRJXV CI JPX YMGG CI JPX HBTW'R QMGMAX; MTN JPX HBTW RMY JPX QMVJ CI JPX PMTN JPMJ YVCJX. JPXT JPX HBTW'R ACUTJXTMTAX YMR APMTWXN, MTN PBR JPCUWPJR JVCUFGXN PBL, RC JPMJ JPX SCBTJR CI PBR GCBTR YXVX GCCRXN, MTN PBR HTXXR RLCJX CTX MWMBTRJ MTCJPXV. JPX HBTW AVBXN MGCUN JC FVBTW BT JPX MRJVCGCWXVR, JPX APMGNXMTR, MTN JPX RCCJPRMEXVR. MTN JPX HBTW RQMHX, MTN RMBN JC JPX YBRX LXT C1 FMFEGCT, YPCRCXDXV RPMGG VXMN JPBR YVBJBTW, MTN RPCY LX JPX BTJXVQVXJMJBCT JPXVXCI, RPMGG FX AGCJPXN YBJP RAMVGXJ, MTN PMDX M APMBT CI WCGN MFCUJ PBR TXAH, MTN RPMGG FX JPX JPBVN VUGXV BT JPX HBTWNCL. JPXT AMLX BT MGG JPX HBTW'R YBRX LXT; FUJ JPXE ACUGN TCJ VXMN JPX YVBJBTW, TCV LMHX HTCYT JC JPX HBTW JPX BTJXVQVXJMJBCT JPXVXCI. JPXT YMR HBTW FXGRPMOOMV WVXMJGE JVCUFGXN, MTN PBR ACUTJXTMTAX YMR APMTWXN BT PBL, MTN PBR GCVNR YXVX MRJCTBRPXN. TCY JPX KUXXT, FE VXMRCT CI JPX YCVNR CI JPX HBTW MTN PBR GCVNR, AMLX BTJC JPX FMTKUXJ PCURX; MTN JPX KUXXT RQMHX MTN RMBN, C HBTW, GBDX ICVXDXV; GXJ TCJ JPE JPCUWPJR JVCUFGX JPXX, TCV GXJ JPE ACUTJXTMTAX FX APMTWXN; JPXVX BR M LMT BT JPE HBTWNCL, BT YPCL BR JPX RQBVBJ CI JPX PCGE WCNR; MTN BT JPX NMER CI JPE IMJPXV GBWPJ MTN UTNXVRJMTNBTW MTN YBRNCL, GBHX JPX YBRNCL CI JPX WCNR, YMR ICUTN BT PBL; YPCL JPX HBTW TXFUAPMNTXOOMV JPE IMJPXV, JPX HBTW, B RME, JPE IMJPXV, LMNX LMRJXV CI JPX LMWBABMTR, MRJVCGCWXVR, APMGNXMTR, MTN RCCJPRMEXVR; ICVMRLUAP MR MT XZAXGGXTJ RQBVBJ, MTN HTCYGXNWX, MTN UTNXVRJMTNBTW, BTJXVQVXJBTW CI NVXMLR, MTN RPCYBTW CI PMVN RXTJXTAXR, MTN NBRRCGDBTW CI NCUFJR, YXVX ICUTN BT JPX RMLX NMTBXG, YPCL JPX HBTW TMLXN FXGJXRPMOOMV; TCY GXJ NMTBXG FX AMGGXN, MTN PX YBGG RPCY JPX BTJXVQVXJMJBCT. JPX IBVRJ ACNXYCVN BR CJPXGGC.

2단계 : 카이사르 암호

MHILY LZA ZBHL XBPZXBL MVYABUHL HWWPBZ JSHBKPBZ JHLJBZ
KPJABT HYJHUBT LZA ULBAYVU

3단계 : 동음 단일 치환 암호

IXDVMUFXLFEEFXSOQXYQVXSQTUIXWF*FMXYQVFJ*FXEFQUQXJFPTUFX
MX*ISSFLQTUQXMXRPQEUMXUMTUIXYFSSFI*MXKFJF*FMXLQXTIEUVFX
EQTEFXSOQXLQ*XVFWMTQTUQXTITXKIJ*FMUQXTQJMVX*QEYQVFQTHMX
LFVQUVIXM*XEI*XLQ*XWITLIXEQTHGXJQTUQXSITEFLQVGUQX*GXKIE
UVGXEQWQTHGXDGUFXTITXDIEUQXGXKFKQVXSIWQXAVPUFXWGXYQVXEQ
JPFVXKFVUPUQXQXSGTIESQTHGX*FXWFQFXSIWYGJTFXDQSFIXEFXGJP
UFXSITXRPQEUGXIVGHFITXYFSSFI*CXC*XSCWWFTIXSOQXCXYQTCXYI
ESFCX*FXCKVQFXVFUQTPUFXQXKI*UCXTIEUVCXYIYYCXTQ*XWCUUFTI
XLQFXVQWFXDCSQWWIXC*FXC*XDI**QXKI*IXEQWYVQXCSRPFEUCTLIX
LC*X*CUIXWCTSFTIXUPUUQX*QXEUQ**QXJFCXLQX*C*UVIXYI*IXKQL
QCX*CXTIUUQXQX*XTIEUVIXUCTUIXACEEIXSOQXTITXEPVJQCXDPIVX
LQ*XWCVFTXEPI*IXSFTRPQXKI*UQXVCSSQEIXQXUCTUIXSCEEIX*IX*
PWQXQVZXLFXEIUUIXLZX*ZX*PTZXYIFXSOQXTUVZUFXQVZKZWXTQX*Z
*UIXYZEEIRPZTLIXTZYYZVKQXPTZXWITUZJTZXAVPTZXYQVX*ZXLFEU
ZTHZXQXYZVKQWFXZ*UZXUZTUIXRPZTUIXKQLPUZXTITXZKQZXZ*SPTZ
XTIFXSFXZ**QJVNWWIXQXUIEUIXUIVTIXFTXYFNTUIXSOQXLQX*NXTI
KNXUQVVNXPTXUPVAIXTNSRPQXQXYQVSIEEQXLQ*X*QJTIXF*XYVFWIX
SNTUIXUVQXKI*UQXF*XDQXJFVBVXSITXUPUUQX*BSRPQXBX*BXRPBVU
BX*QKBVX*BXYIYYBXFTXEPEIXQX*BXYVIVBXFVQXFTXJFPXSIWB*UVP
FXYFBSRPQFTDFTXSOQX*XWBVXDPXEIYVBXTIFXVFSOFPEIXX*BXYBVI
*BXFTXSILFSQXQXQRPBUIV

4단계 : 비즈네르 암호

K Q O W E F V J P U J U U N U K G L M E K J I N M W U X F Q M K J B
G W R L F N F G H U D W U U M B S V L P S N C M U E K Q C T E S W R
E E K O Y S S I W C T U A X Y O T A P X P L W P N T C G O J B G F Q
H T D W X I Z A Y G F F N S X C S E Y N C T S S P N T U J N Y T G G
W Z G R W U U N E J U U Q E A P Y M E K Q H U I D U X F P G U Y T S
M T F F S H N U O C Z G M R U W E Y T R G K M E E D C T V R E C F B
D J Q C U S W V B P N L G O Y L S K M T E F V J J T W W M F M W P N
M E M T M H R S P X F S S K F F S T N U O C Z G M D O E O Y E E K C
P J R G P M U R S K H F R S E I U E V G O Y C W X I Z A Y G O S A A
N Y D O E O Y J L W U N H A M E B F E L X Y V L W N O J N S I O F R
W U C C E S W K V I D G M U C G O C R U W G N M A A F F V N S I U D
E K Q H C E U C P F C M P V S U D G A V E M N Y M A M V L F M A O Y
F N T Q C U A F V F J N X K L N E I W C W O D C C U L W R I F T W G
M U S W O V M A T N Y B U H T C O C W F Y T N M G Y T Q M K B B N L
G F B T W O J F T W G N T E J K N E E D C L D H W T V B U V G F B I
J G Y Y I D G M V R D G M P L S W G J L A G O E E K J O F E K N Y N
O L R I V R W V U H E I W U U R W G M U T J C D B N K G M B I D G M
E E Y G U O T D G G Q E U J Y O T V G G B R U J Y S

5단계

109 182 6 11 88 214 74 77 153 177 109 195 76 37 188
166 188 73 109 158 15 208 42 5 217 78 209 147 9 81
80 169 109 22 96 169 3 29 214 215 9 198 77 112 8 30
117 124 86 96 73 177 50 161

6단계

OCOYFOLBVNPIASAKOPVYGESKOVMUFGUWMLNOOEDRNCFORSOCVMTUUTY
ERPFOLBVNPIASAKOPVIVKYEOCNKOCCARICVVLTSOCOYTRFDVCVOOUEG
KPVOOYVKTHZSCVMBTWTRHPNKLRCUEGMSLNVLZSCANSCKOPORMZCKIZU
SLCCVFDLVORTHZSCLEGUXMIFOLBIMVIVKIUAYVUUFVWVCCBOVOVPFRH
CACSFGEOLCKMOCGEUMOHUEBRLXRHEMHPBMPLTVOEDRNCFORSGISTHOG
ILCVAIOAMVZIRRLNIIWUSGEWSRHCAUGIMFORSKVZMGCLBCGDRNKCVCP
YUXLOKFYFOLBVCCKDOKUUHAVOCOCLCIUSYCRGUFHBEVKROICSVPFTUQ
UMKIGPECEMGCGPGGMOQUSYEFVGFHRALAUQOLEVKROEOKMUQIRXCCBCV
MAODCLANOYNKBMVSMVCNVROEDRNCGESKYSYSLUUXNKGEGMZGRSONLCV
AGEBGLBIMORDPROCKINANKVCNFOLBCEUMNKPTVKTCGEFHOKPDULXSUE
OPCLANOYNKVKBUOYODORSNXLCKMGLVCVGRMNOPOYOFOCVKOCVKVWOFC
LANYEFVUAVNRPNCWMIPORDGLOSHIMOCNMLCCVGRMNOPOYHXAIFOOUEP
GCHK

7단계

M C C M M C T R U O U U U R E P U C C T C T P C C C C U U P C M M P
R T C C R U P E C C M U U P C M P E P P U P U R U P P M E U P U C E
U U C U C C C M E M T U P E T P C M R C M C C U C C M P E C R T M R
U P M P M R C P M M C R U M C U U E U R P P C M O U U E U C C M U M
T U C U C U T M U U U P M U U C T C U P M M C C R P P P P M M M M E
E U M R C C C P U U E U P M U M M C C P E C U C U P C T C U E P M P
C U U E E U U U T P M M U C C T C C P P P C T P U C U C C C U R E U
T U C M E P C C E M U U U P R M M T M U C M M M C C C C C C M E P U
E C U M R E R U U U U M U R C C P M U U R U U P M U P R P P U U U U
M R C C P C P E U R M M M P U T C R U U E O U U U M C M U U R U P U
R U C M U C R U M M C U P U U M U C R E U U U P C C U R R C P R M C
T R C U U U R C T P P M U U C C U U U U M U U E P C R M E P M P U U
C C C U M M U U M C U C M C C C R T C C M E E U P T M U U M M M C C
P P T M C P T E O U U U M U U C R M C C C M C P R C R C E P M C M C
P U U C M C C O M T P R C M C P C P M C P C E R R E C C R R E C R U
P U E E P M U M T C U C E U U T P C E U M R C U U U R R U C R U U C
R P P T T C P C P C U C U M U M P E C E E R P M R M M U R U M E P M
R M M C P R U C R C P E E R P U U U U R E P C C M M E P P P R C C U
M P C C C M M E E U U P P E R U E C P U E M U C C U U C P U E P U C
M C M C U U C M M M C U P C C M M U U U C U O P U C U P M P U E C C
E U P M C E P R C T R M C C U U T E C E C C R M U C U R U C M U C R
C M P C C U O R U C T U C C M C U C M U M M T R U M C M M C P U U M
U P C C M P C U U E P C T E C T U U T C E E M T U C T E P P R U U M
U U E C M U M R U E P C U M P P O U R U C C U P U C U C U E P C M M
E C C U C E C P P C C C C O C R C R C R T U C P P T P U O C U O R U
C C C E U C P P M R R C E U U U R U R C C M T P P U R P P C T R R T
R U U P M T M U U E T R P R O E M P T P T E P R E R P T R U U U M T
R U M T P P P R U U P E O U T P T R O M U U E R M M E P U T T O T O
O M T P R M P P T M R E U R R U P M T R P P R E M U P R T R M M E O
U M M U P U U O U M E M O M E C P E U U U U C R U T T T R T U P T T
P E R E M U U R E E P E T R M P T R U U U O T R U U O O T T T O T T
E T E T O U P O M T U U O U T O E E T P T E M U U T U R C U O P T R
P O T E E M C O U U E P R M P T T T U P P R E T T R O E M U E T P O
P M T E R T E U U U P U P U U E M M O T O U M O R R C M U U U E T U

O T T E M T T C T M E T E R E U M U E E T U M E T P U T P U E T T M
P E E R T C P T O U U T R E R E T U T R E T R T R U T C M T C U U T
P O M T T P T P T O U M E O T T R P E P U T T T R T T O U M U U T P
E E C T M P P M U E C T R P U C T E U U E T P T O T P M T M C P U E
P P U P R M T P C R U R P R E M E R T U E E R O R O T O M M R C U U
E U T P T E P P E U U T P O T P P M E P E M T R E E U T U U T O T P
R E E R O P O R R M U U T M P R T T M E E E T E R U T M T O O C P E
P P M P M T P R R M E P R E U M M P R T R E E P U T T P E C T U R U
R C O P E E E O O U E M O M P T U E C E R M M M P P E P M U E M U R
T E U M R T T P U T C E R O E T M U U R O T U T T R M U E T E T T R
P R O U T U U P R E U T T R T P M T U P E E M E T E P T O E T U U T
E P T M U U E E P P T P M U P T E P R M U T T P M U M M E C R E T E
P T R T U R P M T O O U E E O T O U R U U R T U E U T P O M T P P U
R E O T C M C P R P R O O E E R U U E E R U M U U U C P P C P U E T
E R U R P O R P T P C T P E R E R M U T T R E U P R T M E C U R E P
P O U T M O T C T M P T P O E U U T O T P T O R E U E T U R M E T R
E P E E P R U C P E M M P T M U U T T E O E R M U R U U R U T P T T
E C E T O R T M T M E T T U E M U U C T O P E M U U E P U M C M U C
M T P O U C E C M T R E M C P C M C T P M M P P C M U U U U C M C C
C P T M M U C R E U U C T R R E U C U R E C P M R C E C U C E U C C
P M C T T P C R E U R M U T U P M P P M M C U T M C M C C E U U C T
U P U U U U U R C U M E P O T U U U C T E P C C P M C C T P C P U M
E R U C U M E M M R M U P C M U U C U C R U U U U C P C U P C E C M
C U U P O P C U U U U C U T T C P C M C U U C C E P U U P C M P U C
M M M P U U U E P M P P E C R C M P R E C R R U M C U E C P U P U C
E M P M U C R T U T U C R C C U P U U C U M M P U U U U E C U U C C
E C P P P R R M C M M E C C R M M R C C E C T U R M C E C C C P M M
M R P E C U U U C P P M M E C C M M R R C M U C M R C P C U C M U C
C C P C T R C U U E U C C M T E M C R C P E C C U U C U U C P E T P
C C P P T U M P C M P C M C E U C C C P C U C T C C C M T U M P T U
M E U C P P M U M P M M R E M C U M M M E R U C U C C M P U U E U C
P C E P P R U U C C U C T P U E T E R C M M M U R U U P U R P U E E
M U M U M R C U U C R M R C P T E M E C M M U C U C U U P P E T T T
M P C P M M U E M P P C U T P M C M U U P U C C P M P R C M C R P U
P M E M U U U R C O C P C U E P M R C P T M M M M C C E C U M C U U
C E C P P U C P M R M E P C U U R U C U C P R T U E R M C C R P M U

U R U U P M E U P C E C P T R U T U M C E C E P C U T C U C P E P C

C U U E T P P C P U U M C M M R O U C C P U C P P E P M E C R P C M

C U M P U C U U U E M M C U T M C U M C U E U C M U C C T P U R E U

P P C O P M P M U U M M M U U E T P U U U U U P P P P M U E C E R U

R P U R T P M P P P M E M C T U P C M E C P P C C E M U R M P T U U

R C U E P C U E C P U T C U R U C P R U M T C O C C M P U C M E P E

M P R U P P E C C P C U U C C C E U M R U U E U U E U C P C P M P U

C U M P U C U M P P R E U U U P E U P E U U C T P O T U P E T U O E

C O T T E M O T E U T E U M U P M U T P O U P E T E R P U T P R U U

U P O T T E P T R R M T C E T O R O P M T R E T R C O E T P R O E E

P T E P M M E U P E P E P U P U U R E E P E R T P E E C E P O R T U

E M E T T E P T E R M M T T E T T T P O R U M P T T E R P P U U R M

T T O M T M U M M U U T U O E P E U U O T C P E P T M R E R U R P E

T P P T T P C O R P T T T M U T R U P P T E R R E U R P R T R E T T

R C P R C U U M U P R U U U M T P R T R E T T U U U O C U M U U U U

M O T T P E M E T T E R P C T O E T U U R M E P E E O R C P E T M P

P R U T T R U U E T M O T M U U M T E R U T O T C R P M U R M U M R

M P M O O M O U O T P O R E M E M U P T O R T R R P O O U T P P P E

P M T P E O C T R R M E T O R T P E M M P E E E T R U U R U R P P U

P U R T R O U M T M R C U O T E T R C R P E E C P T E E U U E M T T

P U R U P E U O E U U M P E M U U T T E R E U M E R T T E T T T M E

U T M R T O R M E C U C U E U E P R U M T U U E R M U T R E U U P E

E M E E R C U U U T R M R T R M U U M M E P P T P R T E M T E M P E

U E T P O O O U U M O T O U T O O P E P R U U R T T T M U R T U T E

T P C O T E M T U O E T R M T E T E M M T U M O E E O O U M O P T P

R U T M R M T R T P T U U E P U U P U R R O E U E R U U O U P R T M

E T P E P P O T R M C M R U T T P U U E U R T T E E T E T U U E U E

E T U R R M E E M R E U R C T P E M U U R E P R U E O R U R U U P T

U M P E M T T P T U E M U P M O R T O O O U T P P M U U P U P E R E

R U U O U E E T U P E T E T P T T T E M R U U R T T T U T T M U P R

P R R U R U U T M T U R T C U E E O M R R T E T T M U T P P R P E P

T R E E O O T T E T R E T R U T P R U T M U U U T M U U C T U U P U

E R U E E M M U E E T T P E T M U M E T T E T T P M R E M R T P T E

T O U R T P P O E T T O M T P T E T E U T P U C U M U C U O E T U C

P E C U C M U P M U C U T T U C T U U M U C U R P U C P M C U U M U

C C E P C M M U C P T P U M U P U C M E C M P U M P P M U E M P P E

P U T E U M E P E P U P U U R M T P E M R P M M P T P O P R C R U E
P C M P P M R C C C P U C U P T U M U U P C P E M P T U U M C C C U
P C C U T U U U R C E M P E U C M R P P E P C C M M M U M P E C M T
R E R P U M P C C P T U C M C O P C U R U E C M T E C M M C C R P P
E P U U C U T M U U U C C T M C M E C P C U U U P U C U U U T C U C
C P T U U C C M M P P R E M C U U R U U M U E U U P P U C R P M R U
P C M U U E C U U C C U U R C E R R C U C P M P U U M T U U R C M P
E M U U U U C T U M T T T C U M P U M C M R T U U U C P P M E P U C
T O U P C M M C E C U M C P E C U P M T E P R U U R U R M P U P E R
C R U U C C C M P C U C M R M P M P E E P T P E M C U R C P C P U R
U T E U U E U U U P T C U C C C E M M T U T R E R E M P R R M U C C
R C U M U E P U P U E U E P M U T R U C C M U U C M M U U P M E C M
M E M U U U C M R P C M C U U C C E T P C P R R M U R R C T E C M C
M U U U U U U E C U U C U U T E P M U U R C C C U U R C U C E C P P
U C M U R C U U C R U C M C R C C C U C U M E M U U C P P P P R C R
U R U C M C P P C R M P U E P U M P O M U M M C U U U P C C C E C T
M R P U P M P O C C T P C M U U M C M C C T U C E C U U M C C M C U
E R T T R C M M U M T C P E R U U M M T R U E U M C M C C M C U U P
M U C C T P U M C U T P U M C U U U U C P P U C E T U P E R T R U U
U U M M C U M E E M C T C C P U R R U U R C P C U P C C U P M P M M
U R U U C C C E P R P U M M U T C M C M C C C U C P P C M E P C R E
M U U R C T P E M C M C C P R U C C U U U C C U U P C U U P U T R U
E E U U U E U C R P M R U U U O C P O C R P C M E C R C P C E C U U
E C P P U M P P E P C P R M P E U C P T U E M T U T T E O P R U E P
E P M T P U P T T R R E R P U E M M O P M U P R U U U M E M P P P U
T O U R O P R O P P M E T P R M T U U R P T P U U T O U U M T E P C
O E M C U U T P U U P T O T U U T T U U U R T P T R T T M O C T R U
T R O T T R O P T U M P P M U R T E U M T P E U M C M P R E P M R E
E E E U T T T E U U T M T P U R U E U U M T U P P U T T R E M T P T
R R U T U R T R U U T O T E R O T M U U U T M U P T P U U R T E R U
M M T M T T U P R P P P E M E P C M U M T R R E M U C E U P P T T T
T T P R U U U R T E E P U P U T M M T U P M R U O P E U E E T M M P
E M T P E C R E T M E O U T M E E P R E U M E M R T O T E M T O T P
T E C E P T U T R E E E M P P T P E E C P P T M U U T M U M P R M E
R E U U P T O E O P U E P T R T T E P M O U M P E U T M T T M U U U
T T P T E R M T R R U U R U U E U R T E E M U T T E P O U U E M E E

P C R U R M E T M E T O R E U U O T R T P R T T E U M M T P M M R P
E U U R E R T E O T U T R R O T O T E T T E O T U E U U E T U E T P
M U O O R T O U M C O T U E C E U U R E U U M T T E R U O T T M T E
T T E O T U T E P T R C T U U P P E R U T O U U E O R M U E M P R E
M U U P O P M O U O O T E C U O E T U C M T T P T T U U R T T M M O
P T P U C M T U U O M U M T T T O R T U P E T E T R O M T R E T T U
E U U T P P T M E U M U R U U U U R E T U T R U R R T T P P T T P O
E T E M U O T C O U E M T T M T U E U U P T U P U P T R O T U E E R
O E R O U E M C P T E R C P P T M U U M T O M C E M U T P T T T O U
T O E M T T P P C R E P O T E P P E R P O P P O T E U U U U R P U U
C P R P R M T R E U U E R M U C T O P T T U U T P M C T R M E T E M
M U O P T U U E T P P M M R M T U P R M U P R M O U P R T E U U U R
M M C O R T U M T O E T M U P M U T T P U T T E R M U U P C E T M T
U P T P P E T R U T T P O T M E C U R C P U O P M T P M C M P E P C
M M U O R R M P C M M O R C C U T C C O M C U U P R C P P P U C U U
E U P R U P M C E C T M C C U U R P P M U U E U U U U C E T U U R C
P U U R E U C E C U C C U E C U U U R C P P M C C C U P R M U C M U
C P R U P P U O M P U U U C M U U C P M U C R C P M M T C M M U O M
C M C C M U U P C C T U R U E U U U C U M T U C C M M U C T C R R U
R U M R P R U C U C E M U C C U U U E T U M C P C U R P U R C U U M
U P P C E M P P P U U M P P C C P R R C E C C R M C P P R C C R P P
M U U U R C M E P C P U C C C C U P R R U U P M C E M C U T M U C C
M E P M M P P M U U C C E M P R E U U T C P C U C M C C U C M R T P
M P C U C P P M R C M P C P E M P P P M R U U C C U U P R C E R T U
U P C U M U P U M P C R C C E P C U C C P M T R P C P C U U C R P P
R U R C C M E U U R U U M U R P E M R U C C M M U C R M C T M R P R
C U C M C U U C U M M U U U E M C T M C C M U C T C M U C M P M U T
R U R R E O C U C R C U P U C M P C E U C C E U U E P U M P T C C E
U R C U U C P U R C T P E U U M M U U U C C M M T U C R C R M R P O
U C U C U P C M P C U C T P M M U P U C U M U M C U T P P M E U U U
P U P C U U U U C M P U E M C U P C C R P P R U U M C C U C U P C P
C P C C U U U C U R C C P U R C U T U R E C R U U C M T C C C M U C
C P P P C M U C C U U U U U M M P U C R C U E C C T P C P M E E C M
U U C C C U U M C P C C C U U C U P C U P U T C M M C U M M M U M M
P U M M P T R M M P P P M R U U U C U U R E T U C P E C R P U R U R
C C C T P P M T P U P M P P M R M U R P U P U U U U U E P U C M P R

P P C C R O U U E C T U P C U P C C U U C P C P C M U E C M U T U U
P C U U T P P P C M M U P C C R U C E R T U C T E C M C U U E C R P
U M C U T C U E C C U P C U C C P U R P M M T U T P P O C U R C P C
P P M C M C C C P U P P M R U T E R M O T U M U U E M R C U U T P U
P P T T T M U O T T E R P R E T T R M T E M T E U U T T R P T T C U
T M T U P M R E U P M U E U U U U U P T E T C P U C E E C T E R M M
T M O T M P M E T R P E R O P E M E M M P R P T R U P T U O E U M P
P U R M U U E M M M P U C P U M U T M P E U U O P P U O M P T O T R
R M T P C P P P R E P E E R M R E M U T P O U E M P P E E R R M T R
T O M E P T E M U E P R T U R O O T O M U P P E R O T T P T T M P P
T P C U U U M T T U R E O P M T R E T T M E E U U O P M E R M P E T
E E R M U T T M M P E P O E T M E T E R U U O O R M E M M T R U U R
U O P R U P R P P U U U E E E T T T T P E U R E R R P U E T R U U E
O O O U E T E U U M U T U R U T R U U T O P O T U P M U R U U E R U
U U P U O O T T T P M E U E R T M O U M T P P P E O M T T U U U O E
U U E T U U E T U R P U M T M M E R R U U E T O T P T T T R P T M P
E E M T M E U U P O E T T P P P R U T E E C O U M E U U T T R T T T
R T T R T T M E P P T R T P O U T R T T O P E C R T P U T T C E M P
T O M R E T T T R E U C O T O T R P R U R P T U T E U U E P M E O T
M M U U U R R E T M O U M M P C P E T P T P R M T U P U E T E T E E
M C C T E R U R O E E P R R R R T P T U U M T P E E M C U O U U R E
C T U P P R T P P M T M U M C T T T P R R E O U T P E R U T M P U R
R U T U M O T T E E T M T R M R T O M T R R R T O P T T E R U O O M
U T P R M M P R P U E T M E U T T M P P R T P T P T T U U M R T E T
T R R O T U R U T R U U C M R C M T O C R U T P O T T P T M T E O R
R M R U E U R R T T O U R U P T U E C T E O T M T P R T P U M M R E
E E P O R P U R P R U M E M O T T R O P R U E T T U E T R O M T O U
E O P U T M T U R P T P R R T M O R E T C T M T M U E T T M R T T E
O R P C P P M M U M T T O U M T E U U R T R T R M E M U U T M T U T
R E T P M T P P M M

8단계

Umkehr-walze			Walze 3			Walze 2			Walze 1			Stecker-brett		Tastatur
Y	A		B	A		E	A		A	A				A
R	B		D	B		K	B		J	B				B
U	C		F	C		M	C		D	C				C
H	D		H	D		F	D		K	D				D
Q	E		J	E		L	E		S	E				E
S	F		L	F		G	F		I	F				F
L	G		C	G		D	G		R	G				G
D	H		P	H		Q	H		U	H				H
P	I		R	I		V	I		X	I				I
X	J		T	J		Z	J		B	J				J
N	K	←	X	K	←	N	K	←	L	K	←		←	K
G	L		V	L		T	L		H	L		?		L
O	M		Z	M		O	M		W	M				M
K	N	→	N	N	→	W	N	→	T	N	→		→	N
M	O		Y	O		Y	O		M	O				O
I	P		E	P		H	P		C	P				P
E	Q		I	Q		X	Q		Q	Q				Q
B	R		W	R		U	R		G	R				R
F	S		G	S		S	S		Z	S				S
Z	T		A	T		P	T		N	T				T
C	U		K	U		A	U		P	U				U
W	V		M	V		I	V		Y	V				V
V	W		U	W		B	W		F	W				W
J	X		S	X		R	Y		V	X				X
A	Y		Q	Y		C	Y		O	Y				Y
T	Z		O	Z		J	Z		E	Z				Z

```
K J Q P W C A I S R X W Q M A S E U P F O C Z O Q Z V G Z G W W
K Y E Z V T E M T P Z H V N O T K Z H R C C F Q L V R P C C W L
W P U Y O N F H O G D D M O J X G G B H W W U X N J E Z A X F U
M E Y S E C S M A Z F X N N A S S Z G W R B D D M A P G M R W T
G X X Z A X L B X C P H Z B O U Y V R R V F D K H X M Q O G Y L
Y Y C U W Q B T A D R L B O Z K Y X Q P W U U A F M I Z T C E A
X B C R E D H Z J D O P S Q T N L I H I Q H N M J Z U H S M V A
H H Q J L I J R R X Q Z N F K H U I I N Z P M P A F L H Y O N M
R M D A D F O X T Y O P E W E J G E C A H P Y F V M C I X A Q D
Y I A G Z X L D T F J W J Q Z M G B S N E R M I P C K P O V L T
H Z O T U X Q L R S R Z N Q L D H X H L G H Y D N Z K V B F D M
X R Z B R O M D P R U X H M F S H J
```

Schlüssel

```
0716150413020110
```

Schriftzeichen

```
begin 644 DEBUGGER.BIN
(-&>`_EU-_/$`
 `

end
```

9단계

```
begin 600 text.d
MM5P7)_8F_,H[JOF1C//L/W+)%QSK*Q37CJ-N 'W[_;CQSTW'UY0S2, \LQVG0
M@l&HY^lMHYI\>2P'F:6Y*E%X4A&$2'=L28$$..9["-ZIGA_VP(GIPK[CW3^L
M55+6OD^&=FS61(L96YG> '59*1Q^)/C?$1/C&9PN35-HP;.>V8_/P(.:+R(
M61]'NG^UF:,#57MMQSKN[N7M>lNE;2(!RUA495Q16!;Q<*("[C*"A"@%A+=S
M8AR45+G$-#8A?29V_.6%7*6D$J_G4JX'JM^1? K@._#(B/N7-<YNU;/,JF8C
M6LD[90MVJ2'I*.G@>9U%!E(33!S^K# N7JH_Y5RYE&=J@S!>^<C3Y=PD%-RP
M9&++^"JLPOK%T)-5KI>IUA"W;7;&D(D-2/U'$3\C7 ?]B* 3*C/Y!%U >&V6
M%W85NJ:JPO(>#Cl)CFEL&^H3YKR2.59XJVD??\MX+ [S?3X_F^/*1$NGH$B&
MI$L2-C'E/@OD*&5;6+P+GlS D49AO=#9\C!4D$/F;C(H#MX:\%G[K[OR+2RG
M@@SCSVG!A5%FEV!=$YD"V.2T06@>C-&)3H<:Y9BOR=V#S_>\:S8GZ.*A"$!T
MZOE=/4QWLLB<[:K8T TZ@C9_, ( #D:/G4)P2>,S?%9: Q]MVO;?F9;F1VP'@
M=!XCI_M>2?F=' ;20):%Y61[.! -W8%7M3BJUX/&!-E@A7C\(>5SZXESA$LZ
MF\_U//JGV"KKHE259927962%P-9J!*J@ DPJF]M2/>DXHA?JT"^2C7;_-9B;
MBM'CFTYUR#DOA7.J4ZW8=+3(90>#4A+^!=4IV_6A!(PNGZ:T$O)659KNGS=>
MN"?LQ3$6F*I43Q(3_U:64V/L9$<E%">*#A9P>@(66#XDS!)-'*\JZE.,=G29
MOJLH!9.Y#+=?]!"C?2/?H50!A]<KW^H%J "&>+EXK;II6)N6JY$%UB'BN3'F
MMS[XKP#JY(:3@V);U2,5PG 6$!46;.B/K'E7$4'MKNl]* YX^R"Q?Q+;,"./
MPL((>]UF90L7[<]9^E0*:NMBI(Q+B'>-IHF+,J0&"G0F.5L8@"_)<Y$<ZRU=
M']&L9!WD1Y<V[D:/:4J(+#X(NIKKDFO@#:5O_3G%7]AG5H.? ,%;D)=7'HKE
M. (_E=(*(W5HO3RA5WP8<!ZM.K2T.:&#P\LV;!7W$ K3)/A7D&P8SVO3-?$Ul
M2J10K3T>2)OVRA'Y;C<DZVV+'$VXI_ $JZ^)39,'.7MK, 0*QOP9O6QRQ0F(*
M&8J9O!Z">N;S%MD%%A.SD?'^\K]"R_@XE6V# >&P.$L#$,%N"C[H:A_EPH$V
M\H) (;C0#3^C] T9Z0=,9UQ(3N^3D],9PVM<AJ.T:('(.=lFB;NBV_YS!\7ON
M?-T%5B;2J^TORBWA^Z$B'$K8LC;'A+>@87(6!8Q%FRS=^;Y*0$FC">;I!NI*
@#%0SNY_0_-EK1>;84QMT0/(KQQ2LL+R##K:I=NK7.OT

end
```

10단계

짧은 메시지

```
1 0 0 5 2   3 0 9 7 3   2 2 2 9 5   1 3 5 3 4   1 2 9 9 0   6 6 9 2 1
1 5 4 5 4   8 1 9 0 4   5 8 2 0 9   2 6 4 7 2   1 8 1 1 9
1 1 5 4 2   9 9 1 9 0   0 1 2 9 4   8 7 2 6 6   2 0 2 0 1   5 5 8 0 9
8 0 9 3 2   9 2 3 9 0   9 6 7 1 0   6 4 3 4 1   9 1 3 5 4
27685 27572 48495 78859 80627 33369 29356 36094 85523
```

긴 메시지

```
begin 600 text.d
M.4#)>S I:R!!4)NA+\%T%V/(AW!7HHDPS$;T[\E!RWA?,J8:X#D[!:XF,A>K
MXT9$Q)37\IOMG6KL-$6?A!#FZ2Y)N+4%*.^2K!SP?Z2'8O7LZ]QP \T=QG-*
MAMJA;Q@3H[8^U/L<ILL%TA0J9M*F@8F?H:76%<33JOESAP=@3:(\:8NBGFM0
M,MP3B^CP%/D8DICZ$VO(7IS(DTJRZ&#Y-7I\-#VI0">J@+O!CT.+6B9K$J%
4:EAB9%1#;(P+I>1!#<+2+;(7.W<

end
```

부록 A

조르주 페렉Georges Perec의 《공백A Void》 서두 첫 단락

번역 : 길버트 아데어Gilbert Adair

Today, by radio, and also on giant hoardings, a rabbi, an admiral notorious for his links to masonry, a trio of cardinals, a trio, too, of insignificant politicians (bought and paid for by a rich and corrupt Anglo-Canadian banking corporation), inform us all of how our country now risks dying of starvation. A rumour, that's my initial thought as I switch off my radio, a rumour or possibly a hoax. Propaganda, I murmur anxiously - as though, just by saying so, I might allay my doubts - typical politicians' propaganda. But public opinion gradually absorbs it as a fact. Individuals start strutting around with stout clubs. 'Food, glorious food!' is a common cry (occasionally sung to Bart's music), with ordinary hard-working folk harassing officials, both local and national, and cursing capitalists and captains of industry. Cops shrink from going out on night shift. In Mâcon a mob storms a municipal building. In Rocadamour ruffians rob a hangar full of foodstuffs, pillaging tons of tuna fish, milk and cocoa, as also a vast quantity of corn - all of it, alas, totally unfit for human consumption. Without fuss or ado, and naturally without any sort of trial, an indignant crowd hangs

26 solicitors on a hastily built scaffold in front of Nancy's law courts (this Nancy is a town, not a woman) and ransacks a local journal, a disgusting right-wing rag that is siding against it. Up and down this land of ours looting has brought docks, shops and farms to a virtual standstill.

부록 B

빈도 분석의 몇 가지 기본 요령

(1) 먼저 암호문에 있는 글자들의 출현 빈도를 센다. 약 다섯 글자의 출현 빈도가 1퍼센트 미만이며, 아마도 j, k, q, x, z를 나타낼 확률이 크다. 어떤 글자의 출현 빈도가 10퍼센트 이상이면 아마도 그 글자는 e를 나타낼 확률이 있다. 만일 암호문이 이 같은 빈도 분포를 보이지 않는다면, 원문이 영어가 아닐 가능성을 고려해야 한다. 암호문의 빈도 분포를 분석해보면 평문이 어떤 언어로 되어 있는지 알아낼 수 있다.

예를 들어, 보통 이탈리아어에는 출현 빈도가 10% 이상인 글자가 3개가 있으며, 9개 글자의 빈도가 1퍼센트 미만이다. 독일어의 경우, e의 출현 빈도가 무려 19%나 된다. 따라서 한 글자에서 눈에 띄게 높은 빈도가 나오면 독일어라고 추측해 볼 수 있다. 일단 언어를 확인했으면 빈도 분석을 위해 해당 언어에 대한 적정한 빈도표를 사용해야 한다. 적절한 빈도표를 사용하는 한, 잘 모르는 언어로 작성된 암호문도 해독할 수 있다.

(2) 글자와 출현 빈도 사이의 관계가 영어랑 일치하지만, 즉각 평문이 드러나지 않는 경우가 있다. 물론 이런 경우는 흔하다. 그런 때는 반복해서 나타나는 글자의 짝을 집중해서 살펴본다. 영어에서 가장 흔히 짝지어 반복되는 글자들로는 ss, ee, tt, ff, ll, mm, oo가

있다. 암호문에 반복되는 글자가 있다면, 이들 중 하나로 짐작해볼 수 있다.

(3) 암호문에서 단어들이 띄어쓰기가 되어 있으면, 글자 수가 하나나 둘, 또는 셋인 단어를 찾아본다. 영어에서 한 글자 단어는 a와 I가 있다. 가장 흔한 두 글자 단어들로는 of, to, in, it, is, be, as, at, so, we, he, by, or, on, do, if, me, my, up, an, go, no, us, am이 있다. 가장 흔한 세 글자짜리 단어로는 the와 and가 있다.

(4) 가능하면 자신이 해독하려는 암호문에 맞게 빈도표를 조정한다. 예를 들어, 군사 분야 메시지는 대명사와 관사를 생략하는 경향이 있다. 따라서 I, he, a, the와 같은 단어들이 빠지게 되면 일부 흔한 글자들의 빈도도 줄어들게 된다. 자기가 해독하려는 메시지가 군사 분야라면 다른 군사 분야 메시지를 가지고 만든 출현 빈도표를 사용해야 한다.

(5) 순전히 경험이나 추측만 가지고 단어 또는 구 전체를 알아내는 것이 암호 해독가들에게 가장 유용하게 쓰는 기술 가운데 하나다. 초기 아랍의 암호 해독가 알 칼릴Al-Khalīl은 그리스어로 된 암호문을 풀 때 이와 같은 능력을 이용했다. 알 칼릴은 암호문의 시작이 '신의 이름으로'라는 인사말로 시작할 거라고 추측했다. 이렇게 추측한 글자들에 암호문의 특정 영역의 문자들에 대입하여 나머지 암호문을 여는 지렛대로 사용할 수 있었다. 바로 이런 것을 '크립'이라고 한다.

(6) 어떤 경우에는 암호문에서 가장 출현 빈도가 높은 글자가 E이고, 그다음으로 출현 빈도가 높은 글자가 T일 수 있다. 즉, 암호문에서 글자의 출현 빈도가 이미 출현 빈도표에 나온 것과 일치한다는 뜻이다. 암호문에서 사이퍼 알파벳 E가 실제로 e인 것 같고 다른 사이퍼 알파벳들도 마찬가지로 출현 빈도표의 글자와 일치하는 데도 암호문을 전혀 해독할 수 없을 때가 있다. 그렇다면, 암호는 치환 암호가 아니라 전치 암호인 경우이다. 평문의 글자를 다른 글자로 대체한 것이 아니라 위치를 바꾼 것이다.

도버Dover 출판사에서 나온 헬렌 푸시 게인즈Helen Fouché Gaines의 《암호 해독Cryptanalysis》은 훌륭한 암호학 입문서다. 이 책에는 암호 해독 요령뿐만 아니라 여러 언어들의 글자별 출현 빈도표와 영어에서 가장 흔한 단어 목록이 수록되어 있다.

부록 C

바이블 코드

1997년 마이클 드로스닌Michael Drosnin의 책 《바이블 코드Bible Code》가 전 세계적으로 반향을 일으켰다. 드로스닌은 등거리 문자 배열(EDLS)에 따라 성경 속에 숨겨진 메시지를 찾을 수 있다고 주장했다. EDLS는 아무 본문을 펼친 다음, 맨 처음 선택한 특정 글자로부터 몇 글자씩 일정하게 떨어진 글자를 가지고 문구를 찾아내는 방식이다. 그러니까 예를 들면, 이 문단의 원문에 나온 Michael의 'M'에서 시작해 한 번에 다섯 글자씩 건너뛴다고 해보자. 그러면 다음과 같은 EDLS가 나온다.

mesahirt...

이 EDLS에는 알아 볼 수 있는 단어가 없지만, 드로스닌은 성경에는 단순히 말이 되는 형태의 단어뿐만 아니라 완전한 문장의 EDLS가 엄청나게 많다고 말했다. 드로스닌은 이런 EDLS 문장들이 성경적 예언이라고 말한다. 일례로, 드로스닌은 성경에서 존 F. 케네디, 로버트 케네디, 안와르 사다트의 암살을 언급한 EDLS를 발견했다고 주장한다. 한 EDLS에는 뉴튼의 이름이 중력이라는 단어 옆에 언급되어 있으며, 다른 곳에는 에디슨이 전구와 연결되어 있다고 한다.

드로스닌의 책은 도론 비츠툼Doron Witzum, 엘리야후 립스Eliyahu Rips, 요아브 로젠버그Yoav Rosenberg가 발표한 논문에 근거하긴 하지만, 이 세 사람이 주장한 것보다 훨씬 과감한 주장을 담고 있어 더 많은 비판을 받았다. 비판의 주된 요인은 조사 대상인 텍스트가 방대하다는 것이었다. 충분히 많은 양의 텍스트에서 시작 글자와 글자 간격을 여러 방식으로 조정해서 말이 되는 구절처럼 보이는 게 그리 놀라운 일은 아니다.

호주국립대학의 브렌단 맥케이Brendan McKay 교수는 《모비 딕Moby Dick》에서 EDLS를 찾아냄으로써 드로스닌의 접근법이 지닌 약점을 증명하려 했다. 멕케이 교수는 모비딕에서 트로츠키, 간디, 로버트 케네디를 포함한 유명인 암살과 관련된 문장 13개를 찾아냈다고 했다. 나아가 히브리어 텍스트에 특별히 EDLS가 많을 수밖에 없는 이유는 히브리어에는 모음이 거의 없기 때문이다. 이 말은 해석하는 사람들이 적절하다고 생각되는 곳에 모음을 집어넣어야 하기 때문에 예언과 같은 것을 도출하기 더 쉽다는 뜻이다.

부록 D

돼지우리 암호

단일 치환 암호는 다양한 형태로 수백 년 동안 사용되었다. 예를 들어 돼지우리 암호the pigpen cipher는 1700년대 프리메이슨이 자신들의 기록을 비밀로 하기 위해 사용했으며 오늘날 어린이들이 지금도 사용하고 있다. 이 암호는 한 글자를 다른 글자로 치환하지 않고 한 글자를 다음과 같은 패턴에 따라 하나의 기호로 치환한다.

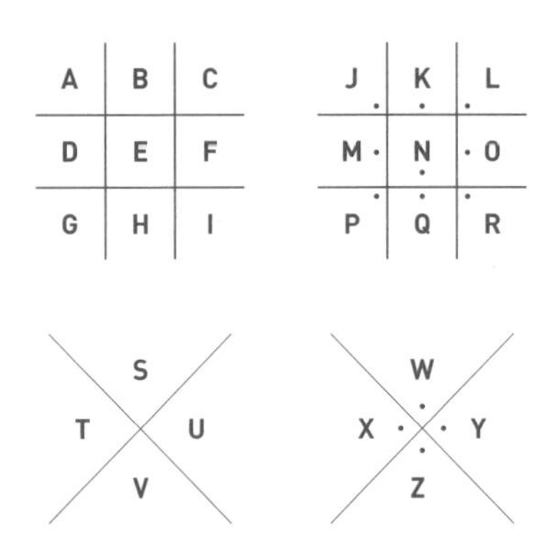

특정 글자를 암호화하려면, 그 글자가 위치한 격자무늬를 찾은 다음, 그 글자에 해당하는 부분의 격자무늬를 떼어 그림으로 그려 그 글자를 나타낸다. 그러면 다음과 같이 된다.

a =

b =

:

:

z =

돼지우리 암호는 암호열쇠를 알고 있으면 쉽게 해독할 수 있다. 열쇠를 몰라도, 아래에서 제시하는 방법으로 쉽게 해독할 수 있다.

부록 E

플레이페어 암호

플레이페어playfair 암호는 세인트 앤드루스의 플레이페어 남작 1세, 리온 플레이페어Lyon Playfair로 인해 유명해졌지만, 맨 처음 이 암호를 만든 사람은 전신 기술의 개척자 중 한 사람인 찰스 휘트스톤 경이었다. 두 사람은 해머스미스 브릿지를 사이에 두고 가까이에 살면서 자주 만나 암호에 대한 아이디어를 주고받았다.

플레이페어 암호는 평문에 있는 한 쌍의 글자들을 다른 글자 쌍으로 바꾸는 것이다. 메시지를 암호화해서 보내기 위해 송신자와 수신자는 먼저 암호열쇠에 대해 합의한다. 예를 들면, 우리는 휘트스톤의 이름인 찰스 CHARLES를 열쇠단어로 사용할 수 있다. 그 다음 암호화하기 전에 알파벳의 글자들을 가로와 세로 각각 5열×5행으로 된 정사각형 모양 격자에 써넣되, 먼저 열쇠단어부터 쓴다. 그러고 나서 I와 J를 한 칸에 적는다.

C	H	A	R	L
E	S	B	D	F
G	I/J	K	M	N
O	P	Q	T	U
V	W	X	Y	Z

그러고 나서 글자를 두 개씩 짝짓는다. 즉, '이중 글자digraph'를 만드는 거다. 이중 글자에 들어있는 두 개의 글자는 달라야 한다. 다음의 예와

같이 hammersmith의 mm과 같이 똑같은 글자가 오면 두 글자 사이에 x를 추가로 넣어, 각각 다른 두 글자가 짝이 되게 만든다. 그리고 맨 마지막에 글자가 하나만 남아있을 때도 x를 따로 추가해준다.

평문 :	meet me at hammersmith bridge tonight 해머스미스 다리에서 오늘 밤 만나요
이중 글자로 표현한 평문 :	me-et-me-at-ha-mx-me-rs-mi-th-br-id-ge-to-ni-gh-tx

이제부터 암호화를 본격적으로 시작할 수 있다. 모든 이중 글자는 다음 세 가지 중 하나에 속한다. 두 글자가 모두 같은 행에 있거나 동일한 열에 있거나 아니면 둘 다 아니다. 만일 두 글자가 모두 같은 행에 있다면, 이 두 글자는 각각 바로 오른쪽에 이웃한 두 글자로 대체된다. 따라서 mi는 NK가 된다. 두 글자 중 하나가 그 행의 맨 끝에 있으면 그 글자는 그 행에서 제일 처음에 있는 글자로 대체한다. 그러면 ni는 GK가 된다. 만일 두 글자 모두 같은 열에 있으면 이 글자들은 각자 바로 밑에 있는 글자로 대체된다. 따라서 ge는 OG가 된다. 두 글자 중 한 글자가 열의 맨 끝에 오면, 그 열의 맨 처음에 오는 글자로 대체하면 된다. ve는 CG가 된다.

이중 글자에 있는 글자들이 모두 같은 행이나 열에 오지 않으면 다음과 같은 다른 규칙에 따라 암호화한다. 첫 번째 글자를 암호화하려면 그 글자가 있는 행과 두 번째 글자가 위치한 열이 만나는 지점을 찾는다. 바로 교차하는 지점에 있는 글자를 가지고 첫 번째 글자를 대체한다. 두 번째 글자가 있는 행과 첫 번째 글자가 위치한 열이 만나는 지점을 찾는다. 그 다음 이 지점에 위치한 글자로 두 번째 글자를 대체한다. 그렇게 하면 me는 GD가 되고 et는 DO가 된다. 그렇게 해서 모두 암호화하면 다음과 같다.

이중 글자로 나타낸 평문 : me et me at ha mx me rs mi th br id ge to ni gh tx

암호문 : GD DO GD RQ AR KY GD HD NK PR DA MS OG UP GK IC QY

열쇠단어를 아는 수신자는 암호화 과정을 거꾸로 뒤집어 쉽게 암호문을 해독할 수 있다. 예를 들어, 같은 행에 있는 암호문 글자들을 각 글자의 왼쪽에 있는 글자로 대체하면 해독이 된다.

플레이페어는 과학자인 동시에 공인(영국 하원 부의장과 우체국장을 역임했으며, 현대적 위생 개념을 발전시키는 데 기여한 공중보건위원회 위원이기도 했음)으로, 최고 위직 정치가들에게 휘트스톤 경의 아이디어를 홍보하기로 마음먹었다. 1854년 빅토리아 여왕의 남편 앨버트 공과 나중에 총리가 된 팔머스톤 경과 함께 한 저녁식사 모임에서 처음으로 휘트스톤 경의 암호를 언급했다. 그리고 나중에 휘트스톤 경을 외무성 차관에게 소개하기까지 했다. 그러나 안타깝게도 외무성 차관은 이 암호가 전투 상황에서는 사용하기가 너무 복잡하다고 불평했고, 이후 휘트스톤 경은 이 암호를 근처 초등학교 학생들에게 15분이면 가르쳐 줄 수 있다고 말했다. 그러자 그 차관은 말했다. "아마 그럴 수 있겠지요. 그러나 외교관들을 절대 가르칠 수 없을 겁니다."

플레이페어 남작은 끈질겼다. 결국 영국 육군성이 비밀리에 그 암호 기술을 받아들였고 보어 전쟁에서 이 암호를 처음으로 사용했다. 한동안 상당히 효과적이었음이 증명되었지만, 플레이페어 암호도 해독 불가능한 암호는 아니었다. 암호문에서 가장 자주 출현하는 이중 글자를 찾은 다음, 이 이중 글자들이 영어에서 가장 흔한 이중 글자인 th, he, an, in, er, re, es라고 가정하고 분석하면 해독이 가능했다.

부록 F

ADFGVX 암호

ADFGVX 암호는 치환법과 전치법을 모두 사용한다. 먼저 가로세로 각각 6칸인 표를 그린 다음 36칸에 26개의 글자와 10개의 숫자를 무작위로 채워 넣는다. 각 행과 열에 A, D, F, G, V, X 중 한 글자로 이름을 붙인다. 표 안에 들어가는 요소들의 배열이 곧 열쇠의 일부로 작용하므로 수신자는 암호를 해독하려면 표에 대해 상세히 알아야 한다.

	A	D	F	G	V	X
A	8	p	3	d	1	n
D	l	t	4	o	a	h
F	7	k	b	c	5	z
G	j	u	6	w	g	m
V	x	s	v	i	r	2
X	9	e	y	0	f	q

암호문을 작성하려면 먼저 메시지의 각 글자가 표에서 어디에 있는지 찾은 다음, 그 글자에 해당하는 열과 행의 이름으로 대체한다. 예를 들어, 8은 AA로 대체되고, p는 AD로 대체된다. 이 암호 체계에 따라 짧은 암호문을 작성하면 다음과 같다.

메시지 :	attack at 10pm 밤 10시에 공격하라											
평문 :	a	t	t	a	c	k	a	t	1	0	p	m
1단계 암호 :	DV	DD	DD	DV	FG	FD	DV	DD	AV	XG	AD	GX

지금까지는 단일 치환 암호였기에, 빈도 분석만 가지고도 충분히 해독할 수 있었다. 그러나 ADFGVX암호 2단계는 전치 암호로 암호 해독이 훨씬 어려워진다. 전치 암호는 열쇠단어에 의해 결정된다. 여기서 열쇠단어는 MARK이며, 수신자도 이 열쇠단어를 반드시 알고 있어야 한다. 전치 암호는 다음과 같은 방식으로 생성된다.

첫째, 열쇠단어 글자들을 아무것도 없는 표의 맨 위 칸에 적는다. 그 다음 1단계 암호를 순서대로 아래 표와 같이 채워 넣는다. 그리고 표의 열을 열쇠단어를 이루는 글자로 적되 알파벳순으로 재배열한다. 각 열을 내려가면서 새로운 순서에 따라 적어나가면 최종 암호문이 만들어진다.

M	A	R	K
D	V	D	D
D	D	D	V
F	G	F	D
D	V	D	D
A	V	X	G
A	D	G	X

열쇠단어 글자들이 알파벳 순서가 되게 열을 재배열한다. →

A	K	M	R
V	D	D	D
D	V	D	D
G	D	F	F
V	D	D	D
V	G	A	X
D	X	A	G

최종 암호문 VDGVVDDVDDGXDDFDAADDFDXG

최종 암호문을 모스부호로 전송하면, 수신자는 평문 메시지를 확인하기 위해 암호화 과정을 거꾸로 되짚어갈 것이다. 암호문 전체는 단 여섯 글자(A, D, F, G, V, X)로만 이뤄져 있다. 이 글자들이 가로와 세로가 각 6칸인 표의 행과 열을 나타내는 기호로 사용되기 때문이다. 사람들은 이를테면, A, B, C, D, E, F와 같은 글자를 쓰지 않고 왜 이런 글자들을 사용했는지 궁금해 하기도 한다. 이는 A, D, F, G, V, X는 모스부호로 변환했을 때, 도트와 대시의 양상이 매우 달라서 암호문을 전송하는 동안 실수를 최소화할 수 있기 때문이다.

1회용 난수표 열쇠를 재사용하는 데서 오는 문제점

3장에서 설명한 이유들로 인해 1회용 난수표 암호문은 깨지지 않는다. 단, 1회용 난수표 열쇠를 단 한 번만 사용해야 한다는 조건이 붙는다. 우리가 만일 동일한 1회용 난수표 열쇠를 가지고 암호화한 두 개의 다른 암호문을 입수했다고 했을 때, 다음과 같은 방식으로 암호문을 해독할 수 있다.

첫 번째 암호문 어딘가에 the라는 단어가 포함되어 있을 거라는 가정은 정확할 것이다. 따라서 암호문 전체가 the의 연속이라는 가정을 세우는 것으로 암호 해독을 시작한다. 그 다음 the의 연속으로 이뤄진 첫 번째 암호문을 만드는 데 필요한 1회용 난수표 열쇠를 생성한다. 이렇게 해서 우리는 1회용 난수표 열쇠를 처음으로 추측해본다. 어떻게 우리는 1회용 난수표 중 어디가 맞는 부분인지 알아낼 수 있을까?

우리는 처음에 추측한 1회용 난수표를 두 번째 암호문에 적용해 볼 수 있다. 그런 다음 얻어진 평문이 말이 되는지 확인해본다. 운이 좋으면 우리는 두 번째 암호문을 해독한 결과에서 몇 개의 단어들을 알아 볼 수 있을 것이고, 이는 그 단어 부분에 해당하는 1회용 난수표 일부가 맞다는 것을 의미할 것이다. 결국 이를 통해 우리는 첫 번째 메시지의 어떤 부분이 the인지 알아낼 수 있다.

두 번째 암호문의 평문에서 찾아낸 의미가 통하는 글자 일부를 확장하여 우리는 1회용 난수표의 더 많은 부분을 알아낸 다음 첫 번째 암호문에서 다른 단서들을 추론해낼 수 있다. 다시 첫 번째 암호문의 평문에서 찾아낸 단어 조각들을 확장하여 우리는 1회용 난수표에 대해 더 많은 것을 알아낼 수 있게 되고, 이로써 두 번째 암호문에서 새로운 단서들을 얻을 수 있다. 이 같은 과정을 첫 번째와 두 번째 암호문을 모두 해독할 수 있을 때까지 되풀이한다.

이런 과정은 3장의 예시에서 열쇠가 CANADABRAZILEGYPTCUBA였던 일련의 단어로 이뤄진 열쇠를 사용한 비즈네르 암호를 해독하는 과정과 매우 유사하다.

부록 H

〈데일리 텔레그래프〉 십자말 풀이 정답

가로

1. Troupe
4. Short Cut
9. Privet
10. Aromatic
12. Trend
13. Great deal
15. Owe
16. Feign
17. Newark
22. Impale
24. Guise
27. Ash
28. Centre bit
31. Token
32. Lame dogs
33. Racing
34. Silencer
35. Alight

세로

1. Tipstaff
2. Olive oil
3. Pseudonym
5. Horde
6. Remit
7. Cutter
8. Tackle
11. Agenda
14. Ada
18. Wreath
19. Right nail
20. Tinkling
21. Sennight
23. Pie
25. Scales
26. Enamel
29. Rodin
30. Bogie

부록 I

관심 있는 독자들을 위한 수수께끼 문자들

역사상 위대한 암호 해독의 일부는 아마추어 해독가에 의해 이뤄졌다. 예를 들어, 설형문자 해독에 있어서 돌파구를 처음으로 발견한 사람은 게오르크 그로테펜트Georg Grotefend였으며, 그는 학교 교사였다. 독자들 중에 그로테펜트의 뒤를 잇고 싶은 사람들을 위해 여전히 수수께끼로 남아 있는 문자에 대해 말해보겠다.

미노아 문명의 문자 중 하나인 선형문자 A는 이를 해독하려는 온갖 노력에도 불구하고 아직까지 풀리지 않았다. 선형문자 A로 기록된 자료가 부족한 것도 이유 중 한 가지다. 반면, 에트루리아 문자는 연구할 수 있는 서판이 1만 개가 넘는 등 자료는 풍부하지만, 세계적인 학자들을 당혹스럽게 만들었다. 로마시대 이전의 문자인 이베리아 문자도 마찬가지

그림 선형문자 A

로 전혀 갈피를 잡지 못하고 있다.

고대 유럽 문자 중 가장 관심을 끄는 문자는 1908년 크레타 남부에서 발견된 독특한 파이스토스 원판에 있는 문자다. 기원전 1700년경의 것으로 보이는 둥근 판에는 앞뒤로 각각 두 개의 나선형 문양 안에 글자가 새겨져 있다. 이 문자는 손으로 쓴 것이 아니라, 다양한 도장을 사용하여 찍어낸 것으로 세계에서 가장 오래된 일종의 타자기로 만들어진 것이었다. 놀랍게도 이와 비슷한 문서는 아직까지 발견되지 않고 있으므로, 매우 제한된 정보만 가지고 해독을 해야 할 처지에 있다. 이 원판에는 61개씩 묶여 있는 총 242개의 글자로 이루어져 있다. 그러나 타자기 같은 것으로 찍어낸 듯하다는 말인즉슨, 대량으로 생산되었을 가능성을 내포하므로, 고고학자들이 언젠가는 이와 유사한 원판을 무더기로 찾아내어 이 풀리지 않는 수수께끼 문자에 서광이 드리울 날이 오기만을 바라고 있다.

유럽 이외 지역의 문자로는 인더스문명의 청동기시대 문자가 해독이 되

그림 파이스토스 원판

그림 인더스문명의 문자

길 기다리고 있다. 이 문자들은 기원전 3천 년경까지 거슬러 올라가는 시기에 제작된 것으로 보이는 수천 개의 인장에 담긴 것들이다. 각각의 인장에는 동물과 그 옆에 짧은 어구가 새겨져 있지만, 많은 전문가들의 노력에도 불구하고 아직까지 그 의미가 밝혀지지 않고 있다. 이례적으로 높이가 37센티미터에 달하는 대형 문자가 커다란 나무판에 새겨진 것도 발견되었다. 아마도 세계에서 가장 오래된 광고판일 수도 있다. 이 나무판은 엘리트층만 문자를 읽을 수 있는 게 아니었음을 의미하며, 도대체 그 나무판이 무엇을 알리기 위한 것이었는지 의문이 제기되고 있다. 가장 유력한 설은 왕에 대한 선전 내용을 담고 있었으리라 보는 것인데, 그 왕의 정체를 밝힐 수 있다면, 이 나무판은 나머지 이 청동기시대 문자를 해독하는 데 길을 터줄 수 있을 것이다.

부록 J

RSA에 적용된 수학이론

다음은 RSA 암호화와 복호화의 원리를 간단히 수학적으로 설명한 것이다.

(1) 앨리스가 값이 큰 두 개의 소수 p와 q를 고른다. 소수는 엄청나게 값이 커야 하지만, 단순하게 설명하기 위해 여기서는 앨리스가 $p=17$, $q=11$을 고른다고 가정한다. 앨리스는 자기가 고른 소수를 비밀로 해야 한다.

(2) 앨리스가 이 두 소수를 곱한 수 N을 구한다. 이 예의 경우 $N=187$이 된다. 앨리스는 또 다른 숫자 e를 고르며, 여기서 앨리스는 $e=7$로 한다.

(e와 $(p-1) \times (q-1)$은 서로소여야 하지만, 여기서 다루기엔 너무 세세한 내용이다.)

(3) 이제 앨리스는 e와 N을 전화번호부와 유사한 어떤 곳에 공개한다. 암호화에 이 두 숫자가 필요하므로, 누구라도 앨리스에게 보낼 메시지를 암호화하길 원하는 사람은 이 두 숫자를 알 수 있어야 한다. 이 두 숫자를 공개 열쇠public-key라고 부른다. (e는 앨리스의 공개 열쇠 일부가 될 뿐만 아니라 다른 사람들의 공개 열쇠의 일부가 될 수 있다. 그러나 각자가 선택하는 p와 q에 따른 것이므로 N값은 모두 달라야 한다.)

(4) 메시지를 암호화하기 위해서 먼저 메시지를 숫자 M으로 변환해야 한다. 예를 들어, 한 단어를 이진수 아스키(ASCII) 코드로 바꿔야 하며, 이 이진수들은 십진수로 간주할 수 있다. 그러면 M은 다음과 같은 공식에 의해 암호문 C로 변환된다.

$C=M^e (\text{mod } N)$

(5) 밥이 앨리스에게 키스, 즉 X라는 글자 하나만 보내고 싶어 한다고 가정해 보자. 이진수 아스키 코드로 X는 1011000으로 나타낼 수 있으며 이는 십진수에서 88에 해당한다. 따라서 $M=88$이다.

(6) 이 메시지를 암호화하기 위해서 밥은 앨리스의 공개 열쇠를 먼저 찾아내어 $N=187$, $e=7$임을 알아낸다. 이렇게 해서 밥은 앨리스에게 보낼 메시지 암호화에 필요한 모든 것을 갖추게 된다. $M=88$이므로 암호화 공식에 따르면 다음과 같다.

$\text{C}=88^7 (\text{mod } 187)$

(7) 위 식을 계산기로 계산하는 것은 간단하지 않다. 계산기 문자판에 이렇게 큰 수를 다 표기할 수 없기 때문이다. 그러나 모듈러 연산 modular arithmetic에서 지수 계산을 이용하면 깔끔하다. $7=4+2+1$이므로

$$88^7 (\text{mod } 187) = [88^4 (\text{mod } 187) \times 88^2 (\text{mod } 187) \times 88^1 (\text{mod } 187)] (\text{mod } 187)$$

$$88^1 = 88 = 88 (\text{mod } 187)$$

$$88^2 = 7{,}744 = 77 (\text{mod } 187)$$

$$88^4 = 59{,}969{,}536 = 132 (\text{mod } 187)$$

$$88^7 = 88^1 \times 88^2 \times 88^4 = 88 \times 77 \times 132 = 894,432 = 11 \pmod{187}$$

밥은 이제 암호문 텍스트 $C = 11$을 앨리스에게 보낸다.

(8) 우리는 모듈러 연산에서 지수가 일방향 함수라는 것을 안다. 그러므로 $C = 11$에서 거꾸로 평문 메시지인 M을 알아내는 것은 매우 어렵다. 따라서 이브는 메시지를 해독할 수 없다.

(9) 그러나 앨리스는 메시지를 해독할 수 있다. 앨리스만 아는 특별 정보가 있기 때문이다. 앨리스는 p와 q를 알고 있다. 앨리스는 특별한 수 d, 즉 암호 해독의 열쇠이자, 또는 개인 열쇠private-key를 계산해 낸다. d는 다음과 같은 공식에 따라 도출할 수 있다.

$e \times d = 1 (\text{mod } (p-1) \times (q-1))$

$7 \times d = 1 (\text{mod } 16 \times 10)$

$7 \times d = 1 (\text{mod } 160)$

$d = 23$

(d의 값을 추론하는 것은 쉽지 않지만 유클리드의 알고리즘이라고 알려진 기술을 사용하여 앨리스는 d를 쉽고 빠르게 찾아낼 수 있다.)

(10) 메시지를 해독하기 위해 앨리스는 단순히 다음의 공식을 이용한다.

$M = C^d (\text{mod } 187)$

$M = 11^{23} (\text{mod } 187)$

$M = [11^1 (\text{mod } 187) \times 11^2 (\text{mod } 187) \times 11^4 (\text{mod } 187) \times 11^{16} (\text{mod } 187)] (\text{mod } 187)$

$M = 11 \times 121 \times 55 \times 154 (\text{mod } 187)$

$M = 88 = X$(아스키 코드로)

리베스트, 샤미르, 에이들맨은 특별한 일방향 함수를 만들었으며, 이 일방향 함수는 특수한 정보, 즉 p와 q값을 아는 사람만 역으로 계산할 수 있다. 각 함수는 p와 q에 따라 달라지며, 이 p와 q값을 곱해서 N이 나온다. 이 함수를 통해 모든 이들이 특정인에게 보낼 메시지를 그 사람이 선택한 N을 가지고 암호화할 수 있다. 그러나 원래 메시지를 받기로 한 수신자만 암호화한 메시지를 해독할 수 있다. 수신자만이 p와 q값을 알고 있으며, 그로 인해 수신자는 암호 해독 열쇠인 d를 아는 유일한 사람이다.

글자별로 메시지를 암호화한다는 측면에서 RSA를 설명했지만, 한 가지 사항을 분명히 밝힐 필요가 있다. 앞의 예시에서 살펴본 RSA는 사실상 열쇠 분배를 하지 않는 단일 치환 암호로 단순화되어 빈도 분석으로 깨질 수 있다. 그러나 실제 현실에서는 훨씬 더 큰 이진수 블록에 따라 암호화가 진행되므로 빈도 분석이 불가능하다.

용어 해설

1회용 난수표 one-time pad 절대 깨지지 않는 유일한 암호화 방식의 하나로 알려져 있다. 메시지와 같은 길이의 무작위 열쇠를 사용한다. 각 열쇠는 단 한 번만 사용할 수 있다.

DES 데이터 암호화 표준으로 IBM이 개발하고 1976년에 표준으로 채택되었다.

RSA 공개 열쇠 암호의 요건을 갖춘 최초의 암호 체계로 1977년 론 리베스트, 아디 샤미르, 레너드 에이들맨이 발명했다.

개인 열쇠 private-key 공개 열쇠 암호 시스템에서 수신자가 메시지를 해독하기 위해 사용하는 열쇠. 개인 열쇠는 비밀로 해야 한다.

공개 열쇠 public-key 공개 열쇠 암호 시스템에서 송신자가 메시지를 암호화하기 위해 사용하는 열쇠. 공개 열쇠는 모든 이들에게 공개되어 있다.

공개 열쇠 암호 public-key cryptography 열쇠 분배 문제를 극복한 암호 제작 체계. 공개 열쇠 암호는 비대칭 암호를 요구하므로 이용자마다 공개 암호 열쇠와 개인 암호 해독 열쇠를 만들 수 있다.

다중 치환 암호 polyalphabetic substitution cipher 사이퍼 알파벳이 암호화 과정 중에 바뀌는 치환 암호. 대표적인 예가 비즈네르 암호다. 사이퍼 알파벳은 열쇠에 따라 바뀐다.

단일 치환 암호 monoalphabetic substitution cipher 암호문 전체에서 사이퍼 알파벳이 고정되어 있는 치환 암호

대칭형 열쇠 암호 symmetric-key cryptography 암호화에 필요한 열쇠와 암호 해독에 필요한 열쇠가 같은 암호 체계. 모든 전통적인 암호 형태를 지칭하는 용어로써 1970년대 이전에 사용된 암호들이 여기에 속한다.

동음 치환 암호 homophonic substitution cipher 각각의 평문 글자를 대체하는 글자가 여러 개 존재하는 암호문. 결정적으로 평문에서 a를 대체하는 글자가 여섯 개라고 하면, 이 여섯 글자는 a만을 나타낸다. 이런 유형의 암호는 단일 치환 암호에 해당된다.

디지털 서명 digital signature 전자 문서에서 실제 문서 작성자임을 입증하는 방법. 주로 자신의 개인 열쇠로 문서를 암호화할 때 주로 쓰인다.

디피-헬만-머클 열쇠 교환 Diffie-Hellman-Merkle key exchange 송신자와 수신자가 공개적으로 비밀 열쇠를 교환하는 절차. 열쇠에 대한 합의가 이뤄지면 송신자는 DES와 같은 암호를 사용해 메시지를 암호화할 수 있다.

미국 국가안보국 National Security Agency(NSA) 미 국방부 소속 기관으로 미

국 내 통신 보안 유지와 다른 국가 통신 감청 업무를 담당하고 있다.

복호화 decode 암호화된 메시지를 원문 메시지로 바꾸는 것

비대칭형 열쇠 암호 asymmetric-key cryptography 암호화할 때 필요한 열쇠와 복호화할 때 필요한 열쇠가 다른 암호 형태. RSA 같은 공개 열쇠 암호 체계가 비대칭형 암호열쇠다.

비즈네르 암호 Vigenère cipher 다중 치환 암호로 약 1500년경에 개발되었다. 비즈네르 표에는 카이사르 암호 방식으로 제작된 26벌의 사이퍼 알파벳이 있으며, 암호 열쇠에 의해 메시지의 각 글자를 암호화하는 데 사용되는 사이퍼 알파벳이 결정된다.

사이퍼 알파벳 cipher alphabet 원문 (또는 평문) 알파벳을 재배열한 것으로 평문 메시지에 있는 글자가 어떻게 암호화될지를 결정한다. 숫자나 다른 기호들로 사이퍼 알파벳을 구성할 수 있지만, 모든 경우에 이 알파벳들이 평문 메시지의 글자들을 대체한다.

스테가노그래피 steganography 메시지의 의미를 감추는 기술인 암호학과 달리, 스테가노그래피는 메시지의 존재를 감추는 기술이다.

아스키 코드 ASCII Code 미국 정보 교환 표준 부호로 알파벳과 다른 기호들을 숫자로 변환할 때 사용하는 표준

암호 cipher 메시지의 각 글자를 다른 글자로 바꾸어 메시지의 의미를 숨기는 모든 체계. 이 체계에는 열쇠라는 내재적 유연성을 갖춰야 한다.
* 아래 **cryptanalysis, decipher, decrypt** 이 세 단어 모두 이 책에서는 암호 해독으로 번역하였다.

암호 해독 cryptanalysis 암호 열쇠에 대한 정보 없이 암호문에서 평문을 추론해 내는 과학

암호 해독 decipher 암호화된 메시지를 원문 메시지로 바꾸는 작업. 공식적으로 이 용어는 평문을 알아내기 위해 필요한 열쇠를 아는 수신자가 암호문을 원문으로 푸는 것을 지칭하지만, 비공식적으로는 암호문을 가로챈 적에 의해 암호가 해독되는 과정을 의미하기도 한다.

암호 해독 decrypt 코드code 체계와 암호문cipher을 막론하고 읽을 수 있도록 해독해 내는 것

암호문 ciphertext 암호화한 후의 메시지 또는 평문

암호학 cryptography 메시지를 암호화하는 과학 또는 메시지의 의미를 숨기는 과학. 때로는 좀 더 일반화해서 암호와 관련된 모든 학문을 일컬어 암호학이라고 하기도 하며, 암호학cryptology이라는 용어 대신에 쓰기도 한다.

암호학 cryptology 비밀 메시지 작성과 관련된 모든 형태의 과학. 암호 제작과 암호 해독 모두를 포함한다.

* **encipher, encode, encrypt,** 이 세 단어도 이 책에서는 암호화로 번역하였다.

암호화 encipher 평문을 암호문으로 바꾸는 것

암호화 encode 평문을 코드 암호화에 따른 암호문으로 바꾸는 것

암호화 encrypt 평문을 암호문으로 바꾸는 암호화와 평문을 코드 암호화하는 것을 모두 아우르는 말

암호화 알고리즘 encryption algorithm 열쇠를 선택하는 방법으로 정확히 특정할 수 있는 모든 암호화 프로세스

양자 암호 quantum cryptography 양자이론을 활용하여 만들어낸 암호의 한 형태로 절대 깨지지 않는다. 양자 암호는 특히 양자이론에서 불확정성 원리에 바탕을 두는데, 불확정성 원리에서는 어떤 대상의 모든 측면을 측정한 결과를 절대적으로 확신할 수 없다고 주장한다. 양자 암호는 일련의 무작위 비트를 안전하게 주고받을 수 있으며, 이는 1회용 난수표 암호의 바탕으로 사용된다.

양자 컴퓨터 quantum computer 양자이론, 특히 물질이 동시에 여러 상태로 존재할 수 있다거나 한 물질이 동시에 여러 우주에 존재할 수 있다는 이론을 활용한 엄청나게 강력한 컴퓨터. 과학자들이 어느 정도 타당한 규모의 양자 컴퓨터를 만들어 낼 수 있다면 1회용 난수표 암호를 제외한 현존하는 모든 암호를 다 뚫을 수 있게 된다.

열쇠 key 일반적인 암호화 알고리즘을 특별한 암호화 방식으로 바꾸는 요소. 일반적으로 적은 송신자와 수신자가 사용하는 암호화 알고리즘에 대해서는 알 수 있을지도 모르나, 열쇠는 절대 모르게 해야 한다.

열쇠 길이 key length 컴퓨터 암호화에 사용되는 열쇠는 숫자다. 열쇠 길이는 열쇠의 자릿수 또는 비트의 길이를 가리키므로, 열쇠로 사용될 수 있는 가장 큰 숫자를 결정한다. 열쇠 길이가 길수록 (또는 가능한 열쇠의 수가 많을수록) 암호 해독가들이 가능한 모든 열쇠를 테스트하는 데 시간이 더 걸린다.

열쇠 분배 key distribution 송신자와 수신자가 메시지를 암호화하거나 해독할 때 필요한 열쇠에 접근할 수 있도록 해주면서, 열쇠가 적의 손에 들어가지 않도록 하는 절차. 열쇠 분배는 공개 열쇠 암호를 발명해내기 전까지 실질적인 열쇠 분배 이행과 보안 측면에서 주요 문제였다.

전치 암호 transposition cipher 메시지 안에서 각 글자가 위치를 달리하는 방식의 암호 체계. 그러나 글자 자체가 변하지는 않는다.

치환 암호 substitution cipher 메시지의 각 글자를 다른 글자로 대체하는 암호 체계. 그러나 메시지에서 글자의 위치는 바뀌지 않는다.

카이사르 암호 Caesar-shift substitution cipher 원래는 메시지의 각 글자를 세 글자 뒤에 나오는 글자로 치환하는 암호. 이제는 그 개념이 확장되어 메시지의 각 글자가 알파벳 상에서 x 글자 뒤에 나오는 글자로 대체되는 암호 체계를 가리킨다. 여기서 x는 1과 25 사이에 있는 숫자가 된다.

코드 code 원문 메시지의 각 단어나 구를 다른 문자나 여러 문자군으로 대체하여 메시지의 의미를 숨기는 체계. 대체 문자 혹은 문자군 목록을 담아 놓은 것이 코드북이다. (내재적 유연성이 없는 암호화의 한 형태라고 다르게 정의할 수 있다. 즉, 일명 코드북이라고 하는 단 하나의 열쇠만을 갖는 암호 체계)

코드북 codebook 원문 메시지를 대체한 문자나 문자군의 목록을 수록한 것

키 에스크로 key escrow 이용자가 자기들의 비밀 열쇠의 사본을 신뢰할 수 있는 제3자, 다른 말로 신탁인에게 맡기는 시스템으로 특정 상황에만 법 집행자들에게 열쇠를 넘겨주게 되어 있다. 이를테면 법원의 명령이 있는 경우가 이에 해당된다.

평문 plaintext 암호화하기 이전의 원문 메시지

프리티 굿 프라이버시 Pretty Good Privacy(PGP) 필 짐머만이 RSA에 기반하여 개발한 컴퓨터 암호화 알고리즘

감사의 글

이 책을 쓰는 동안 살아있는 세계 최고의 암호 제작가와 암호 해독가들을 직접 만날 수 있는 영광을 누렸다. 이들 중에는 블레츨리 파크에서 근무했던 사람들부터 정보화 시대를 더욱 발전시키는데 일조한 암호를 개발한 이들에 이르기까지 다양했다. 먼저 눈부신 캘리포니아에 머무는 동안 시간을 내어 자신들이 해낸 일들을 설명해준 휫필드 디피와 마틴 헬만에게 감사의 글을 전하고 싶다.

마찬가지로, 구름이 잔뜩 낀 첼트넘을 방문하는 동안, 크나큰 도움을 준 클리포드 콕스, 말콤 윌리엄슨, 리차드 월튼에게도 깊은 고마움을 전한다. 특별히 정보 보안 석사 과정 수업을 듣도록 허락해준 런던 로얄할로웨이칼리지의 정보보안그룹에게 감사하다. 코드와 암호문에 대한 귀중한 내용을 가르쳐준 프레드 파이퍼, 사이먼 블랙번, 조너선 튤리아니, 푸잔 미르자 교수님들께도 심심한 감사를 표한다.

버지니아에 있는 동안 미스테리 전문가 피터 비마이스터로부터 빌의 보물찾기 여정과 관련된 곳을 직접 안내 받을 수 있는 행운을 누렸다. 게다가 베드포드카운티 박물관과 빌 암호 및 보물협회의 스티븐 카우아트로부터 이 주제에 관한 자료를 조사하는 데 많은 도움을 받았다.

또한 옥스포드 양자전산연구소의 데이비드 도이치와 미셸 모스카와 IBM 토머스 왓슨 연구소의 찰스 베넷과 그의 연구팀, 스티븐 위스너, 레너드 에이들맨, 로날드 리베스트, 폴 로더문드, 짐 길로글리, 폴 레이랜드, 닐 바렛에게도 고마움을 전한다.

데릭 톤트, 앨런 스트립, 도날드 데이비스는 친절하게 어떻게 블레츨리 파크가 에니그마를 깼는지 설명해줬다. 또한, 정기적으로 다양한 주제에 대한 강연을 여는 회원들의 모임인 블레츨리 파크 트러스트의 도움을 받았다. 모하메드 므라야티 박사와 이브라힘 카디 박사는 아랍의 암호 분석에 있어서 초창기 돌파구를 일부 밝혀낸 분들로 내게 관련 자료를 보내주었다. 정기간행물 《크립톨로지아Cryptologia》에는 다른 암호 관련 주제들뿐만 아니라, 아랍인들의 암호 해독에 대한 기사를 실었으며, 특별히 지나간 과월호를 내게 보내준 브라이언 윙켈에게 고마움을 전하고 싶다.

나는 독자들이 워싱턴 D.C. 근처에 있는 국립암호박물관과 런던에 있는 전쟁내각실에 방문하기를 권한다. 그곳을 방문하는 동안 내가 매료되었던 것처럼 독자들도 매료되기를 바란다. 자료조사에 도움을 준 이곳 박물관의 큐레이터와 사서들에게도 고마움을 전한다. 시간에 쫓길 때 제임스 하워드, 빈두 마투르, 프리티 사구, 안나 싱, 닉 시어링은 중요하고 흥미로운 기사, 책, 문서 등을 찾아주었다. 이들의 노력에도 감사한다. 또한, 내 웹사이트를 구축해준 www.vertigo.co.uk의 안토니 부오노모에게도 고맙다는 말을 전하고 싶다.

전문가들의 인터뷰뿐만 아니라 상당히 많은 책과 기사를 참고했다. 참고자료 목록에 내가 참고한 자료 일부를 수록했지만, 이 목록은 완전한 참고문헌도 참고자료 목록도 아니다. 오히려 이 목록에는 일반적인 독자들이 흥미를 가질 만한 자료들이 수록되어 있다. 자료 조사를 하면서 만난 책 가운데 단 한 권을 특별히 여기서 언급하고 싶다. 바로 데이비드 칸이 쓴 《코드브레이커The Codebreakers》다. 이 책은 역사상 거의 모든 암호와 관련된 사건들을 기록한 책으로 매우 귀중한 자료원이다.

다양한 도서관, 연구기관 및 개인들이 내게 사진을 제공해줬다. 모든 사진의 출처는 사진 크레딧에 밝혔지만, 나바호족 암호 통신병들 사진을 보내준 샐리 맥클래인, 존 채드윅의 사진을 보내준 조안 채드윅, 제임스 엘리스의 사진을 빌려준 브렌다 엘리스에게 특별히 감사를 전한다. 또, 앤드류 호지스의 책 《앨런 튜링-에니그마Alan Turing - The Enigma》를 바탕으로 쓴 자신의 희곡 《암호를 깨다Breaking the Code》에서 인용할 수 있도록 허락해준 휴 화이트모어에게도 감사를 전한다.

개인적으로는 이 책을 집필하는 2년 동안 묵묵히 곁을 지켜준 가족과 친구들에게 감사를 전하고 싶다. 닐 보인턴, 던 제드지, 소냐 홀브라드, 팀 존슨, 리처드 싱, 앤드루 톰슨 덕분에 복잡하고 어려운 암호학 개념과 씨름하는 동안 평정심을 유지할 수 있었다. 특히 베르나데트 알베스는 정신적인 지지와 지각 있는 비판을 내게 아끼지 않았다.

지금의 나를 있게 한 모든 사람들과 기관에 감사한다. 특히 웰링턴 스쿨, 임페리얼칼리지, 케임브리지대학 고에너지물리학 연구소, 교육기관들에게 감사를 표하며, 처음으로 텔레비전 방송국에서 일하게 해준 BBC의 다나 퍼비스, 그리고 처음으로 기사를 쓰라고 격려해준 〈데일리 텔레그래프〉의 로저 하이필드에게 감사의 글을 전한다.

나는 출판업계 최고의 인재들과 함께 일할 수 있는 엄청난 행운을 누렸다. 패트릭 월시는 과학을 사랑하고 저자에 대한 배려와 무한한 열정을 지닌 출판 에이전트다. 월시는 가장 친절하고 능력 있는 출판사들과 나를 연결시켜 주었다. 특히 포스 에스테이트Fourth Estate의 직원들은 끊임없는 나의 질문에 매우 적극적으로 응대해줬다. 마지막으로, 정말 중요한 사람들인 편집자 크리스토퍼 포터, 레오 홀리스, 페터네일 반 아스

데일은 3천 년 동안 우여곡절을 거듭한 주제를 명료하고 일관되게 이끌고 갈 수 있도록 나에게 많은 도움을 주었다. 그 점에 대해 한없이 고마운 마음을 전한다.

옮긴이의 글

최근 여러 신문에 국외공관 암호 장비가 도난당해 기밀이 유출될 우려가 있다는 기사가 나왔다. 이 책《비밀의 언어The Code Book》를 읽고 나서 여러분들이 어떤 그림을 머릿속에 그리게 될지 궁금하다. 참고로 나는 2차 세계대전 독일군의 암호 기계였던 에니그마를 먼저 떠올렸다.

'암호'하면 비밀스럽고 은밀한 것, 숨기려는 자와 그를 뒤쫓는 자의 숨막히는 추격전, 암호처럼 보이는 해독 불가능한 문자를 읽어내기 위해 온갖 고생을 하는 고고학자들, 암호화된 무기 보안코드를 순식간에 해독해서 임무를 완수하고야 마는 첩보요원부터 오래간만에 로그인하면 암호를 바꾼 지 3개월이 넘었으니 새로운 비밀번호로 변경하라는 포털 사이트의 메시지까지 떠오른다.

코드북의 저자 사이먼 싱Simon Singh은 암호의 역사를, 암호로 메시지를 감추려는 자와 그렇게 감춰진 메시지를 밝혀내려는 자 사이의 싸움이 만들어낸 궤적으로 보았다. 또한, 이러한 싸움을 거치며 암호가 지금까지 거듭 진화해 왔다고 저자는 말한다. 암호와 관련된 역사적 에피소드 가운데 암호 발전에 획기적인 전기를 마련한 사건들을 본보기로 하여 암호가 어떤 과정을 거쳐 지금까지 오게 되었는지 깊이 있게, 그러나 너무 어렵지 않게 설명한다. 저자는 단순히 암호의 역사뿐만 아니라, 향후 어떤 형태의 암호가 탄생할지 독자들에게 상상해보라고 한다. 암호에 대해 조금이라도 호기심을 가졌던 사람이라면 이 책을 재미있게 읽을 수 있을 것이다.

이 책을 다 읽고 난 후, 여러분들은 이 책에서 언급된 인물들이 등장하는 또 다른 책이나 영화를 찾아서 보고 싶어질 것이다. 또, 이 책이 처음으로 출간된 90년대 후반으로부터 약 15년이 흐른 지금, 그 사이에 암호 기술이 얼마나 발전해왔고, 요즘 암호 기술은 어디까지 왔을지 궁금해질 것이다. 그런 점에서 이 책은 암호와 관련된 기술과 각종 콘텐츠를 좀 더 가깝게 느끼게끔 도와주는 탄탄한 입문서로서 손색이 없다.

이현경

참고할 만한 자료

다음은 일반 독자들을 대상으로 한 도서 목록이다. 되도록 지나치게 기술적으로 자세히 다룬 자료는 피했지만, 이 자료 중 일부에 참고문헌이 자세히 수록되어 있다. 예를 들어, 선형문자 B의 해독(5장)에 대해 좀 더 깊이 알고 싶은 독자들은 존 채드윅의 《선형문자 B의 해독》을 읽어보면 좋을 것이다. 그러나 그 책으로 충분하지 않다면, 존 채드윅의 책에 실린 참고문헌을 참고하길 바란다.

코드와 암호와 관련된 매우 흥미로운 자료들이 인터넷에도 많이 있다. 따라서 책 외에 방문할 만한 웹사이트도 수록했다.

전반적인 암호 관련 자료

Kahn, David, *The Codebreakers* (New York: Scribner, 1996)[1].

1,200쪽에 달하는 암호의 역사에 관한 책. 1950년대까지의 암호 역사에 있어서 결정적인 사건들이 수록되어 있음.

Newton, David E., *Encyclopedia of Cryptology* (Santa Barbara, CA: ABC-Clio, 1997)

1 번역서는 데이비드 칸, 《코드브레이커 : 암호 해독의 역사》, 김동현·전태언 옮김(이지북, 2005)

고대와 현대 암호학의 대부분의 측면을 명료하고 간결하게 다룬 유용한 참고 자료임.

Smith, Lawrence Dwight, *Cryptography* (New York: Dover, 1943).

매우 훌륭한 암호학 입문서. 150개가 넘는 문제 수록. 도버 출판사는 암호(code, cipher) 관련 서적을 많이 출판함.

Beutelspacher, Albrecht, *Cryptology* (Washington, D.C.: Mathematical Association of America, 1994).

카이사르 암호부터 공개 열쇠 암호에 이르기까지의 주제를 아우르며, 역사보다는 주로 수학이론에 중점을 둔 책이다. 또한, 다음과 같은 재미난 부제목을 단 암호학 책이기도 하다. '암호문 작성 및 암호화, 메시지를 감추고, 숨기면서, 보호하는 기술과 이론을 설명함에 있어 어떠한 심오한 거짓을 더하진 않으나 일반인들이 배우는데 큰 기쁨을 유발하기 위한 익살스런 장치가 정교하게 적용된 개론서'

1장

Gaines, Helen Fouché, *Cryptanalysis* (New York: Dover, 1956).

암호와 암호의 해결책에 대한 논문. 암호 해독에 대한 훌륭한 개론서로 유용한 빈도 분석 표가 부록에 많이 수록되어 있음.

Al-Kadi, Ibraham A., 'The origins of cryptology: The Arab contributions', *Cryptologia*, vol. 16, no. 2 (April 1992), pp. 97-126.

최근에 발견된 아랍 필사본에 대한 논고와 알 킨디의 업적

Fraser, Lady Antonia, *Mary Queen of Scots* (London: Random House, 1989).
상당히 재미있는 스코틀랜드 여왕 메리의 인생에 대한 이야기

Smith, Alan Gordon, *The Babington Plot* (London: Macmillan, 1936).
크게 두 부분으로 나뉘어 쓰인 이 책은 배빙턴의 음모를 배빙턴과 월싱엄의 관점에서 다루고 있다.

Steuart, A. Francis (ed.), *Trial of Mary Queen of Scots* (London: William Hodge, 1951).
영국의 유명한 공판 시리즈의 일부

2장

Standage, Tom, *The Victorian Internet* (London: Weidenfeld & Nicolson, 1998).
전기 전신의 개발에 얽힌 놀라운 이야기

Franksen, Ole Immanuel, *Mr Babbage's Secret* (London: Prentice-Hall, 1985).
배비지가 비즈네르 암호를 해독하는 과정에 대한 내용이 포함되어 있음.

Franksen, Ole Immanuel, 'Babbage and cryptography. Or, the mystery of Admiral Beaufort's cipher', *Mathematics and Computer Simulation*, vol. 35, 1993, pp. 327-67.

배비지의 암호 연구와 배비지와 해군소장 프란시스 보퍼트 경과의 관계에 대해 자세히 다룬 논문.

Rosenheim, Shawn, *The Cryptographic Imagination* (Baltimore, MD: Johns Hopkins University Press, 1997).
에드거 앨런 포의 암호문 작성에 대한 학술적 평가와 그의 작품이 문학과 암호학에 끼친 영향을 담고 있다.

Poe, Edgar Allan, *The Complete Tales and Poems of Edgar Allan Poe* (London: Penguin, 1982).
《황금벌레》가 수록되어 있다.

Viemeister, Peter, *The Beale Treasure: History of a Mystery* (Bedford, VA: Hamilton's, 1997).
훌륭한 지역 역사가가 쓴 빌의 암호문에 대한 심도 있는 기록. 빌 소책자의 전문이 수록되어 있으며 아래 주소로 출판사에게 직접 연락하여 책을 구할 수 있다.
Hamilton's, P.O. Box 932, Bedford, VA, 24523, USA

3장

Tuchman, Barbara W., *The Zimmermann Telegram* (New York: Ballantine, 1994).
제1차 세계대전에 가장 큰 영향을 끼친 암호 해독에 얽힌 이야기를 매우 재미있게 기술한 책.

Yardley, Herbert O., *The American Black Chamber* (Laguna Hills, CA: Aegean Park Press, 1931).

매우 짜릿한 암호의 역사. 맨 처음 출간되었을 때 숱한 논쟁 속에서 베스트셀러가 되었다.

4장

Hinsley, F.H., *British Intelligence in the Second World War: Its Influence on Strategy and Operations* (London: HMSO, 1975).

제2차 세계대전 중 벌어진 첩보 활동과 관련한 권위 있는 기록물로 울트라 작전의 역할에 대한 내용이 수록되어 있다.

Hodges, Andrew, *Alan Turing: The Enigma* (London: Vintage, 1992)[2].

앨런 튜링의 삶과 업적. 가장 잘 쓴 과학 전기 중 하나로 손꼽힌다.

Kahn, David, *Seizing the Enigma* (London: Arrow, 1996).

대서양 전투의 역사와 암호의 중요성에 대한 칸의 책. 특히 칸은 이 책에서 블레츨리 파크의 암호 해독가들에게 큰 도움을 준 단서들을 U보트에서 어떻게 얻었는지를 매우 극적으로 기술하고 있다.

Hinsley, F.H., and Stripp, Alan (eds), *The Codebreakers: The Inside Story of Bletchley Park* (Oxford: Oxford University Press, 1992).

2 번역서는 《앨런 튜링의 이미테이션 게임》, 김희주·한지원 옮김, 고양우 감수(동아시아, 2015)

역사상 가장 위대한 암호 해독 업적을 이룬 사람들이 쓴 에세이 모음집.

Smith, Michael, *Station X* (London: Channel 4 Books, 1999).

영국의 채널 4의 텔레비전 시리즈를 바탕으로 동명으로 출간된 책. 블레츨리 파크 또는 스테이션 X라고 알려져 있는 곳에서 근무했던 사람들이 들려주는 일화가 수록되어 있다.

Harris, Robert, *Enigma* (London: Arrow, 1996).

블레츠리 파크의 암호 해독가들을 중심으로 다룬 소설.

5장

Paul, Doris A., *The Navajo Code Talkers* (Pittsburgh, PA: Dorrance, 1973).

나바호족 암호 통신병들이 세운 업적을 잊지 않도록 하기 위해 쓴 책.

McClain, S., *The Navajo Weapon* (Boulder, CO: Books Beyond Borders, 1994).

나바호 암호를 개발하고 사용했던 사람들과 많은 시간을 함께 하면서 나눈 한 여성이 쓴 이야기로 눈을 뗄 수 없을 만큼 흥미진진하다.

Pope, Maurice, *The Story of Decipherment* (London: Thames & Hudson, 1975).

비전문가들을 대상으로 히타이트 상형문자부터 우가리트 알파벳에 이르기까지 다양한 문자해독을 다룬 책.

Davies, W.V., *Reading the Past: Egyptian Hieroglyphs* (London: British Museum

Press, 1997).

이집트 상형문자에 대한 훌륭한 입문서 시리즈의 일부로 영국국립박물관이 출간했다. 이 시리즈의 다른 저자들은 설형문자, 에트루리아 문자, 그리스 서판, 선형문자 B, 돌에 새겨진 마야 상형문자, 룬 문자에 대한 책을 쓰기도 했다.

Chadwick, John, *The Decipherment of Linear B* (Cambridge: Cambridge University Press, 1987).

문자 해독에 대해 훌륭하게 저술한 책.

6장

Data Encryption Standard, FIPS Pub. 46-1; (Washington, D.C.: National Bureau of Standards, 1987).

공식적인 DES 문서.

Diffie, Whitfield, and Hellman, Martin, 'New directions in cryptography', *IEEE Transactions on Information Theory*, vol. IT-22 (November 1976), pp. 644-54.

디피와 헬만이 열쇠 교환에 대해 발견한 사실을 알린 고전적인 논문으로 공개 열쇠 암호의 새로운 장을 열었다.

Gardner, Martin, 'A new kind of cipher that would take millions of years to break', *Scientific American*, vol. 237 (August 1977), pp. 120-24.

세계에 RSA를 소개한 기사.

Hellman, M.E., 'The mathematics of public-key cryptography', *Scientific American*, vol. 241 (August 1979), pp. 130-39.

다양한 형태의 공개 열쇠 암호를 훌륭하게 소개하고 있다.

Schneier, Bruce, *Applied Cryptography* (New York: John Wiley & Sons, 1996)

현대 암호학을 훌륭하게 다룬 책. 매우 명확하고 포괄적이면서도 권위 있는 현대 암호학 개론서.

7장

Zimmermann, Philip R., *The Official PGP User's Guide* (Cambridge, MA: MIT Press, 1996).

PGP를 직접 개발한 저자가 PGP에 대해 친절하게 설명해 놓은 책.

Garfinkel, Simson, *PGP: Pretty Good Privacy* (Sebastopol, CA: O'Reilly & Associates, 1995).

PGP에 대한 훌륭한 입문서이자 현대 암호를 둘러싼 갖가지 이슈를 정리해 놓았다.

Bamford, James, *The Puzzle Palace* (London: Penguin, 1983).

미국에서 가장 비밀스런 정보기관인 미국 국가안보국에 대한 책.

Koops, Bert-Jaap, *The Crypto Controversy* (Boston, MA: Kluwer, 1998).

암호가 사생활 보호, 시민적 자유, 법의 집행과 상업에 끼치는 영향을 매우 훌륭하게 기술한 책.

Diffie, Whitfield, and Landau, Susan, *Privacy on the Line* (Cambridge, MA: MIT Press, 1998).

도청과 암호화의 정치.

8장

Deutsch, David, *The Fabric of Reality* (London: Allen Lane, 1997).

도이치는 이 책의 한 장을 양자 컴퓨터에 할애하면서 양자 물리학과 지식, 연산, 진화에 대한 이론들을 한데 묶으려고 했다.

Bennett, C. H., Brassard, C., and Ekert, A., 'Quantum Cryptography', *Scientific American*, vol. 269 (October 1992), pp. 26-33.

양자 암호의 진화에 대해 명료하게 설명하고 있다.

Deutsch, D., and Ekert, A., 'Quantum computation', *Physics World*, vol. 11, no. 3 (March 1998), pp. 33-56.

피직스 월드의 특별판에 수록된 네 개의 기사 중 하나. 나머지 세 개의 기사에서는 양자 정보와 양자 암호를 다루고 있으며, 이 분야의 권위자들이 기사를 썼다. 이 기사의 대상 독자는 물리학 전공자로 현재 연구 진행 상황에 대해 잘 개괄하고 있다.

인터넷 자료 사이트[3]

블레츨리 파크 공식 웹사이트

http://www.cranfield.ac.uk/ccc/bpark

앨런 튜닝 관련 홈페이지

http://www.turing.org.uk/turing/

인터넷상에서의 권리 보호와 자유 증진에 전념하는 조직

Electronic Frontier Foundation

http://www.eff.org/

영국 옥스포드대학의 양자 컴퓨팅 센터

Centre for Quantum Computation

http://www.qubit.org

로얄 할로웨이칼리지의 사이트

https://www.royalholloway.ac.uk/isg/home.aspx

미국의 국립암호박물관

National Cryptologic Museum

https://www.nsa.gov/about/cryptologic_heritage/museum/

---

3 원서의 사이트 URL 중 이사가거나 폐쇄된 주소는 고쳐 넣거나 삭제했다.

암호문 퍼즐을 만들고 해결을 전담하는 협회

American Cryptogram Association(ACA)

http://www.und.nodak.edu/org/crypto/crypto/

암호에 대한 모든 것을 다루는 암호 전문 계간지

Cryptologia

http://www.tandfonline.com/toc/ucry20/current#.VVr1BPmqpBc

사진 크레디트

일러스트레이션 : Miles Smith-Morris

상형문자 : British Museum Press

선형 B 문자 : Cambridge University Press

사진 1 Scottish National Portrait Gallery, Edinburgh

사진 6 Ibrahim A. AI-Kadi and Mohammed Mrayati, King Saud University, Riyadh

사진 9 Public Record Office, London

사진 10 Scottish National Portrait Gallery, Edinburgh

사진 11 Cliche Bibliotheque Nationale de France, Paris, France

사진 12 Science and Society Picture Library, London

사진 20, 25 *The Beale Treasure - History of a Mystery* by Peter Viemeister

사진 26 David Kahn Collection, New York

사진 27 Bundesarchiv, Koblenz

사진 28 National Archive, Washington DC

사진 29 General Research Division, The New York Public Library, Astor. Lenox and Tilden Foundations

사진 31, 32 Luis Kruh Collection, New York

사진 38 David Kahn Collection

사진 39, 40 Science and Society Picture Library, London

사진 41, 42 David Kahn Collection, New York

사진 43 Imperial War Museum, London

사진 44, 45 Private collection of Barbara Eachus

사진 47 Godfrey Argent Agency, London

사진 50 Imperial War Museum, London

사진 51 Telegraph Group Limited, London

사진 52, 53 National Archive, Washington DC

사진 54, 55 British Museum Press, London

사진 56 Louvre, Paris ⓒ Photo RMN

사진 58 Department of Classics, Univerity of Cincinnati

사진 59 Private collection of Eva Brann

사진 60 Source unknown

사진 61 Private collection of Joan Chadwick

사진 62 Sun Microsystems

사진 63 Stanford, University of California

사진 65 RSA Data Security, Inc.

사진 66 Private collection of Brenda Ellis

사진 67 Private collection of Clifford Cocks

사진 68, 69 Private collection of Malcolm Williamson

사진 70 Network Associates, Inc.

사진 72 Penguin Books, London

사진 75 Thomas J. Watson Laboratories, IBM

찾아보기

ㅈ

ㅎ

기타